品質管理検定
教科書

仲野 彰 著

QC検定 **2** 級

2015年
改定レベル表
対応

日本規格協会

品質管理検定®，QC 検定®は，一般財団法人日本規格協会の登録商標です．

まえがき

　我が国において品質管理活動が実質的に開始されたのは，第2次世界大戦後に米国から導入された後である．優れた指導者とこの活動を支持する若手の経営者の真摯な取組みにより，日本独自の発展を遂げ，製品の品質向上とともにサービスの品質改善をもたらし，優れた国際競争力ある製品が数多く開発されてきた．しかし，昨今の市場では，開発競争に敗れ衰退していくケースや市場クレームによるリコール問題，不正工事によるマンションの建て替え問題，食の分野では期限切れ食品を流通させるなど次々と起こる多くの不具合や不都合が生じてきている．

　こういった状況にあって，ねらうべき市場の要求が正確に，かつ，的を射たとらえ方がなされているのか，また，製造過程での（造りこむべき品質の）抜け・落ちや（正となるべき）標準が設定，かつ，遵守されているのか，さらに技術の進歩に合った標準ができているのか，長期の信頼性試験をみないとわからないものを実態と離れた促進試験だけでみていないかなど，いま一度，品質保証のあり方，品質管理のあり方を現場での目線に立って考えていかなければならない時期にきている．形式的な品質管理ではない，現場での品質管理が問われているといってよいであろう．

　現在，品質管理を学びたい人のためのセミナーが多岐にわたって開催されている．特に，実務で品質管理活動に携わっている人は，こういったセミナーを通じて得た知識を活用し，改善活動を推進していると思われる．我が国における品質管理知識の活用の状況は世界的にみてもかなり高いレベルにあると考えがちであるが，技能の伝承と同じように，現場での実践段階での品質の考え方の形骸化が組織内で発生しているとの危機感をもってほしい．

　我が国での改善活動に必要な知識を測る尺度は，日本独自の発展を遂げたことと文化的背景を理由に重要視されてこなかった．その理由は"知っていること"ではなく，"得た知識をもとに改善活動に生かすこと"に重点が置かれて

いたからである．逆に，実績重視では結果のみが評価され，プロセスがおざなりになる改善活動になりやすい．真の改善活動の目的は活動を通して"考える力"，さらにその結果，技術が向上し，"技術のブレークスルー"が起こることで，組織の改善力や改革力の向上を図ることにある．

この問題解決力を向上していく力は，これまで多くの先輩諸氏が築いてこられたQC七つ道具・新QC七つ道具を含めた検定・推定や実験計画法，信頼性技法などの統計的な手法による品質管理の技法ではないだろうか．道具は使いこなせば使いこなすほど，自身の力の源泉になる．このことは，それぞれの技法のねらい（目的）を知ることにも置き換えられる．自分自身にはどの程度の知識が必要か，また，自身がどの程度の知識をもっているか，どの部分が不足しているかに気づき，自身の可能性をさらに伸ばすための学習ではなく"学修"するまで自ら学ぶことであるが，大変重要なことである．

本書は品質管理に関する知識をどの程度もっているかを筆記試験で客観的に評価する，日本規格協会及び日本科学技術連盟共催の品質管理検定（QC検定）の2級レベル向けに構成したテキストである．2015年10月に改定された，新たなレベル表に沿った内容となっている．

2級レベルで求められる品質管理の手法的な知識や能力は，QC七つ道具及び新QC七つ道具を含む統計的な手法を用いて，職場において発生する問題に対して自らが中心となって問題解決や改善の進めていくことができ，品質管理の実践についても知識として理解し適切な活動が実践できるレベルである．

品質管理は比較学であるとか目的主義であるといわれているが，2級レベルの合格だけを目標にするのではなく，得た知識を改善活動で生かすプロセスを経験していくことが重要である．

本書の発行にあたっては，日本規格協会から各種資料を提供いただき，執筆の大きな助けになった．ここに紙面をお借りして謝意を表する次第である．

2016年5月

仲野　彰

目　　次

まえがき
統計的手法で使われるギリシャ文字や記号
用語や記号を定義する JIS と本書とのかかわり

第1部　品質管理の実践編　　*21*

第1章　品質の概念　　*26*

1.1　品質の定義 ……………………………………………………… 26
1.2　サービスの品質, 仕事の品質 ………………………………… 27
1.3　顧客満足 (CS), 顧客価値 …………………………………… 27
1.4　社会的品質 ……………………………………………………… 28
1.5　要求品質と品質要素 …………………………………………… 30
1.6　ねらいの品質とできばえの品質 ……………………………… 30
1.7　品質特性, 代用特性 …………………………………………… 31
1.8　当たり前品質と魅力的品質 …………………………………… 32

第2章　管理の方法　　*35*

2.1　維持と管理 ……………………………………………………… 35
2.2　問題と課題 ……………………………………………………… 36
2.3　継続的改善 ……………………………………………………… 37
2.4　PDCA, SDCA, PDCAS ……………………………………… 38

2.5 問題解決型 QC ストーリー ……………………………………… 40
2.6 課題達成型 QC ストーリー ……………………………………… 43

第 3 章　QC 的ものの見方・考え方　*46*

3.1 品質優先, 品質第一 ……………………………………………… 46
3.2 目 的 志 向 ………………………………………………………… 47
3.3 源 流 管 理 ………………………………………………………… 47
3.4 重点指向（選択, 集中, 局所最適）……………………………… 48
3.5 事実に基づく管理, 三現主義, 5 ゲン主義 ……………………… 49
3.6 ばらつきに注目する考え方（ばらつき管理）…………………… 50
3.7 QCD＋PSME ……………………………………………………… 51
3.8 後工程はお客様 …………………………………………………… 51
3.9 プロセス重視 ……………………………………………………… 52
3.10 見える化, 潜在トラブルの顕在化………………………………… 53
3.11 特性と要因, 因果関係……………………………………………… 54
　　 3.11.1 特性（値）…………………………………………………… 54
　　 3.11.2 要因と原因 ………………………………………………… 55
　　 3.11.3 要因をみつける例——時系列で変動をみる …………… 55
　　 3.11.4 品質にばらつきを与える要因 …………………………… 56
3.12 応急対策, 再発防止, 未然防止, 予測予防……………………… 57
3.13 マーケット・イン（消費者指向）, プロダクト・アウト
　　（生産者指向）, 顧客の特定, Win-Win ………………………… 58
3.14 全部門, 全員参加 ………………………………………………… 59
3.15 人間性尊重, 従業員満足
　　——管理職がすべきこと, 一般社員に求められること………… 60

第4章 品質保証──新製品開発　*61*

- 4.1 結果の保証とプロセスによる保証 …………………………………… 62
- 4.2 保 証 と 補 償 …………………………………………………………… 63
- 4.3 品質保証体系図 ………………………………………………………… 64
- 4.4 品質機能展開──市場調査段階からの品質保証 …………………… 65
- 4.5 DRとトラブル予測，FMEA，FTA
  ──設計・生産準備段階の品質保証 ………………………………… 70
- 4.6 品質保証のプロセス，保証の網（QAネットワーク）
  ──生産準備段階の品質保証 ………………………………………… 72
- 4.7 製品ライフサイクル全体での品質保証 ……………………………… 74
- 4.8 製品安全，環境配慮，製造物責任──社会の要求への品質保証 … 74
- 4.9 初期流動管理──量産化前の品質保証 ……………………………… 76
  - 4.9.1 初期流動管理の定義とその対象 ………………………………… 76
  - 4.9.2 初期流動管理の基本的な考え方 ………………………………… 76
  - 4.9.3 初期流動における活動 …………………………………………… 77
  - 4.9.4 推進組織と役割 …………………………………………………… 77
- 4.10 市場トラブル対応，苦情とその処理──販売/サービス段階の
  品質保証 ………………………………………………………………… 78

第5章 品質保証──プロセス保証　*80*

- 5.1 プロセス（工程）とその管理 ………………………………………… 81
  - 5.1.1 プロセスと管理の概要 …………………………………………… 81
  - 5.1.2 工 程 管 理 ………………………………………………………… 81
- 5.2 QC工程図，フローチャート ………………………………………… 83
- 5.3 工程異常の考え方とその発見と処置 ………………………………… 89
- 5.4 工程能力調査，工程解析 ……………………………………………… 90
- 5.5 作業標準書 ……………………………………………………………… 91
- 5.6 検　　　査 ……………………………………………………………… 93

　　　　5.6.1　検査の目的・意義・考え方（適合，不適合） ………………… 94
　　　　5.6.2　検査の種類と方法 …………………………………………… 95
　　　　5.6.3　検査における試験と測定の違い ……………………………… 99
　5.7　計測の基本 ……………………………………………………………… 100
　5.8　計測の管理 ……………………………………………………………… 100
　5.9　測定誤差の評価 ………………………………………………………… 102
　5.10　官能検査，感性品質 …………………………………………………… 104

第6章　品質経営の要素——方針管理　　106

　6.1　方針とその展開 ………………………………………………………… 107
　6.2　方針の展開とすり合わせ ……………………………………………… 108
　6.3　方針管理のしくみとその運用 ………………………………………… 110
　6.4　方針の達成度評価と反省 ……………………………………………… 111

第7章　品質経営の要素——機能別管理　　113

第8章　品質経営の要素——日常管理　　116

　8.1　業務分掌，責任と権限 ………………………………………………… 116
　8.2　管理項目（管理点と点検点），管理項目一覧表 …………………… 118
　8.3　異常とその処置 ………………………………………………………… 119
　8.4　変化点とその管理及び変更管理（異常の発生源への注意） ………… 120

第9章　品質経営の要素——標準化　　122

　9.1　標準化の目的・意義・考え方 ………………………………………… 123
　9.2　社内標準化の目的・意義・考え方 …………………………………… 124
　9.3　産業標準化の目的・意義・考え方 …………………………………… 127

	9.3.1 産業標準化	127
	9.3.2 JIS	129
9.4	国際標準化の目的・意義・考え方	135

第 10 章　品質経営の要素——小集団活動　　*137*

10.1	小集団改善活動とその進め方	137
10.2	QC サークル活動	138

第 11 章　品質経営の要素——人材育成　　*141*

11.1	品質管理教育とその体系	141
11.2	教育・訓練	143

第 12 章　品質経営の要素——トップ診断と監査　　*145*

12.1	トップ診断と監査	145
12.2	トップ診断の目的	146
12.3	トップ診断の進め方	146

第 13 章　品質経営の要素　　——品質マネジメントシステムの運用　　*148*

13.1	品質マネジメントシステム規格化の経緯	148
13.2	品質マネジメントとは	149
13.3	品質マネジメントの原則	151
13.4	ISO 9001	152
13.5	第三者認証制度	154
13.6	品質マネジメントシステムの運用	155

第 14 章　倫理及び社会的責任　　*157*

- 14.1　品質管理に携わる人の倫理 …………………………………………… 157
- 14.2　社 会 的 責 任 ………………………………………………………………… 158
  - 14.2.1　社会的責任とは ……………………………………………… 158
  - 14.2.2　ISO からみた社会的責任 ………………………………… 159

第 15 章　品質管理周辺の実践活動　　*162*

- 15.1　顧客価値創造手法（商品企画七つ道具を含む）…………………… 162
  - 15.1.1　顧客価値創造手法 …………………………………………… 162
  - 15.1.2　経験価値から顧客創造 …………………………………… 163
  - 15.1.3　マーケティング …………………………………………… 163
  - 15.1.4　商 品 企 画 …………………………………………………… 164
- 15.2　IE 及び VA/VE ……………………………………………………………… 166
- 15.3　設備管理，資材管理，生産における物流・量管理 ……………… 168

第 2 部　品質管理の手法編　　*175*

第 16 章　データの取り方とまとめ方　　*176*

- 16.1　データの種類 ………………………………………………………………… 177
- 16.2　データの変換 ………………………………………………………………… 179
- 16.3　母集団とサンプル ………………………………………………………… 181
- 16.4　サンプリングと誤差 ……………………………………………………… 182
- 16.5　基本統計量 …………………………………………………………………… 185
  - 16.5.1　中心位置を推測するための統計量 ……………………… 186
  - 16.5.2　ばらつき（広がり）度合を推測するための統計量 … 186
  - 16.5.3　平均値と標準偏差のけた数 ……………………………… 190

		16.5.4　変動係数（*CV*） ··	191

16.6　サンプリングの種類（2 段，層別，集落，系統など）と性質 ······ 193

　　　16.6.1　単純ランダムサンプリング　·· 195
　　　16.6.2　2 段サンプリング·· 196
　　　16.6.3　層別サンプリング ·· 197
　　　16.6.4　集落サンプリング ·· 197
　　　16.6.5　系統サンプリング ·· 198

第 17 章　QC 七つ道具　　　*200*

17.1　グ ラ フ··· 200
17.2　特 性 要 因 図·· 202
17.3　ヒストグラム·· 204

第 18 章　新 QC 七つ道具　　　*214*

18.1　親 和 図 法··· 215
18.2　連 関 図 法··· 218
18.3　系 統 図 法··· 221
18.4　マトリックス図法··· 227
18.5　マトリックス・データ解析法·· 232
18.6　アローダイアグラム法··· 233
18.7　PDPC 法·· 238

第 19 章　統計的方法の基礎　　　*241*

19.1　正 規 分 布··· 244
　　　19.1.1　正規分布とは ·· 244
　　　19.1.2　確率の求め方 ··· 246
　　　19.1.3　正規分布における母平均（期待値）及び分散の加法性 ········ 250

- 19.1.4 正規分布の重要な性質 ……………………………………… 252
- 19.2 二項分布 ……………………………………………………………… 252
- 19.3 ポアソン分布 ………………………………………………………… 258
- 19.4 統計量の分布 ………………………………………………………… 262
  - 19.4.1 正規分布における標本平均 $\bar{x}$ の分布(母分散 σ^2 が既知の場合)… 262
  - 19.4.2 正規分布における標本平均 $\bar{x}$ の分布(母分散 σ^2 が未知の場合)… 264
  - 19.4.3 正規分布における不偏分散 s^2 の分布 ……………………… 265
  - 19.4.4 R 管理図で用いられる範囲の分布 ……………………… 265
- 19.5 大数の法則と中心極限定理 ………………………………………… 266

第 20 章 計量値データに基づく検定と推定　　268

- 20.1 検定と推定の考え方 ………………………………………………… 268
  - 20.1.1 検定の考え方 ……………………………………………… 269
  - 20.1.2 推定の考え方 ……………………………………………… 281
  - 20.1.3 検出力とサンプリング ……………………………………… 284
  - 20.1.4 分散の加法性の応用 ………………………………………… 290
- 20.2 一つの母平均に関する検定と推定 ………………………………… 294
  - 20.2.1 一つの母平均に関する検定と推定——母分散 σ^2 が既知の場合… 294
  - 20.2.2 一つの母平均に関する検定と推定——母分散 σ^2 が未知の場合… 299
- 20.3 一つの母分散に関する検定と推定 ………………………………… 303
- 20.4 二つの母分散の比に関する検定と推定 …………………………… 309
- 20.5 二つの母平均の差に関する検定と推定 …………………………… 315
  - 20.5.1 母分散 σ^2 が既知の場合 …………………………………… 316
  - 20.5.2 母標準偏差 σ_A, σ_B は未知だが,$\sigma_A = \sigma_B$ と考えられる場合 … 318
  - 20.5.3 二つの母標準偏差 σ_A, σ_B が未知で異なる場合 ………… 320
- 20.6 データに対応がある場合の母平均の差の検定と推定 …………… 326

第21章 計数値データに基づく検定と推定　*330*

- 21.1 母不適合品率に関する検定と推定 ……………………………… 331
  - 21.1.1 二項分布 ………………………………………………… 331
- 21.2 二つの母不適合品率の違いに関する検定と推定 ……………… 337
- 21.3 母不適合数（母欠点数）に関する検定と推定 ………………… 341
- 21.4 二つの母不適合数に関する検定と推定 ………………………… 343
- 21.5 分割表による検定 ………………………………………………… 347

第22章 管　理　図　*354*

- 22.1 工程能力図 ………………………………………………………… 354
  - 22.1.1 工程能力図のつくり方 ………………………………… 354
  - 22.1.2 工程能力図の使い方 …………………………………… 355
  - 22.1.3 工程能力図の活用例 …………………………………… 357
- 22.2 管理図の考え方と使い方 ………………………………………… 358
  - 22.2.1 管理図とは ……………………………………………… 358
  - 22.2.2 管理図の種類 …………………………………………… 362
- 22.3 $\bar{X}$-R 管理図 ……………………………………………………… 366
  - 22.3.1 管理図の見方 …………………………………………… 369
- 22.4 $\bar{X}$-s 管理図 ……………………………………………………… 372
- 22.5 Me-R 管理図 ……………………………………………………… 373
- 22.6 $\bar{X}$-s 管理図, $\bar{X}$-R 管理図, Me-R 管理図の違い …………… 375
- 22.7 X-R 管理図 ……………………………………………………… 381
- 22.8 np 管理図, p 管理図 …………………………………………… 382
- 22.9 u 管理図, c 管理図 …………………………………………… 388

第23章 工程能力指数　*394*

- 23.1 工程能力指数の計算と評価方法 ………………………………… 394

23.1.1 工程能力指数（計算と評価方法）……………………………… 394
23.1.2 管理のための工程能力の利用 ……………………………… 397

第24章 抜取検査 398

24.1 抜取検査の考え方……………………………………………………… 398
24.2 計数規準型抜取検査…………………………………………………… 402
　　24.2.1 検査の手順と実施（JIS Z 9002 による）……………………… 403
　　24.2.2 OC 曲線 ………………………………………………………… 407
24.3 計量規準型抜取検査…………………………………………………… 414
　　24.3.1 JIS Z 9004 計量規準型抜取検査（σ 未知）の手順 ………… 416
　　24.3.2 JIS Z 9003 計量規準型抜取検査（σ 既知）の手順 ………… 418
　　24.3.3 平均値を保証する計量値抜取検査（σ 既知）の手順 ………… 420

第25章 実験計画法 424

25.1 実験計画法の考え方…………………………………………………… 424
　　25.1.1 フィッシャーの3原則 ………………………………………… 424
　　25.1.2 実験計画法の意義 ……………………………………………… 426
　　25.1.3 実験計画法における固有技術の意味 ………………………… 427
　　25.1.4 因子の分類と因子の定義 ……………………………………… 428
　　25.1.5 水準の選び方 …………………………………………………… 430
　　25.1.6 実験計画法の基本的な考え方 ………………………………… 431
25.2 一元配置実験…………………………………………………………… 434
　　25.2.1 平方和の分解 …………………………………………………… 435
　　25.2.2 平方和の計算ルール …………………………………………… 436
　　25.2.3 分散分析 ………………………………………………………… 437
　　25.2.4 F 検定 ………………………………………………………… 438
　　25.2.5 一元配置実験の事例による解析 ……………………………… 440
25.3 二元配置実験…………………………………………………………… 444
　　25.3.1 繰り返しのない二元配置実験 ………………………………… 445

25.3.2　繰り返しのある二元配置実験 ……………………………… 456
　　　25.3.3　繰り返しのある二元配置実験と解析 …………………… 459

第26章　相関分析　　*469*

26.1　相関係数 …………………………………………………………… 472
26.2　相関に関する検定の簡便法——大波の相関，小波の相関………… 478

第27章　単回帰分析　　*486*

27.1　単回帰式の推定…………………………………………………… 487
　　　27.1.1　単回帰モデル …………………………………………… 487
　　　27.1.2　最小二乗法によるパラメータ α, β の推定 ……………… 489
27.2　分散分析 …………………………………………………………… 492
27.3　回帰診断（残差の検討） ………………………………………… 495
27.4　回帰式の有効性…………………………………………………… 496

第28章　信頼性工学　　*497*

28.1　品質保証の観点からの再発防止と未然防止……………………… 500
　　　28.1.1　再発防止から未然防止へ ……………………………… 500
　　　28.1.2　デザインレビュー（DR） ……………………………… 503
　　　28.1.3　FMEA（故障モード影響解析） ………………………… 504
　　　28.1.4　FTA（故障の木解析又はフォールトの木解析） ……… 505
28.2　耐久性，保全性，設計信頼性……………………………………… 510
　　　28.2.1　耐久性 …………………………………………………… 510
　　　28.2.2　保全性 …………………………………………………… 514
　　　28.2.3　設計信頼性 ……………………………………………… 517
28.3　信頼性モデル……………………………………………………… 520
28.4　信頼性データのまとめ方と解析 ………………………………… 522
　　　28.4.1　市場データの収集と解析 ……………………………… 522

28.4.2 ワイブル解析 …………………………………………… 524
28.4.3 信頼性に関する評価指標の計算例 ……………………… 532

数 値 表 …………………………………………………………… 539

付　録　品質管理検定（QC検定）の概要　　*547*

1. 品質管理検定（QC検定）とは ……………………………… 549
2. QC検定の内容 ………………………………………………… 550
3. 各級の出題範囲 ………………………………………………… 551
4. QC検定のお申込み方法 ……………………………………… 563

引用・参考文献　　564
索引・キーワード　　566
著者略歴　　591

統計的手法で使われるギリシャ文字や記号

　本編に入る前に，統計的手法でよく使われる統計記号としてギリシャ文字や記号とその意味や用途を一覧にまとめる．なお，ここ以外の意味で用いられることもあるので注意されたい．

文字・記号	読み方	大文字/小文字	意味・用途
α	アルファ	小文字	第1種の誤りの確率，有意水準
β	ベータ	小文字	第2種の誤りの確率，回帰係数
γ	ガンマ	小文字	信頼性記号
Δ	デルタ	大文字	増分，差
δ	デルタ	小文字	母平均の差
ε	イプシロン	小文字	誤差（残差）
η	イータ	小文字	相関比（η^2），信頼性記号
θ	シータ	小文字	母数，確率分布を示す変数，角度
λ	ラムダ	小文字	ポアソン分布を示す変数
μ	ミュー	小文字	母平均
ν	ニュー	小文字	自由度
Π	パイ	大文字	相乗
π	パイ	小文字	円周率
ρ	ロー	小文字	母相関係数
Σ	シグマ	大文字	総和
σ	シグマ	小文字	母標準偏差，母分散（σ^2）
Φ	ファイ	大文字	正規分布の累積分布関数
ϕ	ファイ	小文字	正規分布の確率密度関数，自由度
χ	カイ	小文字	カイ二乗分布の検定統計量
￣	バー	―	平均値
＾	ハット	―	推定値

　備考　すべてのギリシャ文字をあげていない．

用語や記号を定義する JIS と本書とのかかわり

　本書では，品質管理に関係する用語や記号が規定された JIS（日本産業規格）については，一部の JIS を除いてその定義をそのまま引用・転載していない．理由は規格の改正により，用語や記号の定義が変わることによる．

　品質管理に関係する用語や記号は標準化，統一化，単純化の観点から JIS において定められている．制定された JIS は原則 5 年ごとにその内容が見直され，そのときの技術や我が国の社会通念，国際規格との整合化など，鉱工業に関する必要な要件と照らし合わせ，当該 JIS の内容に離齬などがあれば "改正" を行い，必要がないと判断されればその JIS は "廃止" される．継続して利用できる JIS であれば "確認" となり，直前に制定又は改正された内容で引き続き，JIS として存続する．"標準化・統一化・単純化" とはいえ，JIS も含めて "標準" は不変ではなく，時代に応じて変わるものである．

　例えば，JIS Z 8101 "品質管理用語" という規格が 1981 年に制定されている．その後，1999 年に国際規格への整合化の観点から "統計－用語及び記号" に関する JIS Z 8101-1, JIS Z 8101-2, JIS Z 8101-3 の三つの規格に移行され，2 回の確認を経て，2015 年 10 月に改定された．当然ながら，今回の改正で用語や記号の定義が見直され，定義となる文章は変更されている．

　JIS の制定・改正・廃止に応じて，本書も逐次見直し，版をあらためて発行することが望ましい．しかし，一つひとつの JIS は個々に見直しが行われるため，本書がその逐次，すべての JIS に対応することは難しい．したがって，やむをえずこのような対応をとることとした．

　品質管理を学ぶ読者諸氏におかれては，業務や商取引で必要となる JIS を必要に応じて確認されていることと思う．品質管理に関係する JIS にも同様の注意を払い，最新の JIS に規定される用語や記号の定義を確認することを習慣づけされたい．

第1部

品質管理の実践編

1940年代以前から2010年代に至るまでの品質管理と標準化の歴史を時代の背景を振り返ってみる．戦後から，数年は通信の品質不良の解決にみられるように，品質の改善が急務であった．そのため，米国による品質管理の指導が始まったことや日本規格協会，日本科学技術連盟の設立，1949年にはJIS（日本工業規格，当時）第1号の制定など，我が国が品質管理に目が向き始めていることがうかがえる．さらに1950年にW.E.デミング博士が来日して品質管理の講習が行われたことを契機に，標準化の動きとともに企業の品質管理への積極的な活動がなされていった．その品質管理の発展とともに安かろう悪かろう（値段が安いものはそれ相応の品質なのでよいものはないということ）の脱却とともに品質は検査に頼らず工程で造りこむという思想が浸透していった．そしてさらに1960年代以降，日本的品質管理が大きく飛躍していった［石川馨（1989）：『品質管理入門 第3版』，日科技連出版社］．
　その立役者の一人である石川馨博士は，
　　"品質管理というのは，消費者が喜んで買ってくれる品質の製品やサービスを研究・開発・生産・販売して，長く品質保証する活動なのである."
と述べている．さらに続けて，
　　"経営の視点からも，企業として，企業に関係のある人々(消費者・従業員・株主・社会)を幸福にすることが目的であり，そのためには，品質・利益（値段・原価）・量・納期・安全性などを管理する必要がある．そして，これらの管理は企業の目的的管理であり，品質管理は一つの企業目的であり，企業としては品質第一という方針で永久に続けなければならない問題である"
としている．

こういった観点から我が国のものづくりの基本が品質第一となっている．
ここで，日本の品質管理の変遷と品質管理の定義について触れておく．

1. 日本の品質管理の変遷

1945年の第2次世界大戦後，日本の製品は品質の管理ができておらず"安かろう悪かろう"と欧米から酷評された．その数年後，米国から日本に品質管理が導入された．この品質管理は，統計的な原理と手法を応用した統計的品質管理（Statistical Quality Control：SQC）と呼ばれるものである．日本の品質管理の育ての親ともいわれるデミング博士（Dr. W. E. Deming）が1950年に来日された際に，企業における品質管理活動について製品の品質に重点を置き，次の四つの企業内活動の手順を示した．

① 消費者の要求を調査・研究し，
② 消費者の要求を満足させる品質の製品を設計し，
③ 設計どおりの製品を生産し，
④ 製品を消費者に販売する．

この手順とともに，企業としての"品質を重視する観念"や"品質に対する責任感"を重視する考えのもとに，この調査・設計・生産・販売を一つのサイクルとして継続的に回してより良い改善を行っていくことを提唱した．これが図1に示すデミングのサイクルである．

デミングのサイクルは戦前の我が国の品質管理活動に"調査・サービス"の"調査"が抜けていて品質を工程で造りこむという思想が不足していることを指摘・提案したサイクルである．

従来の活動と大きく異なるのは"① 消費者の要求を調査・研究する"という"消費者に役立つものをつくる"という考え方と"サイクルを回し続けて良い品質の製品をつくり続けていく"という考え方である．

こういった考えをもとにしたデミング博士の品質管理の定義は，

"統計的品質管理（SQC）とは，最も有用，かつ，市場性のある製品を最も経済的に生産するために，生産のすべての段階において，統計的な原理

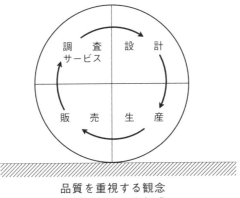

品質を重視する観念
品質に対する責任感

図1 デミングのサイクル

と手法を応用すること"
であった．

その後，SQCの普及発展に伴って，より高度な幅広い活動へと進展する．

1954年に米国から来日したジュラン博士（Dr. J.M. Juran）による品質管理の定義は，

"品質管理とは，品質規格を設定し，これを実現するための，あらゆる手段の全体をいう．統計的品質管理とは，それらの手段のうちで統計的手法という道具を基礎とした部分をいう"

であり，品質管理を広い概念でとらえている．

なお，近代的な品質管理（SQC）は，統計的な手段を採用しているので，特に統計的品質管理（SQC）ということがある．

品質管理を効果的に実施するためには"市場の調査，研究・開発，製品の企画，設計，生産準備，購買・外注，製造，検査，販売及びアフターサービス並びに財務，人事，教育など企業活動の全段階にわたり，経営者をはじめ管理者，監督者，作業者など企業の全員参加と協力が必要である．"

このようにして実施される品質管理を全社的品質管理（Company-Wide Quality Control：CWQC）又は総合的品質管理（Total Quality Control：

TQC）と呼んでいた．

　この考え方によって，品質管理が経営基盤を支える活動として位置づけされ，全社的，かつ，総合的な品質管理（Total Quality Control：TQC）へ，さらには 1996 年 4 月に日本の品質管理を TQC から活動をより広くとらえて TQM（Total Quality Management）へと改称し，1997 年 1 月の TQM 宣言によって TQM のねらいとそのフレームワーク（枠組み・構造・体制）を提示して，今後，開発・充実すべき要素技術を例示した．2009 年に発行された『品質保証ガイドブック』（一般社団法人日本品質管理学会編，日科技連出版社，2009）には現時点での要素技術が記されている．

　このように，欧米諸国と日本の物事の考え方の違いや時代の変遷によって，品質，品質管理，品質保証の定義（考え方）というものが変化することを理解されたい．

2. 品質管理の定義

ISO 9000：2015（JIS Q 9000：2015）"品質マネジメントシステム―基本及び用語"においては，品質マネジメント（管理）及び品質管理（クォリティコントロール）を区別して，それぞれ次のように定義されている．

① 品質マネジメント（quality management）：品質に関するマネジメント（マネジメント：組織を指揮し，管理するための調整された活動）

注記　品質マネジメントには，品質方針及び品質目標の設定，並びに品質計画，品質保証，品質管理及び品質改善を通じてこれらの品質目標を達成するためのプロセスが含まれ得る．

② 品質管理（quality control）：品質要求事項［品質要求事項：品質に関する要求事項（要求事項：明示されている，通常暗黙のうちに了解されている又は義務として要求されている，ニーズ又は期待）］を満たすことに焦点を合わせた品質マネジメントの一部

参考までに，1999年5月廃止となったJIS Z 8101：1981 "品質管理用語" による品質管理の定義を引用する．
　　"品質管理とは買手の要求に合った品質の品物又はサービスを経済的に作り出すための手段の体系"
と定義され，品質管理を略してQCとも呼んでいる．

　ここで定義から一旦離れ，現実の品質管理を考えてみたい．戦後の "安かろう悪かろう" からの脱却のために，30年以上の年数をかけて諸々の日本的な管理技術をつくりあげ，世界一の品質を達成してきた．しかし，1990年代後半になると消費者の品質不信が拡大し，さらにグローバル化とともにその問題も大きくなってきていることがわかる．いま一度品質管理を一人ひとりが確実に実践し，継続的改善をたゆまなく行っていくことが重要となっている．
　"品質をないがしろにした" 不祥事が昨今の大企業で頻発している．それが社会環境への無視であり，安全活動に対する軽視である．品質なくして，環境も安全も確保できない．企業の体質悪化といえるであろう．

　石川馨博士は，
　　"日本的品質管理は一つの思想革命である．全社で行えば技術の進歩とともに企業の体質改善ができる"
との考えを述べられている．肝に命じておきたい言葉である．

第1章 品質の概念

1.1 品質の定義

品質（quality）とは，JIS（Japanese Industrial Standards：日本産業規格）では，
　"対象本来備わっている特性の集まりが，要求事項を満たす程度"
と定義されている．すなわち，売り手側である生産者から提供される製品・サービスについて，買い手側である消費者（顧客）が求める特性との適合度（一致度合：fitness for use）と考えられる．

　特性とはそのものを識別するための性質である．例えば，一般照明用LEDランプの品質の特性には，外観，消費電力，球径，長さ，口金の形状・寸法，光量が真っ先に思いつくが，これらに加えて寿命，安心感としての信頼性や安全性にかかわる特性，すなわちサービスなども含めた使いやすさ，安全，安心など，主観的な使用者の満足度という，製品固有の特性だけでは表現できない点（側面）も含まれてきている．

　これは顧客の側に立って考える品質というとらえ方によって，消費者の要求する項目が，従来の品質（Quality）だけではなく，安い・すぐ手に入る・安心して使える・人に優しい・環境に優しいなどのコスト（Cost），納期（Delivery）や生産性（Productivity），安全性（Safety），モラール（意欲・士気）（Morale），環境（Environment）と呼ばれる組織活動の目標（QCD＋PSME）にも広がってきていることを示している．
　このように，消費者（顧客）の側からみることを優先して品質最優先，あるいは品質第一という考えで企業活動することは重要な視点の一つである．

1.2　サービスの品質，仕事の品質

"製品"をハードウェアとすれば，ソフトウェアは"サービス"として対応させることができる．ハードウェアの品質もソフトウェアの品質も，ともに機能を満足させることを目的にしている．ここで，なぜわざわざ，製品をハードウェア，サービスをソフトウェアと言い換えるのかといえば，後述する品質マネジメントの国際規格の一つである ISO 9000：2015（JIS Q 9000：2015 品質マネジメントシステム―基本及び用語）において，製品が"サービス／ソフトウェア／ハードウェア／素材製品"という四つの分類に区分されているためである．

製品の誤使用防止，販売後のアフターサービスなど，製品に直結したサービスはもちろんのこと，クレームや苦情［クレーム（claim）は"顕在化した問題に対する改善や補償などの要求"を表し，苦情（complaint）は"不満"を表す（『品質管理入門 第 3 版』，石川馨著）］の対応のよさ，さらにこれらの対応によって新たな商品開発に結びつけて安全・安心な商品を提供する企業が注目されている．

また，企業の中でも営業，研究，設計，製造などの直接部門だけではなく，経理，人事，労務，総務などの間接部門においても，業務の管理改善を図るため，それぞれの担当している業務の仕上がりを後工程に保証していくという後工程はお客様という考え方に立って，雇用形態を問わず社員，従業員一人ひとりが自分の担当する"業務"の質，"仕事"の質について，その業務の機能や役割を認識する必要がある．

1.3　顧客満足（CS），顧客価値

顧客自身がもつ要望を製品及びサービスが満たしていると感じる状態を顧客満足（Customer Satisfaction：CS）という．そして，企業は製品・サービスを通して顧客満足を得るような価値，すなわち顧客価値を提供していることに

なる．例えば，サービスという面では，サービスそのものを業務（仕事）とする情報通信や運送，鉄道，さらには電力供給，ホテル，レストラン，小売業，流通販売業，ソフトウェアデザイン（ハードウェアであるコンピュータシステムを動かしているソフトウェアの構造的，機能的な設計）などでは，さまざまな視点から顧客満足を積極的に得ることを目指して品質管理に取り組んでいる．そのため多くの企業で製品や包装，物流，サービスなどの観点から顧客満足度調査を行って改善活動に取り組んでいる．特に昨今の物流のスピード化に絡んだ包装の形態などは飛躍的に改善され，サービスの品質が大きく向上しているといえる．

1.4 社会的品質

顧客の視点で世の中をみていくと社会という広がりがみえてくる．そこで社会的な影響を与える品質ということを考えることが必要になる．この社会的な影響を与える品質（社会的品質）とは，

　　"生産者並びに顧客（ユーザーを含む）以外の第三者（社会）に産出物が
　　　与える迷惑の程度"

のことを指している．そのため"社会的品質を考慮する"ということは"第三者の迷惑の許容限度内で"という意味になる．

1960年代の終わりごろから自動車の排気ガスや家電製品のスクラップなどの製品公害，建築物による日照権の侵害などが大きな問題となった．消費者や使用者など，顧客を満足させるとともに同時に第三者（社会）にも迷惑をかけない製品を設計，製造，販売することが必要であることが社会的に広く明確になった．

大量生産，大量消費のような，さまざまな規模の大きな時代になると，製品の社会に対する影響も大きくなる．個人個人の要求品質だけでなく，生産から消費への過程で起こるようなことも解決すべき品質の問題として取り上げられている．社会的品質という言葉は，製品及びサービスの使用・存在が第三者に

1.4 社会的品質

与える影響（例えば，自動車の排気ガス，建物による日照権の侵害）だけでなく，製品及びサービスを提供するプロセス（工程）（例えば，調達，生産，物流，廃棄）が第三者に与える影響（例えば，工場の廃液等による公害，資源の浪費）についても使われる．

企業に対して社会に貢献する企業像が求められること（社会的責任と呼ばれる）がメディアを通じて厳しく追及されるようになり，欠陥製品に起因する事故が発生しないよう製品の安全性も保証しなければならない．欠陥製品の使用者又は第三者やその財産などがその欠陥のために受けた損害に対して，製造業者や販売業者などが負うべき賠償責任を製造物責任（Product Liability：PL）といい，被害者の保護にかかわることを目的とした法律を一般にPL法（1994年制定）という．

このような問題や事故が起こらないように，安全性を重視した製造物責任予防活動が必要となっている．

さらに顧客にとっては，その製品の購入価格のほかに，使用上の維持費や保守にかかわる費用や廃棄に要するまでの経費を含めた費用である総コスト［ライフサイクルコスト（Life Cycle Cost：LCC）］が問題となる．企業としては，製品の企画・設計段階から，顧客側からみたLCCを考慮しなければならない．

従来から，品質管理活動の実施に伴って発生するコストと品質管理活動が不完全であったために被る損失とを総称した品質コストという考え方がある．ファイゲンバウムによって提唱された考え方である．

次に示す品質コストの中で，特に失敗コストが発生しないような品質管理活動が社会的品質を満足するうえでも重要である．

（1）品質管理活動の実施に伴って発生するコスト
① 予防コスト（Pコスト：preventive cost）：品質の不具合が発生するのを早い段階から防止するためのコスト
② 評価コスト（Aコスト：Appraisal cost）：製品や部品の品質を評価して品質レベルを維持するためのコスト

(2) 品質管理活動が不完全であったために被る損失［失敗コスト（Fコスト：Failure Cost）］

① 内部失敗コスト（IFコスト：Internal Failure cost）：不良・トラブルが製品出荷前に発見された場合の処理に関するコスト

② 外部失敗コスト（EFコスト：External Failure cost）：クレーム・苦情が市場で発生した場合の対応や処理に関するコスト

このように社会的品質を満たすことは社会的責任の一部であり，社会の価値観の変化に対応した企業活動であり，近年ますます重要となっている．

1.5 要求品質と品質要素

新製品や新システムなどの開発にとって，市場（顧客）が求めている製品に対するニーズ及び期待の品質に関する要求事項（requirement）［要求品質（required quality）という］の把握は不可欠な情報である．この顧客の声（Voice Of Customer：VOC）と呼ばれる市場の声の情報を整理・解析し，市場が求めている顕在的品質だけでなく，潜在的品質を把握することが重要である．

この個々の要求品質に関連する品質を構成しているさまざまな性質，性能をその内容によって分解し，項目化したものを品質要素と呼んでいる．よく用いられる品質要素としては，機能性能，意匠，使用性，互換性，入手性，信頼性，安全性，環境保全性などがある．したがって，市場の声（VOC）である要求品質を品質要素や品質特性という技術の言葉に変換していることになる．

品質要素と品質特性を整理すると，特性値化できていないものも含むものが品質要素であり，その中で評価方法が定まり，特性値化ができたものが品質特性である．

1.6 ねらいの品質とできばえの品質

品質要素が明確になると，いよいよ設計の段階となる．設計は品質を造りこ

む行為であり，設計品質（quality of design）は製造の目標としてねらった品質のことで"ねらいの品質"ともいう．一方，製造は品質を具体化する行為のため製造品質というが，設計品質を忠実に製造した実際の品質であり，適合の品質（quality of conformance）又は"できばえの品質"ともいう．

設計品質は設計の指示どおりにつくられた製品の品質であり，重点指向によって着目すべき要求品質を実現化することを目的としている．設計図，製品仕様書，あるいは製品規格，原材料規格など品質規格（品質に要求される具体的事項）に規定されるものである．この中には，市場調査，製品企画，研究・開発，基本設計，詳細設計，試作，試験に関連する要因の結果がすべて含まれることになる．また，製造上の難易度も設計品質に含める考え方が一般的であり，そういった意味で，この設計品質は，製造の容易さ，顧客要求に関連した設計の優秀さともいわれる．

また，要求品質（required quality）の把握と"要求品質に対する品質目標"と定義される企画品質（quality of planning）の設定は，市場の望んでいる製品を造りこんでいくうえで重要な意味をもっている．特に，企画品質は要求に対する重要度や技術的達成難易度，競合他社のレベルや自社の技術レベルなどを考慮して自社で設定していく品質であり，企業のポリシーが表れた品質である．なお，ここでのポリシー（方針）とは，これから開発する品質を決めたという開発方針に近い考え方であり，事業方針といってもよい．

1.7　品質特性，代用特性

抽象的表現の品質要素を客観的に計測評価できるように尺度化したものを品質特性という．例えば，電気製品でいえば"安全性"という品質要素は絶縁性，漏洩電流，難燃性などの品質特性で測ることができる．

品質特性は，定量的（数字で表すことのできるもの，すなわち対象の量に着目すること）に評価するものと，人間の感覚などによって定性的（数字で表すことのできないもの，すなわち対象の質に着目すること）に評価するものとが

ある.例えば,自動車の速度は定量的に評価することができるが,乗り心地や快適さなどは機械を用いて定量的に評価することは難しい.このような定性的な場合でも,例えば,複数の人に感覚的に5段階で点数づけしてもらうことで評価できる.

　要求される品質特性を直接測定することが困難なためにその代用として当該品質特性と関係の強い他の品質特性を用いる場合がある.この品質特性のことを代用特性と呼ぶ.品質特性の中には,測定・評価に時間がかかるもの,コストがかかるものも少なくない.また,破壊試験のように測定・評価のためには対象となる製品を破壊することが必要なものもある.

　代用特性は,もともと要求される品質特性の状況を完全に表せるわけではない.そのため代用特性を採用するにあたっては,もともと要求される品質特性と代用特性との関係を明確にしておくことが大切である.

　なお,もともと要求される品質特性の状況とは,消費者の言葉で表された真の品質特性のことを指している.その真の品質特性に整合した原因系の特性が代用特性ということである(『品質管理入門 第3版』,石川馨著).

1.8　当たり前品質と魅力的品質

　狩野(狩野紀昭,東京理科大学名誉教授)らは『品質』誌(1984年)に"魅力的品質と当たり前品質"という論文を発表している.その中で,製品品質を構成する品質要素について,物理的充足状況で示される客観的側面と,個々の品質要素についての満足感という主観的側面との対応関係に注目している.これは,物理的充足状況が不十分になると満足感は不満になり,物理的充足状況が十分になると満足感は満足になるという一元的な関係のほかに,いくつかの関係が存在することを示したものである.

　例えば,コピー機が紙詰まりを起こしやすいという物理的充足状況が不十分の場合は不満を感ずる.対して,コピー機や用紙の品質の向上によって紙詰まりがほとんど起こらなくなると,利用者はそれを当然の機能と感じ,大きな満

足感を抱くことはほとんどなくなってしまう．さまざまな商品，さまざまな場面でこのような状況がみられるようになってきている．

狩野らは，物理的充足状況と満足感についての二元的な関係から，次に示す二元的な認識方法を提案している．

---

① 魅力的品質要素

　それが充足されれば満足を与えるが，不充足であってもしかたがないと受けとられる品質要素である．魅力的品質とも呼ぶ．

② 一元的品質要素

　それが充足されれば満足，不充足であれば不満を引き起こす品質要素である．一元的品質とも呼ぶ．従来の一次元的な認識方法である．

③ 当たり前品質要素

　それが充足されれば当たり前と受けとられるが不充足であれば不満を引起こす品質要素である．当たり前品質とも呼ぶ．

上記の三つを主要な品質要素としてあげている．そのほかに生じる可能性がある品質要素として次の二つの定義を示している．

---

① 無関心品質要素

　充足でも不充足でも，満足も与えず不満も引起こさない品質要素である．無関心品質とも呼ぶ．

② 逆品質要素

　充足されているのに不満を引起こしたり，不充足であるのに満足を与えたりする品質要素である．逆品質ともいう．この区分名は生産者側は品質要素について充足する努力をしているつもりであるが，結果的には，使用者から"不満である"と評価される品質要素もありうるという理由から名付けられたものである．

このように，顧客の要求を具現化した品質には"充足されれば顧客に満足を与えるが不充足であっても仕方がないと受けとられる"魅力的品質と"充足されれば当たり前と受けとられるが不充足であれば不満を引き起こす"当たり前品質とがある．

例えば，ブラウン管テレビから液晶テレビに置き換わる際，壁掛けが可能なことや省スペース化による設置性や大画面化，高画質化，省エネ性能などの多くの品質要素が当たり前品質から魅力的品質に変化した．しかしその後，液晶テレビが普及した結果，その特徴だった薄さや軽さという魅力的品質の多くが，現在では当たり前品質に移りつつある．市場ニーズの変化の速さと多様化に応じた新技術開発によって，魅力的品質から当たり前品質へ移行する期間が縮まったといえる．

品質保証の基本は当たり前品質を確保することであるともいえるが，売れる製品及びサービスをつくるためには，顧客の潜在ニーズを掘り起こして魅力のある製品及びサービスを提供していくことが不可欠である．

第2章 管理の方法

2.1 維持と管理

　日常的な企業活動においては，作業標準に従って，現状の維持と再発防止に重点を置いた管理活動が行われている．目標からずれないようにし，ずれた場合は元の状態に戻す活動である．この活動を改善活動に対比させて維持活動という．日常管理とほぼ同等であるが，決められた仕事を確実にこなすことに重点を置いている．

　維持は標準を設定し，それに従って作業を行う活動である．この標準に基づく活動は，組織的活動においてはすべての活動の基礎となる活動である．これをないがしろにすることは活動の基礎をおろそかにすることになり，土台を失うことになりかねない．さらに，現状の中には改善すべき事項が内在している．現状の維持を確実にすることによって，改善すべき事項が明確になり，改善活動が進むのである．改善により新しい局面が生まれると，その局面での維持活動が始まり，そこで次の改善が行われる．現状維持といっても，現状は動かない静的なものではなく，常に動いている．この動きを確実に把握することで，改善の芽を見つけることができるのである．

　管理とは企業の目的を合理的，かつ，効率的に達成するために，組織的な活動として，図2.1に示すように，計画（Plan），実施（Do），確認（Check），処置（Act）のPDCAのサイクル（管理のサイクル）を回すことである．また，維持管理におけるPDCAをSDCA［標準化（Standardize），実施（Do），確認（Check），処置（Act）］と呼んでいる．我々が何らかの仕事をする場合には，まず目的を明らかにして計画を立て，これによって作業を行い，作業の結果を検討して，計画に合っていなければ作業を変更し，計画が不備であれば計

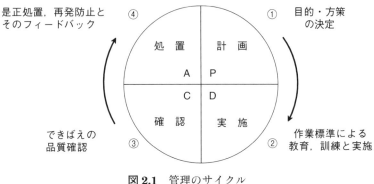

図 2.1 管理のサイクル

画を変更するような修正措置を行う必要がある．これが計画を達成するための活動で，この全体が管理である．

2.2 問題と課題

品質管理では，問題とは，設定してある目標（あるべき姿）と現実との差に対して対策を打って克服する必要のあるギャップ（図 2.2 を参照）のことをいう．課題と問題を区別する場合には，問題とは目標を設定して目標達成のためのプロセスを決めて実施した結果，目標とのギャップが発生したことをいう．

一方，課題とは，新たに設定しようとする目標と現実との対策を必要とするギャップのことをいう．言い換えると，結果から目標との差をみたときは問題，計画段階での目標との差をみたときは課題という．

ただし，課題は現状の問題から発生しているわけではないので，問題の延長線上での解決策ではなく，従来とは全く異なる発想や手段を検討しなければならないような挑戦的な問題を課題といっている．

別の観点から述べてみると，目標，あるいはあるべき姿と現実とのギャップが"問題"であり，ありたい姿と現実とのギャップが"課題"である．一つは"あるべき姿"がはっきりしていて，それとギャップのある"現状の姿"がとらえられた問題で，これを発生した問題＝問題という．

"製品を納めるべき期日が決まっているのに遅れて納入した""いつもは真っ白なのに急に製品が黄に着色した""毎月コンスタントに○○百万円の売上げがあったのに今月は急に売上げが半減した"などの問題である．現状の姿をとらえれば問題の発生がわかることが特徴である．

もう一つは挑戦する問題＝課題である．現在の姿，あるいは現在の延長に予想される姿そのものに特に問題がなくともそれに甘んじていては進歩がない．そこであるべき姿をあえて高いレベルに設定してその達成に挑戦する姿勢である．あえてつくり出した問題が"挑戦する問題＝課題"である．新製品の開発や新しい顧客への売込み，あるいは作業時間半減による生産性の向上などへの挑戦などである．

図 2.2　問題・課題の模式図

2.3　継続的改善

製品及びサービス，プロセス，システムなどについて，目標を現状より高い水準に設定して，問題又は課題（2.2節を参照）を特定し，問題解決又は課題達成を繰り返し行う活動を継続的改善という．

改善と改善活動，継続的改善は同義とみなせる．なかでも"改善"は日本的品質管理の最大の特徴である．日本に追い越された欧米諸国が日本の品質レベルの高さを研究した結果，1980年代，日本の自動車産業の高い生産性の要因にあると考えたことや"KAIZEN"という英書が発行されたこともあり，次第に海外でも広く"KAIZEN"という用語が使われるようになった．

継続的改善はISO 9000の2000年版で初めて採用された用語である．さら

に日本の品質管理の特徴的な活動を集大成した規格として，JIS Q 9024（継続的改善の手順及び技法の指針）がある．この指針では，組織が競争優位を維持して持続可能な成長を実現していくためには，効果的，かつ，効率的なパフォーマンスの向上に焦点を当てた活動が求められ，問題解決と課題達成が必要であるとしている．

改善は現状に比べてより高い水準を達成する活動である．目標とすべき水準の高さは改善対象の性格，競争環境や納期の条件などによって異なり，それらは，

① わずかな維持向上
② 現状の改良による大幅な水準向上
③ 現状の改良の範囲を超えた革新

に分けられる．改善の多くは上記②をねらう活動を指す場合が多い．

改善を実施する際の基本的な方法は次節で示すPDCAとSDCAである．目標を現状の延長線上に置き，結果のずれを安定させるために行う活動を強調する場合に標準化（Standardize），実施（Do），確認（Check），処置（Act）を繰り返すという意味でSDCA（Standardize-Do-Check-Act）のサイクルと呼ぶ．維持向上に用いるSDCAと維持向上だけでなく，改善，革新にも用いるPDCAがある．さらにPDCAの考え方を具体化したものが問題解決と課題達成である．それぞれ2.5節で示す問題解決型QCストーリー，2.6節で示す課題達成型QCストーリーに沿って実施するのがよい．

図2.3に継続的改善の姿を示す．

2.4 PDCA, SDCA, PDCAS

図2.1で示した管理サイクルは，計画（Plan），実施（Do），確認（Check），処置（Act）のサイクルを確実，かつ，継続的に回すことによって，プロセスのレベルアップを図るという考え方である．この各サイクルで実施すべきことを次に説明する．

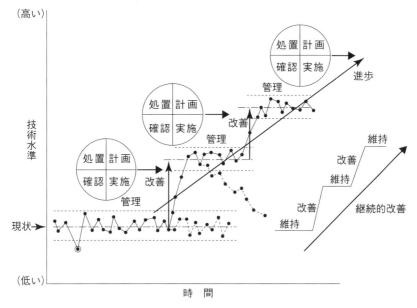

図 2.3　たゆまぬ継続的改善の姿

第1段階　P：計画

① 目的を決める

製品の品質に関する品質の仕様（品質標準など）を決める．

② 目的を達成する方法を決める

品質をつくるために，5W1H（What：何を，When：いつ，Who：だれが，Where：どこで，Why：なぜ，How：どのようにして）に基づいて具体的な計画を作成する．実務としては，組織を編成し，4M（Material：材料，Machine：機械，Method：作業方法，Man：作業者）などについて，技術的条件を標準化して作業標準を決める．

第2段階　D：実施

③ 標準について教育，訓練する

正しい作業とは何かを，知らせ，わからせ，守らせる．

④ 作業を実施する

標準どおりに作業を行う．

第3段階　C：確認

⑤　標準どおりに作業が行われ，品質が造りこまれているかを確認する

できばえの品質を測定・試験して，その結果を基準と比較し，確認する．

第4段階　A：処置

⑥　標準から外れている場合は是正処置を行い，予防対策を立て，再発防止する

不具合が出たら，原因を調べて処置する．

⑦　処置の効果を確認する

効果を確認し，是正処置内容をフォローアップしてデータをフィードバックする．

このように，標準は管理を進めていくときの基本として，また改善して技術や品質の水準を向上させるときの基準としても重要である．そして標準は常により良い状態へ維持向上していかなければならない．継続的改善（2.3節）が必要な所以である．

管理のサイクルであるPDCAのPには"現状を打破するための計画"と"現状を維持するための計画"がある．後者では，日常の業務の遂行上の基準となる標準を計画のよりどころにしてPDCAを実行するところから標準化（Standardize）の頭文字をとって，SDCAという．さらに，PDCAの処置のあと，うまく業務（仕事）が行われていれば標準化を行うということを意識して，PDCAS（Plan-Do-Check-Act-Standardize）という．

2.5　問題解決型QCストーリー

改善活動の報告をQC的に発表するという考え方が進化して，問題解決の手段としてのQCストーリーが登場するようになった．そのQCストーリーという名称が世の中に出てきてから50年近くになる．

最初に紹介されたのが問題解決型で，その後，テーマが多様化するにつれ

2.5 問題解決型 QC ストーリー

て，発生する問題を解決するだけではなく，将来のありたい姿を実現するためのプロセスとして課題達成型が提案された．

改善活動が普及していく中で，多くの人が問題解決型を活用するようになってくると，テーマによっては問題の要因や対策が明確なのに，問題解決型の QC ストーリーに後づけするという，無理なことが見受けられるようになってきた．

このため，要因解析のステップを省略した方法，すなわち対策にほぼ見当がついているような問題や原因追究まで必要としないような問題を対象にした施策実行型が誕生した．

さらに，現在もっとも新しい型が未然防止型である．これは今後起こるかも知れない問題を想定し，その芽を事前に摘み取るための活動の手順である．

問題解決型 QC ストーリーについて問題の解決にあたっての標準的な手順を表 2.1 に示す．この手順に従って問題の解決にあたれば，より確実に，かつ，効率よく行うことができる．この中でも特に大切なのがステップ 2 の現状把握，ステップ 3 の要因の解析である．これが十分に行われていないと真の原因がわからず，次のステップ 4 の"対策の立案"が真の対策とならないことが多々あるので，注意しておく必要がある．

なお，工程の解析と改善との関係はステップ 1 〜ステップ 4 までが工程の解析であり，ステップ 5 〜ステップ 8 までが工程の改善に相当する．図 2.4（43 ページ）に管理のサイクル PDCA と問題解決型 QC ストーリーの関係を示す．

問題解決型 QC ストーリーと課題達成型 QC ストーリーは，PDCA サイクルを回していることそのものは本質的には変わらない．ただし，サイクルを回す順番が問題解決型 QC ストーリーでは"Check"から始まるのに対して，課題達成型 QC ストーリーは"Plan"から始まる点が異なる．

表 2.1 問題解決型の QC ストーリー

ステップ	項　目	実施事項
1	テーマの選定	① 問題点の洗い出し ② 集約・方針の確認（会社，自部門等）・関係者の意見 ③ 重要性・解決の可能性の有無
2	現状の把握と目標値の設定	① 問題に関するデータの把握 5W1H ② 現実的な目標の設定と評価指標の確認 ③ 実施計画の策定，大まかなスケジュールの策定
3	要因の解析	① 目標と現実のギャップに関する要因の洗い出し ② 仮説の設定 ③ 仮説の検証
4	対策の立案	① 要因を取り除く対策案の列挙 ② 科学的側面からの対策案 ③ リスクの評価 ④ 対策案の選定基準による対策案の決定
5	対策の実施	① 確認項目の決定 ② データ採取 ③ 粘り強い実施
6	効果の確認	① 適切なデータの収集・分析・効果の確認 ② 達成度の見極め ③ 不足の場合はステップ 3，ステップ 4 に戻る
7	標準化と管理の定着（歯止め）	① 維持のための標準化と教育，訓練 ② 成果プロセスの文書化 ③ 作業手順書の改訂
8	反省と今後の対応	① 活動の進め方の反省 ② 残された問題への対処 ③ 次のテーマへ

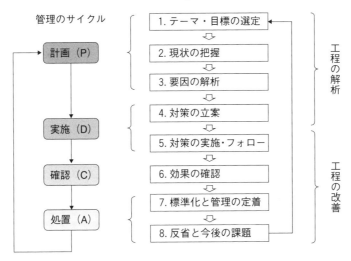

図 2.4 管理のサイクル PDCA と問題解決型 QC ストーリーの関係

2.6 課題達成型 QC ストーリー

　課題達成型 QC ストーリーの手順を表 2.2 に示す．何か問題がある場合にそれを解決するのが問題解決型であり，その改善の手順によって問題解決を実現させる．これに対して，課題達成型 QC ストーリーは現状をよりよくするための達成すべき目標が与えられた場合に，その目標を達成するための改善活動であり，その手順によって課題達成を実現させる．図 2.5 に管理のサイクル PDCA と課題達成型の QC ストーリーの関係を示す．

　したがって，問題解決型 QC ストーリーと全く異なるアプローチをとる．

　問題解決型 QC ストーリーと課題達成型 QC ストーリーで特に異なる点を次にあげる．

① "問題" と "課題"

　　問題解決型 QC ストーリーでは問題はすでに存在しているので，それを把握することが不可欠である．これに対して，課題達成型 QC ストーリーでは課題が明確でないため，すなわち，課題を自ら探すことから始めるた

表 2.2 課題達成型の QC ストーリー

ステップ	項目	実施事項
1	テーマの選定	① 問題・課題の洗い出しと適用する改善の型の決定
2	課題の明確化と目標の設定	① いろいろな角度から，現状レベルと要望レベルを調査と目標の決定
3	方策の立案	① 目標達成可能な方策（アイデア）の検討 ② 期待効果を評価し，有効な方策を選定（複数）
4	シナリオ（最適策）の追究	① 具体的方法の検討 ② 期待効果の予測 ③ 最適策の選定
5	シナリオ（最適策）の実施	① 実行計画を立てて実施
6	効果の確認	① 結果を当初ねらった目標と比較
7	標準化と管理の定着（歯止め）	① 効果継続のための維持 ② 管理効果持続の確認
8	反省と今後の計画	① 活動の反省 ② 残された問題への対処の計画

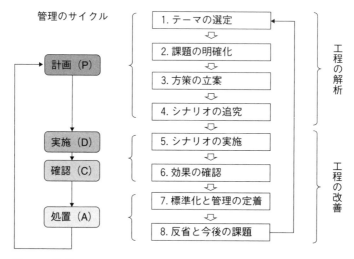

図 2.5 管理のサイクル PDCA と課題解決型 QC ストーリーの関係

めに，まず課題を設定しなければならない．問題から出発することはしない．

② "要因解析が必須な"問題解決型に対して"方策から"の課題達成型

問題解決型QCストーリーでは問題を解決するために要因解析を行う．課題達成型QCストーリーでは課題を実現するためのアイデアを発想することが第一である．

③ "原因に対する方策の展開"と"最適な方策の設計図を描くこと"の違い

問題解決型QCストーリーでは問題解決のために特定された原因に対する対策の立案である．

一方，課題達成型QCストーリーでは課題達成のためには何通りもの方策から評価と絞り込みを行って妥当性の高い最適策（成功シナリオ）を設計していくことが必要である．この設計では，実施上の問題や障害を取り除くことまでを検討して，いかにゴールに到達するかを目指す．このことから"成功シナリオの追究"と呼ばれる．

第3章 QC的ものの見方・考え方

本章では，効率的に業務を進め，かつ業務の質を高めるうえで欠くことのできない，重要な見方や考え方を与えてくれる"QC的ものの見方・考え方"について述べる．

3.1 品質優先，品質第一

経営者がまず品質を第一に考え，品質を確保したうえでコストの低減を行うという考えが品質第一主義である．企業として営利活動を行っている立場としては，直接的な目先の利益を追求しがちである．不適合品率を1％低減することと生産性を5％向上させることのバランスをどのようにとるかは，将来のことも十分に考慮して行われるべきものである．

海外を含めた市場での競合品とのし烈な品質競争や価格競争，市場のニーズや経済環境の変動から生じる多品種少量生産，短納期化，原価低減（コストダウン）と製品の値下げなど，品質に悪影響を及ぼす諸条件を克服して，自信をもって品質を最優先して顧客第一主義，品質第一主義に徹しているかということになると現実的には問題が多い．

品質あっての原価低減であり，生産性である．品質がすべての価値基準のトップであるから，問題の優先順位に品質を第一とするのである．当然のことながら，品質第一には，環境配慮や安全を確保したうえでの品質の造りこみを行うという視点が含まれている．

経営層を含めた社員全員の品質意欲を向上させるためには，経営者の品質に対する信念と熱意が先決の問題となる．したがって，経営者がその必要性を認識し，導入を決断し，品質第一をやり抜く覚悟が必要である．

3.2 目的志向

そもそも問題であれ課題であれ，目的が明らかでないのにもかかわらず，維持活動も改善活動もあり得ない．その目的を明らかにしていく過程が論理的であるかどうか，またその目的が正しいかどうかが最も重要なことである．

こうした考えを目的志向といい，何をするうえでも，まず"その目的は何か"ということを考え"今やろうとしていることはその目的に対しての整合性があるか""その目的を達成するために最も妥当と思える手段になっているか"，を考え"何ごとも目的にかなっているかどうか"を確かめながら活動していこうとする考え方をいう．そのためには，常に"それは何のためか""なぜそれは必要か"を自問自答することである．

この目的と手段を繰り返していけば，より上位の目的の真の目的に近づいて行くことができる．逆に，到達した上位の目的から今度は"そのためには何をすべきか"と展開していくと，当初考えていた手段の妥当性も確認できることになる．

石川馨博士は"方針は目的や問題点を中心として決めること，それを達成する方策や各人がなすべきことを明確にしていくことが必要であること，さらに，企業に関係する人たちの幸せ，消費者の満足，株主への配当などの企業の存在価値を達成するためには，QCD，すなわち，品質，価格・原価・利益，量・納期という三つの目的の管理がうまく行われなければならない"と述べている．

3.3 源流管理

源流管理とは，
　"問題を後に残さないようにするための管理のしくみのこと"
である．言い換えると，
　"製品及びサービスを生み出す一連の仕事の流れの，より源流（上流）にさかのぼって，可能な限り上流のプロセスを維持向上・改善・革新するこ

とで効果的・効率的に品質保証を達成する体系的な活動のこと"
である．

　顧客の手にわたってからでの修理・交換よりは，その問題が発生した製造段階での品質管理のほうが経済的であり，さらには設計・開発，企画・計画段階にさかのぼって手を打ったほうが効果的，かつ，効率的である．それは，源流のほうが対策の自由度が高いからである．また，1件当たりの対策費においても自由度が高いために下流で対策するよりは安くできるからである．

　製品及びサービスを生み出すプロセスの，より源流での品質やコストに関する不具合事項を予測し，その要因に是正・改善の処置を行い，プロセス改善や再発防止（3.12節を参照）を行うやり方としては，製品開発における設計審査（Design Review：DR）（4.5節，28.1.2項を参照）がある．過去におけるトラブル（事故）や予想される欠点（不適合）を事前に検討して予防の手を打つなど，源流部門の計画の段階にまでさかのぼって，設計や計画の質を吟味し，品質の信頼性を向上することは大事なことである．

3.4　重点指向（選択，集中，局所最適）

　重点指向とは，
　　"目的・目標の達成のために，結果に及ぼす影響を予測・評価し，優先順
　　位の高いものに絞って取り組むこと"
である．限られた経営資源（時間，費用，人数など）で，理想とするすべての活動を行うことは不可能という考え方よりも，結果への影響の大きいものから取り上げていくことを重視する考え方である．

　気づかないときには何もわからなくても，気づき始めれば多くの問題が存在することがわかる．それらの中で問題解決の価値，すなわち解決による効果面と解決に必要な費用・工数面との比が最大となるものに重点を絞って解決することが大切である．総花的主義から重点指向への転換が大きなポイントである．

パレート図は，この重点指向のための有効な手法の一つになっている．すべての項目について手を打つよりは，重点項目だけに対策処置をとることが効率的である．選択と集中という言い方で表現されることもある（"選択と集中"は経営用語として使われる．自社が取り組むべき事業を絞り込んで，そこに経営資源の投入を集中させてメリハリのある事業運営を行うことをいう．このことから重点課題を選択して経営資源を集中するという場合に使われるようになった言葉である）．

ただし，このような課題は前工程や後工程の影響も考えた改善が必要である．部分最適［組織（システム）において，それぞれの部門部署（要素）の機能の最適化を図ることであり，局所最適，あるいは自部門最適とも呼ばれる）］ではなく，前後の工程も含めた全体最適［組織（システム）の全体の最適を図ること］でなければならないことは留意しておく必要がある．

選択と集中の例として，ある製品で不適合の内容を項目別に調べた結果，不適合の10項目中上位2項目による損失金額が全体の70％を占めるとしたら，この2項目に対して原因を追究して撲滅対策をとれば，不適合による損失金額全体の70％の削減効果を予測することができる．

重点指向においては，意味のあるものであるかどうかをよく吟味して，項目とした分類の適切さ，損失額でみたときのような評価基準の適切さを決めることが大切である．

3.5 事実に基づく管理，三現主義，5ゲン主義

品質管理は事実に基づく管理である．データで事実を示し，現状を把握し，原因と結果の関係を調べるなど，統計的手法を活用して工程解析を行い，改善の効果をデータで評価し，維持管理もデータで確認しながら行う．目的に合わせて事実を客観的に的確に把握するようにデータを取ることが，正しい判断をするためにも重要なことである．思い込みや先入観による判断ではなく，事実を正しく把握し，判断・検討していくような，事実に基づく判断のことをデー

タでものをいうと呼んでいる．

　重点指向によって問題が絞り込まれてきたら，経験や勘だけに頼らずに事実を現場で観察する，可能な限りデータ化して客観的な数値に変換する，把握・解析して PDCA を回すといった活動が重要である．

　問題解決への取組みあたって，物事の本質を見極めようとするときに大切なことは"現場に行って現物を観察して現実的に検討する"ことである．この現場で現物を見ながら現実的に検討を進めることを三現主義と呼ぶ．品質管理では，問題の状況を，事実をもとにデータで客観的に定量的に把握して対応することを重視している．このときのデータの取り方が重要なポイントになる．

　"不適合品"が発生する場合にも，ある確率で起こる場合が多い．この場合，不適合品が起こる場合と起こらない場合との条件の差を細かく観察して要因を見つけ出し，その差を検証して原因を特定することが重要となる．

　三現主義に原理と原則を加えて 5 ゲン主義と呼ぶ．これは，三現主義で問題の現状が把握できたとしても，問題解決が困難な場合があり，そのようなときに"原理・原則"に基づいて改善を進めるという考え方である．

3.6　ばらつきに注目する考え方（ばらつき管理）

　さて，事実をデータや観察結果から解析しようとしたときに大事なポイントがデータのばらつきである．品質管理はばらつきとの勝負である．同じ製品を同じ装置で同じ人で同じ原料を使って生産していても，必ずといっていいほど何らかのばらつきを含んでいる．このばらつきを適切な範囲に押えこんでいくための基本的な手法として管理図（第 22 章を参照）がある．

　データは平均値を中心として，その周辺でばらつくのが一般的である．ばらつきが小さいというのはよく管理された状態である．ばらつきを管理するということは，ばらつく原因を追究してばらつきを小さくする対策をとって安定した工程にすることである．

　しかし，そのばらつきは，全くの無秩序ではなく，ばらつきに特徴をもって

いる．したがって，そのばらつきの特徴をうまく把握できれば，その性質を解析することで原因の特定が可能となる．このことをばらつきに注目，あるいはばらつき管理と呼ぶ．

3.7 QCD + PSME

QCDは，Quality（品質，質），Cost（コスト，原価，費用），Delivery（生産量，納期，工期）の英語表記の頭文字をとった略称で，広義の品質の総称である．職場では，QCDに加えて，P（Productivity：生産性），S（Safety：安全），M（Morale：士気，Moral：倫理），E（Environment：環境）を含めたQCD + PSMEの七つを広義の品質として取り上げ，管理を行うことが一般的である．例をあげると，

- Q：工程別の不適合品率，作業者別の不適合品発生件数など
- C：部品別コストダウン目標の達成率，職場の予算と実績の差異など
- D：納期の達成状況，在庫の推移など
- P：1人1日当たりの生産数量，1時間当たりの生産金額など
- S：事故の発生件数，無災害継続稼働時間など
- M：欠勤率，個人別出勤状況，個人別改善提案件数など
- E：二酸化炭素（CO_2）の排出量，環境保全面での要注意指摘事項など［環境保護（Ecology），教育（Education）を含めることもある］

［『4級の手引』（品質管理センター，2015）］

3.8 後工程はお客様

自分たちの工程のアウトプットは次の工程のインプットとなるので，自分たちの仕事の目的は次の工程を含めた後工程全体に喜んでもらうようなものでなければならない．これが後工程はお客様と呼ばれる由縁であり，自分たちの仕事の良し悪しは後工程の満足度や迷惑度によって測られることになる．

いくつかの組織が集まった大きな組織になると，いわゆる"組織の壁"ができてくる．組織間のつながりを作り手と買い手という関係で考えると社内の組織間の仕事の流れがよくなってくる．そうなると，顧客から遠いところにある組織であっても，顧客とのつながりを意識しながら自分たちの仕事を進められるようになる．

大切なのは"自分にとってのお客様はだれか"ということを常に意識して部門の壁をつくらないことである．

3.9 プロセス重視

改善活動などの目的が達成したかどうかは，結果としてのアウトプットが目的に合致したかどうかで決まってくるため，結果のほうに関心が集まる．しかし，結果ではなく，その結果を生み出すプロセスのほうにより多くの関心をもって，改善していくことが必要である．

品質を管理するときに，顕在化した好ましくない現象に対して，対症療法的な処置をとっていたのでは，それはその場しのぎの応急処置にすぎず，悪さが再発してしまう可能性がある．品質管理においては，好ましくない現象の要因を調べ，要因を特定し，原因に対して処置することが基本である．

結果としての品質特性を計測監視して，異常の発生や変動に対しては要因系にフィードバックし，プロセスを管理しなければならない．工程異常の発生のたびに原因を追究し，再発防止を積み重ねて固有技術を蓄積していくことで，ばらつきは少なくなり，工程をより安定した状態に維持していくことが可能となる．

安定した良いプロセス（過程）から，安定した良い品質（結果）を生み続けることができることになる．プロセスを良くすれば，結果は自ずと良くなるということである．そこで"結果を管理する"のではなく，結果でプロセスを管理せよといった言い方をする．そのため，結果（特性）と原因（要因）との因果関係を調べて確認する工程解析を十分行い，QC工程図により要因系の管理

項目とこれに対応した結果としての品質特性の管理方式を設定し（5.2節を参照），これに準じてプロセス（過程）を重視した管理を運用していくことが重要である．

3.10　見える化，潜在トラブルの顕在化

　見える化とは，問題，課題及びその他さまざまなことをいろいろな手段を使って明確にして関係者全員が認識できる状態にすることである．問題を見える化する目的の一つは"事前に問題を起こさないように潜在トラブルを顕在化させること"，もう一つは"問題が起きたとき解決すること"である．

　見える化は目で見る管理や可視化と同義語である．問題を解決したい対象すべてについて"見える化"を検討することで，問題解決への入り口がはっきりすると考えられている．そのため，見える化の対象は経営，顧客，業務プロセスなど広範囲にわたっている．

　見える化の対象には次のようなものがある．
① 問題の見える化（異常や要因など）
② プロセスの見える化（基準や手順など）
③ 顧客の見える化（顧客の声など）
④ 知恵の見える化（ヒントや経験など）
⑤ 経営の見える化（財務や戦略など）

　見える化を進めるためには，製品及びサービスを生み出すプロセスが期待する成果に結びついているかを確認・判断する指標を明らかにすることが大切である．これは，見える化のためには，現状がどのような状況にあるのか，異常な状態であるのかなどを測定して明確にしなければならないからである［一般社団法人日本品質管理学会標準委員会編（2009）：JSQC選書7 日本の品質を論じるための品質管理用語85, 日本規格協会］．

3.11 特性と要因，因果関係

製造での仕事の結果として表される項目，例えば，素材製品の純度などが99.99％などで表現される．問題を見える化して，この純度という特性が低下していることがわかれば，その原因を探る必要が出てくる．そのときには，特性との間に因果関係があると考えられる要因を抽出することになる．そしてその要因の中から特性との関係が見いだされた要因を原因として対策を打っていくことになる．

3.11.1 特性（値）

特性は仕事をした結果を表す項目で，そのものを識別するための性質であり，本来備わったもの又は付与されたもの，定性的又は定量的，いずれでもありうる．また，これを数量化した場合を特性値という．

特性値には，生産量，不適合品数，不適合品率，不適合品の発生による損失金額，ロス時間，納期遅れの件数，生産性，コスト，故障件数など，管理の対象となる特性（値）も含まれる．特に，品質の評価の対象となる性質・性能を品質特性といい，品質は品質特性によって構成される．品質特性の例として，

① 物質的：機械的，電気的，化学的，生物的などの性能
② 感覚的：臭覚，触覚，味覚，視覚，聴覚など
③ 行動的：礼儀正しさ，正直，誠実など
④ 時間的：時間の正確さ，信頼性，稼働率など
⑤ 人間工学的：生理学上の特性，又は人の安全に関するもの・ことなど
⑥ 機能的：新幹線の最高速度など
⑦ その他種類，等級，構造や外観としてのきず，割れ，形状・寸法など

また，管理しにくい品質特性もある．例えば，品質特性である成分Aの含有率で反応工程を管理するとき，測定前に長い時間がかかれば反応工程を管理するための特性値としてはなじまない．このようなとき，これに代わる"反応装置の圧力の変化"など，工程の進行状態がその都度わかる代用特性（値）で

3.11 特性と要因, 因果関係

工程を管理することがある. 代用特性値は目で見て, 手で触って, 鼻で嗅いで, 耳で聞いて, 口 (舌) で味わって, すなわち人間の五官で感じる官能特性値のこともある. いずれの場合でも, 代用特性値は真の特性値と相関のあることが確認しておくことが必要である.

3.11.2 要因と原因

要因とは, ある現象を引き起こす可能性のあるもの, 結果に影響を及ぼすと思われる変数又は実験, 考察の対象で取り上げた変数のことをいう. その中で因果関係が明確になったものを原因という.

例えば, 事件が起きたとき"犯人らしい"疑いをかけられている人が要因であり, その中から確たる事実をもとに"犯人"として逮捕されるのが原因である.

また, データのばらつきの原因には偶然原因と異常原因がある. 偶然原因は, 標準作業に従って同じ作業をしても発生するばらつきで, この無限にある原因の中で, 現在の技術, 標準では抑え切れない原因である. 異常原因は, 工程で異常が発生して標準が守られていない, 標準そのものに不備があるなどのために結果にばらつきを与える原因である.

3.11.3 要因をみつける例――時系列で変動をみる

ある特性を時系列で折れ線グラフをよくみるといくつかのパターンがみえてくる (その型に応じた要因の調べ方をすると効果的である. 例として図 3.1 を示す).

① 突 然 変 異：急に水準が高くなり, 下がらない場合, 変わった要因は？
② 散 発 異 常：ときたま発生する異常の場合, いつもと違う要因は？
③ 慢性不適合：目標値までなかなか達しない場合, その主な要因は？

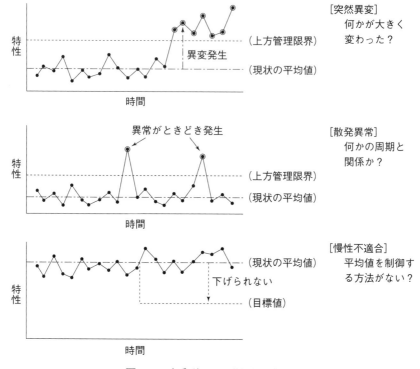

図 3.1 時系列でみた問題の型の例

3.11.4 品質にばらつきを与える要因

品質（結果）にばらつきを与える原因系の総称を要因という．要因には，計数的な要因と計量的な要因とがある．

① 計数的な要因：例えば，機械や原料メーカーなど属性による要因
② 計量的な要因：例えば，炉内温度や加圧時間など連続値で表せる要因

管理・改善活動においては，生産の 4 要素（4M）又は 5 要素（5M）が品質に最も影響を及ぼす要素であるため，何か品質問題が発生し，データを取る必要がある場合，一般的にこの 4M 又は 5M から追求することが多い．

製造過程を例に 4M1E などからみると，製品の品質がばらつく要因には次のようなものがある．

① 材料の品質のばらつき：外観，寸法，物理的性質や化学成分の純度など
② 機械，治工具のばらつき：稼働時と十分稼働した後の状態，機械ごとのくせ，取付け時の操作，部品の摩耗など
③ 人のばらつき：疲れ具合，感情の起伏，体調の変化等の作業のやり方への影響，作業員の習熟度
④ 加工方法・条件のばらつき：作業方法，加工温度，加工圧力，スピード
⑤ 環境条件のばらつき：製造設備での室内の温度・湿度や天候などの変化

また，これら①～⑤の要因の影響を把握して改善していくことも必要になる．

3.12 応急対策，再発防止，未然防止，予測予防

問題が発生したときに"原因に対して手を打つ"ことは，品質管理における基本的な活動指針の一つである．不適合品や不適合の再発防止のためには，その原因は何か要因を深く掘り下げることが必要である．原因がわからなくても当面の現象を解消するための対症療法的な応急対策はとれるが，抜本的に原因を究明し，これを絶って二度と同じ失敗はしないという，病源根治的な再発防止が基本でなくてはならない．

また，この対策でその問題について再発防止はできたとしても，類似の製品や工程で，同じような原因で同類の不適合品や欠点の発生する危険性はないか検討し，不適合品や不適合の発生を未然に予防する対策である未然防止について検討することも大切である．さらに進んで，未だ経験していないことを予測し，事前に対応していくことで事前に失敗しないようにする予測予防も重要な考え方である．

積極的な活動として，非常によい実績を示した場合には，なぜそんなによいのか，どんな条件で行うとよい結果が得られるのかを探求する考えも重要である．悪さ加減だけではなく，良さも大事な情報である．秘められた要因が突き止められれば，これを同類の製品，類似の工程にも再現させる努力によって，固有技術の改革への手がかりとすることができるようになる．

3.13 マーケット・イン（消費者指向），プロダクト・アウト（生産者指向），顧客の特定，Win-Win

マーケット・インとは，顧客・社会のニーズを組織（提供側）が把握し，これらを満たす製品及びサービスを提供していくことを優先するという考え方であり，市場（マーケット）の要望に適合する製品を生産者が企画，設計，製造，販売する消費者側に立った活動である．一方，プロダクト・アウトとは，組織が組織の都合で一方的につくったものを売りさばく考え方であり，生産者側の考え方である．

マーケット・インとプロダクト・アウトは，対をなす言葉で，マーケット・インは何事も消費者の立場に立って考えて判断し，行動する考え方の意味で使われる（消費者指向）．一方，プロダクト・アウトは生産者側の一方的な立場から製品及びサービスを提供する行動のため，相手の立場を考えない独りよがりの考え方の意味で使われる（生産者指向）．すなわち，つくったものを売るというプロダクト・アウトの考え方ではなく，消費者が満足してくれるものとは何かを調べ，それを市場に送りこむというマーケット・インの考え方が大切である．

マーケット・インという思想は，提供する側の組織の論理を優先するのではなく，消費者（顧客）の側に立った消費者（顧客）の論理を優先する．これが現在の品質第一の基本的な考え方になっている．この考え方を実践するためには，顧客はだれかをまず明らかにする必要がある．顧客の特定である．そしてQCD＋PSME（3.7節を参照）という組織活動の目標も顧客の目線で行う活動になってくる．どんな業務においても，とかく自分の仕事を失敗せずにいかに効率よく行うかばかりに目が向きがちである．しかし，いったい，自分の仕事は何のために行っているのか，自分の仕事の出来不出来によって，だれが満足し，あるいはだれが不満を感じるのかという"仕事の質"を常に考え，その観点から問題をとらえることが重要である．後工程や他部門を顧客のように大切にする改善も重要である．

このように，顧客本位の道を歩むことで，結果として組織も繁栄できるという，双方の利益を考えるのが Win-Win の思想である．なお"Win-Win"とは，米国のビジネス用語（経営学用語）の一つとなっている．

3.14 全部門，全員参加

多くの組織では，さまざまな能力をもった人がその役割を果たすことで製品・サービスを提供している．その顧客・社会のニーズを満たす製品・サービスを効率的に提供するには，特定の人だけがそのための取組みを行うのでなく，組織全体のねらいの達成に向けて，一人ひとりが責任をもって自分に与えられた役割・能力を果たしていくことが重要である．全部門，全員参加とは，

"企画，開発，設計，生産技術，製造，購買，営業，経理，人事，総務などのすべての部門，トップから管理監督者から一般社員にいたるまでのすべての階層が全員参加で積極的に，顧客・社会のニーズを満たす製品・サービスを効率的に提供することに，かかわろうとする意識をもって活動を行うという行動原則"

である．

全部門，全員参加の原則を具体的に実践するためには，目標及びその達成のために克服すべき課題・問題について共通の理解が得られるように，だれもが納得するような組織の目的を明確に示すことである．さらには，一人ひとりの役割がその目的としっかりとつながっていることを見える化し，個人個人がそれぞれの担う業務の大切さをしっかり認識できるようになっていることである．

そのために，その役割を達成しうる必要な技量を養える場を提供することも大切である．また，部門間・職位間の障壁，いわゆる組織の壁を取り除き，知識や経験を共有できるようにするとともに，いろいろな話題を議論できる雰囲気づくりをしていく必要がある．これらを通して，全員が課題・問題に挑戦し，熱意をもってその解決に取り組み，組織に貢献しようという土壌を培うこ

とができる．

3.15 人間性尊重，従業員満足——管理職がすべきこと，一般社員に求められること

　人間性尊重とは，人間らしさを尊び，重んじ，人間として特性を十分に発揮できるようにするという行動原則である．人間のもつ感情を大切にし，英知，創造力，企画力，判断力，行動力，指導力などの能力を最大限に発揮できるようにするという行動原則である．

　人間の欲求として最も上位の欲求は自己実現の欲求であるといわれている．そういった意味で，人が働く意欲をもち，組織の変革・改善に参画する意欲をもち続けるには，そのような参画を通して自己実現の欲求を満たせることである．そのための場づくりが重要となる．人間性尊重の原則を具体的に実践するためには，まず，一人ひとりが挑戦できるような課題をもつことが大切である．

　得た課題を進めるにあたって，学ぶ，能力を向上する，創意工夫できるなど，自分自身の向上が図れ，課題が解決したときには認められて達成感が味わえるなどが重要である．これによって，自己実現の欲求を満たし，さらなる挑戦へとつなげていくことができる．QCサークル活動も従業員の動機づけ要因として機能していたことが知られている．

　こういったことから，従業員満足（Employee Satisfaction：ES）を高めていくことが重要と考えられている．また，従業員満足は，挑戦・学び・能力・創意工夫・達成感・評価などの総合的な面からの満足である．また，ESは，特に顧客に直接接する機会の多いサービスでは，顧客満足（Customer Satisfaction：CS）に直接大きな影響を与える．

　企業が発展を続けるためにはその企業が，そこで働く人の人間性を尊重して，従業員満足を向上し，その人たちにとって働きがいのある職場になっていかなければならない．

第4章　品質保証――新製品開発

　まず，品質保証の定義について触れておこう．
　品質保証とは，
　　"顧客・社会のニーズを満たすことを確実にし，確認し，実証するために，
　　組織が行う体系的活動"
と定義されている．
　品質保証の保証とは"請け合うこと"であるから，顧客が要求する品質が確実に確保されていることを製造者側が責任をもって引き受けなければならない．そのためには，品質を確保する活動が"体系的に行われるようにする"（システム化される）と同時に，万一それが不十分な場合，賠償責任を負い，適切な補償を行わなければならない．このためには，研究開発，設計，生産準備，製造，検査，販売，流通などの諸段階において，確実な品質の確保（設計品質の確保，製造品質の確保など）のための諸活動を確実に行うほか，出荷時における検査などによる品質の確認（試験/検査，記録・トレースなど）や，顧客に品質確保・確認の事実を知らせ，また万一の場合，製造者が補償責任を負うことを顧客に告知するための品質の実証（契約書，保証書，アフターサービス，補償，PLなど）などが追加されなければならない．そして，これらがシステム化された一連の品質保証活動として確実に行われるとき，はじめて顧客に対して品質を請け合うことができるのである．
　確実・確認・実証をさらに詳しく説明すると，それぞれ次のように定義されている．
　　"確実にする"とは，
　　　"顧客・社会のニーズを把握し，それに合った製品及びサービスを企画・
　　　設計し，これを提供し，さらにリサイクル，廃棄に至る一連のプロセスを

確立する活動を指す."

"確認する"とは,

"顧客・社会のニーズが満たされているかどうかを継続的に評価・把握し,満たされていない場合には,迅速な応急対策・再発防止対策をとる活動を指す."

"実証する"とは,

"どのようなニーズを満たすのかを顧客・社会との約束として明文化し,それが守られていることを証拠で示し,信頼感・安心感を与える活動を指す."

効果的・効率的な品質保証を行うためには,顧客のニーズを満たす製品及びサービスを提供できるプロセスを確立することが大切であり,このようなプロセスを確立する活動をプロセス保証という.

品質保証の幅広い活動におけるその中心は顧客に対する品質の請け合いである.単に顕在ニーズだけでなく,潜在ニーズにも応えることが重要である.

出典:『JSQC選書7 日本を論ずるための品質管理用語85』(日本品質管理学会編,日本規格協会,2009)

『日本のTQC』(木暮正夫著,日科技連出版社,1998)

『品質管理入門 第3版』(石川馨著,日科技連出版社,1989)

『新版QC入門講座4 品質保証活動の進め方』(梅田政夫著,日本規格協会,2000)

4.1 結果の保証とプロセスによる保証

結果の保証とは,検査による保証のことである.この考え方は,買い手が納得する基準に適合する製品及びサービスだけを販売するために,できあがった一つひとつのもの,行われた一つひとつの仕事を検査・確認すること,すなわち寸法や質量などの品質特性を測り,その結果を基準と比較し,適合しないものは売らないということである.一方,買い手も,品質の悪いものを受け入れ

るリスクを回避するために，より厳格な受入検査を行うようになった．1940年代から1950年代においては，まさに"品質保証＝検査＋アフターサービス"だったといえる．

その後，技術革新による大量生産，高度経済成長による大量消費になると，検査の工数は膨大となり，その費用も無視できない規模になってきた．そのため，検査による保証からプロセスによる保証へと変化していった．

プロセスによる保証の考え方・方法論は最初から基準を満たすものをつくり出すために，

① 製品規格や図面公差に基づいて，品質の変動に大きな影響を与える作業方法，設備，材料など，生産方法などのプロセスの原因を明らかにすること
② 原因系に対策を打って，一定に保つこと
③ だれが何をやるかという役割をはっきりさせること
④ 確実に実行されるようにすること

であり，品質は工程で造りこむという活動に発展していった．

戦後，デミング博士による統計的品質管理の指導，ジュラン博士による経営管理の実践的な方法が紹介されたことを契機に，以降，我が国の品質管理は統計的品質管理から現場の管理手法へと発展していった．

なお，プロセス保証及びその各論については第5章で詳しく述べる．

4.2 保証と補償

我われが耐久性のある品物を購入すると，必ず"保証書"がついてくる．保証書には，おおむね"製造者側の責任で故障した場合，製造者側が無償で修理します"という意味のことが記載されている．このことは，本来"償う"という意味からの"補償"というものである．これは消費者の要求する品質上の欠点の修理や欠陥に対する損害賠償に対して責任を果たすことで,品質への補償,すなわち"品質補償"という考えである．ただ，この表現には"補償"と"保

証"が混同して使われていることが多い．

　石川馨博士は，この"ホショウ"について次のように説明している．

　"品質ホショウと言った場合，保障，補償，保証のようにいろいろな漢字が使われている．

　　ここでは'補償'といえば償うという意味であるから，補償期間といえば購入して一定期間は，販売したものの責任については無償で修理しますという期間である．たとえば乗用車であれば2年間あるいは5万kmまで，どういう場合に無償修理しますという期間である．

　　一方，'保証'という意味は，消費者に長く使っていただいて御満足いただくという意味であるから，元来保証期間といえばこの商品は何年間使えますよという意味で摩耗部などもあるので，補償期間後も何年間は有償で修理・サービスするという意味である．耐久性が良くなれば，保証期間は延ばしていくべきである．なお，耐久消費材の場合に保証書がついていて，保証期間1年としているが，補償期間とすべきである"．

4.3　品質保証体系図

　品質保証の実践として，製造者が顧客に"この製品は大変よい製品です．品質を保証します"と説明しても顧客に信頼感を与えることはできない．製造者が顧客に品質を保証するためには，製造者が顧客に信頼感を積極的に，しかも自信をもって与えることができるようにするための体系的活動が必要である．それが品質保証活動である．

　すなわち品質保証活動とは，

　　"製品企画から販売・サービスに至る全ステップ（仕事の流れ）で，品質保証に関係ある業務について定められた品質保証責任者がそれぞれの保証事項を保証することにより，品質保証に関係する会社方針及び諸計画を達成するための体系的活動"

である．この体系的活動においては，企業の経営活動の一環として効率的に実

施されるために品質保証規程として，その保証業務と保証責任者を明確に定めておく必要がある．この規程の一つに，日本で有効に活用されている道具の一つとして品質保証体系図がある．これは日野自動車株式会社が開発した手法であり，1971年のデミング賞受賞時に発表されている［『品質』，日本品質管理学会，久米均，Vol.40［1］，pp28-32，2010年］．

品質保証体系図は縦軸に企画から販売，アフターサービスを経て，廃棄に至るまでの"ステップ"をとり，横軸に品質保証に関連する設計，製造，販売，品質管理などの"部門"をとって，製品及びサービスが企画されてから顧客に使用され，廃棄に至るまでの業務の流れをフロー化して，どの段階でどの部門が品質保証に関するどのような活動を行うのかの全体を示した図である．この図は品質保証活動を組織に展開している状況を"見える化"したものである．

品質保証体系を策定する際に重要なことは，一つのステップから次のステップに移行する際の判定基準，あるいは判定基準が一般的には定まらない場合には，だれが判定するのか判定者を明確にしておくことである．

品質保証体系図の例を図4.1に示す．

4.4　品質機能展開――市場調査段階からの品質保証

顧客要求の多様化及び市場における競合製品との差別化を実現するため，顧客の要求又は期待を的確にとらえた製品をタイムリーに市場へ展開することが求められている．そのためには，確実に顧客に受け入れられるものを開発する必要があり，設計品質や企画品質，要求品質の保証へと，品質保証の対象が源流へと拡大されていった．そこで，市場での顧客のニーズを確実に把握して，新製品・新サービスの企画設計段階から生産に至るまでの品質保証を行うことをねらいに開発されたものが品質機能展開（Quality Function Deployment：QFD）である．そして，JIS Q 9025（マネジメントシステムのパフォーマンス改善―品質機能展開の指針）では"製品に対する品質目標を実現するために，さまざまな変換及び展開を用いる方法論"と定義されている．

第4章 品質保証——新製品開発

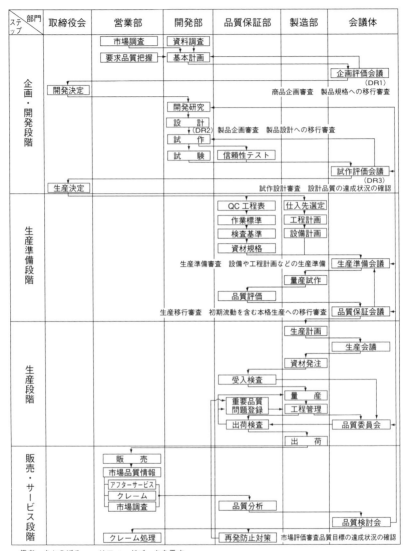

図 4.1 品質保証体系図の例

4.4 品質機能展開——市場調査段階からの品質保証

"品質展開""技術展開""コスト展開""信頼性展開"及び"業務機能展開"の総称でもある．

① 品質展開

要求品質を品質特性に変換し，製品の設計品質を定め，各機能部品，個々の構成部品の品質及び工程の要素に展開する方法をいう．

② 技術展開

設計品質を実現する機能が現状考えられる機構で達成できるか検討し，ボトルネック技術を抽出する方法をいう．また，企業が保有する技術自体を展開することを技術展開と呼ぶことがある．

③ コスト展開

目標コストを要求品質又は機能に応じて配分することによって，コスト低減又はコスト上の問題点を抽出する方法をいう．

④ 信頼性展開

要求品質に対して信頼性上の保証項目を明確化する方法をいう．品質展開がポジティブな要求品質の展開であるのに対して，ネガティブな故障などの予防に関して信頼性手法を活用し，設計段階でこの故障を予防する．

⑤ 業務機能展開（job function deployment）

品質を形成する業務を階層的に分析して明確化する方法をいう．

以上の品質機能展開の全体構想図を図 4.2 に示す．

これらの二元表のように，品質機能展開ではその適用目的に応じてさまざまな二元表を作成する．特に，情報のつながりを意識した二元表の構成を考慮することが重要である．

変換の例として，図 4.3（69 ページ）に示す品質表がある．市場の要求品質を技術の言葉である品質特性との対応づけである．これは顧客の声を技術の言葉への変換又は翻訳である．この二元表を品質表という．

この品質表は要求品質展開表と品質特性展開表との二元表からなる．開発製品において重要な要求品質又は品質特性を明確にするねらいがある．そのため，要求品質に示された項目に対する重要度合の評価を定量化し，その定量化

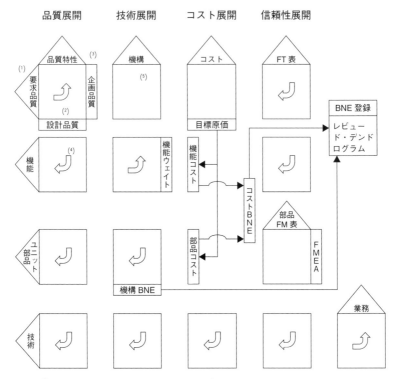

注(1) 三角形は項目が展開されており，系統図のように階層化されていることを示している．
(2) 矢印は変換の方向を示し，要求品質が品質特性へと変換されていることを示している．
(3) 四角形は二元表の周辺に附属する表で，企画品質設定表や各種のウェイト表などを示している．
(4) この二元表の表側は機能展開表であるが，表頭は品質特性展開表であることを示している．
(5) この二元表の表頭は機構展開表であるが，表側は要求品質展開表であることを示している．

図 4.2　品質機能展開の全体構想図（JIS Q 9025）

4.4 品質機能展開——市場調査段階からの品質保証

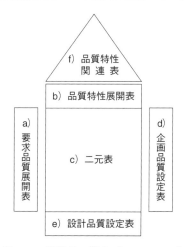

図 4.3 品質表の構成（JIS Q 9025）

された数値を二元表の対応関係に従って，品質特性展開表中の項目の重要度にも変換する．

この変換方法には2種類ある．一つは独立配点法といい，一方の展開表中の要素に対して得られた数値と対応関係を数値化した値との積を求め，他方の展開表中の要素に数値を変換する方法である．もう一つは比例配分法といい，一方の展開表中の要素に対して得られた数値を対応関係を数値化した値に比例配分して他方の展開表中の要素に数値を変換する方法である．

また，この品質表の構成を JIS Q 9025 より説明すると，品質表の構成品質表は基本的に，次の六つの表から構成される．

① 要求品質展開表

　顧客のニーズ及び期待のすべてを把握するために作成する．特に，列挙される項目数が多い場合は展開表として整理するが，表現のレベル合わせに注意が必要である．

② 品質特性展開表

　要求品質を実現するための重要となる設計要素を明確にするために作成される．ここでも目的や列挙される項目数に応じて展開表形式を採用する

③ 二元表

要求品質と品質特性との関連を明確にし，あわせて品質特性に漏れなどがないかを検討する．

④ 企画品質設定表

重点指向によって着目すべき要求品質を明確にすることが目的である．要求に対する重要度や技術的達成難易度，競合他社のレベルなどを項目として設定し，自社がねらうべき要求品質レベルを決定する．

⑤ 設計品質設定表

重要品質特性に対して設計上のねらい値などを設定することを目的とする．必要に応じて他社製品の規格などを項目として設けて比較分析も実施する．

⑥ 品質特性関連表

品質特性間の関連を分析することを目的とする．品質特性間には相乗効果をもつ場合と背反効果をもつ場合（トレードオフ）とがある．この部分がBNE（ボトルネック技術）になる場合がある．そのため，ある要求品質に関係する品質特性が一つしかない場合には注意が必要である．

4.5 DRとトラブル予測，FMEA，FTA —— 設計・生産準備段階の品質保証

製品の開発過程ではさまざまなトラブルが発生するが，過去に起きたトラブルのほうが多く，新たなメカニズムで起きたトラブルはまれである．そのため，過去の製品設計での失敗例を広く収集・分析・整理して繰り返し発生している失敗のパターン化を行う．それをもとにトラブル予測を行い，未然防止につなげることが重要である．

そういった活動を通して，製品やプロセスについて予測される問題やその評価と対策に見落としや不十分な箇所がないかを設計段階でチェックする必要が

4.5 DRとトラブル予測, FMEA, FTA

ある．生産開始後の設計変更はコストがかかるだけでなく，さらなるトラブルの原因となるからである．また，品質問題に至る重大な不具合，故障，事故の発生の可能性とその要因を未然に予測し，事前に阻止しておかなければならない．そのため，過去の再発防止だけでなく，未然防止も行っておかなければならない．これをトラブル予測という．

発生要因を除去する方法としてデザインレビュー（Design Review：DR）がある．JIS Z 8115 では，

"信頼性性能，保全性性能，保全支援能力要求，合目的性，可能な改良点の識別などの諸事項に影響する可能性がある要求事項及び設計中の不具合を検出・修正する目的で行われる．現存又は提案された設計に対する公式，かつ，独立の審査"

と定義されている．

デザインレビューでは，利用している技術，機構・基本構造の適切さ，過去のトラブル・失敗から得られた知見が設計に反映されているか，設計の方法［設計標準及びその順守，FMEA（Failure Mode and Effects Analysis：故障モード影響解析）などの手法の活用］が適切か，検討すべき事項に漏れはないかなどの評価を行い，問題点を検出してこれらを改善しなければならない．

これら検出された問題には，確実な発生防止策又は影響緩和策をつくりこむ必要がある．未然防止では，不具合事象の見落としの回避や客観的な評価が求められるため，FMEA/FTA の手法が活用されている．

FMEA はシステムの構成要素で起こりうる故障モードを予測して，その故障の影響，故障の推定原因，検知方法，致命度，対策をあらかじめ検討しておく方法である．28.1.3 項で詳述する．

FTA（Fault Tree Analysis：故障の木解析）はこの逆に，好ましくない災害やシステム機能停止などの事象をトップ事象に取り上げ，その原因を順次たどっていく方法である．最初に結果である事象を取り上げ，発生原因を細かく分けて追究していく方法である．28.1.4 項で詳述する．

4.6 品質保証のプロセス,保証の網(QA ネットワーク)——生産準備段階の品質保証

品質保証活動を"プロセス"という視点からとらえると,それぞれのプロセスにおいてどのような品質保証活動が必要となるであろうか.それらは製品・サービスの種類によって若干異なるが,基本的な流れは同じと考えてよい.それぞれのプロセスにおける保証内容をまとめたものが表 4.1 である.

同表中の"4. 生産準備"での品質保証として,この工程の完成度を検証する方法に保証の網(QA ネットワーク)がある.

表 4.1 品質保証のプロセスと各プロセスの保証内容

品質保証のプロセス	内容
1. 市場・顧客調査	市場・顧客が何を求めているのか,要求品質の把握を行う.
2. 製品企画	クレーム情報などの品質情報を含めて幅広くマーケット・イン(3.13 節を参照)に基づいて企画する.
3. 設　　計	デザインレビューによるチェックを実施する. ① 要求品質が十分反映されているか. ② 信頼性はどうか. ③ つくりやすさはどうか.
4. 生産準備	① 使用材料・部品や作業方法などの標準化を行う. ② 工程の管理体制を明確にした工程設計を行う. ③ 使用する材料/部品の適合確認のための規格,検査などの決定を行う.
5. 生　　産	① 製造工程の管理:管理すべき項目と水準や管理の方法を決めて工程の維持・安定化のための管理を行う. ② 設備の管理:製造設備・加工機械や測定機器の管理方法の標準化を行う. ③ 製品検査:検査方法,品質の判定基準を決める.
6. 販売・サービス	① 販売前:カタログや取扱説明書の整備,保管・輸送時の標準化を実施する. ② 販売後:顧客満足度の調査,顕在・潜在クレーム・苦情の把握・フィードバック,回収・廃棄・再利用化に対応する.

4.6 品質保証のプロセス,保証の網

工程の完成度を上げるためには,工程設計におけるトラブルの未然防止や再発防止の観点からの確認が必要である.工程における5M1E(Man:人,Machine:設備・機械,Material:材料・原料,Method:作業方法,Measurement:測定,Environment:環境)の変化に対して,品質に影響を与える要素をQC的な意味合いでの変化点ととらえ,その変化によるトラブルをゼロ又は最小に抑えるには,どのような現象が発生するかを予測する必要がある.このためには,工程設計や設備などの生産準備計画における潜在的な問題点を抽出し,事前に対策や処置を施すことが必要である.

そのため,抽出した不具合・誤りと工程(プロセス)の対応関係づけをして,どの工程で発生防止や流出防止を実施するのかをまとめた図が保証の網(QA ネットワーク)である.

縦軸に不具合・誤りをとり,横軸に工程をとってマトリックス図を作成し,表中の対応する欄には,発生防止と流出防止のレベルの現状とねらいのレベルを示し,発生防止・流出防止の対策とその有効性などを記入する.図4.4に概略図を示す.

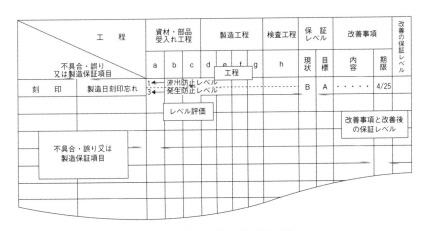

図4.4 保証の網の概略図の例

4.7 製品ライフサイクル全体での品質保証

製品ライフサイクル全体とは"研究・開発から生産，販売，そして廃棄に至るまで"のことを指す．

そもそもここでいうライフサイクルとは"人生の経過に例えて，機械などの寿命を円環に描いて説明したもの"であり，従来から，研究開発の中心課題は製品及びサービスをその購入者・使用者のニーズにどれだけ合ったものにするかを考えるものであった．しかし，製品安全や環境配慮（次節を参照）のニーズの高まりとともに，大気や水質，騒音，廃棄物などの環境問題や安全性，信頼性など，製造者が購入者・使用者はもとより，購入者・使用者以外の第三者や社会のニーズを含めた，製品のライフサイクル全体にわたる品質保証の考え方が求められ始めた．

したがって，従来の品質保証の考え方を基盤に"製品の原料採取から製造，使用及び処分に至るまでの全プロセスで発生する環境負荷とその影響を定量的に評価するための方法"であるライフサイクルアセスメント（Life Cycle Assessment：LCA）や回収・再利用などが品質保証の対象に加わり，新たにそれらの要求を組み込んだ研究・開発や新製品開発が行われるようになってきている．

4.8 製品安全，環境配慮，製造物責任——社会の要求への品質保証

安全・安心への関心が高くなるとともに，製品事故の発生に対して製造事業者が迅速に情報を提供して被害拡大を防止することが，消費者への誠実な対応として重視されている．製品使用時の事故として，例えば，電気製品の制御回路が発熱し，可燃物に引火・延焼した例やコンロ使用時にガスの不完全燃焼により一酸化炭素中毒事故を誘発した例，食の安全，自動車部品関係のリコールなど，他の製品や人への影響が拡大して，製品事故と呼ばれる事態が後を絶たない．こうした製品事故から消費者を保護するため，法的制度による規制が行

4.8 製品安全, 環境配慮, 製造物責任

われている.

製品使用段階での消費者保護制度には，製品安全規制と製造物責任制度の二つがある．

製品安全規制はリスクの高い製品の安全を保証するため技術基準を定め，これを満たす製品の製造・販売を消費者に供給する体制を整え，製品事故発生を未然に防ぐ制度である．

製造物責任制度は拡大損害について製造事業者が被害者に損害を賠償する制度の一つで，製品の欠陥と拡大損害との因果関係が立証要件となる．契約関係を前提としない損害賠償責任制度であり，不法行為責任の一つである．

製造物責任（Product Liability：PL）とは，品質保証の失敗の結果生じる一形態であり，製品の欠陥又は表示の欠陥が原因で生じた人的・物的損害に対して，製造業者・販売業者が負うべき賠償責任のことである．ここでいう欠陥とは，その製品の特性，使用形態，時期，その他関連する事情を考慮して，その製品が通常有すべき安全性を欠いていることである．

PL問題が発生しないように，製造業者・販売業者が行う予防活動を製造物責任予防（Product Liability Prevention：PLP）という．例えば，安全性設計，デザインレビュー，安全性試験などが該当する．また，PL問題が発生しても損失を最小限とするために行う企業の事前・事後の諸活動を製造物責任防御（Product Liability Defense：PLD）という．例えば，問題が発生した場合の即応体制や十分な準備などである．

製品安全（Product Safety：PS）は製造物責任予防（PLP）の観点からの製品安全対策である．PLの原因となる事故の発生そのものを未然に防ぐための対策で，よりよい安全な製品を造りこんでいく活動である．企業は，製造した製品の一生を通じて安全品質を追求し，その安全確保に努める必要がある．その製品に予想されるあらゆる誤用による危険分析やデザインレビューを行い，製品の安全性を確保できる体制を構築することが必要である．

一方，環境に配慮した設計も求められている．企業活動が省エネルギーや廃棄物削減問題など環境に著しい影響を与える環境側面（environmental aspect）を特定し，配慮することである．例えば，二酸化炭素（CO_2）の発生を伴うエネルギー消費量や活動によって発生する廃棄物の種類や排出量などを考慮することである．製品設計においては，環境配慮設計（Design For Environment：DFE）が環境保全の視点から必要な要素となっている．企業のつくりやすさや利用者の利便性と環境適正とのトレードオフ（一方を追求すれば，他方を犠牲にせざるを得ないという状態）の関係にある課題を解決しなければ，製品を上市できないようになってきている．

4.9 初期流動管理——量産化前の品質保証

4.9.1 初期流動管理の定義とその対象

初期流動管理とは，

"製品企画から量産前の品質保証ステップを着実に実施していくための管理，特に，製品の量産に入る立上げ段階で，量産安定期とは異なる特別な体制をとって情報を収集し，スムーズな立上げ（垂直立上げ）を図る"

と定義されている（『クォリティマネジメント用語辞典』，日本規格協会）．

すなわち，顧客の要求品質を確保できるかどうかを早期に見極め，確保できない場合は迅速に対策を打つことにより品質を保証する活動である．

また，初期流動管理の対象となるのは，新製品開発規定などに基づく新製品を生産するときや新材料や新部品の仕様が規定されたとき，従来の設備の大幅変更のときなどである．

4.9.2 初期流動管理の基本的な考え方

新製品の生産の初期や工程に大幅な変更が実施された"初めて""変化""久しぶり"といった3H[®]と呼ばれるような状態のときに，開発・設計段階で見落とした問題が顕在化してくることがある．

新製品の生産の初期段階では，生産工程内作業の未熟さや操作ミス，作業ミスなどにより不具合や不適合が多く発生し，生産工程がなかなか安定しないこ

4.9 初期流動管理――量産化前の品質保証   77

とが多い．初期段階での不具合を防ぐために，問題の早期発見とその迅速な解決を目的として"初期流動管理"という特別な管理体制をとることがある．そのため，定常とは異なる総合管理活動を展開する特別な組織体制を敷き，PDCAのサイクルを早めることが重要である．

　また，製品の不具合などの詳細な品質情報を収集・解析し，管理体制の不備などを早期に顕在化するとともに，それらに対する応急処置や恒久対策を実施し，プロセスの早期安定化を図ることで問題の拡大と再発防止を図ることが重要である．

4.9.3 初期流動における活動

　初期製品の品質，量，コストが目標どおりに安定して生産できるような量産体制へ速やかに移行するには，初期の製品に関する品質の情報を多く収集し，そこで発見・検出された不具合や不適合に対する是正処置を迅速に行い，根本的な対策を確実に実施することが重要である．

　また，この初期流動管理の時期に量産体制に移行するための必要な標準類や製造に必要な設備，材料や資材などの調達の準備を行い，作業者に対して標準類を用いた教育・訓練も実施することも重要である．

　品質保証の観点からみた初期流動管理は管理項目と目標値を定めて製造された新製品が企画した仕様と一致しているか，また，設計どおりに確実に完成しているかどうかを検証して，不具合があれば是正処置をとるという活動である．

　初期流動管理はいつまでも続ける活動ではなく，製造工程の不適合品率や主な品質特性の工程能力指数，規格や図面などの設計変更件数，クレーム件数などを用いて，活動の目標を設定し，一定期間で達成し，解散することを基本にして推進することである．

4.9.4 推進組織と役割

　初期流動管理を効果的に実施するためには，適切な推進組織，適切な手順で実施する必要があり，責任と権限の明確化が重要である．

推進組織の総括責任者は工場長クラスとし，その下にタスクフォースを置く．タスクフォース（task force）とは，特定の業務遂行を目的とする臨時の組織（プロジェクト・チーム）をいう．

このタスクフォースリーダーは製造課長クラスが担当し，メンバーは各部門から選出する．タスクフォースでは，各部門で実施する項目を推進計画書として作成し，活動する．また，進捗状況を確認するために定期的な会合を開催する．

さらに，タスクフォースのメンバーは各部門の分担実施事項の計画を立案し，推進していくことになる．

初期流動管理の終了時には，製造部門への引継会議を開催し，量産体制への移行と責任と権限の委譲をスムーズに行うことが大切である．

4.10　市場トラブル対応，苦情とその処理——販売／サービス段階の品質保証

販売前の品質保証は"ビフォアサービス"という販売前の製品説明の点から重要である．そのうち最も重要なことは読んでわかりやすく，正しく内容を理解し，正しい使い方ができるカタログや取扱説明書などの整備である．顧客の購入意欲を促す活動でもある．

保管・輸送の流通における品質保証も重要である．流通段階で品質が劣化することはしばしばみられる．劣化に対する対策はもちろんのこと，保管・輸送の標準化によってトータルで品質保証をすることが重要である．

販売後の品質保証活動の第一は，顧客満足の程度の調査である．調査方法には，アンケートやアフターサービス，クレーム（claim）などがあり，その調査結果から情報を得る．これらの情報を分析し，開発や生産，物流など関係部署へフィードバックしなければならない．

クレームには，口頭の要求だけではなく，修理，交換，値引き，解約などの形もある．これは顧客から販売店又は生産者側にもち込まれる"顕在クレーム"

4.10 市場トラブル対応, 苦情とその処理

である．また，生産者側などにもち込まれず，そのまま顧客の胸の中にしまわれる"潜在クレーム"もある．発生したクレームに対する対症療法的処置とともにクレーム情報を解析し，根本的な再発防止対策を講ずることこそ重要である．潜在クレームの把握とその対策をおろそかにしてはならない．

なお，クレーム処理と類似の用語として"苦情処理"がある．全く同様に使われる場合と，クレームは具体的請求を伴うものに限定して用い，苦情 (complaint) はクレームに加えて"漫然とした不満，不平を含む"というように分けて使われることもある（『品質管理入門 第3版』，石川馨著）．

クレーム対策のためには，クレーム情報のフィードバックシステムや情報の質とスピードが重要である．原因追究のため，製造工程にさかのぼってロット最小製造数の単位，製品の種類（企業によって異なる）や製品の履歴としての受入検査，工程の管理，製品検査などの記録を追跡（トレース）できるようにしておく必要がある．これらの記録の整備，保管の方法や定期的な解析などを行い，工程の改善などに結びつけていくことが重要となる．

第5章　品質保証——プロセス保証

　プロセスのアウトプットが要求される基準を満たすことを確実にする一連の活動のことをプロセス保証という．
　プロセス保証の基本は各プロセスにおける達成すべきアウトプットを明確にしたうえで，そのアウトプットを得るインプット及び経営資源の要件を明らかにし，手順の設定，手順どおりの実施，結果の確認を行うことである．
　プロセス保証の対象はプロセスの存在するすべての領域が対象であり，企画，開発，設計，生産から販売・サービス及び経理，人事などに及ぶ．
　最終的なアウトプットを保証するためには，その一つひとつのプロセスがつながったプロセス保証の連鎖によって，最終的なアウトプットが得られるようにつくりあげることが大切である．
　プロセス保証は各プロセスで定めた基準を満たすことを当該のプロセス内で完結することから自工程完結と呼ばれることもある．
具体的なプロセス保証の活動としては，
　① プロセスを一定に保つための活動としての要因系の管理と標準の構築
　② プロセスの工程能力の調査とその把握，及び必要な改善の実施
　③ 工程能力をもとに予測される不適合の検査・チェックのしくみの準備
　④ プロセスにおいて発生した異常の検出と処置の実施
がある．
　本章では，各プロセスでの保証について述べる．

5.1 プロセス（工程）とその管理

5.1.1 プロセスと管理の概要

プロセスとは，

"製品又はサービスを作り出す源泉"

工程管理とは，

"工程の出力である製品又はサービスの特性のばらつきを低減し，維持する活動．その活動過程で，工程の改善，標準化，及び技術蓄積を進めていく"

ことである．

プロセスは"製品の諸特性に影響を与える無数の要因の集まり"で，人・設備・方法・原料・測定などから構成されている．したがって，これらの要因のうち重要なものを固定し，品質特性のばらつきを抑えることが重要である．そのため，工程の管理が適切さに欠けたり，不十分であったりすると，どんなに厳しく検査をしても品質の確保が難しいだけではなく，コストアップにもつながってしまう．

工程管理は工程の安定化を図ることで，決められた品質（Q），コスト（C），納期（D）を実現するものである．このことから，品質は工程で造りこむともいわれる．

工程管理を確実に実施するためには，工程において造りこむべき"品質"を明らかにし，管理基準をつくり，検査方式を決め，管理図などを使って品質達成状況の確認を行って，PDCAの管理のサイクルを回していくことである．

5.1.2 工 程 管 理

製造工程の目的は，設計で図面，仕様書などによりねらった品質に合致した品質の製品を（Q：品質），計画部門で計画された数量を計画された納期までに（D：納期），最も経済的に（C：コスト），製造することにある．

(1) 工程を管理された状態とする．

次の状態が確実に達成されていることをいう．

① 生産の要素が適切に設定されており，それが維持されている状態．

　生産の要素とは4M，すなわち，原材料・外注品 (Material)，機械・装置 (Machine)，人 (Man)，方法・技術 (Method) である．さらに，測定・試験 (Measurement) を加えて5Mと呼んだり，機械 (Machine) に含めていた設備保全 (Maintenance) を独立させて6Mと呼んだりすることもある．

　これらの要素は結果（特性）と原因（要因）との関係を追究する特性要因図を作成する際の大要因として取り上げられることが多い．

② その結果，ねらいに合った製品が生産されている状態

③ 工程は，日や時間，週，季節などに関係なく安定している状態

④ 作業環境が適切に維持されている状態

　作業環境の維持は5S［整理，整頓，清掃，清潔，しつけ（躾）］が基本である．

このように製造工程の目的を達成するためには，工程を望ましい管理された状態に維持しなければならない．

(2) 一般の工程の管理のステップ

① 目的である品質標準を決める．
　・その工程で製品に造りこまれるべき品質特性のこと
　・図面，仕様書，限度見本などの品質標準として具体的に示す．

② 目的を達成する手段・方法を決める．
　・技術標準，作業標準，勘どころなど

③ 作業者の教育，訓練を実施する．
　・全体の品質の中でどの品質を自工程が分担しているか，それが後工程へどう影響するかなど，分担した役割の重要性を教える．
　・"後工程はお客様"の考え方をもたせる．
　・作業の手順や方法を教えるとともに，その中でどうしても守らなけれ

ばならない約束事（ルール，規定）を明示する．そして，もしも守らなかったとき，品質（目的）がどのようになるかを体験・納得できるようにする．
・多く，早く，そして安くつくるための重要なポイント，すなわち要領といわれる作業のやり方を教える．

④ 仕事を実施する．
⑤ 仕事が計画どおりに行われているかどうか確認する．
・データに基づく工程の管理
・特性値の選定
・工程の安定状態の監視・確認（管理図の利用）
⑥ 工程の異常処置をする．
・工程が異常と判断された場合には，早急な処置を必要とする．
・応急処置（応急対策）：工程に対する処置，製品に対する処置
・再発防止対策（是正処置）：再発防止のために行う対策が是正処置であるという関係であるので，活動としては同じである．
⑦ 処置の結果を確認し，管理水準の再検討を行う．

(3) 工程管理の対象

日常の営業活動である販売や購買に直結して受注から納品までの生産プロセスが管理の対象になることから，製造部門だけでなく，設計や調達，営業なども含めた，多くの部門・部署がつながりをもった生産のための活動，すなわち広義の生産活動が対象になる．

5.2 QC工程図，フローチャート

(1) QC工程図とは

QC工程図は生産，特に組立製品の生産における工程管理計画として，我が国において開発されたものである．QC工程図は製品及びサービスの生産・提供に関する一連のプロセスを図表に表し，このプロセスの流れをフローチャー

ト（流れ図）で示しながら，プロセスの各段階で，だれが，いつ，どこで，何を，どのように管理したらよいのかを一覧にまとめたものである．すなわち，製造工程において品質をどのように管理するかを明確化するために，工程ごとに管理しなければならない品質特性とそれに直接影響する要因について図表にしてまとめたものである．

なお，QC工程図はQC工程表や工程管理表などとも呼ばれる．

(2) QC工程図の作成

この図には，材料・部品の受入れから最終製品の出荷に至るすべての工程，あるいはその重要な一部の工程について，工程表に基づいて各工程で確保すべき品質特性，並びにその管理水準及び管理方法を明らかにしたものである．基本的に次の事項が記されている．

① 管理項目：各工程が正常かどうかを判断するための特性
② 管理水準：各工程が正常かどうかを判断するための基準
③ 作業標準：各工程における作業とその手順に関する標準
④ 管理方法：検査項目，検査方法，計測機器，計測方法，チェックシート・管理図などのツール（手法，方法）や管理頻度，測定者，サンプリング頻度など
⑤ 異常処置：異常報告の基準と処置手続き
⑥ 担当者：管理担当者及報告先

QC工程図の作成においては，適切な管理項目と管理水準を設定することが特に重要である．そのため，最終製品の品質特性と各工程における品質特性との関係，各工程における品質特性と工程要因の量的関係とを把握する必要があり，QC工程図の作成に先立ち，工程解析（5.4節を参照）を的確に行う必要がある．

QC工程図を正式な規程文書として作成して活用する際には，表5.1に示すJIS Z 8206（工程図記号）を用いてフローチャートにするとよい．図5.1（87ページ），図5.2（88ページ）にQC工程図の例(1)，(2)を示す．

5.2 QC工程図, フローチャート

表5.1 工程図記号

(a) 基本図記号

番号	要素工程	記号の名称	記号	意味	備考
1	加工	加工	○	原料, 材料, 部品又は製品の形状, 性質に変化を与える過程を表す.	
2	運搬	運搬	○	原料, 材料, 部品又は製品の位置に変化を与える過程を表す.	運搬記号の直径は加工記号の直径の1/2～1/3とする. 記号○の代わりに記号⇨を用いてもよい. ただし, この記号は運搬の方向を意味しない.
3	停滞	貯蔵	▽	原料, 材料, 部品又は製品を計画により貯えている過程を表す.	
4	停滞	滞留	D	原料, 材料, 部品又は製品が計画に反して滞っている状態を表す.	
5	検査	数量検査	□	原料, 材料, 部品又は製品の量又は個数を測って, その結果を基準と比較して差異を知る過程を表す.	
6	検査	品質検査	◇	原料, 材料, 部品又は製品の品質特性を試験し, その結果を基準と比較してロットの合格, 不合格又は個品の良, 不良を判定する過程を表す.	

表 5.1 (続き)

(b) 補助図記号

番号	記号の名称	記号	意味	備考
1	流れ線	│	要素工程の順序関係を示す．	順序関係がわかりにくいときは流れ線の端部又は中間部に矢印を描いてその方向を明示する．流れ線の交差部分は，⌐⊥で表す．
2	区　分	∿∿	工程系列における管理上の区分を表す．	
3	省　略	═══	工程系列の一部の省略を表す．	

5.2 QC工程図, フローチャート

固定体抵抗器管理工程図

所属	製造二課	課長	主任	作成
	平成　年　月　日作成			

部品名	フロートチャート			工程名	作業指図書	管理項目(点検項目)	管理方法				検査項目	検査方法	備考
	原材料工程	準備工程	本工程				管理図指図書	管理図その他	実務担当	アクション担当	サンプリング・測定			
リード端子			⑭ Ⓜ ▽	中間成形	32・2・RC1	T・W	X̄-R管理図		〃	多田班長	ロットごと, ランダム, n=5, バランサ			
											n=10, ゲージ			
			Ⓜ			T・W		チェックシート	〃	〃	n=300, 全数, 目視			
											2回目, 水銀温度計			
			▽			外観不良		p管理図	〃	〃	〃, 等速ドラム			
						(温 度)			〃	〃				
			Ⓜ			(等 速)			〃	〃				
			⑮ Ⓜ ▽	プレヒート	222 RCG 005 006	(温 度)		チェックシート	〃	川岸班長	2回目			
			⑯	成形	222 RCG 51	L寸法	X̄-R管理図		〃	川岸班長	ロットごと, ランダム, n=5, ノギス 1回目			
						(温 度)		チェックシート	〃	〃				
						(杵かけ)		〃	〃	〃				
						(圧 力)		〃	〃	〃				
			⑰ Ⓜ	エージング	222 RCG 61	(温 度)		チェックシート	〃	川岸班長	1回目			
			⑱	抵抗体テスト	222 RCG 71	特性不合格率	p管理図		〃	川岸班長	ロットごと, 全数, n=300, ロットごと, ランダム, n=5, L・3ブリッジ	外観 寸法 抵抗値 雑音 はんだ 耐熱性 電圧変数	ロットごと変数 n=10, c=10 全数 n=20, c=10 n=20, c=10	
							X̄-R管理図							
						試験変化率								
			⑲	外観選別		外観不良率	p管理図							

図 5.1　QC工程図の例 (1)

課：
改訂番号：

QC 工程表

QC 工程図 No.：　プラント名：　頁
品種：　品名：

工程				管理項目	管理方法												標準書名	異常処置方法又は標準書名
流れ図 原材料 副工程 主工程	番号	単位工程名（機能）	設備名		目標 ± 許容値	影響分類 Q	C	D	S	責任者	記録類	測定点	頻度 ／	測定部署名	測定責任者	測定方法又は標準書名		

図 5.2　QC 工程図の例（2）

5.3 工程異常の考え方とその発見と処置

工程異常とは，
　"プロセスの標準化を行い，管理図を用いてプロセスを管理している場合に，プロセスがある特定の原因によって管理状態でなくなること"
をいう．

プロセスが安定していても，品質特性が好ましくない状態で安定していてはムダが発生してコストが必要以上にかかって経済的ではないので，特定の品質水準における安定状態を達成，維持する必要がある．

また，工程異常は製品の特性が規格に合致していない不適合とは明確に区別しなければならない．さらに異常については，収率が異常に高いというように"良すぎる異常"であったとしても，必ずその原因を追究する必要がある．

製造工程で発生する工程異常とは，
　"工程を構成する4Mなどがいつもと違った状態となり，その結果，品質特性が管理水準から外れる場合"
をいう．

こうした工程異常は工程の特質によって異なるが，一般的には次のようなときに"工程異常が発生した"といわれる．

① 作業が標準どおりできないとき
② 特異な不適合が発生したとき
③ 材料の変色や設備の異常振動・異音・発熱など"いつもと違った状態"になったとき
④ 品質不適合の発生が連続しているとき

工程異常の原因追究を行う場合，工程異常の典型的なタイプ（突発型，傾向型，周期型など）を区別することが有用である．

製造工程で工程異常が発生した場合に，後工程への不適合品の流出防止を図るとともに再発防止を迅速，かつ，的確に実施するための手順，方法を確立しておく必要がある．

まずは，異常発生（発見）時の応急処置，次に当面の処置を決めるために緊急対策会議を開き，原因の特定と再発防止対策の実施を行い，品質異常報告と再発防止対策の他部署への周知（水平展開）を推進する．

5.4 工程能力調査，工程解析

製品品質のばらつきは，製造工程における作業方法，機械装置，環境，原材料などさまざまな要因によって左右される．したがって，製品品質の改善のためには，品質を左右する真の要因が何であるかを確実に把握することが必要である．このためには，これまでに得た経験や勘だけに頼るのではなく，事実としてのデータを解析して真の原因を把握し，工程における特性と要因の関係を明らかにすることが必要である．このステップを工程解析という．

得られた真の原因に対して対策を立て，実施し，その効果をデータで確認し，この効果を永続させるために標準化などの歯止めを行う一連のステップを工程改善という．

工程解析に用いられるデータには，日常，取られている過去のデータ，新たに層別するなどして取った日常のデータ，要因の解析のために新たにに取ったデータがある．また，工程解析は工程の管理，改善に先立って十分行われるべき重要なものである．

工程改善とは，工程解析の結果得られた工程の要因（多くは4M）に対して調査・解析を行い，より最適又はより安定な工程とするため，製品品質のみならず量，コストなどの改善を図ることである．

一方，製品品質のばらつきに注目して，工程の状態を把握する方法として工程能力調査がある．工程能力調査とは，工程能力を調べ，これを規格・図面寸法と対比して評価することをいう．

工程能力とは，工程が要求事項に対してばらつきが少ない製品及びサービスを提供することができる質的能力である．

"工程能力"とは，

"安定した工程の持つ特定の成果に対する経済的・技術的にみて到達可能な工程変動を表す統計的測度"

である.通常,工程のアウトプットである品質特性を対象とする.品質特性の分布が正規分布であるとみなされるとき,平均値 $\pm 3\sigma$ (σ:母標準偏差)で表すことが多いが,6σ だけで表すこともある.また,ヒストグラム,グラフ,管理図などによって図示することもある.

なお,工程能力を表すために主として時間的順序で品質特性の観測値を打点した図を工程能力図 [process capability chart (22.1 節を参照)] という.

言い換えると工程能力とは,

"与えられた標準どおりの作業が行われたとき,どの程度の品質が実現するかを示すもの"又は"工程の標準化が十分になされ,異常原因が取り除かれ,工程が安定状態に維持されたときの工程の品質に関する能力"

であって,その中でも特に重要なのは,4M の変動でみるような,決められた加工又は作業条件のもとで製造された製品のばらつきである.

工程能力調査の目的は,顧客に喜んで買ってもらい,満足して使ってもらえる製品及びサービスを企画,設計,生産,販売していくことである.そのためには,その製品及びサービスをつくり出す母体である工程の能力が十分でなければならない.したがって,工程が顧客の要求を十分に満足しうる品質の製品・サービスを生産する能力に欠ける場合は,それに対して工程能力改善のアクションをとり,能力が十分であればこれを維持することが必要である.

5.5 作業標準書

(1) 作業標準とは

作業標準は,

"材料や部品を規定する規格で定められた材料・部品を加工して,製品規格で定められた品質の製品を効率的に製造するため,製品のばらつきの要因となる,使用する機械・材料,作業方法,作業条件,作業者や管理方法

などについての製造作業における標準の総称"である．作業要領，作業手順書，作業マニュアルなどとも呼ばれる．作業者が，この作業標準書に基づいて作業や業務を実施するものである．

　また，作業標準書は顧客の要求品質をできるだけ効率的に実現するための作業及びその手順を文書化したものであり，なすべき仕事について行われた分析と総合の最終成果ともいえる．そのため，作業の担当者が交替した場合でも同じ作業が行われ，その結果，同じ成果が得られることを確実にする手段である．

(2) 作業標準：対象による分類
① 製造技術標準：製造上の物を対象とした技術事項を決定したもの
　　　　　　　例　製造技術規格，工程仕様書
② 製造作業標準：作業者を対象とした作業方法を決定したもの
　　　　　　　例　作業指導票，作業要領書
③ 作 業 指 示 書：監督者，作業者への作業指示を行ったもの
　　　　　　　例　作業指導票，製造指示票

(3) 作業標準書：内容による分類
① 手順書：製品及びサービスが変わっても共通な"要素作業"（単位作業を構成する要素で，目的別に区分される最小の一連の動作又は作業）について，その手順や注意点を定めたものである．
② 条件書：製品及びサービスに固有の条件を製品及びサービスごとに一覧表などを用いて記述したものである．

(4) 作業標準書：使用目的による分類
① 原簿：作業内容の詳細，根拠となる技術情報，改訂の履歴・理由が記される．
② 教育・訓練用：初めてその作業に従事する人の教育・訓練に使用することを目的とする．
③ 現場掲示用：教育・訓練用の中からさらに，作業のポイント，加工条件や設備の運転条件など，作業の熟練者（ベテラン）が標準作業実施に必要な事項を抜き出したものである．

5.6 検　　査

検査とは，
　"製品をなんらかの方法で測定・試験した結果を品質判定基準と比較して，個々の製品の良・不良品の判定を下し，又はロット判定基準と比較してロットの合格・不合格の判定を下すこと"
である．

検査の役割として大きく次の三つがあげられる．

1. 原材料，部品などの半製品，又は完成品，あるいはサービスなどの製品の品質について試験・測定する．悪いと判定した場合には，品物に対して処置（不適合品の除去，修理，良品への取替えなど）をとり，不適合品が後工程や顧客の手に渡らないように保証すること
2. 検査で得た品質情報を工程にフィードバックして工程に対して不適合品の再発を予防するように図ること
3. 関係部署に検査情報を伝達して品質保証活動の推進に役立てるようにすること

ここで，検査に関するいくつかの用語の定義を記す．

① 検査単位

　"検査の目的のために選んだ単位体又は単位量"であり，検査で何を保証しようとしているのかを考えて決めなければならない．

② 検査項目

　検査の対象となる品質特性について，要求されている品質特性すべてについて検査することは不可能である．したがって，重要な特性を選び出して検査すべき品質特性，検査項目を決定する．

③ 品質判定基準

　検査単位について，検査項目ごとに品物が要求条件を満足しているかどうかを判定するための基準である．仕様書や図面などで示される品質規格値などがこれに相当する．

④　ロット判定基準

　　抜取検査において，ロットの合格・不合格又は検査続行の判定を下すための基準で，合格判定個数，不合格判定個数などがある．

5.6.1　検査の目的・意義・考え方（適合，不適合）

前節までは"品質は工程で造りこむ"ということを基本にして展開してきたが，できあがった製品が顧客の要求を満足するものであることを確実にするために検査を実施して合否判定を行う必要がある．

　検査とは，

　　"品物又はサービスの一つ以上の特性値に対して，測定，試験，検定，ゲージ合わせなどを行って，規定要求事項と比較して，適合しているかどうかを判定する活動．"

である．

　規定要求事項とは，

　　"顧客の要求事項に加え，供給者が自ら定めた要求事項を合わせたもののこと"

である．この要求事項に対して，合致しているかどうかをいろいろな手段で確認し，適合か不適合かを判定する活動が検査ということである．

　すなわち，検査の役割は後工程や顧客に製品を引き渡す前に，定められた品質基準を満たしているかどうかの適合・不適合（合格・不合格）を判断し，

①　不適合品が後工程や顧客に渡らないように品質を保証すること

②　検査部門にあるデータを速やかに製造部門へフィードバックすること

である．これらの活動を確実に進めるために，

①　品質特性を測定する方法の確立

②　品物又はロットの合否判定基準を策定

③　上記各項目による試験と判定

を確実に実施することが重要である．

5.6.2 検査の種類と方法
検査はそれが行われる段階,方法,場所などにより,さまざまに分類される.
(1) 検査の行われる段階の分類
(a) 受入検査・購入検査
① 受入検査

提供された検査ロットの受入可否の判定のための検査.特に,外部から購入する場合の検査を購入検査という.

② 受入検査の目的

生産工程や顧客に,仕様・規格に合わない商品の流出防止,品質上の責任の所在の明確化などがあげられる.

③ 受入検査での留意点

供給側と受入側の緊密な情報交換を行い,滞りなく実施する.

(b) 工程間検査・中間検査
① 工程間検査

工場内において,半製品をある工程から次の工程に移動してよいかどうかを判定するために行う検査であり,中間検査ともいう.これらを総称して工程内検査ともいう.

② 工程間検査の目的

不適合なロットの次工程以降への流出防止及び不適合品による損害をできるだけ小さく抑えることである.

③ 工程間検査の利点

製造課など製造部門で実施する場合は作業者が自分で加工・組立したものについて行う検査を自主検査(自主点検)といい,作業者の品質向上の意識を高めることができる,工程へのフィードバックが迅速にとれるなど,品質保証上の充実が図られる.

(c) 最終検査・出荷検査
① 最終検査

できあがった品物が製品として要求事項を満足しているかどうかを判定

するために行う検査をいう．

② 出荷検査

製品を出荷する際に行う検査．品質を保証するうえで最終のしめくくりとなる重要な検査なので，輸送中に不適合品が発生することがないように，梱包条件についても同時にチェックすることもある．

(2) 検査の方法による分類

(a) 全数検査

全数検査とは，

"ロット内のすべての検査単位について行う検査"

をいう．ロットとは品物の集まりであり，検査単位とは検査を実施する単位，すなわち適合品・不適合品を判定する単位である．

(b) 無試験検査・間接検査

① 無試験検査

品質情報・技術情報などに基づいて，サンプルの試験を省略する検査．この検査は，技術的にも使用実績からも，不適合品により，次の工程や顧客に迷惑となることがほとんどないと判断される場合に採用され，書類などでロットの合否を判断する検査のやり方である．

なお，この言葉はJIS Z 9001（抜取検査通則）で用語として定義されていた．しかし，1990年に国際整合化を理由にこの規格が廃止され，JIS Z 9015-0（計数抜取検査手順－第0部：JIS Z 9015抜取検査システム序論）に統合された際に，規定から外れた．現在はコンクリート製品のJIS（A 5365：2010）に規定されるのみである．

② 間接検査

受入検査において，供給者側のロットごとの検査成績を必要に応じて確認することで，受入側の試験を省略する検査．この間接検査では，検査費用の低減のために，工程能力が十分あると受入側が判断した場合は，特定の検査項目や，場合によっては全検査項目を書類だけで検査する．

（c）抜取検査

全数検査と無試験検査の中間に位置するのが抜取検査である．詳しくは第24章（抜取検査）で述べる．

（i）抜取検査

"検査ロットから，あらかじめ定められた抜取検査方式に従って，サンプルを抜き取って試験し，その結果をロット判定基準と比較して，そのロットの合格・不合格を判定する検査"

をいう．このため，抜取検査には検査量が少なくてすむという利点と，一部のサンプルしか試験していないため合格・不合格の判定に誤りが生じうるという欠点がある．

（ii）抜取検査方式

"検査ロットの大きさ N からランダムに抜き取るサンプルの大きさ（サンプルサイズ）(n) とロットを合格と判定する最大の不適合品数（合格判定個数：c）の組合せ"

をいい，抜取方式ともいう．なお，ロットから何個のサンプルを抜き取るか，また，その中に含まれる不適合品が何個までならロットを合格と判定するかという n と c は，統計的な理論に基づいて設定されている（図5.3を参照）．

（iii）抜取検査の種類

① 計数値抜取検査

"ロットからサンプルを抜き取り，サンプルを試験し，検査単位を適合品と不適合品に分け，不適合品数を数えるか，あるいはサンプル中の不適合数を数えて，あらかじめ定められた合格判定個数と比較して，その検査ロットの合格，不合格の判定を下す検査"

をいう．

【抜取検査の例―計数一回抜取検査】

計数一回抜取検査とは，

"ロットからサンプルをただ1回抜き取り，サンプルを試験して，検査単位を適合品・不適合品に分け，サンプル中の不適合品数を数えて

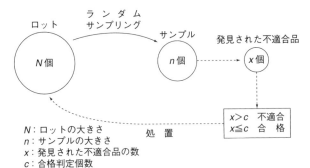

図 5.3　抜取検査方式

合格判定個数と比較して，そのロットの合格・不合格の判定を下す検査"
をいう．

- 検査単位とは，検査の目的のために選んだ単位体又は単位量をいう．
  例：部品 1 個，鉛筆 1 ダース，電線 100 m
- 合格判定個数とは，ロットの合格の判定を下す最大の不適合品数又は不適合数をいう．
  例：検査に提出された $N = 1\,000$ 個（ロット）の品物からランダムに $n = 20$ 個サンプリング（検査単位）し，得られた $n = 20$ 個の品物を試験して不適合品数を調べ，そのサンプル中に不適合品が $c = 2$ 個までなら，品物 1 000 個すべてを合格とし，$c = 3$ 個以上なら不合格とする．このような抜取検査を次のように表現する．

  ロットの大きさ $N = 1000$，サンプルの大きさ $n = 20$，合格判定個数 $c = 2$

② 計量値抜取検査

  "ロットからサンプルを抜き取り，サンプルを試験・測定し，得られた計量値のデータから平均値 ($\bar{x}$)，標準偏差 (s) を計算して，あらかじめ定められた合格判定値と比較してそのロットの合格，不合格の

判定を下す検査"
をいう．特性値が正規分布とみなしてよい場合に適用可能である．

(iv) 抜取検査の適用
抜取検査の適用は一般に，ある程度の不適合品の混入が許せるときで，次のような場合に適用される．

① 破壊検査を要するため全数検査ができないとき
② 間欠的な取引などでロットの品質に関する情報が不足しているとき
③ 品質水準は必ずしも満足ではないが，全数検査を必要とするほどでもなく，悪いロットだけは全数選別するなどの方法によって平均品質の改善を図りたいとき
④ 検査の成績によって供給者を格付けし，選択条件の一つとしたい場合で，ロットごとの品質が変動するとき，又はロット数がまだ少なくて，間接検査に移行するには不十分なとき

(v) 抜取検査の問題点
抜取検査の問題点は，同じ品質のロットでも合格になったり不合格になったりすること，不適合率が非常に小さい場合には不適合品の検出が困難であることなどの問題があるので，採用にあたっては十分に吟味しなければならない．

5.6.3 検査における試験と測定の違い

最後に，検査における試験及び測定について述べる．

試験は規定された手順に従って機械的，電気的，化学的などの物理的特性や機能的特性などを調べること，又はシステム又は部品を規定の条件で動作させ，結果を観察又は記録することである．

測定はある量を基準として用いる量と比較し，量の値を決定する目的をもつ一連の作業である．一般的には測定装置の目盛りの読みから，理論を媒介として間接的に数値を決定することが多い．

以上から"測定なくして改善なし"といわれるように，現状の姿や目標とする水準を定量的に決めるもととなる，極めて重要な行為である．

5.7 計測の基本

　工程管理や設備管理における科学的管理の基盤は計測である．測定値には機器類だけでなく計測作業による誤差が含まれるため，機器類や計測作業の管理をする必要がある．この管理を計測管理といい，製造部門のみでなく，設計部門，生産技術部門，あるいは外注工場や委託先で使用される計測機器に対しても行われる必要がある（5.8 節を参照）．

　ここで，計測，計量，測定という言葉について比較してみる．
① 計　測：特定の目的をもって，物事を量的にとらえるための方法・手段を考究し，実施し，その結果を用い所期の目的を達成させることである（JIS Z 8103）．
② 計　量：計量とは，特に公的に取り決めた測定標準を基礎とするものを指す．例えば，電力，水道，ガスなどは公共料金の基礎となるため，公的にその基準を定めておくことが大切になる．このような物の計測はその意味で計量と呼ばれることが多い．
③ 測　定：ある量を基準として用いる量と比較し，数値又は符号を用いて表すことで，物事を量的にとらえることである．測定は目的とは無関係な操作であり，計測の手段となるものである．

5.8 計測の管理

(1) 管理の基本

　計測の管理は基本的には，測定結果のかたよりとばらつきをどう管理するかである．そして何のために何を測定するのかを決め，その測定方法及び測定に必要な測定器を明確にし，得られた測定値をどのように使うかを明確にする必要がある．計測の管理には，測定器の管理と計測作業の管理がある．
① 測定器の管理：実質的な内容は誤差の管理である．測定器の調達，校正・検証，調整，校正・検証の状態を示す識別，保管，校正・検証の記録

を行う．

② 計測作業の管理：測定方法及び測定値の使用方法のマニュアルを制定し，教育・訓練し，そのとおり実施する．また，機器類に対する点検，校正を確実に実施する．

測定器・計測作業の管理状態を管理図等の方法を用いて確認し，異常が発生している場合にはその原因を追究し，再発防止の処置をとる．また，技術進歩に対応して，新たに必要な計測技術を長期的な視点に立って開発していくことも重要である．

(2) 計測誤差の解析

より高精度な加工を行うために，従来レベルより精度の高い測定方法を必要とする場合や官能評価法などのように，新たな計測方法を採用する場合には，製造に移行する前に計測方法とその誤差に関する検討をしておく必要がある．

計るたびに異なる値が出てくるようでも困るが，どんなものを計っても同じような値しか出てこない計測も意味がない．同じ対象物であれば，繰り返し測定することで同じような値が読め，異なるものを計れば，感度よくそれそのものの値として読める計測方法がほしい．

そのためには，感度（signal）と繰り返し誤差（noise）との比をSN比 (signal-to-noise ratio) として，SN比が高まるような要因を整理して，実験計画法を用いてその要因の有効性を探索・検証する方法が有効になる（図5.4を参照）．

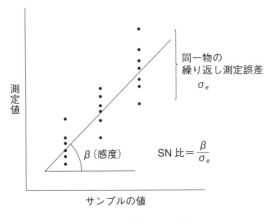

図 5.4　測定の S/N 比

5.9　測定誤差の評価

測定誤差とは,
　"サンプルによって求められる値と真の値との差のうち,測定によって生じる部分"
と定義されていた（JIS Z 8101：1999 廃止）.
　データは母集団から取ったサンプルを測定することによって得られる.ただし,測定には必ず測定誤差を伴っているので,測定誤差を十分に小さくしておかないと工程やロットに対する判断や処置を誤ってしまう.測定誤差を十分に小さくするためには,測定器や測定方法を検討し,日常の管理を行うことが大切である.
　以下は 16.4 節（サンプリングと誤差）でも説明する.ここでは,用語の意味を図 5.4,図 5.5 とともに確認しておいてほしい.

・誤　差＝測定値－真の値
・測定値＝真の値＋サンプリング誤差＋測定誤差
・誤　差＝サンプリング誤差＋測定誤差

5.9 測定誤差の評価

・測定誤差＝測定器の誤差＋測定方法の誤差＋環境などの誤差＋…

測定誤差にはかたよりとばらつきがある．

① かたより：かたよりとは測定を繰り返したときに得られたデータの平均値と真の値（測定量の正しい値）との差をいう．かたよりはその大きさがわかれば，その分だけ補正することによって取り除くことが可能となる．

　　　　かたより＝測定値の期待値（母平均）―真の値

② ばらつき：個々のデータの不ぞろいの程度をいう．ばらつきは測定者によるばらつき，測定日によるばらつき，測定器によるばらつきなど，いろいろな原因に影響されるので，原因を調べ，ばらつきを一定の範囲内に抑えるように測定方法を標準化することが重要である．標準偏差を用いる．

併行条件による測定結果の精度を併行精度，あるいは繰返し精度という．ここで，併行条件とは，同一試料の測定において，短時間のうちに，人・日時・装置のすべてが同一とみなされる繰り返しに関する条件である．

さらに，関連する用語に次のようなものがある．
　　残　差：測定値とサンプルの測定値の平均値との差

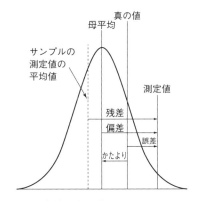

図 5.5 測定値と真の値に関するいろいろな値
　　　　［JIS Z 8101-2, -3（一部修正）］

偏　差：測定値と測定値の母平均との差
正確さ（真度）：真の値からのかたよりの程度
精度（精密さ，精密度）：測定値のばらつきの程度．ばらつきが小さいほうが，より精度がよい又は高いという．
精確さ（総合精度）：測定値と真の値との一致度をいう．真度と精度を総合的に表したもの

5.10　官能検査，感性品質

　感性品質とは，人間が抱くイメージやフィーリングなどの感性によって評価される品質である．自動車でいえば"乗り心地がよい""スタイルがよい""高級感がある"などの言葉で表現される品質である．従来の製品の品質は，機能性や安全性，信頼性といった面を高めることであったが，個人の感性にあった製品を企画，設計することが差別化品質となり，ヒット商品を生む鍵になるなど重要な品質である．

　感性評価（官能評価）は，人間の感覚（五感，五官）を測定器のセンサーとして評価・判定するもので，市場調査，設計・開発など，主に，食品のおいしさ，デザインの美しさなど，人のとらえ方・受取り方，嗜好を評価する場合に用いられている．

　一方，この人間の感覚を用いて，製品及びサービスの品質特性が要求事項に適合しているかを判定・評価する方法を官能検査という．官能検査は，主に，品質特性を人間の五官により測定し，標準見本や限度見本を使って判定基準に基づいてその良否を判定する場合に用いられている．官能検査は品質情報を感覚に対する刺激として人間が受け取り，これを評価する検査である．

　官能検査には二つの型がある．

(1) 分析型官能検査

　品質特性そのものを官能（五官）によって測定するもので，いわゆる人間が測定器の代用に使われる検査である．

① 測定可能であっても，人間の感覚で代用したほうが実際的な場合
② 測定器よりも，人間のほうが鋭敏な場合
③ 人間の感覚では感知できるが，原因になっている化学物質や物理状態が不明又は特定できない場合（食品の風味など）
④ 問題の特性を測定する適切な手段がない場合（風合いなど）

(2) し好型官能検査

食品のおいしさやデザインの美しさなど，人間の感覚の状態そのものを測定の対象とする検査である．

また，このような官能検査を行ったり，感性品質を評価したりする場合，評価尺度が必要である．尺度とは感覚の質・強度，し好などを測定するために用意された言語又は数値の集合で，分類や順序づけが可能なものをいう．

なお，それらの性質から得られる四つの評価尺度を以下に紹介する．
① 名義尺度（分類尺度）：対象を分類して記号や数値を割り当てる規則をもつ．
　　例：スイッチのオン/オフの区別（オン：1，オフ：0）
　　　　夏が好きですか？（はい：1，いいえ：2）
② 順序尺度（序数尺度，順位尺度）：対象がもっている特性の大小に応じて，対象に順位を与える規則をもつ．
　　例：駅伝の着順
　　　　太陽系の惑星を大きな順に番号をつける．
③ 間隔尺度（距離尺度，単位尺度）：対象間の順序ばかりでなく，距離関係も扱うことができる尺度をもつ．
　　例：季節（春夏秋冬）の好みを1～5（とても嫌い～とても好き）で採点する．
④ 比率尺度（比例尺度）：大小関係，距離関係ばかりでなく，比率関係を扱うことができる尺度をもつ．
　　例：速度（km/h），体積・容量（m^3）

第6章 品質経営の要素──方針管理

総合的品質管理又は総合的品質マネジメント（TQM）を効果的に実施するためには，市場の調査，研究・開発，製品の企画，設計，生産準備，購買・外注，製造，検査，販売及びアフターサービス並びに財務，人事，教育など企業活動の全段階にわたり，経営者をはじめとして管理者，監督者，作業者・事務員など，企業の全員参加と協力が必要である．この概略を図示したものが図6.1である．同図のようにTQMとは，

"トップ，すなわち経営者層がリーダーシップを執り，以下，管理者，監督者，作業者・事務員などの全階層に至るまでの各段階の全員が，縦の流れで，同じ方向，同じ目標に進むと同時に，営業・開発・生産などの各部門間で十分に横の連携をとって，同じ方向，同じ目標に向かって進むこと，すなわち全員参加（3.14節を参照）の活動をすること"

である．

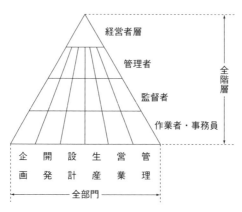

図6.1　企業人員構成のピラミッド

［小野道照・直井知与（2009）：改定レベル表対応 増補版 品質管理教本 QC検定試験3級対応，日本規格協会］

なお，管理者と監督者の違いは，管理者は"組織の状態に気を配り，必要に応じて組織的に取り仕切る者"，監督者は"作業者・事務員に直接仕事の指示をして取り締まる者"である．すなわち，管理者は"組織全体の管理"，監督者は"人への指図と人の管理"が主体となる．

そして，このTQMの推進になくてはならないか活動が方針管理と日常管理である．さらに，この活動を推進する目的でJIS Q 9023（マネジメントシステムのパフォーマンス改善—方針によるマネジメントの指針）が示されている．

組織がその使命を果たし，競争優位を維持して持続可能な成長を実現するために，提供する製品の価値に対して顧客の満足を得ることは不可欠である．そのため，環境の変化への俊敏な適応と効果的，効率的なパフォーマンスの改善を行って，顧客のニーズや期待に応えて，高い顧客価値を創造していくことが必要となる．

JIS Q 9023はそのための支援技法として方針によるマネジメントに関する指針を定めた規格であり，組織の使命，理念及びビジョンに基づく中長期経営計画及び方針の策定に始まり，組織内の関連する部門及び階層への展開，実施，実施状況の確認，処置をするサイクルを継続的に回し，マネジメントシステムのスパイラルアップを図る手引（ガイドライン）を提供している．

6.1 方針とその展開

まず，方針とは，
"トップマネジメントによって正式に表明された，組織の使命，理念及びビジョン，又は中長期経営計画の達成に関する，組織の全体的な意図及び方向付け"
と定義される．方針には，重点課題，目標及び方策が示される．

方針管理とは，
"経営基本方針に基づき，中・長期経営計画や短期経営方針を定め，それらを効果的に，かつ，効率的に達成するために，企業組織全体の協力のも

とに行われる活動であり，方針を全部門・全階層の参画のもとで，ベクトルを合わせ，重点指向で達成していく活動"
をいい，我が国の品質管理の特徴の一つである．すなわち，日常，各部門で決められた業務を行い，部門の役割を遂行していく日常管理（第8章）の活動に加えて，前向きに改善・改革に取り組む活動が方針管理である．

また目標とは，
　"方針又は重点課題の達成に向けた取組みにおいて追求し，目指す到達点"
である．

企業における製品開発，品質の改善・維持の活動や，企業体質の改善策を効果的に推進するためには，方針管理に基づき，企業としての方針・目標を明示し，これを受けて各部門別に展開した重要課題・施策の実施計画を達成すべく，方針に関して策定，展開，実施，確認，診断，次期方針・計画への反映などが組織的に運営されることが重要である．

このためには日常の維持管理が着実に実行され，標準類が順守され，安定した管理状態が基盤となってはじめて可能となるのであり，日常管理と方針管理が相互に連係して**TQM**を堅実に推進していくことができるようになる．

6.2　方針の展開とすり合わせ

方針の展開にあたって方針の重要性には次があげられる．
① 　中・長期経営計画に基づいていること
② 　具体的で重点化されていること
③ 　事業別や品質，コスト，納期，量，安全，環境などの目的別になっていること

方針の展開は方針に基づく上位の重点課題，目標及び方策が，下位の重点課題，目標及び方策へ展開することで具体化される．その上位と下位の重点課題，目標及び方策が一貫性をもったものとするように関係者が調整をすることが方針のすり合わせである．また，方針はトップダウンで展開するだけでなく，ボ

トムアップで下位から課題・問題を出し，これを方針に反映していくことが重要である．

重点課題については，組織が最重点に取り上げる中・長期や年度などの経営課題である．中・長期経営計画，経営環境の分析から出てきた課題や現状の反省から出てきた問題などを十分に考慮して重点化する．また，部門における重点課題は上位方針を中心にしながら，当該部門の中・長期経営計画，経営環境の分析から出てきた課題，現状の反省から出てきた問題などを考慮して決める．

目標は組織が目指す測定可能な到達点である．目標の設定にあたっては，達成すべき状態，達成期日，達成度を評価する尺度（管理項目）を明確にする必要がある．また，上位の目標及び関係部門との十分なすり合わせ，実現可能性の検討なども行う．

なお，管理項目は目標の達成を管理するために評価尺度として選定した項目である．また，方策の達成度を管理するために評価尺度として選定した項目は，点検項目又は要因系管理項目と呼ばれることがある．ただし，管理項目は部門又は個人の担当する業務について，目標又は計画どおりに実施されているかどうかを判断し，必要な処置をとるために定められることもある．

また，部門単独では解決が困難な課題に対処するために，異なった部門から活用できるすべての関連知識及び技能を結集し，編成された部門横断チーム（cross functional team：CFT，第7章を参照）を編成することがある．このチームには，関係する設計，製造，技術，品質，生産及び他の該当する要員によって編成される．

方策は目標を達成する手段であり，具体的な手段でなければならない．方針管理では挑戦的な目標が設定される場合が多い．そのため，調査・分析・解析を徹底的に行い，新たな業務プロセスの改善・革新に踏み込んだ具体的な方策を立案することが必要である．具体的な方策を立案するための調査・分析・解析のためには，問題解決・課題達成の能力をもった人材育成が不可欠である．

ここで重要なことは，目標展開された尺度の体系化である．その尺度を上位下位から読み取って，方針が達成できるかできないかをよく見通すことで

ある．例えば，上位方針で原価20％削減目標が立てられると，どこの部門も20％削減となるような方針の展開は誤りである．事実（データ）で分析し，5％の部門もあり，30％の部門もあってこそ，意味のある展開となる．

さらに管理者が10項目の管理項目をもつこと自体，重点主義からすればおかしな話である．例えば，10項目の管理項目に対して1項目当たり毎月3時間の議論が必要ならば，30時間も時間を要する．3〜5項目に絞り，残りは下位の責任者に任せてフォローする．自らが絞った管理項目を推進するのがよい．

6.3 方針管理のしくみとその運用

方針によるマネジメントの原則として，次の四つを重視している．
① リーダーシップ

トップマネジメント及び組織内の責任者は組織の目的及び方向を一致させる．トップマネジメント及び組織内の責任者は，人々が組織の目標を達成することに十分に参画できる内部環境をつくり出し，維持すべきである．

② PDCAサイクル

方針の策定（Plan），実施（Do），確認（Check），処置（Act）のプロセスを一つのシステムとして明確にし，目標を達成するように重点指向のもとで運営管理することによって，マネジメントシステムのパフォーマンスを改善する．

③ プロセス重視

目標の達成状況だけではなく，結果に至ったプロセスを分析してプロセスを改善することによってマネジメントシステムのパフォーマンスを改善する．

④ 事実に基づくアプローチ

方針の策定及び実施状況の評価にあたっては，事実に基づく分析によって定量的な目標を設定し，結果を分析して方針及びマネジメントシステム

のパフォーマンスを改善する．また，方針の実施にあたっては，事実に基づいて目標の未達成原因を追究し，マネジメントシステムのパフォーマンスを改善する．

以上をもとに，組織にとっての最重要な課題を摘出し，組織の方向を合わせて，確実に課題を解決していくように運営管理していくことが必要である．

方針管理のしくみは方針を設定し，方針の展開を行い，方策の実施，その結果の評価，さらに結果の差異分析を行い，次年度に反映させるという PDCA のサイクルになっている．

具体的に方針管理を効果的に推進するためには，全員の進むべき方向や目標が明確になっていなければならない．トップは会社の経営理念・基本方針（経営方針）及び中・長期計画を受け，品質管理方針を含めた年度方針を打ち出す必要がある．そしてこれを下位に展開し，浸透させなければならない．各部門はトップ方針を受け，方針達成のための計画と具体的方策を立て，その実施計画を立て，これを実施・推進していく．方針達成状況のチェックと反省・処理と同時に総合的品質管理の立場からトップ診断（監査）を行う必要がある．

このようにして方針管理としての PDCA のサイクルを回しながら，当年度の反省を踏まえて次年度の方針を打ち出す．方針の展開と推進運営のしくみの例を図 6.2 に示す．

6.4　方針の達成度評価と反省

方針の実施状況のレビューと次期への反映である．実施状況の把握とともに目標と実績の差異分析及び分析結果に基づく処置を決めていくステップである．

実施状況のレビューでは，目標の達成・未達を方策の実施の可否で評価すると，目標に対して方策がどうであったのかの評価ができる．また，方策と目標の相関をみるなどの解析をしておくとよい．さらに，実施できなかったことについては，その原因を追究しておくことも重要である．

112　第6章　品質経営の要素——方針管理

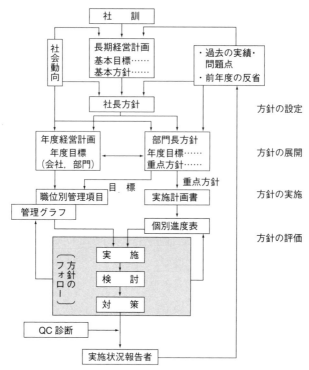

図 6.2　方針展開と推進運営のしくみの例
［小野道照・直井知与（2009）：改定レベル表対応増補版
品質管理教本 QC 検定試験 3 級対応，日本規格協会］

第7章　品質経営の要素——機能別管理

　品質保証，量（納期）管理，原価（利益）管理は経営の根幹となる機能である．これらの機能は全社・全部門に及ぶものなので，セクショナリズム（いわゆる"縄張り根性"）が強い組織では，これらを効果的に行うことは容易ではない．

　こういった状況を克服するために考えられた方法が機能別管理であり，機能別委員会である．

　1960年に，部門別と機能別の二元表が作成され，トヨタ自動車工業株式会社（当時）が採用した．その後いろいろと工夫し続けて実施され，成功されている（品質月間テキスト409，"石川馨　品質管理とは"，久米均編）．この活動はその後，機能別管理という言葉とともに，50年以上の歴史がある活動となった．

　現在では，1960年当時より大きくなっている企業も多い．組織が大きくなればなるほど部門別の組織となり，組織間だけでなく組織内にも組織の"カベ"というものができやすくなり"ヨコ"の連携["クロスファンクショナル"（cross functional）："部門横断な"活動と呼ばれる]が極めて難しくなってくる．そのため，組織の目的を効果的に達成していくためには，どうしても"ヨコ"の連携を強くしていく必要がある．日常管理の中で，この"ヨコ"の連携ができていればよいが，なかなかそのようにはならない．そのため，この"タテ"の組織管理と"ヨコ"の組織管理をマトリックス図を用いてその関連性を明確にしたマトリックス管理によって，統括し，運営していく考え方が必要になってくる．

　例えば，すべての部門が多かれ少なかれ関係する品質においては，一つの部門が正しく機能しないだけで問題が生じることが多い．したがって，各部門が品質保証という機能で確実につながり，効率的に品質保証活動を実施していく

必要がある．"タテ"の組織管理を部門別管理，"ヨコ"の組織管理を機能別管理で対応し，全体の組織をマトリックス的に運営していくことである．

そういった意味で，部門単独では解決が困難な課題に対処するため，異なった部門から活用できるすべての関連知識及び技能を結集し，編成されたチーム［クロスファンクショナルチーム（Cross Functional Team：CFT）：部門横断チーム］を使った活動が重要である．

また，関係する人たちが集まって，問題解決やしくみの改善を行ったりする品質会議やCFTの活動などの部門横断的なプロジェクト活動，役員で構成する品質保証会議や原価管理委員会など，QCD＋PSMEなどの機能別の責任と権限を明確にした機能別委員会が部門横断的組織の代表例である．

なお，JIS Q 9023の附属書5"方針によるマネジメントを補足する活動"に例として機能別管理が示されている．次がその概略である．

> 機能別管理は，組織を運営管理する上で基本となる要素(例えば，品質，コスト，量・納期，安全，人材育成，環境など*)について，各々の要素ごとに部門横断的なマネジメントシステムを構築し，当該要素に責任をもつ委員会**などを設けることによって総合的に運営管理し，組織全体で目的を達成していくことである．
>
> 品質，コスト，量・納期，安全，人材育成，環境など*の要素ごとに組織としての目標を設定し，各部門の業務に展開し，部門横断的な連携及び協力のもとで各部門の日常管理の中で目標達成のための活動を実施する．
>
> 機能別管理の運営には多くの部門にかかわってくる．組織全体の活動の改善をその一構成部門が行うのは一般に困難であり，部門を越えた委員会によって行うのがよい．これは本来トップマネジメントの職務であるが，機能別委員会はこれを代行するものといえる．委員会の委員長は，その委員会が取り扱う問題を直接担当していない経営者，場合によってはトップマネジメント自身が担当するのがよい．（中略）当該要素に関する組織のマネジメントシステムを最も効果的，かつ，効率的に運営管理するための

システムづくりが重要である．

　編集注　＊　QCD＋PSME と考えてよい．
　　　　　＊＊　後述にもある"機能特別委員会"を指す．

図 7.1 に機能別管理の例を示す．

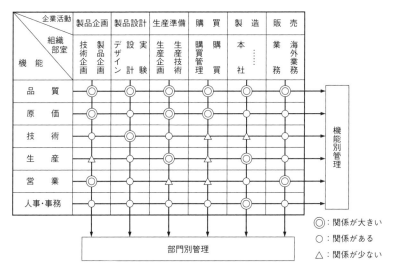

図 7.1　機能別管理の例
［青木繁（1981）：品質管理，Vol.32（3），p.68］

第8章　品質経営の要素——日常管理

8.1　業務分掌，責任と権限

　日常管理（又は部門別管理）は方針によるマネジメントでカバーできない通常の業務について，おのおのの部門がおのおのの役割を確実に果たすことができるようにするための活動である．

　日常管理の基本はおのおのの部門が標準類を遵守して現状を維持していくことである．日常管理は改善も含むが，基本は現状維持の活動であり，改善・改革を求める方針管理とは対をなす管理活動である．

　基本的な進め方はおのおのの部門がその職務を明確にしたうえで，そのパフォーマンスを測るための管理項目及び管理水準を設定し，検出した異常について確実な原因追究及び対策を実施することとなる．

　日常管理の実施にあたって重要なこととして，次の三つがあげられる．

①　他部門にどのような製品及びサービス又は情報を提供しているかという視点から職務分掌の見直し
②　おのおのの部門の職務・実力に応じた管理項目・管理水準を定めること
③　異常が発見された場合の原因追究・処置の手続き及び役割分担を決めておくこと

管理項目や管理水準は管理項目一覧表として整理し，組織内部で公のものとしておくとよい．

　また，異常の原因は複数の部門にまたがる場合が多い．このため，発生した異常を一件一葉の異常報告書にまとめ，関連すると思われる部門に送付するなど，他部門の協力を得るための工夫が必要である．

　さらに，1件1件の異常報告書は"応急対策""原因追究""再発防止対策"

8.1 業務分掌,責任と権限

"効果確認"などのステップに分けてその進捗をフォローすると十分である.

日常管理とは,

"各部門において当然日常的に実施されなければならない部門の役割を規定した分掌業務(又は職務分掌)について,業務の目的,各部門の役割,責任分担の明確化,権限委譲の明確化などを行い,その業務目的を効率的に達成するために必要なすべての活動"

をいう("分掌"は単に役割や権限などの"分担"と考えればよい).経営者・管理者が行う管理(経営管理)の最も基本的な活動であり,それぞれの部門が現状を維持していく活動である.そのため,その維持活動を評価するための管理項目や管理水準を設定して,検出した異常に対しては原因追究と対策を確実に実施していくことが基本的な進め方である.

原因追究,応急対策(応急処置),再発防止対策(是正処置),さらには未然防止対策(予防処置),効果確認などのステップごとにその進捗をまとめておくと技術の伝承などにも役に立つ.また,日常的に実施しなければならない分掌業務については,作業標準などの標準類を定め,問題がある場合には,改善を行っていくというサイクルを回してより良い標準にしていく活動も大切である.こういった意味で,維持には維持向上という考え方も含まれている.

日常管理では,品質だけでなく,コスト,納期,安全,モラール・モラルなども管理対象になる.さらに,方針管理項目から各職場に分類された項目も日常管理の対象になる.なお,この管理のサイクルは標準化から始まるのでSDCA (Standardize-Do-Check-Act) と呼ばれる.

また,日常管理の実施にあたっては,他部門にどのようなもの,サービス又は情報を提供しているかという視点から職務分掌を見直すことも大切である.

さらに,組織を取り巻く外部の環境は常に変化しているのであるから,組織としての目的を維持しようと思えば,その環境の変化に対応して改善を維持するという方向にならなければならない.そういった意味で日常管理のPDCAも変化に対応した活動の内容や進め方は改善のサイクルになってくるのである.

次節で管理の方法としての管理項目を説明する.

8.2 管理項目（管理点と点検点），管理項目一覧表

それぞれの部門の職務・実力に応じた管理項目・管理水準を定めること，管理項目や管理水準については管理項目一覧表として整理し，組織内部で公のものとして周知するとよい．表8.1に管理項目一覧表の例を示す．

管理項目とは，

"目標の達成を管理するために，評価尺度として選定した項目である．部門（あるいは個人）の担当する業務について，目的どおり実施されているかを判断し，必要な処置をとるために定めた項目（尺度）"

と定義されている．管理項目によって結果を確認し，原因系である点検項目に対して再発防止策をとることが基本的な考え方である．

表8.1 工場の各部署と機能及びその管理項目一覧表の例

機能 ＼ 部署	管理項目	人事管理課	生産技術課	品質管理課	生産管理課	経理課	製造部
Q：品質	・クレーム件数	○	○	◎			○
	・納入不具合件数	−	○	◎	−		○
	・工程内不良率	−	○	○	−		◎
	・不良損失額	○	○	○			◎
C：原価	・設備生産性	○	○		◎	○	○
	・設備故障率	−	◎		−	○	○
	・原単位改善金額	−	◎	−	−	○	○
	・ロス率	○	○		○	○	◎
D：納期	・納入遵守率	−	−	−	◎	−	○
	・在庫日数				◎		○
S：安全	・労働災害件数	◎	○	○	○		○
M：人材育成	・教育計画実施率	◎	○	○	○	○	○
	・資格基準充当率	◎	○	○	○	○	○
E：環境	・大気水質改善率		○				◎
	・廃棄物減量・減容化率	−	○	−	−	−	◎

備考　◎：主管部署　　○：関係部署

また，評価できないものは事実そのものも判定できないし，改善もできない．業務活動の"できばえ"を何で測るかは，その後の管理や改善活動に大きく影響するので"管理"と名のつくすべての活動には，管理項目や点検項目が必要である．

　一般的には，管理項目は測定しやすく，評価しやすいという点で数量化できるものであることが望ましい．

　なお，管理項目には，結果を確認する項目としての管理点（結果系管理項目），要因を確認する項目としての点検点（点検項目又は要因系管理項目）とがある．上位の職位は主に管理点を用いて管理し，下位の職位は点検点を用いて管理するのが一般的である（ただし，職位の上位下位は組織に応じて呼称や責任と権限の範囲が異なるので，組織に応じて決定すればよい）．

　この結果をみる管理点と要因である工程をみる点検点の良し悪しが管理の質を左右するので十分吟味して設定する必要がある．

　管理対象となる工程，設備，区分などについて，それぞれの管理項目，管理方法，管理対象，目標値，処置限界，確認頻度，留意点などを部門単位で集約した表を管理項目一覧表，また，個人ごとの管理項目を一覧化した表を職位別管理項目一覧表と呼ぶことがある．"QC工程図"も管理項目一覧表の一つである．

　日常管理における管理項目は，それぞれの部門の職務分掌と密接に関連したものであるため，その達成状況を的確に把握できるものであることが望ましい．

8.3　異常とその処置

　日常管理において，どうなれば異常と判断するのかという基準を明らかにしておくことが必要である．それは，管理の目的が平均を上げようとしているのか，ばらつきを問題にしているのかによって，異常のとらえ方が変わるためである．

異常が発見された場合の原因追究，処置の手続き及び役割分担を決めておくことも重要である．また，異常の原因は複数の部門にまたがる場合が多いので，発生した異常を一件一葉で異常報告書としてまとめ，関連する部門に周知（水平展開）するなど，他部門の協力を得るための工夫が必要である．

さらに，1件1件の異常報告書については"応急対策""原因追究""再発防止対策""効果確認"などのステップに分けてその進捗をフォローするとよい．異常の件数が多い場合には，その影響の大きさによってランク分けを行って，それぞれのランクに応じて取り扱うことが望ましい．

8.4 変化点とその管理及び変更管理（異常の発生源への注意）

安定状態にある工程で品質のトラブル（異常）が発生するのは，工程のどこかに何らかの変化があった場合である．工程の変化は，工程内の要因を意図的に変化させる変更と，工程の外にある要因の変化と考えられる．いずれの場合も変化点を特定し，その変化点を管理していくことが品質保証にとって重要である．

変更は要因を意図的に変化させる活動であり，その変更がその後の工程にどのような影響を与えるかをどう予測できるかがポイントとなる．一方，変化は工程の外にある要因（既知）が知らずに変化してしまうことである．その変化が工程にどう影響するか（未知）が問題となるので，変化の予測とその検知方法がポイントである．

変更管理は自ら変更するときの管理で，変化点管理は変化の原因が他にあるときの管理である．日常管理では異常の発生と変化点を抑え込んだ管理ができるかどうかでその質が決まってくる．このうち，異常の管理は比較的徹底するのだが，変化点管理は意外と"抜け"てしまうことが多いので，注意が必要である．

ここでは，変更については変更管理，変化については変化点管理として説明するが，両者を含めて変化点管理という場合も多い．

8.4 変化点とその管理及び変更管理

(1) 変更管理

自ら，製品及びサービスの仕様や 4M などに関する変更を行う場合，変更に伴う問題を未然に防止するために，変更の明確化（変更の対象，内容，範囲，時期などの明確化），評価（変更の目的の達成と他への影響の評価のこと），承認，文書化，実行，確認を行い，必要な場合には処置をとる一連の活動である．必要によって，顧客の承認を得る必要がある．

(2) 変化点管理

変更管理と似ているが，工程において意図せずに，何かが変化したと判断された際に，それによってトラブルや事故が起きないかどうかを十分に管理することをいう．一般的に外部からの変化や 4M に関係する変化などに対して対応をとる．この場合は予測に基づく変化点が基準になる．

不具合や異常発生のもとは日常活動での変化点にある場合が多い．そのため，変化点を推測してその変化を検知したり，監視したりする活動が必要である．

第9章　品質経営の要素——標準化

"標準"（standards）とは，JIS Z 8002（標準化及び関連活動——一般的な用語）の附属書JAにおいて次のように定義されている．

① 関連する人々の間で利益又は利便が公正に得られるように，統一し，又は単純化する目的で，もの（生産活動の産出物）及びもの以外（組織，責任・権限，システム，方法など）について定めた取決めである．

② 測定に普遍性を与えるために定めた基本として用いる量の大きさを表す方法又はものをいう（SI単位，キログラム原器，ゲージ，見本など）．

　"標準化"（standardization）とは，同様に，次のように定義されている．

　"実在の問題又は起こる可能性がある問題に関して，与えられた状況において最適な程度の秩序を得ることを目的として，共通に，かつ，繰り返して使用するための記述事項を確立する活動"

標準化を具体的に考えると，身近な照明器具などから工具や部品のねじやくぎの寸法，企業活動における工場の工程管理にいたるまで，種々の標準がさまざまな領域に広がっている．工業製品や技術分野に限らず"標準"は製品及びサービスの品質の確保，生産の合理化，生活の安全・便利さなど，経済・社会の基盤となっている．

さらに，企業では，技術の戦略的展開を図るうえで重要なものとなっている．グローバル化する企業活動においては，世界市場での技術展開や商取引においても重要な意味をもっているのである．

9.1 標準化の目的・意義・考え方

品質管理と同様に，仕事と切っても切れないものとして，標準や規格がある．これは長さや重さといった質的，量的なことから，やり方や判断方法まで非常に広い範囲にわたっている．標準や規格は社会におけるルールの一つであるので，これらがなければ，さまざまな場面で不便を来し，安全に安心に，そして便利で豊かに社会生活を送ることは難しい．そのような標準や規格を作成し，使用したりしていく，すなわちルールづくりを標準化又は標準化活動と呼んでいる．

標準化の目的と効果としては，一般的に，次のようなことがあげられる．
① 互換性・インタフェースの確保
　　例：電池は同じ型であればメーカーを問わずに使用できる．
② 情報伝達・相互理解の促進
③ 技術・業務の伝承と蓄積
④ 業務の正確性・能率向上
⑤ 品質の安定・向上
⑥ コスト低減
⑦ 安全・衛生・環境の確保と保全
⑧ 合理化の促進
⑨ 顧客，社会への貢献
⑩ 国際取引の円滑化

標準化の意義には，次の5項目があげられるであろう．
① "形状""大きさ"を同一にすること，単位・記号を統一することで，顧客がどの会社の製品でも同じように使うことができる（互換性の確保，相互理解，新技術の普及）．
　　例：乾電池，蛍光灯
② 製品の品質を一定に保つことで，顧客が安心して購入できる（消費者の利益確保）．

例：トイレットペーパー，ノート
③　情報をわかりやすい"絵"（ピクトグラム）にすることで，言葉の壁を取り払うことができる．
　　例：非常口のマーク（日本発の国際標準）
④　特定のラベルをつけることで，製品の省エネルギー性能が一目でわかり環境保護の促進につながる（安全性の確保，環境保護）．
　　例：省エネラベル
⑤　商品に印をつけることで，その商品の内容物や向きが，暗闇でも目の不自由な人にでもわかりやすい（ユニバーサルデザインの一例）．
　　例：シャンプー・リンスの容器（ギザギザの有無），牛乳パック（切欠きの有無）

　消費者と生産者との間では価格の面や品質の面からの対立があり，生産者どうしでは製造方法や品質，方式の違いなど，規格の決まり方によっては企業の死活問題となるような場合もある．しかし，利害関係者すべてができる限り合意できるような努力をして決めていくことが必要であり，重要である．

9.2　社内標準化の目的・意義・考え方

　社内標準とは個々の組織内で組織の運営，成果物などに関して定めた標準であり"社内規格"とも呼ばれる．
　すなわち，従業員が遵守すべき社内の取決めであり，社内の法律の一つである．したがって，文・図・表などによって成文化されたもので，具体的，かつ，客観的に書かれたものであることが必要である．また，その内容はだれがみても正確に伝達されなければならない．その社内標準を作成し，運用してくことを社内標準化又は社内標準化活動と呼んでいる．
　社内標準化は品質，コスト，納期，安全，環境管理など，すべての企業活動を適切に実施するために欠くことのできない活動であり，最も身近にあって仕事への影響が大きい活動である．

また，社内標準は業務の統一化・ルール化による能率の向上と部門内外の連携強化を図ることを目的としている．したがって，他の社内標準と矛盾がなく，かつ，整合性がとれていなければならない．また，団体規格，国家規格，国際規格など，グローバルな視点での調和も必要となる．

製造工程での社内標準化の目的は4M（作業者，機械・設備，材料，方法）や5M（4M＋測定）による原因のばらつきを抑え，各工程を管理状態にすることで，製品品質を安定化させることである．このように管理された工程であれば，工程異常が発生した場合でも，速やかに発見ができ，原因究明とともに再発防止に向けた対策を行うという改善につながる活動となる．

当然，その改善において，社内標準の改訂が必要となれば改訂を行い，常に最新版の維持管理を行うことが大切である．

以上から，企業で特に重要性の高いであろう目的は次の3項目があげられる．
① 部品，製品の互換性やシステムの整合性が向上し，コスト低減に寄与する．
② 個人のもつ固有技術を企業の固有技術として目に見える形で蓄積でき，技術力の向上を図ることができる．
③ ばらつきを管理して低減させることによって，品質が安定して向上する．4Mによるばらつきを小さくしていくことで，品質を安定させ，さらに向上させていくことが可能となる．

社内標準又は社内規格の呼び方について特に定まったものはないが，次のような一般的な呼び方がある．
① 社内標準
② 作業標準（作業要領，作業手順書，作業マニュアル）
③ 社内規格
④ 社内規程
⑤ QC工程図（表）（QC工程標準）

社内標準・社内規格は，常に組織の実情に合った内容とするため，その標準や規格に関係する要素が変更された場合には必ず見直しを実施する必要がある．

社内標準化については，大きく分けて次の三つの種類があげられる．特に，

(2) ①の"製造条件に関する標準"はさらに三つに分けて整理することができる．日常，次のように呼ばれていなくとも，顧客第一，品質第一などを考慮している組織であれば内容は同じ，あるいは類似の標準化がなされているはずである．一度，確認・整理してみると今後の業務に参考になるであろう．

(1) 製品に関する標準化

製品，マーケティング・営業，商品企画，新製品開発，設計，生産準備，資材調達，法規・認証・外部標準などに関する標準である．

(2) 製造に関する標準化

ものづくりにおける標準化において，多くの人々が携わる製造に関する標準化は次のように分けて考えて使われている．

① 製造条件に関する標準
・製造技術標準：生産技術，生産方式，管理業務等の標準
・工程標準と QC 工程図
・製造作業標準
② 設備管理に関する標準
③ 検査標準
④ 外注加工に関する標準

(3) 業務の標準化

業務分掌規定など，経営や組織，人事・労務，業務の処理などに関する標準である．業務の標準化によって得られる社内標準の作成と体系について，いくつか整理しておく．

(a) 社内標準の作成について

製品や部品に求められる品質，自社技術レベル，作業者のレベル，使用される範囲について十分な調査を行ったうえで，その作業標準を使用する関係者の立場に立って作成する必要がある．実行ができないような社内標準は意味がない．

(b) 社内標準の体系について

社内標準化は体系的，かつ，計画的に進める必要がある．社内標準の分類を次に示す．

① 規　　定：主として，組織や業務の内容・手順・手続き・方法に関する事項について定めたもの
② 要　　領：各業務についての手引，参考，指針となるような事項をまとめたもの
③ 規　　格：主として，製造，検査，サービスにおける，物の製造条件，方法などの技術的事項について定めたもの
④ 仕　　様：材料・製品・工具・設備などについて，要求する項目を特性のみでなく製造方法や試験方法などを定めたもの
⑤ 技術標準：工程ごと，製品ごとに必要な技術的事項を定めたもの

9.3　産業標準化の目的・意義・考え方

9.3.1　産業標準化

標準化の中でも工業分野を中心とした，産業における標準化を特に産業標準化という．我が国の産業標準化制度は 1946（昭和 21）年に制定された工業標準化法に基づいて"日本工業規格（JIS）の制定"と"日本工業規格（JIS）との適合性に関する制度（JIS マーク表示認証制度及び試験所認定制度）"により運用されてきた（名称はいずれも当時）．

近年の IoT やビッグデータ，AI などの IT 革新（第 4 次産業革命）や新たな付加価値（"つながる"）で創出される産業社会（コネクテッドインダストリーズ）への対応，業種を越えた国際標準化やその拡充など，さまざまな社会環境の変化に対応することを目的に，2019 年 7 月に工業標準化法の一部が改正され，改正後は"産業標準化法"と名称が変更されている．

（1）法律の改正の概要

法律の改正にあたっての主な点は，次の四つがあげられる．
① JIS の対象の拡大と規格名称・法律名称の変更
　　データ，サービス，経営管理等の JIS への追加，"日本工業規格"から"日本産業規格"，"工業標準化法"から"産業標準化法"への名称変更

② JIS の制定や改正の迅速化

これまでの"業界団体→主務大臣→日本産業標準調査会（JISC）→主務大臣"というしくみに加えて"認定機関→主務大臣"というしくみを創設（図 9.1 参照）

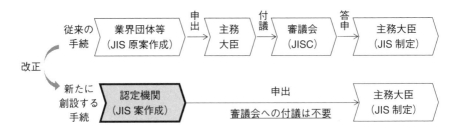

図 9.1 JIS の制定等のしくみ（出典：経済産業省）

③ 罰則の強化

JIS マークを用いた企業間取引の信頼性確保のため，認証を受けずに JIS マークの表示を行った法人等に対する罰金刑の引上げ（上限 1 億円）

④ 国際標準化の促進

国際標準化促進の追加とともに，産業標準化及び国際標準化に関する国，国立研究開発法人・大学，事業者等への努力義務規定の設置

(2) 目 的

産業標準化は数々の有形の製品についての規格（製品規格）をはじめ，それに関係する用語や記号などの規格（基本規格），試験方法や分析，検査などの規格（方法規格）とともに，無形のデータやサービス，経営管理（マネジメントシステム）などを作成，活用していく活動である．

産業標準化の目的として次の 5 項目があげられている．

① 鉱工業品の品質やデータ，サービス，経営管理等の質の改善
② 生産能率の増進その他生産の合理化
③ 取引の単純公正化
④ 使用又は消費の合理化

⑤　公共の福祉の増進

(3) 意　義

放置すれば，多様化，複雑化，無秩序化してしまう"物"や"事柄"について，次のそれぞれの観点から，技術文書として国家レベルの"規格"を制定し，これを国内において統一又は単純化することが産業標準化の意義といえる．

① 経済・社会活動の利便性の確保　例：互換性の確保
② 生産やサービス提供，経営管理等の効率化　例：品種削減を通じての量産化
③ 公正性を確保　例：消費者の利益の確保，取引の単純化
④ 技術進歩の促進　例：新しい知識の創造や新技術の開発・普及の支援
⑤ 安全や健康の保持，環境保全

9.3.2　JIS

JIS は産業標準化法に基づいた，鉱工業品やデータ，サービス，経営管理等に関する国家規格で日本産業規格という．この英語名称"Japanese Industrial Standards"の頭文字をとった JIS ("ジス"と呼称) を略号として用いる．直接商取引に関する JIS は使用者・消費者，生産者，販売者，学識経験者などの代表者によって審議され，利害関係者の声を十分反映させて作成される．

(1) JIS の対象範囲

JIS は，国内で使われる標準であり，鉱工業品やデータ，サービス，経営管理等についての規格である．製品やデータ，サービス，経営管理等の質をよりよくすること，生活を便利にすることなどを目的に，製品の形状・寸法 構造・品質などの要素や生産方法，設計方法，試験検査方法，さらに情報やデータのセキュリティ，マネジメントシステムなどの標準を定めている．

JIS は主に次のような観点から我々の生活そのものに必要不可欠である．

① 互換性の確保　例：乾電池の種類，携帯電話の数字キーの配列 [これらは国際標準化されている (9.4 節を参照)]

② 質の確保　例：衣類乾燥機や電子レンジの品質や性能の十分さ及びそれらを有するための組織の仕事やしくみ
③ 安全性の確保　例：チャイルドシート，ヘルメット，食品安全

(2) JISマーク表示制度

(a) JISマーク表示制度とは

我々が商品を購入するとき，又は工場が原材料を購入・調達するときには，製造業者，銘柄などによって，品質の優劣，違いを判断する．しかし，品質についての具体的事項，例えば，電球の寿命，鋼材の引張強度，コンクリートの強度などは，外観を調べてみただけでは判断できず，価格がその品質にふさわしいものか，購入してよいものかを判断できないことが多くある．

これを解決するためには，重要な品質を規格に定め，個々の製品がそのJISに適合している（JISで決められた内容を正しく守っている）ことを第三者が証明するような方法が求められる．このことを目的としているものがJISマーク表示制度である．

品質の具体的内容を規格で規定しておいて，そのJISに該当する製品には，JISに適合していることを示す特別な表示（JISマーク）をつけるという制度である．

(b) JISマーク表示制度のしくみ

JISマーク表示制度のしくみを図9.2に示す．

① 登録認証機関による認証

国に登録された第三者（登録認証機関）が，製造工場（申請事業者）の製造する製品が当該JISに適合していることを評価し，品質管理体制が適合していると認められた場合に，その証明としてJISマークの当該製品への表示を認める制度である．

② 認証の対象となるJIS

10 000件ほどあるJISのうち，製品に対する品質要求事項，品質確認のための試験方法，表示に関する事項が完備されたものは，原則としてJISマークの認証の対象となる．一部の事項しか定めていない規格，例えば，寸法しか

9.3 産業標準化の目的・意義・考え方

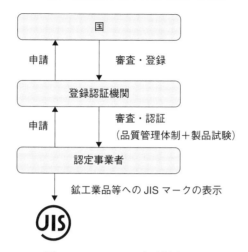

図 9.2　JIS マーク表示制度のしくみ

規定されていない規格は認証の対象とはならない．

なお，登録認証機関によって認証業務を行う規格の範囲が異なるので，申請事業者は申請しようとする登録認証機関の行う認証業務の範囲をあらかじめ確認しておくことが必要となる．

③　申請事業者

JIS マーク表示制度では，製品を製造する国内外事業者のほか，製品を販売する事業者，製品の輸出入を行う事業者が申請することができる．

(c) 登録認証取得の手順

自組織の製品に JIS マーク表示を希望する事業者は登録認証機関を選択して審査を受けることによって認証を取得する必要がある．また，認証取得後には，継続的に登録認証機関による認証維持審査を受ける必要もある．申請から認証取得とその後の手続きの概略は図 9.3 に示すとおりである．

(3) JIS マーク

JIS に適合した工場は"JIS 工場"や"JIS 認定工場"と称され，製品の品質の維持・向上に努めている．また，工場の正門に JIS に適合していることを示すプレートを掲示する企業もあり，JIS 工場であることが一目でわかる．

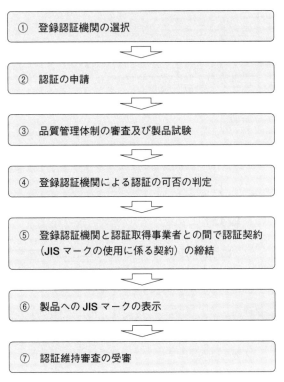

図 9.3 認証取得とその後までの手順

　JIS マークは，購入しようとしている製品が JIS に適合しているかどうかを一目で判断できるようにすることを目的に JIS を図案化したものであり，2005 年 10 月の工業標準化法（当時）の改正に伴い，JIS マークのデザインを公募して刷新されている．

　表示しようとしている製品が JIS で定められていれば，これまでに説明した所定の手続き（登録認証機関による審査等）を経て，国内外問わず，認証取得事業者は JIS マークを製品に表示することができる．

(a) JIS マークの種類

　JIS マークには，次の三つの種類が用意されている（図 9.4 を参照）．

9.3 産業標準化の目的・意義・考え方

① 鉱工業品用　　② 加工技術用　　③ 特定の側面用

図 9.4　3 種類の JIS マーク

① "鉱工業品"の JIS に適合していることを示すマーク
② "加工技術"の JIS に適合していることを示すマーク
③ 性能，安全度などの"特定の側面"について定められた JIS に適合していることを示すマーク

①と②については，表示制度発足時から使われてきた旧 JIS マークの"指定商品の場合"と"指定加工技術の場合"にそれぞれ該当する．

③はデザインが新 JIS マークへの刷新と同じ時機に，現代社会を反映してつくられた指定であり，マークである．"特定の側面"表示に関しては，JIS の制定や見直しを行うことにより表示を行うことが可能となっている．

(b) 製品などへの JIS マーク表示について

JIS マーク表示を含む具体的な表示事項，表示方法は，認証省令や該当する JIS 及び登録認証機関や認証取得事業者との認証契約で定められる．

表示については，JIS マークの近くに登録認証機関の名称又は略号の表示を行うこと，製品又は包装などに認証取得事業者の名称又は略号を付記することが必要となる．

(4) 産業標準化法に基づく試験事業者登録制度（JNLA）について

試験の結果が信頼できるものであるか否かは，産業活動にとって極めて重要な問題である．さらに，試験の結果が不正確なものであっては，品質の保証，人の健康や安全の保全，環境対策などがおぼつかないものとなってしまう．そこで，世界の多くの国々では，試験を行う機関が適切な試験結果を提供する能力があるかどうかを第三者が登録する"試験事業者登録制度"を普及させている．

国際的には，試験機関が満たすべき基準として，ISO/IEC 17025（JIS Q 17025"試験所及び校正機関の能力に関する一般要求事項"）を採用するシステムが構築され，また，試験所を認定する機関が満たすべき基準として，ISO/IEC 17011（JIS Q 17011"適合性評価―適合性評価機関の認定を行う機関に対する要求事項"）を採用するシステムが構築されている．

　ISO/IEC 17025では，信頼性のあるデータ提供を確保するために，試験機関が特定の試験を実施するのに必要な要素（一般要求事項）が規定されている．規定されている要素は一般要求事項（公平性，機密保持），組織構成，資源，要員，施設及び環境条件など，プロセス，マネジメントシステムがある．

　ISO/IEC 17011では，認定制度を運営する認定機関について，必要な要素（要求事項）が規定されている．規定されている要素は一般要求事項，組織構成，資源（要員，外部委託），プロセス要求事項，情報（機密情報，公開情報），マネジメントシステムがある．

　1997年の工業標準化法改正時より試験所認定制度（当時）の普及促進を図るため，同法に基づいて自己適合宣言への活用を目的に工業標準化法に基づく試験所認定制度（Japan National Laboratory Accreditation system：JNLA）の運用が開始されている．その後，2004年の法律の改正時に行政改革等の観点から"工業標準化法に基づく試験事業者登録制度"（JNLA）として，行政裁量の余地のない登録制に変更され，従来の目的に新JISマーク表示制度の"製品試験"への活用も追加され，登録の対象を"すべての鉱工業品に係る試験方法のJIS"へ拡大している．

　2019年の産業標準化法への改正に伴い，新たに電磁的記録（ソフトウェア）の評価を行う事業者が登録の対象に加わり，現在のJNLAに至っている．

　JNLAの業務は独立行政法人製品評価技術基盤機構（NITE）認定センター（IAJapan）において実施されている．

　認証登録にあたっては，試験に対する国際的な要求事項であるISO/IEC 17025（JIS Q 17025）に適合しているかどうかを審査し，申請範囲の試験を実施する能力を有していると認められた事業者を登録し，登録証を発行する．

国内における JNLA 以外の主な試験所・校正機関の認定は，現在，次の 2 認定機関によって実施されている．

① JAB（Japan Accreditation Board：公益財団法人日本適合性認定協会）

ISO 9000 ファミリー規格に代表されるマネジメントシステム審査登録制度の中核となる認定機関として設立され，米国ファスナー法に対応するため，1996 年に化学及び機械・物理試験を実施する試験所・校正機関の認定を開始している．現在，電気試験，化学試験，機械試験を中心とした幅広い分野の試験所認定業務を行っている．

② VLAC（Voluntary EMC Laboratory Accreditation Center Inc.：株式会社電磁環境試験所認定センター）

1985 年に設立された VCCI（Voluntary Control Council for Information Technology Equipment：情報処理装置等電波障害自主規制協議会）を母体として 1999 年に分離・独立した，EMC（Electro-Magnetic Compatibility：電磁両立性）試験所の認定機関である．

9.4 国際標準化の目的・意義・考え方

日本の規格として JIS があるように，世界の国々でも独自の規格（国家規格）が作成されている．特に，現在のようなグローバルに取引される時代を迎えると，規格が国ごとで異なっていることで，さまざまな不都合が生じうることは容易に想像・理解できる．例えば，乾電池は国際的に統一されているが，電圧・周波数やコンセント・プラグは統一されていない．

我が国における鉱工業品の標準が JIS であるように，国際的に統一又は単純化を目的とした取決め（標準）が国際規格である．各国が協力して国際規格を作成し，運用してくことを国際標準化又は国際標準化活動と呼んでいる．

例えば，貿易量の多い製品や国際的な技術交流で必要となる基礎的・共通的な技術事項について，各国の国家規格の統一・調整を図るために多くの国際規格が制定されている．最近では，純粋に単に不都合を取り除くためだけではな

く，国際規格をツール（手法，方法）にして産業活動や利益の拡大，産業の競争力の強化など，国家戦略として用いる場合も多い．

国際標準化の代表的な国際機関として，電気・電子技術分野以外の広い範囲について国際規格の作成を行っている ISO（国際標準化機構）と電気・電子技術分野全般にわたる国際的な規格の作成に従事している IEC（国際電気標準会議）とがある．

そのほか参考までに，ITU（国際電気通信連合），OIML（国際法定計量機関），FAO（国連食料農業機関），IAEA（国際原子力機関），WHO（国際保健機関），IMO（国際海事機関），UNCTAD（国連貿易開発会議）なども国際標準化活動を行っている．

国際標準化事業は関係各国の利害を話合いで調整して国際的に統一した規格を作成し，各国がその実施の促進を図ることによって国際間の通商（外国と商業取引をすること）を容易にするとともに，科学，経済など諸部門にわたる国際協力を推進することを目的としている．

図 9.5 に産業標準の体系を示す．

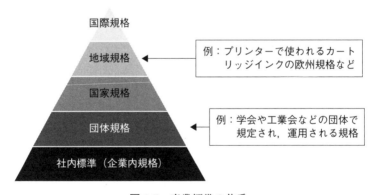

図 9.5 産業標準の体系

引用・参考文献　"JIS マーク表示制度 より広く，より親しみやすく"，経済産業省 産業技術環境局 認証課，2010

第10章　品質経営の要素——小集団活動

10.1　小集団改善活動とその進め方

"小集団活動"とは，
　"共通の目的及び異なった知識・技能・考え方をもつ少人数からなるチームを構成して，維持向上・改善・革新を行う中で，参加する人々の意欲を高めるとともに，組織の目的達成に貢献する活動"
である．

　総合的品質管理は現状の維持向上から現状打破までを目指した活動である．その実践のためには，組織的な改善活動は不可欠であり，職場第一線におけるQCサークル，部課長（中間管理職，あるいはトップマネジメントの下位）・スタッフによる改善・革新チーム，トップ主導の部門横断チームなどの小集団活動が重要な役割を担っている．

　小集団活動は現状に対する維持向上・改善・革新に積極的に取り組む意志をもった活力のある職場を実現するための手段として，現在でも役立っている．

（1）小集団活動の備えることが望ましい条件
① チームは運営を自発的，自律的に行う．
② メンバーは互いに十分な働きかけや自分とは異なる意見，考えを認め合う．
③ 問題解決・課題達成のための手順を活用する．

（2）小集団の特徴
① 活動を支える具体的な支援技法をもっている．
② 小集団の編成及び運営に関する独自の方法がある．
③ 品質管理の考え方・手法の勉強を通して合理的なものの見方，科学的な

手法・問題解決法を身につける．
④ 実務について知識・経験をもった仲間が十分な話合いを通してチームワークを醸成する．
⑤ 職場にある問題の解決を通して組織に貢献する．
⑥ 活動の場を通じて個人の成長を促す．
(3) 小集団活動の二つの形
① 職場別チーム：同じ職場の人たちが集まって，まずチームをつくり，次々とテーマを取り上げて問題解決・課題達成を継続的に行っていく方法
　　例：QC サークル
② 目的別チーム：ある目的を達成するために，関連のある部門の人たちでチームを構成し，活動を行い，目的が達成されれば解散する方法
　　例：QC チーム，プロジェクトチーム，タスク・フォース，クロスファンクショナルチーム

10.2　QC サークル活動

　QC サークルは 1962 年に我が国で始まった小集団の活動である．第一線の職場で働く人々が，自分たちの業務にかかわる製品及びサービスの品質又はプロセスの質の維持向上・改善・革新を継続的に行うための小グループである．
　QC サークルが取り組むテーマは，品質に限らず，原価，納期，量，安全，能率，環境など，職場が抱えているさまざまな問題にわたっている．また，活動の内容としては，標準をつくり，守る，技能を向上する，作業・業務のやり方を改善する，ゼロ化へ挑戦する ZD（ゼロディフェクト）運動などがある．
　では，QC サークルとはどのようなものか．『QC サークルの基本－QC サークル綱領－』(QC サークル本部編) によると次のように定義されている．

【QC サークル活動とは】
　QC サークルとは，
　　"第一線の職場で働く人々が継続的に製品及びサービスや仕事などの質の

管理・改善を行う小グループ"
である．

　この小グループは運営を自主的に行い，QC の考え方・手法などを活用し，よく考えて，創造性を発揮し，自己啓発・相互啓発を図り，活動を進める．この活動は QC サークルメンバーの能力向上・自己実現，明るく活力に満ちた生きがいのある職場づくり，お客様満足の向上及び社会への貢献を目指す．

　ただし，ここでいう自己啓発とは品質管理の勉強だけではなく，化学工学や電気・機械などの知識やこれまで技術者が行っていた固有技術を習得しながら成長していくことも，ここでは含めている．

　経営者・管理者はこの活動を企業の体質改善・発展に寄与させるために，人材育成・職場活性化の重要な活動として位置づけ，自ら TQM などの全社的活動を実践するとともに，人間性を尊重し，全員参加を目指した指導・支援を行う．

(1) QC サークル活動の基本理念
① 人間の能力を発揮し，無限の可能性を引き出す．
② 人間性を尊重して，生き甲斐のある明るい職場をつくる．
③ 企業の体質改善・発展に寄与する．

(2) サークル活動を通して期待できる効果
① 職場内の問題，課題を改善していくことで，仕事がスムーズに進むようになり，チームワークがよくなる．
② 問題意識が共有化でき，コミュニケーションが図られ，連帯感が得られる．
③ メンバー全員が目標に向かって進むことにより，信頼感が深より，達成したときの充実感が味わえ，自信につながる．
④ 品質が安定し，社会の利益に貢献できる．
⑤ 人材育成につながる．

QC サークル活動は我が国においては 50 年以上の歴史がある小集団活動で

ある.しかし,そこで活躍する人たちは新しい人たちへと替わり,社会環境も変化していく.そのような変化にもかかわらず,QCサークル活動の活性化・活発化が古くて新しい問題といわれる.QCサークル活動を活発にしていくコツは,忙しくても20分,30分の時間の都合をつけて,必ず定期的に集まることである.

最も大事な点はテーマは本当に困っているテーマから始めるべきである.QCサークルに合うテーマや,ある期間で終わる目処がついているテーマなど,ノルマに近いようなテーマとしないことである.自分たちのためのテーマを選ぶことが重要である.さらに,職制やスタッフと連携をとり,上司や専門家の知恵を借りて,テーマの解決に生かしていくことである.そして,確実に成果を出していくことである.

第11章 品質経営の要素——人材育成

石川馨博士は,

> "QC は教育に始まって,教育に終わる"
> "全員参加で QC を進めるためには,社長から作業員まで,全員に QC 教育を行わなければならない"
> "QC は思想革命だから,全従業員の頭の切り換えを行わねばならない,そのため,何回も何回も繰り返し教育しなければならない"
> ［品質月間テキスト409,"石川馨 品質管理とは 11. 品質管理の教育・訓練",久米均編］

と教育の重要性をいく度も述べておられる.

この考え方の背景には,人は歳をとるし,若い人との世代交代もある.同時に社会も常に変化を起こしている.そのため,これまでのたゆまぬ努力とともに,新たな視点での教育が常に必要になってくるということであり,その重要性は現在も変わらないということがいえる.

11.1 品質管理教育とその体系

"品質管理教育"とは,
"顧客や社会のニーズを満たす製品及びサービスを効果的,かつ,効率的に達成するうえで必要な価値観,知識及び技能を組織の全員が身につけるために行う体系的な人材育成の活動"

である.

品質管理ではよく 4M 又は 5M が重要だといわれる．その中でも"人"(Man)は最も重要である．そのために十分な教育・訓練を行う必要がある．"品質管理は教育に始まって教育に終わる"といわれる由縁がここにある．

したがって，最も重要な経営資源である人材を育成する方針を明確にして，長期的な視点から人材育成計画を策定することが重要である．組織の持続可能な成長のためには，人材育成計画に準拠して品質管理教育をたゆまず実施していかなければならない．

最も重要なことは，日常業務を通して計画的に行う OJT（On the Job Training：職場内教育訓練）である．各職場の責任者は，職場そのものを教育・訓練の場として活用する（例えば，作業開始前の5分間ミーティングや業務指導）．職場を離れて行われるセミナーなどの OFF-JT（OFF the Job Training：職場外教育訓練）は，OJT を補うものとして重要である．

全社の（品質管理）教育責任者は以上のことを踏まえて，自社の規模その他の条件を十分考慮して，効果的な教育計画を立て，これを実施させる責任がある．また，対象の職位，職掌のみではなく個々人の教育計画とその成果なども把握しておく必要がある．人材としての成長を促していくことが仕事の質を向上する基礎になる．

階層別教育訓練では，階層別（管理者，監督者，作業者，新人社員など）に分けて，対象者がもたなければならない知識・技能を明確にし，教育・訓練する．

部門別・職能別教育訓練には，販売・技術などの専門別に行われる職能別教育訓練，部門のニーズにより開催される部門別教育訓練，部門を越えて共通の専門知識を学ぶ共通専門知識教育などがある．

組織におけるすべての階層別及び部門別・職能別の教育・訓練を一覧化した教育体系を確立し，組織的に人材を育成することが望ましい．そして，組織の全員が必要な力量をもっているかを定期的に評価し，計画的に教育・訓練することが重要である．

階層別・機能別の品質管理教育の例を表 11.1 に示す．

表 11.1　階層別・機能別の品質管理教育の例

対　象	概　　要	時間数
経営者層	経営トップとして TQM 活動の推進に必要な基本的知識と理念を身につけ，グループ討論を通じて問題解決の進め方を研修	20 時間
中間管理者	部課長として必要な TQM の本質を理解し，経営方針・目標達成のための部課長の役割と課題を明確化し，解決方法を研修	30 時間
品質管理専門者，責任者，技術部門スタッフ	各職場・各部門での品質管理推進担当者に必要な，品質管理の考え方，進め方及び手法の全般についての知識を習得	150 時間
品質管理責任者	JIS マーク表示制度から，データのまとめ方・管理図・工程の管理・検査・各種の標準類について講義及び演習によって品質管理責任者としての知識を習得	60 時間
第一線の管理者・監督者	品質管理の考え方・その手法・問題点のつかみ方と改善の方法・部下の指導と教育の方法について説明し，また，事例発表とグループ討論を交えながら研修	42 時間
一般社員（作業者・事務員）	新入社員に品質管理の考え方と日常よく使われる簡単な手法を含め，わかりやすく説明	12 時間

［小野道照・直井知与（2009）：改定レベル表対応 増補版 品質管理教本 QC 検定試験 3 級対応，日本規格協会］

11.2　教育・訓練

標準類や規定，また，表 11.1 のような品質管理教育を行っても，それで終わってしまは正しく理解することは難しい．上司は部下を教育する責任がある．

"QC は教育に始まって教育に終わる"とは，石川馨博士の名言であるが，同表は集合教育の一つである．これとともに，上司が仕事を通じて部下を教育・訓練するときに学んだ知識を利用させることが肝要である．現場での標準はこれでよいか，解析してみてはどうか，不備や欠陥はないか，事実をデータでみているかなどを教育・訓練していくことは大切である．

また，部下に対して責任をもたせると教育・訓練の効果がより大きくなる．

これは部下の育成には欠かせない．そのためには，部下に権限を委譲して，部下に仕事を任せていくことが重要なことである．

第12章 品質経営の要素——トップ診断と監査

12.1 トップ診断と監査

　経営トップ（ここでいう"トップ"とは，トップマネジメント，すなわち社長を含む経営層を指す）による組織活動のチェックはどの会社でも実施していることであろう．TQMにおけるトップ診断の考え方は，元来デミング賞の審査方法に由来するものであり，会議形式と現場調査形式がある．どちらの方法も一長一短があるので，各社の組織形態や方針の内容，診断する項目に合わせて適宜選択することになる．

　トップ診断はQCD＋PSMEはもちろんのこと，サービスの質，人の質，仕事の質，組織の質など，あらゆる質に関しての"Qの診断"が基本となる．

　診断とは"診察して病状や欠陥がないかを判断する"という意味である．基本機能はあくまで身体（プロセス）の健康状態を診るトップにより行われる組織活動のチェック（check）である．診断はヒアリングが基本であるので，互いの信頼とコミュニケーションが前提であり，基本となる．

　一方，似たような言葉で"監査"という言葉がある．この監査とは"業務の執行や会計や経営などを監督し検査することである"という意味であり，何か悪いことをしていないか取り締まるという性悪説が前提となっている．混同しやすいが，この診断と監査とは全く異なるものである．

　トップ診断は方針管理の一貫として行われる点に特徴がある．方針管理は組織の使命・理念・ビジョンに基づいて作成された経営計画をもとに，全部門・全階層の参画のもとでPDCAを回し，目的・目標を達成する活動である．その中でトップ診断はC（チェック）のステップに相当する．

　トップ診断を活用するポイントはいかに効果的に実施するかにかかってい

る．トップ診断を何のためにやるのかという目的によって進め方はずいぶんと違ってくる．

12.2 トップ診断の目的

トップ診断の目的は結果でシステムやプロセスをチェックして改善に結びつけることである．
① トップの目標が部門の実行計画に展開されているか，その目的の達成状況を確認する．そのためには，次のようなTQMの視点で確認する．
　・顧客志向になっているか
　・本気度は
　・論理的か
　・戦略は
　・挑戦（現状打破）的か
　・重点指向になっているか
　・事実に基づいているか
　・プロセス重視で行われたか
　・視野は広いか（全体最適か）
　・目標と方策，管理項目の整合性はとれているか
　・目標は達成可能であったか
② トップとして次の点を明確にする．
　・何か困っていることはないか
　・支援することは何か
③ トップと各部門長とのコミュニケーションを良好にする．

12.3 トップ診断の進め方

トップ診断の進め方の手順を次に示す．

12.3　トップ診断の進め方

① 診断計画

　診断時期は活動計画立案時期又は結果の出る時期がよい．

② 診断単位

　社長の直接指示下である本部，事業部，工場，事業所などが考えられる．機能別管理を行っている組織は機能を一つの診断単位とするとよい．

③ 診断者

　診断は社長自らが行うことが基本である．ただし，大きな組織では，現実的にはトップマネジメント（経営層）が手分けをして行うことになる．

④ 診断テーマ

　診断テーマは受審部門の方針管理における重点項目から選定する．

⑤ 診断資料

　診断資料は受審部門が作成し，前回の議事録とあわせて1週間前には診断者に配付する．

⑥ 診断結果のまとめ

　各診断の記録をまとめ，経営会議に報告する．経営方針・目的及び目標の見直しや品質マネジメントシステムの見直し，製品品質改善，並びにそれらの経営資源の検討に用いる．

第13章 品質経営の要素
——品質マネジメントシステムの運用

13.1 品質マネジメントシステム規格化の経緯

1970年代，英国，フランス，ドイツ，カナダ，米国といった先進諸国において，英国規格BS 5750（Quality systems, Specification for design/development, production, installation and servicing：品質システム 設計/開発，製造，据付け及びアフターサービスのための規格）に代表される品質保証に関する規格がほぼ同時期に制定されている．この背景には，我が国の鉱工業製品へのイメージの象徴であった"安かろう悪かろう"が転じて，高品質・低価格を武器に国際競争力を獲得し，目覚ましい経済発展を遂げていることに対して，これら先進国が停滞気味の経済状況を"品質"の観点から見直すことになったことが一因といわれる［参考：日本産業標準調査会（Japanese Industrial Standards Committee：JISC）ウェブサイト］．なお，国際規格ISO 9000の"下敷き"ともいえる規格がBS 5750である．

1987年3月のISO 9000シリーズ規格の制定からさかのぼること7年前の1980年6月，米国の放送局NBCが"If Japan can ... Why can't we?（日本にできて，なぜ我われにできないのか？）と題した番組を放送する．ここで紹介される人物こそ，日本の工業製品の品質と生産性を押し上げた功労者であるデミング博士であり，この時期，米国でようやく脚光を浴びるのである．

なお，ISO 9000シリーズ規格が制定される前年，1986年6月にISO 8402（Quality—Vocabulary：品質—用語）が制定されている．ISOで最初に定義された"品質"とは，

"製品又はサービスが，明示してあるか，あるいは暗黙の要望を満たす能力として持っている特性の総称"

である．その後，1994年4月，ISO 8402が"Quality management and quality assurance—Vocabulary"（品質管理及び品質保証—用語）として品質マネジメントを意識した改訂がなされた．ここでの"品質"とは，

"明示又は暗黙のニーズを満たす能力に関する，あるものの特性全体"
と書き換えられているが，その本質は現在の定義と比較しても一貫していることがわかる．

13.2　品質マネジメントとは

2015年に改訂されたISO 9001の用語を定義する規格であるISO 9000では，品質マネジメントを次のように定義している．

　　"品質マネジメント

　　品質に関するマネジメント

　　注記　品質マネジメントには品質方針及び品質目標の設定，並びに品質計
　　　　　画，品質保証，品質管理及び品質改善を通じてこれらの品質目標を
　　　　　達成するためのプロセスが含まれる．"

これではとても定義となっているようには思えないが，同規格では"品質""マネジメント"についてあらためて定義されている．

　　"品質

　　　対象に本来備わっている特性の集まりが要求事項を満たす程度

　　　注記　（省略）"

　　"マネジメント

　　　組織を指揮し，管理するための調整された活動

　　　注記　（省略）"

これらを一つにまとめると"品質マネジメント"とは，

　　"対象に本来備わっている特性の集まりが要求事項を満たす程度に関する，
　　組織を指揮し，管理するための調整された活動"

となる．2008年版では，

"品質に関して組織を指揮し，管理するための調整された活動"であった．要するに"顧客・社会のニーズを満たす，製品及びサービスの品質を効果的，かつ，効率的に達成する活動である．その目的は，製品及びサービスの安全性，信頼性，操作性，環境保全性，経済性などの多岐にわたるニーズを満たすこと"であり，製品及びサービスの品質では，使用者，見込み客，ターゲット市場，社会を考慮するのである．"品質""品質マネジメント"の定義は一貫して変わらない．

品質マネジメントシステム（Quality Management System：QMS）とは，
　"品質に関する，マネジメントシステムの一部"
言い換えると，
　"品質に関する方針及び目標を定め，その目標を達成するための相互に関連する又は相互に作用する個々の要素及び／又はプロセスがつながったもの"
である．

品質マネジメントに関するいくつかの用語の定義は次のとおりである（再掲を含む）．なお，ここでの（ ）内は理解を深めるための本書による補足であり，規格の定義には含まれていない．

① システム：相互に関連する又は相互に作用する（全体としてまとまった機能を発揮している）要素の集まり
② マネジメント：組織を指揮し，管理するための調整された活動（経営の決定を受けて行う管理活動）
③ マネジメントシステム：方針及び目標，並びにその目標達成するためのプロセスを確立するための，相互に関連する又は相互に作用する，組織の一連の要素
④ 品質マネジメント：品質に関するマネジメント（品質に関して組織を指揮し，管理するための調整された活動，すなわち，顧客満足の向上を目指す，あるいは顧客指向の活動）
⑤ 品質マネジメントシステム：品質に関する，マネジメントシステムの一

部(品質に関して組織を指揮し,管理するためのマネジメントシステム)

13.3 品質マネジメントの原則

これまで(2008年版まで)の品質マネジメントの原則に"品質マネジメントの概念"が添えられている.これら概念と原則は組織のパフォーマンスの改善に向けて自らの組織を導くための枠組みの一つとしてトップマネジメントが活用できるものである.

品質マネジメントの概念と原則,それぞれについての概要を表13.1,表13.2にまとめる.品質管理が原理・原則に基づくように,この規格に関する七つの原則を理解しておくことが品質マネジメントシステムを理解するうえで非常に重要である.なお,ISO 9000では,この品質マネジメントの概念と原則について次のように示唆している.

"すべての概念及び原則並びにそれらの相互関係は,全体として捉えるのがよく,それぞれを切り離して捉えないほうがよい.ある概念または原則

表 13.1 品質マネジメントの概念

基本概念	概　　要
品　質	製品及びサービスの品質には意図した機能及びパフォーマンスだけではなく,顧客によって認識された価値及び顧客に対する便益も含まれる.
品質マネジメントシステム	QMSは組織が自らの目標を特定する活動,並びに組織が望む結果を達成するために必要なプロセス及び資源を定める活動からなる.
組織の状況	組織の状況を理解することは一つのプロセスである.このプロセスにおいては,組織の目的,目標及び持続可能性に影響を与える要因を明確にする.
利害関係者	利害関係者の概念は,顧客だけを重要視するという考え方を超えるものである.密接に関連する利害関係者全てを考慮することが重要である.
支　援	責任をもって資源を取得し,展開し,維持し,増強し,処分・処遇することで,組織がその目標を達成することを支援する.

表 13.2　品質マネジメントの原則

原　　則	説　　明
顧客重視	品質マネジメントの主眼は顧客の要求事項を満たすこと及び顧客の期待を超える努力をすることにある．
リーダーシップ	すべての階層のリーダーは目的及び目指す方向を一致させ，人々が組織の品質目標の達成に積極的に参加している状況を作り出す．
人々の積極参加	組織内のすべての階層にいる，力量があり，権限を与えられ，積極的に参加する人々が，価値を創造し提供する組織の実現能力を強化するために必須である．
プロセスアプローチ	活動を首尾一貫したシステムとして機能する相互に関連するプロセスであると理解し，マネジメントすることによって，矛盾のない予測可能な結果が，より効果的かつ効率的に達成できる．
改　　善	成功する組織は，改善に対して，継続して焦点を当てている．
客観的事実に基づく意思決定	データ及び情報の分析及び評価に基づく意思決定によって，望む結果が得られる可能性が高まる．
関係性管理	持続的成功のために，組織は，例えば提供者のような，密接に関連する利害関係者との関係をマネジメントする．

が，もう一つの概念又は原則よりも重要だということはない．いかなる場合にも，適用における適切なバランスをみつけることが重要である．"

13.4　ISO 9001

ISO（国際標準化機構）で制定された国際規格の一つとして，組織が顧客に提供する製品及びサービスの品質を維持向上させること，並びに経済のグローバル化が進む中で，企業や団体によって品質保証の考え方が異なり，製品及びサービスの自由な流通を妨げることを防ぐことを目的に，1987年に制定された品質保証，品質マネジメントのための国際規格，ISO 9000 ファミリー規格がある．

これは次の四つのコア規格で構成されている．

① ISO 9000：2015（JIS Q 9000：2015）"品質マネジメントシステム―基本及び用語"は品質マネジメントシステムの基本を説明し，ISO 9001：2015 及び ISO 9004：2018 で使用される用語の定義が示されている．また，後述する ISO 9004 に記載されていた品質マネジメントの原則は，2015年の改訂から，この規格に規定されている．

② ISO 9001：2015（JIS Q 9001：2015）"品質マネジメントシステム―要求事項"は組織が顧客要求事項及び適用される規定要求事項（例えば，文書で規定されている要求事項）を満たした製品及びサービスを提供する能力をもつことを実証することが必要な場合，並びに顧客満足の向上を目指す場合の，品質マネジメントシステムに関する要求事項を規定している．

　審査登録（認証取得）を目指す組織はこの規格に基づいて品質マネジメントシステムを実施する（構築し，運用する）必要がある．

③ ISO 9004：2018（JIS Q 9004：2018）"品質マネジメント―組織の品質―持続的成功を達成するための指針"は，ISO 9000：2015 に記載される"品質マネジメントの原則"を参照しながら，組織が持続的成功を達成するための手引を示している．この規格は，制定以来，ISO 9001 の要求事項の範囲を超えた内容となっている．組織が組織自身の裁量で自主的に取り組むことを念頭に置いてつくられた規格であり，そのために"要求事項"ではなく，"指針"となっている．

　附属書 A には，参考として，組織の品質マネジメントの成熟度を 5 段階で評価する自己評価ツールが紹介されている．

④ ISO 19011：2018（JIS Q 19011：2019）"マネジメントシステム監査のための指針"はマネジメントシステムの監査のための指針を示している．マネジメントシステムの内部監査又は外部監査を実施する必要のある，あるいは監査プログラムの管理を行う必要のあるすべての組織に適用できる内容となっている．

　なお，外部監査のうち第三者監査（審査）については，適合性評価に関する規格として ISO/IEC 17021-1：2015（JIS Q 17021-1：2015）がある．

組織の品質マネジメントシステムを第三者が規格（要求事項）に基づいて審査し，その結果を公表する審査登録制度において，審査登録をする際の規格（要求事項）として使用されるのが上述の②の ISO 9001 である．

品質マネジメントシステムとは"絶えず変化する顧客ニーズに応えるために，組織活動の軸である PDCA のサイクルに基づいて活動プロセスを継続的に改善していくシステム"をいう．したがって，ISO 9001 を認証取得し，このシステムに基づいて品質管理活動，品質保証活動を実施することにより，主に次のメリットが期待できる．

① 顧客要求事項を満たすことで顧客満足度の向上を図ることができる．
② 製品及びサービスの品質を日々管理して向上し，環境への配慮を日々向上させる努力を行い続けることによる改善で，国際競争力がつき，同時に，信頼性も向上する．
③ 業務のマニュアル化など，標準化活動によって信頼性が向上する．

認証取得した組織においては，改訂された ISO 9001，JIS Q 9001 に切り替えるにあたって，3 年間の移行期間が設けられており，2018 年 9 月までは旧規格での認証登録が認められていた．この期間に，改訂された規格への移行が求められており，3 年を過ぎると旧規格での認証の登録は失効する．

第三者認証に関する詳細は，自社が関与する機関で確認されたい．

13.5 第三者認証制度

第三者審査（資格認定，能力証明のための第三者による監査）とは，第三者が顧客を含むすべての利害関係者に対して製品及びサービスの供給者の品質マネジメントシステムを規格（要求事項）に基づいて評価し，規格（要求事項）を満足しているかどうかを判断する．品質マネジメントシステムを評価することで，潜在的な購入者の供給者選択の質と効率の向上を支援する社会制度ともいえる．ISO 9001 の認証制度，JIS マーク表示制度などが該当する．

"ISO 9000" という総称は ISO 9001 という品質マネジメントシステムモデ

ルとこれを基準とする品質マネジメントシステム認証制度（以下"QMS認証制度"という）との二つの側面を意味している．

ISO 9001 を基準文書とする QMS 認証制度は"申請組織の認証に関するしくみ"と"審査員の登録に関するしくみ"の二つからなる．このうち，組織の認証のしくみは三つの階層からなる．"申請組織"の品質マネジメントシステムの認証は民間の"認証機関"が行う．これら認証機関の適格性を評価し，妥当と認められたときに認定をする機関として，何らかの法的根拠をもつ"認定機関"が最上位に位置づけられる．

日本における認定機関は公益財団法人日本適合性認定協会（Japan Accreditation Board：JAB）である．申請組織の品質マネジメントシステムの審査を実施する審査員についてのしくみも同様である．審査員は適格と認められると"審査員評価登録機関"に登録される．この審査員登録機関の適格性を評価し，認定し，登録を行うのは認定機関である．QMS 認証制度においては，審査員は審査技術に関する定められた教育・訓練を受けることが適格性の条件の一つになっている．この教育・訓練を行う"審査員研修機関"（審査員研修コース）の適格性は審査員評価登録機関によって承認される．

なお，第三者認証制度は ISO 9001 ばかりではなく，このほかに，ISO 14001（環境：EMS）や ISO/IEC 27001（情報セキュリティ：ISMS），ISO 22000（食品安全：FSMS）など，10 ほどの対象となるマネジメントシステム規格がある．

13.6　品質マネジメントシステムの運用

製品及びサービスを生み出す要因である品質マネジメントシステムを直接評価することは品質マネジメントシステムが有効かどうか，その運用が効果的かどうかを判断するのに役立つ．

評価の実施者は評価対象組織の内部の者である場合と外部の者である場合とがある．ISO 9001 には内部監査という要求事項が含まれており，これが内部

の者が評価実施者となる．

また，QMS 認証制度にはサーベイランスという認証機関による QMS 維持の定期的確認という外部の者が評価するという機能がある．維持審査とも呼ばれる．

品質マネジメントシステムについてまとめると次のようになる．
1. 評価の対象はマネジメントシステムであり，固有技術ではない．
2. QMS 認証制度は適合性評価である．
3. 仕様どおりの製品の提供の能力があることを実証して示すシステムである．
4. 計画どおりにできているかどうかを示すものである．競争力のある製品の提供をみるわけではない．
5. 管理方式は計画し，実施し，検証するというステップである．証跡としての多くの文書化した情報（文書や記録）が要求される．

第 14 章　倫理及び社会的責任

14.1　品質管理に携わる人の倫理

日本品質管理学会会員の"倫理的行動のための指針"が本章の意味を代表していると考えてよい．一般企業と共通部分を次に示す．

　"品質管理専門家としての行動が社会に与える影響に鑑み，社会からの期待並びに社会的責任を強く自覚しなければならない．専門家としての行為を適法，倫理的かつ誠実なものとすることを通じ，品質管理専門職の社会的意義，評価を高めるように努力する．専門職として職務に誠実に取り組み，社会に対して欺瞞的・背信的行為を行わない．このため自らの職務における専門的判断や専門職としての行動が，多様な利害関係の相克によって偏りが生じる事態の予防に心掛ける．"

この規範が品質管理に携わる人たちに要求されていることとして仕事を実践する中で行動していかなければならない．

よく"技術者倫理"といわれるが，専門家となれば，専門分野のさまざまな知識と理解に基づく正確な情勢判断と責任を負うことになる．各専門分野にかかわる知識と技術は日進月歩で進歩しており，その量も増加している．

技術は高度化し，ますます専門化が進む．情報不足や理解不足などから失敗や間違いが生じることもある．そのような中で発生する問題やトラブルを解決するためには，正確な判断力とそのための知識をもつ必要がある．個々の専門家のもつ責任は重く，また複雑である．それを補うためにも，正確な知識と迅速な行動が重要となる．

14.2 社会的責任

14.2.1 社会的責任とは

社会的責任（Social Responsibility：SR）とは，市民である組織や個人の決定及び活動が社会及び環境に及ぼす影響に対して透明かつ倫理的な行動を通して組織が担う責任である．健康及び社会の繁栄を含む持続可能な発展への貢献，利害関係者の期待への配慮，関連法令の順守，国際行動規範の尊重などが含まれる．組織が，商取引に関する法令の順守，安定的な雇用，環境保全のための植林などを行うことは社会的責任である．ただし，これらは製品及びサービスやその提供プロセスに直接かかわるものではないので，社会的品質に含めないのが普通である．

企業の社会的責任が問題視されてきたのは昨日今日に始まったことではない．封建社会の時代からも形こそ違うが社会的責任を追及されることは多かった．しかし，グローバル化とともに企業そのものとその取引が広がったために，その影響度合ははるかに大きくなっている．

マンションの杭打ちの不正，自動車の違法プログラムやエアバッグの大規模リコールなど会社の存亡にかかわる不祥事が発生している．まさに，4.8節の製品安全・環境配慮・製造物責任にかかわる項目が世界の主要な企業に発生した問題である．ここにこの問題の根の深さがある．

"（第1番目に）仕事の質というものが欠陥製品に繋がっている．作業者の仕事の質，作業者がいい仕事をしていないため，作業者がミスを犯すため，あるいは作業者が怠慢であるために発生する欠陥製品が極めて多い．第2番目が設計，第3番目が部品不良である．このような現象は最近になって急に問題となって現れたものではない．これらのバック・グランドは，時間的背景，あるいは環境によるもので，経営姿勢に対する積年の"うみ"がここへ来て出てきたといえよう．"

この文章は 1974 年に発行された『品質保証ガイドブック』に記述されている．現在では，作業者というよりむしろ経営者，設計者というべきであるが，40 年以上前の文章が現在も通用しているのである．企業倫理は企業の巨大化に伴い，歯止めを多くかけて守っていかなければ達成できない時代になってきていることを肝に銘じるべきである．

14.2.2　ISO からみた社会的責任

かつて"社会的責任"（SR）は"企業の社会的責任"（CSR：Corporate Social Responsibility）と呼ばれ，その主語は"企業"（corporate）であった．

昨今のグローバリゼーション，ますます容易になる移動やアクセス，また SNS に代表される即時のコミュニケーションの利用可能性の増大によって，社会的責任の対象はもはや一企業のみならず，さらに見地を広げることでの議論を重ねに重ね，2010 年に ISO 26000（JIS Z 26000，社会的責任に関する手引）というガイドラインが ISO によって策定されている．

ここでは規格での"社会的責任"の定義は次のように記されている．

> "社会的責任（social responsibility）　組織の決定及び活動が社会及び環境に及ぼす影響に対して，次のような透明かつ倫理的な行動を通じて組織が担う責任．
> ―健康及び社会の福祉を含む持続可能な発展に貢献する．
> ―ステークホルダーの期待に配慮する．
> ―関連法令を順守し，国際行動規範と整合している．
> ―その組織全体に統合され，その組織の関係の中で実践される．
> （注記 1 及び注記 2 は省略）"

また"社会的責任"を理解するキーワードである"組織"は次のように定義されている（ただし，この定義にはいわゆる"政府"は含まれていない）．

> "組織（organization）　責任，権限及び関係の取決め，並びに明確な目的をもった，事業体，又は人々及び施設の集まり"

現在でも CSR という言葉が使われる場面はあるが，現代社会の日進月歩の

ネットワークの発展性を考えれば，利害関係者に対して負う社会的責任は一企業だけにとどまらないことは容易に理解できるであろう．

なお，我が国では JIS Z 26000 として 2012 年に制定されている．本規格は規格の表題にもあるように手引（ガイドライン）であり，第三者認証を意図した"マネジメントシステム規格"ではない．このことは当該規格の適用範囲に明確に述べられている．

参考までに，中心となる"七つの原則"と"七つの中核主題"を掲げる．詳細は当該規格を参照されたい．

(1) 七つの社会的責任の原則

本規格では七つの"社会的責任の原則"を次のように述べている．

"組織が社会的責任に取り組み，実践するとき，その包括的な目的は持続可能な発展に最大限に貢献することである．この目的に関して社会的責任の原則を網羅した明確なリストは存在しないが，組織は，箇条 6 ［本書では次の (2)］で記述する各中核主題に特有の原則とともに，次に述べる七つの原則を尊重すべきである．"

・説明責任
　原則：組織は，自らが社会，経済及び環境に与える影響について説明責任を負うべきである．

・透明性
　原則：組織は，社会及び環境に影響を与える自らの決定及び活動に関して，透明であるべきである．

・倫理的な行動
　原則：組織は，倫理的に行動すべきである．

・ステークホルダーの利害の尊重
　原則：組織は，自らのステークホルダーの利害を尊重し，よく考慮し，対応すべきである．

・法の支配の尊重
　原則：組織は，法の支配を尊重することが義務であると認めるべきである．

14.2 社会的責任

・国際行動規範の尊重
　原則：組織は，法の支配の尊重という原則に従うと同時に，国際行動規範も尊重すべきである．
・人権の尊重
　原則：組織は，人権を尊重し，その重要性及び普遍性の両方を認識すべきである．

なお，ステークホルダーとは，企業に対して利害関係をもつ者のことで，株主・従業員・顧客だけではなく，地域社会も含める．

(2) 組織が取り組むべき七つの中核主題と課題

本規格では組織が取り組むべき"七つの中核主題と課題"に関して次のように述べている．

　"自らの社会的責任の範囲を定義し，関連性のある課題を特定し，その優先順位を設定するために，組織は，次の中核主題に取り組むべきである．"

・組織統治
・人　権
・労働慣行
・環　境
・公正な事業慣行
・消費者課題
・コミュニティへの参画及びコミュニティの発展

なお，本書の主旨から，中核主題の列挙にとどめ，中核主題にある"関連性のある課題"は省略する．

第 15 章　品質管理周辺の実践活動

15.1　顧客価値創造手法（商品企画七つ道具を含む）

15.1.1　顧客価値創造手法

　顧客価値創造手法とは"顧客価値"を適切に創造するための方法である．そこで重要になるのは，その対価を支払ってでも手に入れたくなるような顧客にとって魅力的な価値である．その顧客が望む魅力的な価値を創造するため，顧客の主観的・客観的な考え方や判断や行動などの特質を理解することである．

　さらに，その価値を創り上げていくステップがある．これを達成するために，顧客価値創造手法という便利な道具やシステムを用いることで，顧客の特性を十分に把握する質と，それを活用した価値づくりの質の両者を向上させようというものである．

　そのためには，まず，顧客が価値を感ずる製品（又はサービス）を提供することであり，次の点が重要である．

① 　パートナーと協働し，価値を創造し顧客満足を得ること
② 　その価値創造のためのプロセスを明確にし，その相互関係を把握し，運営管理すること．あわせて，一連のプロセスをシステムとして運用すること
③ 　自らの価値基準で意思決定し，行動する自律性のあるコアコンピタンスの認識が必要

　なお，コアコンピタンスとは，

　　"顧客に特定の利益を与える組織が保有する又は保有すべき一連のスキルや技術のことをいう．他社に真似できない核となる能力で，成功を生みだす能力"

である．コンピタンスは競争優位の源泉となるのである．

15.1.2 経験価値から顧客創造

経済の発展は第一次産業から第二次産業，そして第三次産業へと発展してきた．第一次産業が農業革命，第二次産業が産業革命，第三次産業は情報革命といわれる．

経営資産が"ヒト，モノ，カネ"の時代に"情報"が加わり，"ヒト，モノ，カネ，情報"の四つになった．さらには，現在ではこの4項目に加えて"知識，時間"の2項目が加わっている．

この2項目が加わった第三次産業に続く第四次とでもいうべき産業は何か．それは"経験経済"だといわれている．企業に知を蓄え，知を活用して顧客価値を創造する企業，すなわち"知識創造型企業像"であるという．巨大テーマパークがその代表的な例である．顧客に経験（体験）してもらって満足感を味わってもらい，再び訪れてもらう．リピートである．リピーターには，また新しい顧客価値を提供する．そのためにいろいろな仕組みを考えていくというものである．

15.1.3 マーケティング

(1) 市場の理解のための4P

① 製品（product）：提供する有形財だけでなく，サービスなどの無形財も含まれる．
② 価格（price）：定価だけでなく，割賦などの支払い方式も含まれる．
③ 流通（placc）：必要なときに必要な量を提供できる体制である．
④ プロモーション（promotion）：宣伝や広告を有効に活用する方法などを考えた販売促進活動である．

(2) 顧客からみた4C

① 顧客が抱える問題の解決（customer solution）
② 顧客が支払う費用（cost）

③　顧客の購買時の利便性（convenience）
④　顧客へのコミュニケーション（communication）

15.1.4　商 品 企 画
（1）売れる商品企画のために
"売る"ためではなく"売れる"商品を企画するためにはどうしたらよいのか．もちろん，商品力が弱くても営業努力でカバーする方針もありうるが"売れる"商品こそが商品の実力であることに間違いはない．

そこで"売れる"条件を実現することが商品企画の目標であれば，商品力の最大化であることは明らかである．そのためにはどうしたらよいか．それには，

①　幅広い潜在ニーズをとらえる調査の工夫
②　顧客に感動を与えるユニークなアイデアを展開する発想法の習得
③　最適な品質・価格を設定する最適化法の適用

の視点から商品の企画を推進していくことが必要である．

（2）商品企画七つ道具（①〜⑦を指す．P7ともいう）
（a）調査の手法
消費者のニーズ，ウォンツを探り，定性的・定量的に方向づけを行う手法である．

①　グループインタビュー
　　顧客の声を集めるために，数名の顧客に集まってもらい，事前に作成した質問項目をグループに投げかけ，グループ内のコミュニケーションによって潜在ニーズの発見をねらった方法である．ここからアンケートの調査項目の拾い出しを行う．

②　アンケート調査
　　インタビュー結果から仮説を組み立てた調査項目を拾い出す．得られたアンケート結果から仮説の検証や定量的評価を行い，評価データを導き出す．

③ ポジショニング分析

その評価データを多変量解析の因子分析や主成分分析を用いて市場での商品の位置づけをしたポジショニングを行い，開発の方向性を得る．

(b) 発想の手法

ユニークで魅力的なコンセプトを発想する手法

④ アイデア発想法

アイデア発想はポジショニング分析の方向性を念頭に置いて，それに見合うユニークな，多くの具体案を出すやり方を選ぶ．チェックリスト発想法はその一つで，キーワードを集める方法である．

⑤ アイデア選択法

アイデアを客観的に評価して有効な少数に絞る手法である．重み付け評価方法は評価項目にウェイト（重みに相当する係数）を乗じて合計する点数評価法や一対比較評価法［階層的意思決定法（Analytic Hierarchy Process：AHP）］などの方法がある．

(c) 最適化の手法

価格と品質とのトレードオフ関係を横目で見ながら顧客の意向に沿った最適なコンセプトを決定する手法

⑥ コンジョイント分析

コンセプトの重要な要素（例えば，価格，材質，色，デザイン，付加機能，サービスなど）を取り上げ，これらの組合せパターンを作成し，顧客に提示して順位づけのデータを得る．そのデータを逆順位化して解析し，新商品の最適組合せ，すなわち最適コンセプトを求める．各要素の影響度を数量的に推定できるメリットがある．

(d) リンクの手法

得られたコンセプトを設計にリンクする手法

⑦ 品質表

コンジョイント分析で得た最適コンセプトを基本にして，調査で得た情報を含めて，顧客側の実現してほしい項目（要求品質）を系統的に展開す

る．次にその各項目と関連をもつ技術の特性（品質特性）を系統的に展開する．

この二者間をマトリックス図で関連づけたもので，コンセプトを技術の言葉に変換した表のことである．

15.2　IE 及び VA/VE

（1）**IE**（Industrial Engineering）

IE とは，

"経営目的を定め，それを実現するために，環境（社会環境及び自然環境）との調和を図りながら，人，物（機械・設備，原材料，補助材料及びエネルギー），金及び情報を最適に設計し，運用し，統制する工学的な技術・技法の体系をいう．

備考：時間研究，動作研究など，伝統的な IE（Industrial Engineering）技法に始まり，生産の自動化，コンピュータ支援化，情報ネットワーク化の中で，制御，情報処理，ネットワークなど様々な工学的手法が取り入れられ，その体系自身が経営体とともに進化している．"

と JIS Z 8141（生産管理用語）では定義されている．

IE は "生産技術" "生産工学" "管理工学" "経営工学" などさまざまな表現で呼ばれているが，どの訳語も実体を表しにくい．このため最近では "IE" とそのまま呼ぶことが多くなっている．

IE は現場の作業から高い次元の経営管理にわたる分野において，生産性を向上する問題並びにそれに関連するいろいろな問題をいかにして解決するかという実際上の要求に基づいて研究され，確立された原理と技術，手法の集成である．

IE の定義として最も多く支持されているのは米国 IE 協会の定義である．

"IE は工学のうちで，人，材料，設備の統合されたシステムを設計し，改

善し，設定することを対象とするものである．そのシステムから生ずる結果を明示し，予測し，評価するために，工学的な分析や設計の原則と技法並びに数学，自然科学，社会科学などの専門知識や経験などを用いる．"
と定義されている．

具体的には工場での人員配置，作業手順，設備のレイアウトなどの活動が該当する．そのために作業測定，ワークサンプリング，標準時間の設定，工程分析などの手法を使い，現場活動の"ムリ・ムラ・ムダ"（3ム）を省いて生産性を高めることなどが行われる．

すなわち，IE とは作業を能率的，かつ，容易にすることを目的として"ヒト・モノ・設備・情報"からなるシステム設計や改善を行う手段として，工学的知識を含めたすべての知識を評価・適用していくことである．

(2) **VA**（Value Analysis：価値分析）

VA とは，

"最低の総コストで必要な機能を確実に達成するために，製品やサービスの機能分析にそそぐ組織的な努力"

のことである．価値分析は GE 社のマイルズによって 1947 年に開発されたコストダウン手法である．当時，マイルズは購買部門の管理者であったが，物資不足の状況下で現場からの購買要求に応じるために，代替品を探す必要に迫られ"ほかに同じ働きをするもっと安いものはないか？"という考えから，機能本位の問題解決法をプログラム化し，これを"VA プログラム"と称した．製品の価値向上にこのようなアプローチを組織的に適用したのは VA が最初である．

昨今では，調達などにおいて，インセンティブを与えるために VA 提案を求めることなどが行われている．

(3) **VE**（Value Engineering：価値工学）

VE とは，

"最低の総コストで必要な機能を確実に達成するために，製品やサービスの機能分析に注ぐ組織的な努力"

のことである．もともとVAという名称で1947年にマイルズによって民需品のコストダウン手法として開発された．その後，1954年に米国海軍船舶局により軍需品に適用された．米国国防省では設計段階にさかのぼって価値保証・コスト予防することが重要であると考え，これをVEと称し，契約業者に協力を要請した．それ以来，VEという名称が広く使われるようになった．内容はVAと同じである．

我が国では，貿易の自由化を契機として価格競争に打ち勝つための強力な手法として多くの企業で用いられている．VEは"機能分析""VEジョブプラン""VEテクニック"の三つを組織的に統合した手法である．

VEは"価値"（value）を"機能"（function）と"コスト"（cost）の比でとらえる活動である．実施段階では"徹底した機能分析""目標コストの設定と確実な達成"，それらを実践していくための"組織的に展開するアクションプラン"が大切となる．

15.3　設備管理，資材管理，生産における物流・量管理

(1) 設備管理

設備とは"生産活動又はサービス提供活動のためのシステムを構成する能力要素としての物的手段の総称"である．主な物的手段として機械，装置，工具類，計測器，土地，建物などがある．生産活動又はサービス提供活動に用いる物的手段のうち，土地を除いた装置，機械，計測器などの総称である．

設備管理とは"設備の計画，設計，製作，調達から運用，保全を経て廃却・再利用に至るまでの設備を効率的に活用するための管理"のことである．計画には，投資，開発・設計，配置，更新・補充についての検討，調達仕様の決定などが含まれている．

生産工程では種々の設備や治工具などが用いられ，それらの状態が製品品質や生産性に大きな影響を与える．そのため，これらの設備に対する要求事項を明確にし，設備がその能力を最大に発揮できるための"設備管理計画"を作成

15.3 設備管理, 資材管理, 生産における物流・量管理

して管理する必要がある．また，設備管理を的確に行うためには，次の点が重要となる．

① 設備要求仕様書の作成では，設備に対して要求される機能・性能のみでなく，それらの操作性・信頼性・保全性・環境性・人間性などに対する達成すべき水準を明確にする．

② 設備管理計画の作成では，設備が達成すべき目標を実現するために行うべき管理方法を定める．

③ 設備の維持管理では"設備管理計画"に従って，設備の維持管理活動を行う．

④ 全員参加の生産経営活動では，個別改善，自主保全，計画保全，教育訓練，生産経営活動，品質保全などを核とした総合的な設備管理活動を行う．

　特に，自主保全活動はその設備を使用する作業者が設備の清掃や点検，汚れなどの発生源，点検の困難な場所への対策，メンテナンスの基準化などを行って設備を適切に維持管理していく重要な活動である．

(2) 資材管理

所定の品質の資材を必要とするときに必要量だけ適正な価格で調達し，要求元へタイムリーに供給するための管理活動である．資材管理の目的は良い品質の製品が問題なく製造できる条件を資材の面から整え，製品の品質を保証することである．

資材管理を効果的に実施するためには，資材計画，購買管理，外注管理，在庫管理，倉庫管理，包装管理及び物流管理を的確に推進する必要がある．

そもそも"資材"は製品をつくるときに必要な材料及びその製造過程で必要な機械・装置類や治工具などの小物類などを総称して使われる言葉である．製品をつくるときに必要であっても，施設や設備といわれる大きなものは資材には含まれない．資材は製品をつくるとき，その製品に移行する消耗材(主原料，副原料，包装資材など）と製品に移行しない備品的なもの（小型の装置，工具・治具などの治工具類）とに大別される．

良い製品をつくり，その品質を保証するためには，良い原料と良い製造工程（設備，機械，備品，小物類などを含む）の管理が必要になる．それらの管理のうち，作業管理，設備管理，工程管理などを除く管理が"資材管理"である．良い原料を用いて安定した良い製造工程で製品をつくるには，良い原料とは何かという基準を決め，その基準に合うものを購入し，製造工程で必要とするときまでに品質が劣化しないように保管場所を選び，その保管方法を決め，必要なときに，必要な量を製造現場に提供できるようにしなければならない．基準に合った良い品質の原料を用いることで，製品の品質を保証できる．さらに，製造工程において用いられる設備，機械，備品，治工具などの小物類が整然と管理され，必要なときに必要な量だけ，必要なものが供給され，それらが現場の使用目的に合った働きをしてくれるようになっていなければならない．

(3) 生産における物流・量管理

物流（物的流通）とは"物の流れ"又は"物の流し方"である．JIS Z 0111（物流用語）では，

> "物資を供給者から需要者へ，時間的，空間的に移動する過程の活動をいう．一般的には，包装，輸送，保管，荷役，流通加工及びそれらに関連する情報の諸機能を総合的に管理する活動．調達物流，生産物流，販売物流，回収物流など，対象領域を特定して呼ぶこともある．"

と定義されている．

物流は従来，QCD の D の機能として位置づけられ，TQM の分野では，量・納期管理という名称で扱われてきた．そこにおける役割は顧客の要求する物やサービスを顧客の要求する時期・タイミングに，要求する数量を適確に届けるための活動とされてきた．

しかし，サプライチェーンマネジメント［Supply Chain Management (SCM)］（供給連鎖管理：企業間で統合的な物流システムを構築して経営効果を高めるためのマネジメント）やロジスティクス（logistics）（必要な原材料の調達から生産・在庫・販売まで物の流れを効率的に行うための管理システム）にみられるように，物流マネジメントが物流にかかわる総コストをいかに

抑えるか，いかに販売の機会損失を小さくできるかという最適化問題として位置づけられるようになってきている．

また，市場（マーケット）の視点では，物流は素材・材料の購入から製品に至るまでのモノの流れを扱う社内物流（インバウンド物流）とつくられた製品が流通プロセスを経て顧客に届けられるまでの物の流れを扱う社外物流（アウトバウンド物流）とに大きく分けることができる．

さらに近年，環境問題・経年劣化問題など，製品のライフ（寿命期間）を通じた品質保証の視点で，製品が顧客に届けられるまでの物流だけでなく，修理・返品，さらには製品の使途目的が終了した後の製品回収・廃棄までもが物流の対象となっている．

このような現状から社外物流の範囲は広がっており，今後ますます，顧客の視点が重要になってきている．

第2部

品質管理の手法編

我が国における品質管理が品質とコストの両面を通して国際競争力のある高品質やレベルの高いサービスを生み出すことに寄与してきたことは間違いないことであろう．
　品質管理は企業の管理目的の一つである製品及びサービスの品質を効率よく実現するとともに継続的な改善を行うための活動である．その継続的に，よりよい仕事を実現していくためには，固有の技術や技量が必要であり，安くつくり，効率よく仕事を達成していくためには，さらに高度な技術が必要である．この活動をうまく実施するためには，実践編で述べたような活動とともに，これから述べる手法を用いることで，的確，かつ，効率的な改善活動を推進することができる．また自部門の固有技術の現状を知ることから目指すべき技術を見いだすことにも大いに役立てることができる．
　手法は頭で考えるだけでなく，手を動かし，試行錯誤しながら実践していかなければ身につかないものであり，自分自身のテーマに活用していくことが必要である．また，現場では，実験の際に，確実にランダマイズした実験ができているだろうか．そういった観点からも，自身の仕事のやり方を見直すことにもなるのではないか．ある程度の理論的での知識も十分理解して活用して実践の分野で生きた知識にしてほしい．

第 16 章　データの取り方とまとめ方

　製品やサービスの品質を管理していくためには，まず対象の実態や現状を明確に把握することが大切である．実態や現状の把握は，できるだけ具体的な数量化されたデータを収集し，解析することで客観的な評価・判断を行うことができる．

　品質管理では事実に基づく管理（fact control）を重視する．抽象的な概念，勘や経験だけに頼ることを排除し，客観的な事実を示すデータを取って，その整理された情報をもとに処理や決定が行われるのである．

　データを取り始めると，同じ値が続くことはまれであり，ばらつきがある．一見，不規則と思われるような個々のデータでみれば真の姿をとらえられる．

　データは解析対象となるものを観察，あるいは測定した結果を記録したものである．そのデータがもつ情報の量と質を確保するためには，対象に対して何を知りたいのかその目的を明らかにして，そのうえでどのように観察し，記録し，整理するかを決めることがポイントである．

　職場では，日常的にさまざまなデータが取られている．操業状況を示す原材料，設備，作業者，作業方法といった生産の 4 要素（4M）（さらに計測・測定を加えた 5M，環境を加えた 5M1E がある）に関するデータ，品質，コスト，量・納期，生産性，安全，モラール，環境といった生産条件（QCD ＋ PSME，3.7 節を参照）に関する多くのデータが作業日報等に記録されている．これらのデータは，それぞれ目的があって取られているはずである．品質や工程の状態を正しく表すデータを取るという意味で，品質管理で活用するデータは，次のような要件を備えたものである．

① データを取る目的，得られたデータによって処置すべき対象（母集団）を明確にしておく．

② "いつ，だれが，どこで，どのようにして，何のために，なぜ"といった5W1Hを用いて，データの履歴をはっきりさせる．
③ できるだけランダムに取られたサンプル［標本（以降，断りのない限り"サンプル"と"標本"は同義）］を測定してデータを取る（取りやすいデータや都合のよいデータの排除）．
④ 品質（結果）とそれに影響する原因（要因）とが互いに対応するようにデータを取る．

以上の要件が備わったデータであれば，同じ数値が連続して並ぶことはまれであって，ばらつきをもっている．この一見，でたらめ（不規則）に並んでいる数値（データ）を的確に整理すると，そこに規則性（くせ）を発見することができる．それを整理するための道具が，統計的手法や品質管理手法と呼ばれるものである．この手法を活用して品質管理を行うことを統計的品質管理（Statistical Quality Control：SQC）と呼ぶ．

16.1 データの種類

データには数値データと言語データがある．図16.1（179ページ）に示すように，数値データ（量的データ，定量データ）には，計量値という寸法，質量，粘度，強度，純度，時間，温度，圧力，電流などの連続量として測定される特性の値と計数値という不適合品数，機械の台数，欠陥数など0, 1, 2, … のように，個数を数えて得られる特性の値がある．

言語データとは"今日のお茶は特に苦い"というように，品質特性や顧客の要求などを言葉で表現したものである．それぞれについて次に説明する．

（1）数値データ（量的データ，定量データ）
① 計量値：寸法，質量，粘度，強度，純度，時間，温度，圧力，電流などの量の単位があり，連続量として測定される特性の値
② 計数値：不適合品の数，機械の台数，欠陥数などのように，0,1,2,…と数えて得られる特性の値

なお，不適合品率は，計数値である不適合品数を検査個数で除して求めた割合で求めたことから計数値として取り扱う．

また，計量値と計数値が組み合わされているデータを計量値や計数値に分類する場合，不適合品率や収率のように率（割合）で表されるデータでは，分母のデータの種類に関係なく，分子が計量値ならば計量値，分子が計数値ならば計数値と考える．また，計量値と計数値の積で表されるデータの種類は計量値となる．次に示す．

$$\frac{計数値}{計数値}=計数値$$

$$\frac{計量値}{計数値}=計量値, \quad 又は \quad \frac{計量値}{計量値}=計量値$$

$$\frac{計数値}{計数値}=計数値, \quad 又は \quad \frac{計数値}{計量値}=計数値$$

計量値 × 計数値 = 計量値

計量値は測定器具を必要とし，測定に手数がかかり，さらに技術を要する場合が多い，あるいは小数点以下の値をそのまま記録する必要があるなど，数を数えるだけの計数値に比べて取扱いに手間はかかるが，その分，データ単位当たりの情報量は多い．情報量が多くなれば解析の精度も必然的に向上する．

なお，データの置き換えにあたっては，計量値のデータは記録の段階で計数値のデータに置き換えることができるが，計数値のデータを計量値のデータに置き換えることはできない．次節で詳述する．

(2) 言語データ

言語データとは"登り坂でも軽快に走れる自転車がほしい"というように，品質特性や顧客の要求などを言葉で表したものである［言語データの整理・分析方法については第18章（新QC七つ道具）を参照］．

(3) その他のデータ

対象となる集団を"大きい""やや大きい""中くらい""やや小さい""小さい"などのように，複数の段階に分類された分類データ（さらに，成績順の

16.2 データの変換

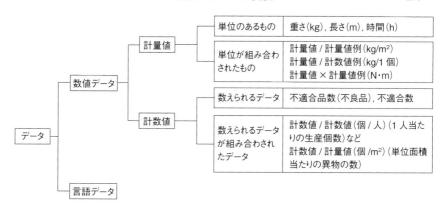

図 16.1 データの種類

ような順序のある場合を順序分類データ,ランダムで順序がない場合を純分類データ),10点,5点,3点というような点数,あるいは1位,2位,3位,…などのように,相対的な順序をつけた順位データ,味や肌ざわりのような人の五官/五感で計測する官能評価データなども品質の評価によく使われている.

また,尺度基準の分類法もある.これについてはすでに 5.10 節(官能検査,感性品質)で述べているので,参照されたい.

16.2 データの変換

我々が取っているデータには,生産量 100(kg)や生産量 1 000(個)などのようなデータがある.この数は量を示す指標である.しかし,これでは1時間で製造したのか,5日間かけて製造したのかはわからない.これを1日当たりとすれば,100(kg/日),1 000(個/日)となり,1日当たりという単位に変わり生産能力という指標に変わる.そうすることで生産能力の比較ができるようになる.

このように,データを変換するということはデータ間の比較に有効な新たな情報を得ることができるという意味で重要な方法である.

(1) 単位の変換

例えば，製品の不適合品数をロットごとに比較する場合，検査個数に違いがあると，不適合品数では比較して評価することはできないが，検査個数中の不適合品数の比率である不適合品率にするとロットごとの比較評価ができるようになる．

すなわち，データの情報から比較評価ができるようにデータを変換することは，初期のデータの情報を活用していくうえで大変重要である．

(2) 変数変換と数値変換

変数変換とは，上述の (1) の"単位の変換"に近い考え方である．例えば，身長と体重のデータからの肥満度という新たな指標の設定，正規分布における標準化 [19.1 節（正規分布）を参照] が該当する．さらに，データの変換の例として，データの数値変換を行って計算を簡単にすることができる．こうすることで検算も楽になり，間違いが少なくなる利点がある．

例として "5.9, 5.7, 5.3, 5.6, 5.5" の五つのデータ ($n=5$) を用いて説明する．この平均値を数値変換で求める場合，それぞれの値から 5 を差し引いて 10 倍すると "9, 7, 3, 6, 5" という簡単な整数が得られる．すなわち，$X = (x - 5) \times 10$ と変換したことになる．例えば，データ $x_{i=1}$ が 5.9 の場合，$X_1 = (5.9 - 5) \times 10 = 9$ となる（表 16.1 を参照）．

表 16.1 数値変換の例

x_i	$x_i - 5$	$X_i = (x_i - 5) \times 10$	X_i^2
5.9	0.9	9	81
5.7	0.7	7	49
5.3	0.3	3	9
5.6	0.6	6	36
5.5	0.5	5	25
—	—	$\sum X_i = 30$	$\sum X_i^2 = 200$
—	—	$\overline{X} = 6$	—

実際に，変換したデータによる計算を行ってみる．数値変換の式を一般化して $X_i = (x_i - a) \times h$ とすると，$a = 5$，$h = 10$ であることから，同表からそれぞれの基本統計量（16.5 節を参照）を求めると次が得られる．

$$\text{平均値}: \bar{x} = a + \bar{X} \times \frac{1}{h} = 5 + 6 \times \frac{1}{10} = 5.60$$

$$\text{平方和}: S = \left[\sum_{i=1}^{n} X_i^2 - \frac{\left(\sum_{i=1}^{n} X_i\right)^2}{n}\right] \times \frac{1}{h^2} = \left(200 - \frac{30^2}{5}\right) \times \frac{1}{10^2} = 0.2$$

$$\text{分散}: s^2 = V = \frac{S}{n-1} = \frac{0.2}{4} = 0.05$$

$$\text{標準偏差}: s = \sqrt{V} = \sqrt{0.05} = 0.224$$

16.3 母集団とサンプル

生産に繰り返しのある場合には，ある条件でつくられた特定の一つの結果が，良かったか悪かったのかではなく，同じような条件で繰り返し行った場合の個々の結果の良し悪しのほうがより重要である．

このように"同じような条件での繰り返しの中で，同じ製品であるということが仮定できるようなものの集団"を母集団という．生産の場においてであれば，同じような条件でつくられた場合の製品や部品の全体が母集団である．

ただし，同じ条件（プロセス）で生産したつもりでも，いろいろな条件が少しずつばらつく（変動する）ので，全く同じ製品ができるわけではない．

そこで，製品の評価指標として品質特性を用いれば数値的に表すことができ，製品のばらつきは品質特性のばらつきという形で置き換えることができる．このことから，先の母集団は"同じ条件でつくられた場合の品質特性の全体"として定義することができる．統計的に考えれば"考察の対象となる特性をもつすべてのものの集団"であり"通常，サンプルに基づいて処置をとろうとする集団がそのサンプルによって代表される母集団となる"ともいえる．

品質を向上するための検討においては，どのようなつくり方をすれば，同じような条件でつくったすべての製品がよくなるかを知りたい．言い換えれば，母集団としての全体の品質が向上する方法をみつけたい．

普段我われがデータとして得ているものは，ヒストグラムで示すような母集団全体ではなくサンプルに過ぎない（図 16.2）．このサンプルのデータをうまく使って，その発生源である母集団全体に関する判断をするには，この変動するものをとらえるための考え方（理論やモデル）が必要となる．そのための基礎をなすのが統計学であり，データ解析を行う場合は，統計学的な考え方や見方を習得しておく必要がある．例えば，サンプルから母集団が推測できる．その時点で問題があった場合に，どのような改善を施せば解決できるのか，予測ができ，問題に対して迅速に対応することができるようになる．また，この経験が将来の問題解決のための"嗅覚"になるのである．

図 16.2　母集団とサンプルの関係

16.4　サンプリングと誤差

(1) サンプリング

母集団からサンプルを取ることをサンプリングという．データは母集団の情報を正しく反映する必要があるので，サンプルの取り方が適切でないと母集団に対して誤った判断や処置をしてしまう可能性が高くなる．サンプリングはその目的に適するように，信頼できる方法でかたよりなくサンプルを取る．例えば，1か所に積まれた鋼材や山積みされたレンガのような場合，取りやすい場所からサンプリングする，ひとまとめにサンプリングするなどの人の意志が入

り込まないように行うことが大切である．
　データを取る際に留意することは，
　① 何を測るか目的を明らかにする
　　　特性値は何か，測定する方法はあるか，測れるものだけを測るのではないことに注意する．
　② 測定精度を吟味する
　　　測定の誤差だけではなく，記入ミスなどの信頼性も含む．
　③ サンプリング方法を吟味する
　　　基本はランダムサンプリング（無作為サンプリング）である．
　④ データ数を考慮する
　　　コストの制約の中でいかに多くの情報を得るかを考える．
　⑤ すでに取られているデータ
　　　他人に取ってもらったデータは変数名と実態を把握することが必要である．また，何を測っていたのか，どのように測っていたのかなどの実態を把握（確認・記録）する必要がある．

（2）サンプリングの種類

　サンプリングの方法を大別すると，ランダムサンプリング（無作為サンプリング）と有意サンプリングに分けられる．
　ランダムサンプリングとは，JIS Z 8101-2（統計―用語及び記号―第 2 部：統計の応用）によると，母集団を構成している単位体又は単位量などがいずれも同じような確率でサンプルとして選ばれるようにサンプリングすることである．ランダムサンプリングは，図 16.3 のように 5 種類に分けられる．なお，単位体とは，個数で数えることができるように，一つひとつが明瞭に分かれているもの，例えば，粉末のスコップ 1 杯，一定質量，一定体積がそれにあたる．
　有意サンプリングとは，確率が同じとはいえないようなサンプリングである．確率が同じとはいえないサンプリングによるサンプルは何かしらのかたよりをもっていることになるので，データ解析を行っても正しく母集団を推測できないということを意味する．

したがって，サンプリングの基本はランダムサンプリングとなる．サンプリング法については16.6節で詳述する．

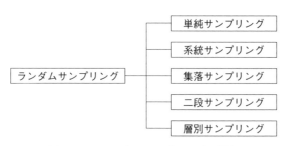

図 16.3　ランダムサンプリングの種類

(3) 測定と測定誤差

5.9節で測定誤差について述べたように，データは母集団から取ったサンプルを測定することによって得られるが，測定には必ず測定誤差を含んでいるので，データは測定誤差を十分に小さくしておく必要がある．

測定誤差には，かたよりとばらつきがある．かたよりは測定を繰り返したときのデータの平均値と真の値（測定量の正しい値）との差であり，ばらつきは真の値と個々のデータの不ぞろいの程度である．ばらつきの原因は，測定者，測定日，測定器などいろいろあるが，測定方法を標準化して，一定の範囲内に抑えるようにすることが重要である．

(4) データの信頼性と記録

記録されてデータを解析して自分自身の職場の改善や管理を行うことから，取っているデータの信頼性を確保することは重要なことである．近年，計測器の自動化が進んでいることから，次の項目を確実に認識しておく必要がある．

① サンプル採取における信頼性：母集団を代表するようなサンプルの取り方をしているかについて，指示する者も採取する者もその真の目的を認識していることが重要である．

② 測定の信頼性：測定器，測定方法，測定器の取扱い方だけではなく，測定データの読取りなども測定時の信頼性にかかわるので重要である．標準試料による校正だけでなく，マイクロメータや圧力計などでは目盛りの間に指示がきたときの読取り方など，計測方法の訓練も必要である．

③ 記録の信頼性：正確な記録は非常に重要である．上記①，②の記録を残すようにしておくことも忘れてはならない．

特に，この記録の重要性については，次のような筆者の経験がある．紹介しておきたい．

ある工程での溶液における固形分濃度のばらつきが気になった．過去の元データが記録されているかを確認したところ，保管されていたので，あらためてデータの確認を行った．

5点の繰り返し測定で，近い値の3点の平均値を求めて報告していた．そのときのデータは"31.0, 21.6, 43.8, 33.7, 11.8"（単位：%）で，一見してばらつきが大きい．中心に近い3点のデータ"33.7, 31.0, 21.6"からその平均は"28.77"である．この溶液は固形分が沈降しやすく，上澄みに近い箇所と深い箇所では濃度の差が大きく変化しているためであった．

上述の①の視点からみれば，沈降しない程度に撹拌をさせながらサンプルを採取しなければならない．②についてもこれだけのばらつきがあるとどれが真値なのかわからない．この場合には，計算値との比較などを目安にするというような測定に関する教育も必要になる．③については，当時の正確な記録が残っていたおかげで問題の原因が判明した．正確な記録と保管が重要な所以である．

16.5　基本統計量

データのばらつきの様子（分布の状態）を知るために，図や数値化して表すとわかりやすく便利である．分布の状態を示すには，一般にデータ全体を代表

する位置，すなわち中心位置とばらつきの程度を示す値がある．これらは基本統計量と呼ばれ"分布の中心の表し方と分布のばらつき度合の表し方"である．これらの値の求め方を次に示す．

なお，母集団がもつ固有の統計量（母平均や母分散等）を母数（パラメータ）と呼び，サンプルの統計量と区別している．

16.5.1　中心位置を推測するための統計量
(1) 平均値 $\bar{x}$

母平均 μ を推測するための統計量として平均値 $\bar{x}$ がある．

$$\bar{x} = \frac{x_1 + x_2 + \cdots + x_n}{n} = \frac{\sum_{i=1}^{n} x_i}{n}$$

ただし，$x_1 + x_2 + \cdots + x_n$：測定値の合計
　　　　　n：測定個数［サンプルの大きさ（サンプルサイズ）］

$\sum$ はデータを合計するという記号である（ギリシャ文字 σ の大文字で総和の意味である．標準偏差の σ の意味とは異なる）．平均値のけた数は，通常，生データより1けた下まで求めておけばよく，n が20以上のときは2けた下まで求めることもある．

(2) 中央値（メディアン）$(\tilde{x})$

データを大きさの順に並べて，データが奇数個なら中央に位置するデータの値であり，データが偶数個なら中央に位置する二つのデータの平均である．メディアンは平均値に比べ精度は劣るが，測定値の数が奇数個の場合は計算せずに直ちに求められるので便利である．

①　測定値の数が奇数個の場合：中央に位置する値
②　測定値の数が偶数個の場合：中央の二つの値の平均値

16.5.2　ばらつき（広がり）度合を推測するための統計量

分布のばらつき度合とは"個々のデータが中心の周りをどのくらいばらつい

16.5 基本統計量

ているかという度合を表すもの"である．母集団の平均 μ がわからないので，それを用いることなく表現するには次の二つの方法がある．

(1) データの最大値と最小値との差をとって範囲 R を求める

ばらつきの大きなデータから求めた範囲は大きく，ばらつきの小さなデータから求めた範囲は小さくなる．

(2) 分散，標準偏差を求める

データから平均値 $\bar{x}$ を計算して，測定値 x_i が平均値 $\bar{x}$ からどれだけ離れているのかを $(x_i - \bar{x})$ でみることにする．ただし，平均値 $\bar{x}$ と測定値 x_i との離れ具合を積み重ねていくとその総和は必ず 0（ゼロ）になるので都合が悪い．

そこで少し工夫をする．すなわち，平均値 $\bar{x}$ と測定値 x_i の差を 2 乗 $[(x_i - \bar{x})^2]$ してマイナス符号をなくすことでどれだけ離れているかというばらつきがわかりやすくなる．この平均からのばらつき度合の総和を平方和 S という．データ数 n から 1 を引いた $n-1$ で除して算出した値を分散 V という．

なお，"測定値－平均値"を偏差，"$n-1$"を自由度という．平方和 S は 2 乗（平方）したものの総和という意味である．これを偏差平方和ともいう．

母分散 σ^2 を推測するための統計量として分散 V があり，これは次のように平方和 S をまず求めてから計算する．

① 平方和 S を求める

$$S = \sum_{i=1}^{n}(x_i - \bar{x})^2 = \sum_{i=1}^{n} x_i^2 - \frac{\left(\sum_{i=1}^{n} x_i\right)^2}{n} \tag{16.1}$$

上式は次式から誘導される．

$$\begin{aligned} S &= \sum_{i=1}^{n}(x_i - \bar{x})^2 \quad \text{（定義式）} \\ &= \sum_{i=1}^{n} x_i^2 - 2\bar{x}\sum_{i=1}^{n} x_i + n\bar{x}^2 = \sum_{i=1}^{n} x_i^2 - 2\frac{\left(\sum_{i=1}^{n} x_i\right)^2}{n} + n \times \frac{\left(\sum_{i=1}^{n} x_i\right)^2}{n^2} \end{aligned}$$

$$= \sum_{i=1}^{n} x_i^2 - \frac{\left(\sum_{i=1}^{n} x_i\right)^2}{n} \quad (\text{計算式})$$

右辺の第1項：個々のデータの2乗の和

右辺の第2項：個々のデータの合計を2乗したものをデータの個数で除した数

② 分散 V を求める

分散 V は平方和 S を自由度 $n-1$ で除して得られる．データのばらつき度合を表す分散は元データの2乗の値であるので，この平方根を計算して元データの単位の次元と一致させたほうが便利なことが多い．これを標準偏差と呼び，$\sqrt{V}$，あるいは s ［母標準偏差（母集団の標準偏差）σ の推定値である場合は $\hat{\sigma}$］で表す．分散と標準偏差の求め方は次式のとおりである．

$$V = s^2 = \frac{S}{n-1}, \quad s = \sqrt{V} = \sqrt{\frac{S}{n-1}}$$

例題1 ある寸法のデータ "11.1, 11.9, 11.6, 11.7, 11.3" がある．

① 平均値を求める

$$\bar{x} = \frac{11.1 + 11.9 + 11.6 + 11.7 + 11.3}{5} = \frac{57.6}{5} = 11.52$$

② 平方和を求める

$$S = (-0.42)^2 + 0.38^2 + 0.08^2 + 0.18^2 + (-0.22)^2 = 0.408$$

③ 分散と標準偏差を求める

$$V = \frac{0.408}{5-1} = 0.102, \quad s = \sqrt{V} = 0.319$$

16.5 基本統計量

例として，表 16.2 に偶数の 10 個のデータの各統計量，表 16.3 に奇数の 9 個のデータと各種統計量を示す．

表 16.2 データ数が偶数のときの統計量（例 1）

大きい順番	データ	データの2乗	偏差	偏差の2乗	項目	統計量
6	80	6400	− 0.5	0.25	総和 Σ	805
10	67	4489	− 13.5	182.25	データ数 n	10
8	78	6084	− 2.5	6.25	平均値 $\bar{x}$	80.5
5	81	6561	0.5	0.25	メディアン $Me(\tilde{x})$	80.5
9	75	5625	− 5.5	30.25	範囲 R	24
2	87	7569	6.5	42.25	最大値 $x_{\max}$	91
7	79	6241	− 1.5	2.25	最小値 $x_{\min}$	67
4	83	6889	2.5	6.25	平方和 S	392.50
1	91	8281	10.5	110.25	(不偏)分散 V	43.61
3	84	7056	3.5	12.25	標準偏差 s	6.60
総和	805	65195	—	392.50		

表 16.3 データ数が奇数のときの統計量（例 2）

大きい順番	データ	データの2乗	偏差	偏差の2乗	項目	統計量
9	67	4489	13.6	184.96	総和 Σ	725
7	78	6084	− 2.6	6.76	データ数 n	9
5	81	6561	0.4	0.16	平均値 $\bar{x}$	80.6
8	75	5625	− 5.6	31.36	メディアン $Me(\tilde{x})$	81
2	87	7569	6.4	40.96	範囲 R	24
6	79	6241	− 1.6	2.56	最大値 $x_{\max}$	91
4	83	6889	2.4	5.76	最小値 $x_{\min}$	67
1	91	8281	10.4	108.16	平方和 S	392.24
3	84	7056	3.4	11.56	(不偏)分散 V	49.03
総和	725	58795	—	392.24	標準偏差 s	7.00

参考1. 平方和 S を $n-1$ で除す理由

　平方和 S は式 16.1（187 ページ）の最初の右辺をみればわかるように，個々のデータと中心位置 $\bar{x}$ からのずれ具合を（2 乗して）データの個数分加えているから，一般にデータ数が増えれば大きくなっていく．2 乗する前の，平方和を構成している $(x_1-\bar{x}), (x_2-\bar{x}), \cdots, (x_n-\bar{x})$ の総和（合計）は 0 である．そのため，最後の一つは自動的に決まってしまう．したがって，平方和 S は実質的に $n-1$ 個の情報の和だから，平方和を平均化するときも $n-1$ で除すほうがよい．言い換えると，総数は n 個の情報，平方和 S は $n-1$ の情報からなるので，総数を n で除して平均を求め，平方和を $n-1$ で除して分散は求めるということになる．

参考2. 分散 V と範囲 R の統計量としての比較

　母標準偏差 σ を推測するための統計量として標準偏差 s や範囲 R がある．
　$s = \sqrt{V}$
　$R = x_{\max}$（データの最大値）$- x_{\min}$（データの最小値）

範囲 R は上式からわかるように，その計算において最大値・最小値という二つのデータしか使用していないので，標準偏差 s よりデータの情報を生かしていない．したがって，範囲 R を用いるのはデータ数が 10 以下の少ないときや他の手法と組み合わせて便宜的に使うときなどに限られる．

　統計量を計算するときには，その目的はデータを取った母集団の母数についての情報を得ることであると意識して，母数と統計量の区別を明確するようにしておくとよい．

16.5.3　平均値と標準偏差のけた数

　平均値，標準偏差は，測定値と同じ単位の次元になるが，平方和，分散は 2 乗しているので単位の次元も 2 乗となることに注意する．

　データのけた数は，測定や計算上，多く得られるからといって，ばらつく範囲の数値を 5, 6 けたも求める必要はなく，一般には 3, 4 けたもあれば十分である．JIS Z 9041-1（データの統計的な解釈方法—第 1 部：データの統計的記述）

において平均値と標準偏差のけた数を表 16.4 に示す．このけた数の考え方は管理図の場合にも適用されている．

これらの計算において，割り切れない場合は適当なところで四捨五入することになるが，どのけたまで求めるかについては次のようなおおまかな規則がある．

① 平均では，データ数が 20 未満ならデータよりけた数を一つ増やし，20 以上ならデータよりけた数を二つ増やす．
② 標準偏差では，有効数字を最大 3 けたまで求める．

ただし，計算途中では多めにけた数をとって最後の段階で上述のようにまとめるほうがよい．

表 16.4 平均値と標準偏差のけた数 (JIS Z 9041-1)

測定単位	データの個数		
0.1, 1, 10 などの単位	—	2 〜 20	21 〜 200
0.2, 2, 20 などの単位	4 未満	4 〜 40	41 〜 400
0.5, 5, 50 などの単位	10 未満	10 〜 100	101 〜 1000
平均値のけた数	測定値と同じ	測定値より1けた多く	測定値より2けた多く
標準偏差のけた数	有効数字を最大 3 けたまで		

16.5.4 変動係数 (CV : Coefficient of Variation)

標準偏差を平均値で除した値を変動係数といい，CV で表す．ばらつきを相対的に表すものである．定量化学分析などでは，データのばらつきが平均値におおむね比例していることがある．このような場合には，標準偏差そのものよりも変動係数を用いて，ばらつきを相対的に表すのがよい．

例えば，二つの類似の液体製品 A, B のうち，双方の製品の粘度 η ["イータ" と読む．単位は Pa·s (パスカル・秒) 又は P (poise：ポアズ又はポイズ)] の平均 $\bar{x}$ が 50 であるとすると，液体製品 A の標準偏差が 5 の場合の変動係数 CV は，

$$CV = \frac{s}{\bar{x}} = \frac{5}{50} = 0.1\ (10\%)$$

と計算できる．平均 $\bar{x}$ が 75 である液体製品 B を液体製品 A と同じばらつきの範囲内に管理しようとするとき，液体製品 B の標準偏差をどのくらいにすればよいか．変動係数を用いると次のように計算することができる．

$$CV = 0.1 = \frac{s}{75}$$

$$s = 0.1 \times 75 = 7.5\ (\text{Pa·s})$$

この関係を図に表すと図 16.4 のようになる．

変動係数によって，液体製品 B の規格を容易に決めることができる．

類似製品の製品規格を決める際に，この変動係数を指標にして決めると同様な管理方法で製造すればよいことになる．例題 1（188 ページ）では，$s = 0.319$，$\bar{x} = 11.52$ であることから，次のように導かれる．

$$CV = \frac{s}{\bar{x}} = \frac{0.319}{11.52} = 0.0277$$

身近な例で，納豆 1 パックと霜降り牛肉 100 (g) の価格の変動を比較することを考えてみる．納豆 1 パックの平均価格は 100 円で標準偏差が 2.8，霜降り牛肉 100 (g) の平均価格は 500 円で標準偏差が 14.7 とする．

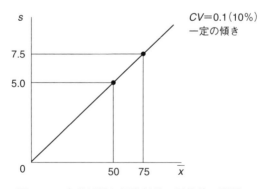

図 16.4　変動係数と標準偏差，平均値の関係

平均と標準偏差をながめてもよくわからないので，それぞれの変動係数を計算する．納豆の変動係数 $CV_{納豆}$ は 2.8/100 ＝ 0.028 ＝ 2.8（％），牛肉の変動係数 $CV_{牛肉}$ は 14.7/500 ＝ 0.0294 ＝ 2.94（％）となり，双方の価格の変動はほぼ同じことがわかる．

このように，変動係数は難しい計算の必要がなく，比較が容易になる．

16.6　サンプリングの種類（2段，層別，集落，系統など）と性質

（1）サンプリングの概要

何らかの問題が発生した場合についてまずは，サンプルを採取してデータをとり，事実に基づいて推論を行い，処置を意思決定する．このとき，サンプリングで重要なことは，まず，目的にあった母集団を正しく規定する（正しく決める）ことであり，サンプルは，その母集団を正しく代表するものであることである．サンプリングによって母集団を推定するので，サンプルから逆に規定される母集団が本来の目的に合っているかを検討することも重要なことである（図 16.5 を参照）．

検査・測定には，非破壊検査と破壊検査がある．自動車に備わるエアバック，圧力容器で使われる破裂板など，破壊を要する検査では全数検査をしてしまうと出荷できる製品がなくなってしまう．基本的には抜取検査である．

また，サンプリングによる分類では全数検査と抜取サンプリングがある．抜取サンプリングは基本的にはランダムサンプリング（無作為サンプリング）である．有意サンプリングは何らかの判断に基づいてサンプルを選ぶ方法で，意図的ではなくともかたよりが発生しやすいので，サンプリング法としては好ましくない．

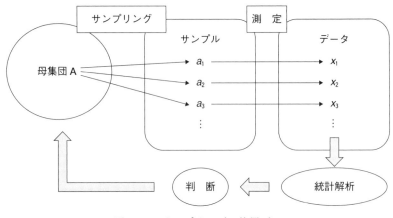

図 16.5　サンプリングの位置づけ

(2) ランダムサンプリングについて

ランダムサンプリングを行うにあたって，サンプルのもつべき条件と保証について述べる．

サンプルのもつべき条件とは，信頼ができ，精度が十分で，迅速で，経済的に得られ，かたよりのない（正確さがある）サンプリングであることであり，重要である．

ランダムサンプリングを保証するためには，サンプルを取る手続きが正しくきちんと決められていることとその手続きが守られていることが必要である．

(3) サンプリング単位について

単位体とは，個数で数えることができるように，一つひとつが明瞭に分かれているものである．例えば，粉末のスコップ1杯，一定質量，一定体積である．

単位体の場合，そこからサンプリングする場合に，1本，1個，1錠ずつサンプリングすれば，1本，1個，1錠がサンプリング単位となる．そして例えば，ドラム缶100本で1ロットであれば，これは大きさ100のロット，又は大きさ100の母集団という．母集団の大きさやロットの大きさは一般にNで表

16.6 サンプリングの種類と性質

す．これに対し，ドラム缶を5本サンプリングすれば，これは大きさ5のサンプルという．サンプルの大きさは一般に n で表す．

ところが集合体の場合には，何を単位にサンプリングするかが問題になる．例えば，スコップ1回100（g）ずつ10回で1（kg）を取った場合と，1回500（g）ずつ2回で1（kg）を取った場合とでは，全く違うサンプリング法である．すなわち，サンプリングする単位量，サンプリング単位を決めなければならない．

例えば，石炭や鉱石とか結晶のようなものは1スコップがサンプリング単位になり，金属のようなものをボーリングしてサンプリングするときには1ボーリングがサンプリング単位になる．この場合，1スコップのサンプリング単位のことをインクリメントという．そして1スコップの量のことをインクリメントの大きさという．針や糸，針金，紙などのような場合にはある長さを単位としてサンプルを取る場合がある．この長さを"試長"という．

(4) サンプリングに伴う誤差について

サンプリングにおいては，サンプリングを行う人，サンプリング容器，サンプリング方法，サンプリング場所，サンプリング量，サンプリングのタイミングなどを標準化してばらつきを一定にするようにしなければならない．

(5) サンプリングしたサンプルの扱い

サンプリングしたサンプルを測定後に母集団に戻す場合を復元サンプリングという．それに対して，測定により品質が劣化したり，破壊試験のような製品の形状や品質の機能が損なわれたりするような場合は母集団に戻すことはできない．このような場合を非復元サンプリングという．

16.6.1 単純ランダムサンプリング

単純ランダムサンプリングとは，母集団を層，あるいは部分に分けずにそのまま母集団から乱数表や乱数サイ，あるいはソフトウェアを利用して，ランダムにサンプリングすることである．

母集団の大きさ N から n（個）をランダムにサンプリングする方法である．

例えば，1 000（個）の品物の中から，10（個）の品物を単純サンプリングするには，1 000個の品物に番号をつけ（製品を数える起点を決め，No.1 として順番に数えていくこと，あるいは製品を移動させた順に No.1, No.2 と数えることなどの方法である．実際に製品の番号がわかるようになっていればよい），乱数表，あるいは乱数サイから，1 〜 1 000（個）の範囲の乱数列を作成し，重複を除いて10個の乱数を選び，選んだ乱数に相当する番号の製品を抜き取る方法である．

16.6.2　2段サンプリング

2段サンプリングは図16.6に示すように，母集団をいくつかの部分（箱）M 個（$N_1, N_2, \cdots, N_M$）に分け，第1段として，その中のいくつかの部分（箱）k（個）（例えば，$N_2, N_5, \cdots, N_i$）をランダムにサンプリングし，次に第2段として，抜き取られた部分（箱）の中から，おのおのいくつかの単位体（部品）$n_2, n_5, \cdots, n_i$ をランダムにサンプリングすることである．この場合，箱を1次サンプリング単位，部品を2次サンプリング単位という．また，箱を副ロットという．工場の場合は，一般に副ロットの大きさ（箱の中の部品の本数）が一定の場合が多いので，ここでは副ロットの大ききが一定の場合について取り扱

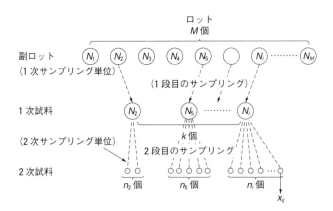

図 16.6　2 段サンプリングの例

う．

　なお，2段サンプリングは単純ランダムサンプリングよりも，梱包済みの箱を開封してしまうことが少なくなるので，コストが下がるという特徴がある．精度は単純ランダムサンプリングよりも悪くなる．

16.6.3　層別サンプリング

　母集団をいくつかの層に分けて，そのすべての層からサンプルを取るサンプリング法を層別サンプリングという．このように，サンプリングすると全層からランダムにサンプルを取ればよいので，ラングムサンプリングが容易に行える．サンプリング誤差としては，層と層との間の誤差（層間誤差）は，全層からランダムサンプリングするので，層間誤差がないため，推定の精度は良い．そのため，単純ランダムサンプリングより一般にはサンプルの大きさが小さくて同じ精度が得られる．

　また，一般的には各層の大きさが異なる場合は，層の大きさに比例してサンプルの大きさを決めるのがよく，これを特に，層別比例サンプリングと呼んでいる．

16.6.4　集落サンプリング

　母集団が一様でなく，いくつかの層から成り立っているときに適したサンプリング方法である．

　母集団に異質なものが一定の割合で入るようにして，いくつかに分けた副ロット［集落（クラスター）という］をいくつかランダムにサンプリングし，サンプリングした副ロット中の製品をすべて調べて検査する方法を集落サンプリングという．こうすることで，単純ランダムサンプリングよりも精度の良い推定ができる．

　集落サンプリングでは，できるだけ集落間のばらつきの差が小さくなるように集落内のばらつきが大きくなるようにするのがよい．

　世論調査のような広い地域で調査を行うような場合，都市や市区町村を集落

としてサンプリングして，サンプリングされた集落全体を調査する方法である．また，ボルト100本入りの箱が100（箱）だけ入荷されたとき，箱をランダムに10（箱）選び，その箱のボルトはすべて調べるというのも集落サンプリングである．

16.6.5　系統サンプリング

母集団からランダムに，サンプリングを実際に行うのはかなりの困難で厄介な場合が多い．例えば，1（箱）に商品が100（本）入っている箱1 000（箱）から商品100（本）を抜き取る，あるいはねじ100 000（本）から1 000（本）をランダムに抜き取るという作業は，想像するだけで気が遠くなる．

このようなときは，サンプルを時間的，あるいは空間的に一定間隔で取ればよい場合が多い．一定間隔でサンプリングする方法を系統サンプリンクという．この方法は単純ランダムサンプリングに比べて間違いも少なく簡単であるので，従来から多く用いられている．

系統サンプリングは，近似的に層別サンプリングと考えられる．すなわち，次のような製品の流れの中から一定間隔で，例えば，10個ずつでサンプルを取ったとき，次のように考えられる．

製品の流れを連続した10個ずつの層に区切って考え，層間のばらつきと層内のばらつきに分けて考えれば，系統サンプリングでは，各層から1個ずつサンプルを取っていることになる．ただし，ランダムではないので，近似的に層別サンプリングで $\bar{n}=1$ の場合と考えてよい．したがって，工程に大波（26.2

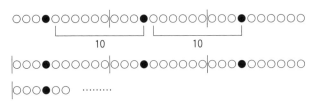

図 **16.7**　系統サンプリングの例

節を参照）や傾向があっても，言い換えると，層間のばらつきがあってもこれはサンプリング精度にはほとんど影響しない．

　したがって，サンプルの大きさが同じならば，単純ランダムサンプリングよりも系統サンプリングのほうが精度のよい場合が多い．ただし，特性値が周期的に変化しているような場合は，周期的要因によるかたよりが生ずるので，注意が必要である．

第 17 章　QC 七つ道具

　本章では，QC 七つ道具を応用する際に知っておくと便利な点について述べる．QC 七つ道具については『2015 年改定レベル表対応　品質管理検定教科書 QC 検定 3 級』に詳述しているので，そちらを参考にされたい．

17.1　グ ラ フ

　グラフは時系列的な動きを知るのによい方法であるが，移動平均を用いるときは注意が必要となる．

　例えば，表 17.1 のデータをもとに図 17.1 のような折れ線グラフを作成して 14 か月の出荷量の推移を確認しているものとする．2 月と 3 月の出荷量の平均を新たに作成した 3 月の欄に記入する．次いで 1 か月ずらして，3 月と 4 月の出荷量の平均を次の 4 月の欄に記入する．これを繰り返して当月と前月の 2 か月の平均の推移をみる．この場合これを "2 か月移動平均"（表 17.2 を参照）という．

　さらに 2 月，3 月，4 月の 3 か月の出荷量の平均を新たに作成した 4 月の欄に記入する．この作業を順次，1 か月ずつずらしながら繰り返し，平均の推移をみる．この場合これを "3 か月移動平均" という（表 17.2 を参照）．

　このように，一定期間の間隔を決めて，その間隔内における平均を順次，計算することで大局的な動き・流れを知るためのものを "移動平均" という．移動平均を使うとデータに周期的な変動があるとき，平均化され（周期が滑らかになり），変動が小さくなっていることがわかる（図 17.2，202 ページを参照）．

　図 17.2 において，月次では，4 月と 5 月で 60 トンの増加，5 月と 6 月で 98 トンの減少…，というように大きく変動している．これを 2 か月移動平均

17.1 グラフ

表 17.1 月別出荷量

(単位:トン)

月	2	3	4	5	6	7	8	9	10	11	12	1	2	3
出荷量	332	298	320	380	282	313	311	322	367	280	332	367	375	366

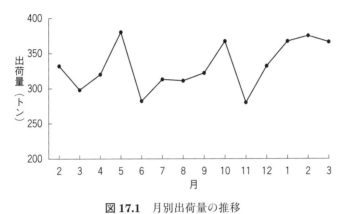

図 17.1 月別出荷量の推移

表 17.2 月別出荷量と移動平均出荷量

(単位:トン)

月	2	3	4	5	6	7	8	9	10	11	12	1	2	3
出荷量	332	298	320	380	282	313	311	322	367	280	332	367	375	366
2か月移動平均	—	315	309	350	331	298	312	317	345	324	306	350	371	371
3か月移動平均	—	—	317	333	327	325	302	315	333	323	326	326	358	369

でみると,4月と5月で41トンの増加,5月と6月で19トンの減少,3か月移動平均では,4月と5月で16トンの増加,5月と6月で6トンの減少となる.

このように,全体が増加傾向になるのか,減少傾向になるのかについて,変動の小さい移動平均でみたほうが大局的な変化をとらえやすい.単月だけでみると大きく変動している場合も,移動平均でみると2か月,あるいは3か月

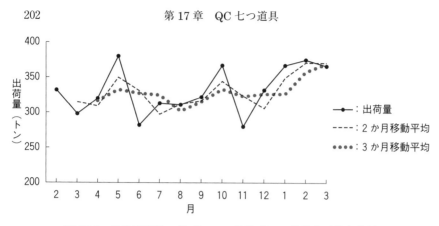

図 17.2 月次出荷量,並びに 2 か月及び 3 か月移動平均出荷量

の中で出荷量が調整しやすくなる.この場合,1 月以降の出荷量が増加傾向にあることがわかる.

この方法のように,出荷量を移動平均でみることによって出荷量の大きな変動に左右されない,生産計画と在庫の適正化又は変動幅を小さくすることが可能になる.

17.2 特性要因図

特性要因図の使用方法として,大きく次の二つに分けることができる.

(1) 管理用の特性要因図

従来の製造や技術が蓄積してきた特性の制御のための要因を整理するために用いられる特性要因図をいう.製造の例でいえば,製造工程のフローの順に,図 17.3 のように管理項目や点検項目に相当する要因があげられる.

(2) 解析用の特性要因図

管理用の特性要因図では判明しなかったような工程異常などの場合は,まずは異常工程の特定をしたうえで,4M や 5M の観点と原理・原則的な視点からの要因の洗い出しを行う.的を絞って要因の洗い出しを行うことが重要である.このような解析に用いる特性要因図を解析用の特性要因図という.

17.2 特性要因図

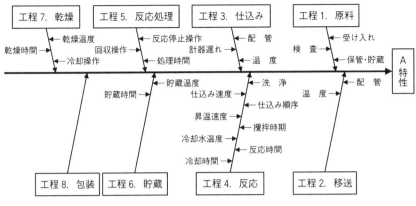

図 17.3　管理用の特性要因図の例

図 17.4 の特性要因図では，仕込み工程に問題ありと特定されたので"工程3. 仕込み"に関連する項目を 4M の視点で種々の要因を洗い出している．今回の要因としては，シール材であるパッキングのカーボンの処理不足によりシール機能が落ちてしまっていた．そのためシール不良となり，T 原料が多く入ったために A 特性の異常が発生したことがわかった．カーボン処理の管理の方法や記録など，メンテナンスの状況が把握できていなかったことにも問題があったため，これを標準化し，QC 工程図の改訂を行った．

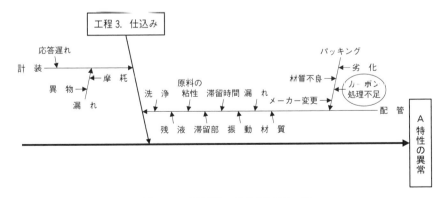

図 17.4　解析用の特性要因図の例

17.3 ヒストグラム

データ数が大きいとき（30以上のとき）は，統計量による推測に加えて，母集団分布の様子をより詳しく探ることができる．そのために非常によく用いられるのが度数表やヒストグラムである．これらはよく目にすることがあるし，簡単そうに見える．しかし，作成上のポイントをよく知っておくことが重要である．

まず，度数表の作成方法の手順を『2015年改定レベル表対応 品質管理検定教科書QC検定3級』に沿っておさらいしてみよう．データを表17.3に示す．同表は，新規塗料の内容量のばらつきを減らすために脱気を行う調整工程における，その調整の前の内容量のばらつきを測定したものである．上限規格は255.0，下限規格は245.0である．

(1) 度数表の作成手順

手順1　データの測定単位 m（測定の最小のきざみ）を明確にして，サンプリングを行う．データ数を n とする．

　　　　表17.3 の場合，$n = 200$ である．

手順2　データより最大値 $x_{\max}$，最小値 $x_{\min}$，範囲 R を求める．

　　　　同表の場合，$R = $ 最大値 $x_{\max} - $ 最小値 $x_{\min}$
　　　　　　　　　　$= 257.5 - 242.4 = 15.1$

手順3　仮の区間の数 h を $h ≒ \sqrt{n}$ をもとにして決める．

　　　　同表の場合は，$h ≒ \sqrt{n} = \sqrt{200} = 14.14$ ∴ 14

手順4　区間の幅 i を $i ≒ R/h$ をもとにして決める．この際，i は測定単位の整数倍に丸める．

　　　　同表の場合，測定単位 m は 0.1 であることから，

　　　　$m = 0.1$, $i ≒ \dfrac{R}{n} = \dfrac{15.1}{14} = 1.08$ ∴ 1.1

手順5　各区間の境界値を次のように決める．

17.3 ヒストグラム

表 17.3 調整前の新規塗料の内容量のデータ ($n = 200$)

254.7	251.0	250.3	248.5	241.5	246.5	247.4	248.3	243.3	247.0
247.7	249.7	249.7	247.7	246.8	247.2	246.6	245.2	248.2	245.5
251.2	250.4	250.5	246.6	244.0	252.3	247.5	245.5	248.4	245.1
255.6	253.3	250.2	248.1	246.4	250.8	244.7	247.5	246.6	248.0
246.8	251.6	248.9	244.3	245.3	252.8	245.5	246.5	246.8	249.3
246.8	250.5	251.8	243.6	244.4	251.4	246.4	248.1	246.8	244.9
252.1	250.6	250.4	248.1	247.3	251.1	246.7	248.5	245.6	243.9
254.4	249.6	247.1	246.6	248.1	249.5	246.9	246.5	245.8	245.5
257.5	248.0	251.5	249.8	245.4	250.9	250.2	245.5	244.3	246.1
251.6	250.9	249.1	244.5	243.1	248.2	248.4	245.7	248.2	245.0
250.8	250.2	250.7	253.4	249.9	249.5	251.0	249.7	250.9	245.9
249.9	249.2	254.7	252.5	249.5	250.8	251.7	249.4	246.6	245.8
242.4	249.4	248.5	246.3	252.3	249.5	249.2	252.0	250.8	247.3
249.6	247.2	249.6	250.0	246.7	246.9	250.0	250.9	250.3	245.3
251.8	252.0	249.6	246.8	247.5	250.9	252.2	253.1	252.1	245.8
253.9	248.2	244.5	247.6	250.6	250.0	251.3	248.9	252.7	245.1
246.1	248.3	249.4	249.5	249.2	249.8	251.1	251.7	248.2	246.5
251.2	248.7	250.9	251.6	247.7	250.7	247.5	248.2	249.1	245.9
246.4	250.0	249.2	250.3	251.4	250.7	250.0	250.3	252.3	247.6
248.5	255.6	253.4	253.4	250.5	250.1	252.0	251.7	251.9	244.4

一番下の下側境界値を $x_{\min} - \dfrac{m}{2}$ とする．これに区間の幅 i を順次加えて各区間の境界値とし，$x_{\max}$ を含むまで繰り返す．

同表の場合，$x_{\min} - \dfrac{m}{2} = 242.4 - \dfrac{0.1}{2} = 242.35$ が下限限界値となる．

手順6 区間の中心値をその区間の上側境界値と下側境界値の平均として求める．

同表の場合，最初の区間の中心値 $= 242.35 + \dfrac{1.1}{2} = 242.90$

である．

手順7 各区間に入るデータの個数，すなわち度数を数え上げる．

(2) 度数表からの考察

このデータの処理（度数表及びヒストグラム）を次の4通りで作成したものを示す．

パターン1　手順どおりに行ったもの（表17.4，図17.5）
パターン2　区間数をおよそ2倍にしたもの（表17.5，図17.6）
パターン3　区間数を半分にしたもの（表17.6，図17.7）
パターン4　上限規格と下限規格が境界値になるように，区間幅と最小下限値を調整したもの（表17.7，図17.8）

① 度数表

表17.4　パターン1の内容量の度数表

No.	境界値	度数	累積度数	累積比率
1	242.35以上　243.45未満	3	3	1.5
2	243.45以上　244.55未満	9	12	6.0
3	244.55以上　245.65未満	16	28	14.0
4	245.65以上　246.75未満	23	51	25.5
5	246.75以上　247.85未満	23	74	37.0
6	247.85以上　248.95未満	24	98	49.0
7	248.95以上　250.05未満	31	129	64.5
8	250.05以上　251.15未満	32	161	80.5
9	251.15以上　252.25未満	21	182	91.0
10	252.25以上　253.35未満	8	190	95.0
11	253.35以上　254.45未満	5	195	97.5
12	254.45以上　255.55未満	2	197	98.5
13	255.55以上　256.65未満	2	199	99.5
14	256.65以上　257.75以下	1	200	100.0
	合　計	200		

17.3 ヒストグラム

表17.5 パターン2の内容量の度数表

No.	境界値		度数	累積度数	累積比率
1	242.35 以上	242.95 未満	1	1	0.5
2	242.95 以上	243.55 未満	2	3	1.5
3	243.55 以上	244.15 未満	3	6	3.0
4	244.15 以上	244.75 未満	7	13	6.5
5	244.75 以上	245.35 未満	8	21	10.5
6	245.35 以上	245.95 未満	13	34	17.0
7	245.95 以上	246.55 未満	10	44	22.0
8	246.55 以上	247.15 未満	16	60	30.0
9	247.15 以上	247.75 未満	14	74	37.0
10	247.75 以上	248.35 未満	14	88	44.0
11	248.35 以上	248.95 未満	10	98	49.0
12	248.95 以上	249.55 未満	15	113	56.5
13	249.55 以上	250.15 未満	17	130	65.0
14	250.15 以上	250.75 未満	17	147	73.5
15	250.75 以上	251.35 未満	17	164	82.0
16	251.35 以上	251.95 未満	12	176	88.0
17	251.95 以上	252.55 未満	10	186	93.0
18	252.55 以上	253.15 未満	3	189	94.5
19	253.15 以上	253.75 未満	4	193	96.5
20	253.75 以上	254.35 未満	1	194	97.0
21	254.35 以上	254.95 未満	3	197	98.5
22	254.95 以上	255.55 未満	0	197	98.5
23	255.55 以上	256.15 未満	2	199	99.5
24	256.15 以上	256.75 未満	0	199	99.5
25	256.75 以上	257.35 未満	0	199	99.5
26	257.35 以上	257.95 以下	1	200	100.0
	合 計		200		

表 17.6 パターン 3 の内容量の度数表

No.	境界値	度数	累積度数	累積比率
1	242.35 以上　244.55 未満	12	12	6.0
2	244.55 以上　246.75 未満	39	51	25.5
3	246.75 以上　248.95 未満	47	98	49.0
4	248.95 以上　251.15 未満	63	161	80.5
5	251.15 以上　253.35 未満	29	190	95.0
6	253.35 以上　255.55 未満	7	197	98.5
7	255.55 以上　257.75 以下	3	200	100.0
	合　計	200		

表 17.7 パターン 4 の内容量の度数表

No.	境界値	度数	累積度数	累積比率
1	242.00 以上　243.00 未満	1	1	0.5
2	243.00 以上　244.00 未満	4	5	2.5
3	244.00 以上　245.00 未満	9	14	7.0
4	245.00 以上　246.00 未満	20	34	17.0
5	246.00 以上　247.00 未満	24	58	29.0
6	247.00 以上　248.00 未満	16	74	37.0
7	248.00 以上　249.00 未満	24	98	49.0
8	249.00 以上　250.00 未満	26	124	62.0
9	250.00 以上　251.00 未満	33	157	78.5
10	251.00 以上　252.00 未満	19	176	88.0
11	252.00 以上　253.00 未満	12	188	94.0
12	253.00 以上　254.00 未満	6	194	97.0
13	254.00 以上　255.00 未満	3	197	98.5
14	255.00 以上　256.00 未満	2	199	99.5
15	256.00 以上　257.00 未満	0	199	99.5
16	257.00 以上　258.00 以下	1	200	100.0
	合　計	200		

② ヒストグラム

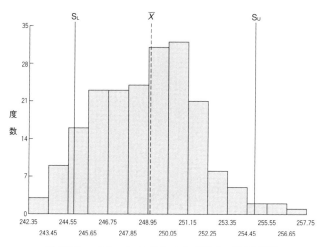

図 17.5 パターン 1 のヒストグラム（14 区間）

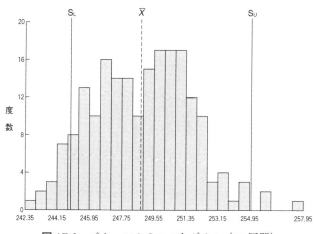

図 17.6 パターン 2 のヒストグラム（26 区間）

第 17 章　QC 七つ道具

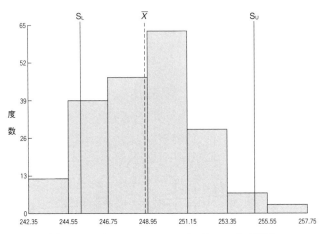

図 17.7 パターン 3 のヒストグラム（7 区間）

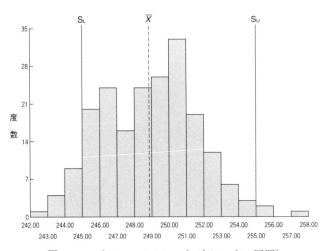

図 17.8 パターン 4 のヒストグラム（16 区間）

17.3 ヒストグラム

　これらのヒストグラムでは，区間数を増やし過ぎると"歯抜け"のヒストグラムとなってしまう．区間数が少ない場合でも，7区間もあれば分布の形はわかる．ただし，データ数が少ない $n = 30$ 程度の場合，5区間程度となり，分布らしい分布にならないことも多い．

　図17.5（表17.4）と図17.8（表17.7）では，それぞれ14区間と16区間の2区間の差しかないが，図17.8は"二山"の可能性を示している．実は，今回のこのデータは2系列のデータが混在しているので，層別の必要性があるかもしれない．また，図17.8のように規格値を区間の境界値に設定すると，外れ値が明確に表すことができる．なお，ヒストグラムの見方（分布）を表17.8，規格と分布との関係を表17.9に示すので参考にされたい．

　また，ヒストグラムから平均値や標準偏差，工程能力指数を求める方法は『2015年改定レベル表対応　品質管理検定教科書QC検定3級』で詳しく述べている．そちらを参照されたい．

　なお，工程能力指数を求める場合には，工程が安定していることと正規分布であることを前提としているので，このような視点で分布をみることは重要である．

表17.8 ヒストグラムの見方（分布）

名称	分布型	分布の説明	備考
一般型	左右対称のもの	一般に多く現れる．度数は中心が高く左右対称に減衰する．	重要な要因が管理されている状態にある．
歯抜け型又はくし歯型	でこぼこしているもの	区間の一つおきに度数が少ない形．歯抜けやくし形である．	区間の幅が測定単位になっていない，測定がまずいなどが考えられる．
右又は左すそ引き型	右にゆがんだもの	分布の中心が左又は右寄り．左右非対称で，片側がやや級で反対側がすそを引く分布	不純物や不適合が微量であるとき，工程上それ以下や以上にならない場合が考えられる．
左右絶壁型	左又は右の端の切れたもの	すそ型の極端に急な分布で左右非対称	全数検査で選別して除去しているケース，手直しがある場合は規格限界の左右どちらかが高くなる場合がある．
高原型	平坦なもの	各区間の度数が変わらないようなフラットな分布	平均値の異なるいくつかの分布が混在している．層別が必要である．
二山型	二山のもの	分布の中心付近の度数が少なく，左右に山がある．	平均値の異なる二つの分布が混ざっている場合である．
離れ小島型	飛び離れた山をもつもの	一般型の左右に離れ小島がある分布	測定のミスやスクリーニング（出荷前に欠陥ある品物を選別・除去すること）不足による他製品の混入，工程異常が考えられる．

17.3 ヒストグラム

表17.9 規格と分布の関係

名　称	分布型	分布の説明
理想型	S_L ←公差→ S_U の中に収まる分布図	公差に対してばらつきが小さく，中心の位置もその真ん中にあり，最も望ましい状態．両側規格で標準偏差の8倍くらいの公差であれば理想的である．
片側に余裕のない型	S_L ←公差→ S_U の左寄り分布図	ばらつきについては理想型と同じだが，中心の位置がずれている．中心の位置を規格の中心にもってくるようにしないと規格外れになるおそれがある．また，片側規格の場合にも起こりやすい分布である．
両側規格ぎりぎりで余裕のない型	S_L ←公差→ S_U に幅いっぱいの分布図	中心の位置は規格の真ん中にあるが，ばらつきが少し大きすぎる．ばらつきをもう少し小さくする必要がある．
ばらつきが大きい型	S_L ←公差→ S_U からはみ出す分布図	ばらつきが大きすぎるために不適合品が発生している．ばらつきを小さくする必要がある．
不適合品除去型	S_L ←公差→ S_U 内で端が切れた分布図	不適合品を除去した分布と考えられる．選別前の分布をつかんで，ばらつきを小さくすると同時に中心の位置をずらす．
余裕が十分ある型	S_L ←公差→ S_U の中央に狭い分布図	公差に比べてばらつきが小さい．ばらつきを小さくするためにコストをかけているのであれば，管理の方法を変えてもよい．

第18章　新QC七つ道具

　問題解決や改善活動を行っていくうえでは，品質管理手法や統計的手法を用いて解析を行うために，工場などの現場から得られる数値データがある．これに対して，言葉で表現される言語データがある．職場であれば，問題解決に向けて数値データが取りにくい場面に代わる"言葉"や会話の中で伝えられる内容，顧客の要求（使いやすい，デザインがよい，持ち運びしやすいなど）に代表される，ありのままの事実を表す"言葉"，意見・主張を表す"言葉"，アイデア・発想を表す"言葉"など，数多くある．

　本章では，問題解決やアイデア・発想を創出するのに役立つ，主に言語データを図形化・視覚化して整理する方法として構成された新QC七つ道具について説明する．問題解決などのあらゆる場面・実践においては，QC七つ道具と新QC七つ道具を取り扱うデータの種類（数値データと言語データ）で使い分けたり，組み合わせたりして活用するとよい．

　各QC七つ道具の利点をうまく生かすことが大切である．表18.1に，新QC七つ道具の手法とその特徴を示す．

表18.1　新QC七つ道具の概念図と内容

手法名	概念図	内　　容
親和図法	ラベル1／ラベル2／言語カード	混沌とした問題について，事実，意見，発想を言語データでとらえ，それらの相互の親和性によって統合し，解決すべき問題を明確に表すための方法である．
連関図法	二次要因／一次要因／問題	複雑な原因による絡み合った問題の解決の糸口をみつけるため，原因を抽出し，さらに，その原因を抽出することを繰り返して因果関係を論理的につないだ図である．

表 18.1 （続き）

手法名	概念図	内容
系統図法		問題に影響している要因間の関係を整理し，目的を果たす最適手段を系統的に展開する方法である．
PDPC法		事態の進展とともに，問題の最終的な解決までの一連の手段を予想される障害を事前に想定し，望ましい結果に至るプロセスを決め，適切な対策を講じる場合に用いられる．
マトリックス図法		縦の項目と横の項目の関係，例えば，要因と結果や要因と他の要因など，複数の要素間の関係を整理するために使用する．
マトリックス・データ解析法		行と列に配置した数値データを解析する方法である． 通常，大量の数値データを解析して項目に集約し，評価項目間の差を明確に表すために使用する．
アローダイアグラム法		最適な日程計画を立てて効率よく進捗管理する方法であり，目標を達成する手段である． 実行手順，所要日程（工期，工数）及びその短縮の方策を検討する際に使用する．

18.1 親和図法

問題の解決にあたって，混沌としている事象を整理し，問題を明確に浮かび上がらせる段階で親和図法を用いると有効である．

親和図法は"未来・将来の問題，未知・未経験の問題など，モヤモヤとして漠然としている問題について，事実，推定，予測，発想，意見を言語データで

とらえ，それらの相互の親和性によって統合した図をつくることで，何が問題なのか，どのような問題なのかを明らかにしていく方法"である．

これら言語データの由来する真意，背景，期待など，相互の類似性，共通性，親近性を整理統合してわかりやすい図にまとめていくのがポイントとなる．

新製品開発などで市場調査・分析段階で自社製品に対する生の"顧客の声"（VOC）を聞いて要求事項を把握すること，あるいは工程設計段階で最適な工法や製造条件の設定などについて，作業者のさまざまな意見を聞いて進める場合を考えてみる．

このような場合には，事実としての数値データの話よりも原因の話から対策の話や気になったことなど含めて，多くの意見や提案などの言語データがあげられてくる．しかも，それらの言語データはまとまりがつかない状態になっている場合が多く，このような混沌とした問題についての言語データを整理するために親和図法は有効である．

親和図法とは，

"ある目的で収集された（過去に蓄積された各種情報も含む）言語データ一つ一つについて，その内容を崩さずに簡潔な文章（表現）にしてカード化し，意味内容が似ている（親和性という）カードを集めて整理する方法"である．すなわち"言語データ相互の親和性によって図形化・視覚化して整理する方法"

である．このとき，図形化されたものを親和図という．言語データを親和図でまとめることにより，解決すべき問題の姿を明らかにし，アイデア・発想の着眼点を得ることができるようになる．

この親和図法における親和性は言葉が同一ということではなく，相互の親和性であり，カードに記入されたイメージが近いということを意味する．

図 18.1 に，ある銀行で実施した顧客満足度調査の自由回答形式の質問で得た言語データについて，親和図法を用いて顧客の要求を整理した図を示す．ここでは"行員の対応時の説明がよい"にある 4 枚のカードのイメージは心のこもった対応というイメージになっている．このようなカード寄せをしていく

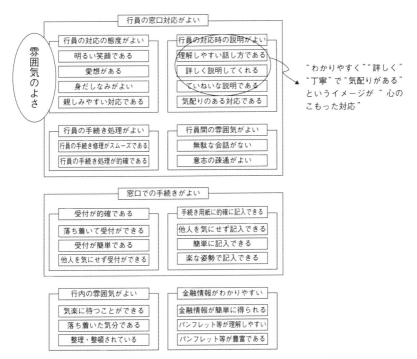

図18.1 銀行の顧客要求項目グルーピング結果による親和図
［仲野彰(2015)：2015年改定レベル表対応 品質管理検定教科書 QC検定3級, 日本規格協会］

ことがポイントである．
親和図法で扱える問題は，
① 現在発生している問題の原因追究の場合
② 解決すべき問題は明らかであるが，その解決策や回避策をどのように見つけていくかといった場合
③ 将来に対しての予知や予測を行って，ありたい姿やあるべき姿を構築したい場合

など，多くある．
しかし，①〜③のような質の異なる問題を扱う場合には，言語データの集め

方に注意する必要がある．①では主として，事実データに基づいた原理・原則的な背景をもった言語データである．②では主として，事実データを前提に関係する人たちのさまざまな立場による意見や新たな発想などから得られた言語データが必要であり，③では主として，将来の予測のうえに立った情報をもとに，目的や目標を明らかにするような言語データが必要である．

また，問題の①，②，③が混在する場合もある．言語データが事実なのか，意見なのか，発想されたものなのかを分けて扱うようにするとよい．

そのほかに言語データの収集も実際に現場に行って五感/五官を働かせて言語化し，収集する方法や面接やアンケートなどによる調査活動による方法，ブレインストーミングなどによる集団的発想，あるいは一人発想による方法などがある．

親和図法を有効に活用するためには，改善・改革をしようとする対象が明確であること，その対象からどうやって情報を収集するかというサンプリングの計画が重要である．そのうえで得られた言語データが一件一葉になっているか，内容が簡潔で明確に表現されているか，具体化が可能な抽象度になっているかなどを確認しておくことが重要である．この点については，QC七つ道具と新QC七つ道具に共通する．

18.2 連関図法

特性要因図は結果（特性）と原因（要因）の関係を整理する手法である．問題の発生するメカニズムによって，すでに因果関係が洗い出されている場合もある．どちらかとえば，メカニズムによって，あるいは要因間の因果関係からの洗い出しよりも，要因そのものの洗い出しから根本原因を見いだすことをねらった手法が特性要因図である．

しかしながら，発生した複雑な原因が絡み合うような問題の場合は，論理的にメカニズムや因果関係を追究していったほうが真の原因をつかみやすいことがある．このような場合には，論理的に因果関係を通して原因を追究していく

18.2 連関図法

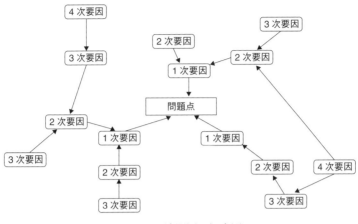

図 18.2 連関図の概念図

連関図法が役に立つ．

連関図法は，図18.2のように，問題となっている現象（問題点）を中央に記し，その原因（1次要因）をその周りに記し，さらにその原因（2次要因），さらにその原因（3次要因，…）をその周りに記していくというように"なぜなぜ"を何回も繰り返して因果関係のつながりを示すことによって，真の原因やポイントとなる原因が整理される．

このように"中央に記された問題点とその要因間の関係や，結果と原因（目的と手段）などの関係が複雑に絡み合っている問題について，その因果関係を論理的に矢線でつないで整理する方法"が連関図法である．このとき，図形化されたものを連関図という．この連関図の場合も特性要因図と同様に選んだ要因のレベルを動かして結果の変化を調べるなどの方法による"仮説の検証"が必要である．

図18.3に，ある企業における"従業員の教育における演習がなぜうまくいかないのか"という問題に対して，連関図法を用いて原因を探ったときの連関図の一部を示す．ここで注意が必要なのは因果関係である．"演習のはかどらない"原因が"チームワークがよくない"となっていて，その原因が"個人差，

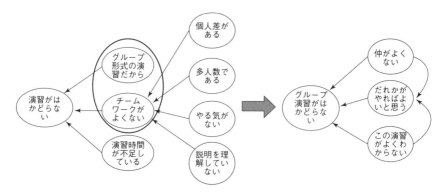

図 18.3 "演習がはかどらない"の連関図の例

理解度,人数,やる気"となっている.

　このようなテーマで行うと,他人事のような連関図ができあがってくる.テーマは"グループ演習がうまくいかない"である.するとチームと自分との関係が生じてくる.問題をいかに具体化するかがポイントである.ここを丁寧に進めることが大切である.

　あるサークルで国家試験を取得するテーマをあげたときに,不合格の原因が"上司の指導,給与,待遇"など,自分にかかわりのない原因がたくさんあがってきた.当事者の原因が出てこない.注意してほしい点である.

　また,図 18.4 に"なぜ A への移送配管が詰まるのか"に対する連関図を示す.よく因果関係が逆転したり,固有技術からみて関連性に疑問がある項目が因果関係に出てきたりすることがある.この点に注意が必要である.ここでは,要因に対してデータや情報の確認なども加えて,連関図に検証結果などを加えている.

　これらの情報からここでは"工程中の省エネルギー活動として熱量を下げ,飛ばす(蒸発させる)溶剤量を下げて対応しようとした.しかし,固形分に取り込まれた溶剤が飛びにくくなり,結果として,配管が詰まりやすくなった"ということを確認できたのである.

　工程異常が変化点管理や変更管理の固有技術的な視点の不足の結果であるこ

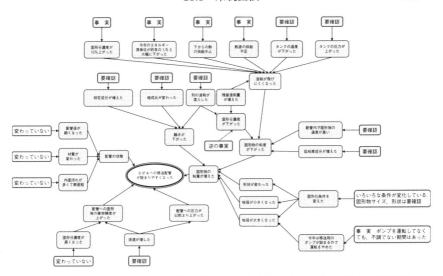

図 18.4 "なぜ A への移送配管が詰まりやすくなったのか"に対する連関図

とが,連関図による解析でわかったという事例である.

図 18.3,図 18.4 のように,連関図は事実データに基づくこと,問題の要因は種々の観点で取り上げること,問題の視点を原理・原則面からとらえること,メンバーでの議論を十分に行うことが大切で,最も重要なことは"検証をする"ことである.

検討することで"固有技術の腕"は上がってくる.この最後の検証が疎かになると"だろう…,だろう…"で,最後まで推測に頼り,うまくいかなくなると,あたかも"仮説が誤りであった"と結論づけてしまう.これでは"固有技術の腕"は上がるはずはないのである.

18.3　系 統 図 法

特性要因図や連関図で原因が明確になれば(あるいは原因や因果関係が整理されれば),次のステップとして,対策案の検討時に有効な対策の洗い出しや

課題達成型の改善においては、実現すべき姿を達成できると思われる新たな方策を考えていくことになる.

しかし実際には"思いついた対策案を次々と実施して効果が出るまで続ける"という方法がよくみられる。これでは多くの時間や費用がかかってしまうばかりでなく、大きな効果も期待できないことが多い.

そのため、このような問題を効果的に解消するためには、その目的と手段の考えから、どのようなことが実現すればよいのか、そのためにはどのような方法があるのかを系統的に検討し、整理していく系統図法が役立つ.

系統図法・連関図法ともに、原因を究明するときや解決策を見いだすときに使える. 連関図法は原因が複雑に絡み合っている問題点を整理する場合に使う方法である. これに対して、系統図法は目的を果たすための手段を系統的に追究して対策を見いだす場合に使う方法である.

系統図法とは"目的・目標(最終的に実現したい姿)を達成するための手段と方策をブレインストーミングなどで洗い出し、次いで、いま洗い出した手段と方策を目的として、さらにそれを達成するための手段と方策を考え出すという、目的・目標を達成するための手段と方策を樹形図のように枝分かれさせて系統的に展開していく方法"である. このときの図形化されたものを系統図という(図18.5を参照).

この方法は一般的な方策展開型の系統図である. "事象→問題→原因→対策"

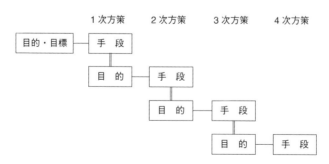

図 18.5 方策展開型の系統図の概念図

の関係を系統的に考えて展開し，目的を達成するための最適な手段を探っていくのに有効な手段である．なお，系統図による対策案の整理，検討においては，系統図の作成後に，効果の大きさや実施に必要な費用，難易度，期間，他工程への影響などで対策案を評価し，対策案の採否や優先順位など，実施すべき絞り込みを行うことが一般的である．

一方で，問題を構成する要素を展開していく構成要素型の系統図がある．対象を構成している要素を"目的―手段"の関係で樹形図に展開する方法である．

例えば，工程や業務の機能の具体化のための展開や製品の品質特性とその要因の因果関係などの展開，すなわち事実を分析することによって中身を構成する要素がどのようになっているかを具体的に明らかにしていく方法である．この構成要素型の系統図には，さらに次の3種がある．概念図を図18.6に示す．

① 機能系統図：基本機能とそれに必要な機能の関係を明らかにするために展開する系統図である（図18.7を参照）．
② 品質系統図：製品及びサービスに対して顧客が実現することを要求又は期待している要求品質と，それに必要な代用特性の関係を明らかにする．

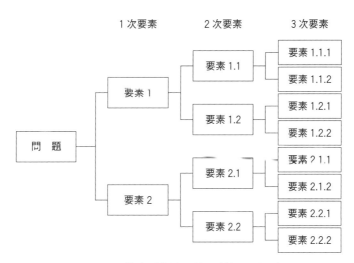

図 **18.6** 構成要素展開型の系統図の概要

ことを目的として展開する系統図である（図18.8を参照）．
③ 特性要因系統図：問題とする特性に大きな影響をもつ要因を知りたいときに，二つの関係をわかりやすく整理する系統図である（図18.9を参照）．要因追求型系統図ともいう．

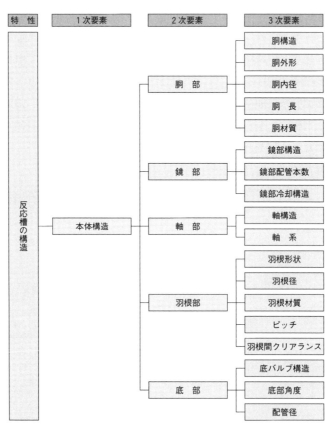

図18.7 反応槽の構造に対する機能系統図の例

18.3 系統図法

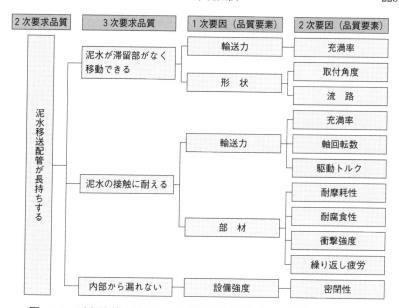

図 18.8 要求品質に対応する品質要素を関連づけた品質系統図の例

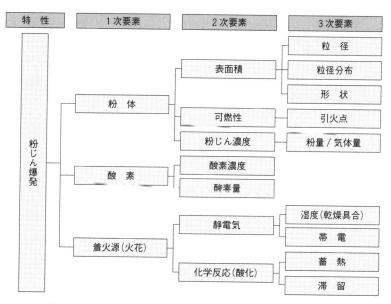

図 18.9 粉じん爆発の要因を展開した特性要因系統図の例

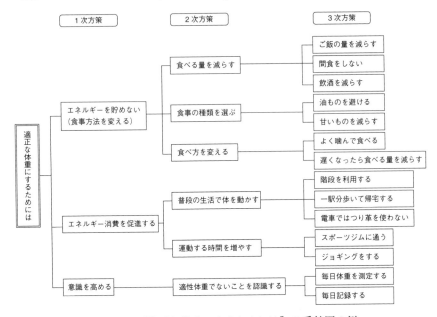

図 18.10 "適正な体重にするためには"の系統図の例

図 18.10 に，日常的なテーマとして"適正な体重にするためには"の系統図を示す．"適正な体重にするためには"の目的に対しては，原理的側面からはエネルギーのコントロールと意識づけに分けて展開するほうがよい．

同図では"エネルギーを貯めない（食事方法を変える）""エネルギーを消費する"と分けているが，その前に"エネルギーのコントロール"を入れておいたほうが，次の展開が論理的な展開になる．また，意識づけとすると，体重だけではなく，健康や美容といったアイテム（連想的な項目）も出てきてしまう．系統図はできるだけ，論理的な展開となるように注意することは重要である．

なお，最適案の選択には，第一に効果を考える．次いで，制約条件がある場合には制約条件を回避する策を考えるなど，単純に合計点数だけで判断しないようにするとよい．

18.4 マトリックス図法

前節で述べた系統図法によって洗い出された問題解決のための方策が複数考えられる場合，有効な手段がいくつもあるからといって，思いつくままに実行することは得策ではない．科学的にはどの手段から実行していくかの優先順位を決めることが必要である．いろいろな角度から多面的に評価して最も有効な手段を選ぶことが重要である．このようなときに役立つのがマトリックス図法である．

すなわち，マトリックス図法とは"ある問題に関連する要素どうしを組み合わせて考えることによって，解決への方向性を見いだす方法"である．

例えば，新製品開発や問題解決において，

① 顧客の要求品質と技術の品質特性との対応関係（品質表）を把握・整理して新製品開発に役立てたり，

② 複数の目的・目標とそれを達成する手段と方策との関係をつかみ，対策内容を評価項目によって優先順位をつけて絞り込んだり（系統図法における手段や方策とその評価項目との関係のこと），

③ 現状の問題について，その現象，原因，対策とを関係づけて効果的に問題解決を図るなどのように，要素間の関連性を把握・整理して，効果的な活動に結びつけたい，

という場面が多くある．

このような場合には，図 18.11 のように，各要素を行と列に配列し，要素間の関連性を示して整理するマトリックス図法が役立つ．なお"マトリックス"とは行列を意味する．

マトリックス図法は行と列に配列し，対になる要素間の関連性を示すことから，多元的思考によって問題の所在・形態の探索や問題解決への着想を得ることをねらう方法である．このとき図形化されたものをマトリックス図という．身近な例としては，大相撲の星取表や野球のリーグ戦の勝敗表などがある．

標準化のレベルと 5W1H の関係を図 18.12 のマトリックス図に示す．

要素＼要素	A_1	A_2	A_3	A_4	A_5
B_1			○	◎	△
B_2	◎	◎			○
B_3			◎	○	
B_4			△		
B_5	○	○			

図 18.11　マトリックス図の概念図

項目	内容	何のために	なにを	だれが	いつ	どこで	どのように
1. 見本・先例	検査の限度見本 契約書の事例　など		○				◎
2. 帳票	書式 伝票		○	○	○	○	◎
3. チェックリスト	作業で留意すべきこと 目録		◎				○
4. フローチャート	業務の流れ図（作業の手順，プロセスの把握） 品質保証体系図		○	◎	○	◎	○
5. 要領書	操業作業手順書 作業指示書 手引・仕様書 マニュアル	◎	◎	◎	◎	○	◎
6. 手続き・規程	社則・工場規程類 マニュアル	◎	○	○	◎	◎	○

図 18.12　標準化のレベルと 5W1H の関係マトリックス図の例

　また，図 18.13 には，ナビゲーションシステムを新製品開発するときに作成された要求品質と品質特性との関係を記したマトリックス図を示す．
　マトリックス図法の型には，その形によって図 18.14，図 18.15，図 18.16 に示す二元の L 型マトリックス図のほかに，T 型，Y 型・C 型，X 型がある．

(1) **L 型マトリックス図**

　日常的にもよく使われている図で，行に A の要素を，列に B の要素を配置して二つの関係を表するものである（図 18.14 を参照）．

18.4 マトリックス図法

要求品質 / 品質特性			1次	操作性						
			2次	操作感触				判読性		
1次	2次	3次	3次	操作部寸法	操作部形状	操作部感触	操作部位置	操作部配列	判読スピード	視認性
1. 操作がしやすい	11. 楽に操作ができる	111. 軽いタッチで操作できる		○	○	○	○	○		
		112. 操作の感触がよい		○	○	○	○			
	12. 簡単に操作ができる	121. わかりやすい表示である					△		○	○
		122. 一目ただけで操作ができる					△	△	○	
		123. 安心して操作ができる				△				
	13. わかりやすい操作である	131. だれでも操作ができる							○	○
		132. 迷わずに操作ができる							○	○
		133. 難しい操作ができる							○	
	14. 確実に操作ができる	141. 見やすい表示である							○	○
		142. 暗くても操作ができる		○	○		△	△		
		143. 見やすい操作部である		○	○		○	○		
	15. 安全に操作ができる	151. 手を伸ばさないで操作ができる		○			○			
		152. ハンドルをもったまま操作ができる								

図18.13 ナビゲーションシステム要求品質と
品質特性のマトリックス図の例

この図は他の型のマトリックス図の基本となるものであり,他の型はこれを組み合わせたものである.作図するときは,目的をはっきりさせたうえで,関連性を確認したい二つの要素を選択する.

A \ B	B	b_1	b_2	b_3	b_4	b_5	b_6
a_1				○		○	
a_2		○			○		
a_3			○		○		○
a_4		○		○	○		
a_5		○	○			○	

備考 ○印は関連がある交点→問題解決の着眼点

図18.14 L型マトリックス図の例

(2) T型マトリックス図

T型マトリックス図とは,共通項をもつ二つのL型マトリックス図を組み

合わせたものである（図 18.15 を参照）.

この方法では，例えば，不適合の現象と原因の関係，原因と対策の関係が原因を軸の項目として，一つの図に示すことで問題の解決に役立つ.

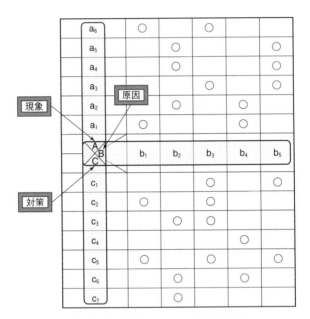

図 18.15　T 型マトリックス図の例

(3) Y 型マトリックス図

Y 型マトリックス図は要素 A と要素 B，要素 B と要素 C，要素 C と要素 A の三つの L 型マトリックス図を用いて，それぞれの要素 A, B, C を Y 字型に組み合わせた図である（図 18.16 を参照）.

要素 A と要素 B・要素 C，要素 B と要素 A・要素 C，要素 C と要素 A・要素 B の三つの T 型マトリックスの組合せを表すことができる．また，要素 A, 要素 B, 要素 C の三者の関係をつなげてみることができる．三次元的な見方である．

内側からみた場合を Y 型マトリックス図, 外側からみた場合を C 型マトリッ

18.4 マトリックス図法

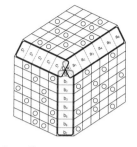
(a) Y型マトリックス図の例

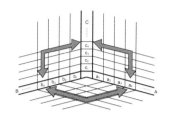
(b) C型マトリックス図の例

図 18.16 Y型マトリックス図の例

クス図と区別している場合もある．

(4) X型マトリックス図

X型マトリックス図（図 18.17 を参照）は要素 A と要素 B，要素 B と要素 C，要素 C と要素 D，要素 D と要素 A の四つの L 型マトリックス図を用いて，要

図 18.17 X型マトリックス図の例

素A，要素B，要素C，要素Dの四者の関係をX型に組み合わせたものである．その用途は限られてくるが，うまく使うと効果的な活用ができる．

同図はホース式無開缶の自動高圧洗浄装置の設計因子と要求品質との関係を品質特性と設計因子とを関係づけてとらえた事例である．

18.5 マトリックス・データ解析法

マトリックス・データ解析法とは，前節で示したマトリックス図において"行と列に配列された要素間の関連が数値データで得られていたり，あるいは要素間の関連が◎，○，△のように記号で得られていても（図18.13，229ページを参照），この情報を数値データに変換できる場合に，その変換した数値データを統計解析する方法"であり，全体を見通しよく整理することができる．

マトリックス・データ解析法では，一般に多変量解析法の一つである主成分分析と数量化Ⅲ類を適用して解析が行われる．

この解析によって，データのもつ特徴を崩さずに全体を見渡せるという性質を利用して，作成されたマトリックス図が大規模である場合や行と列との要素が複雑に絡み合っている場合に用いると有効な手法である．特に，市場調査や競合状況，ねらいの企画の的確性など，顧客満足度の位置づけを知るには有効

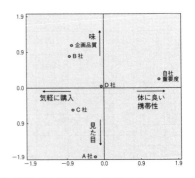

図18.18 要求品質と市場での他社との比較及び企画品質の位置づけ

な方法である．

例として，図18.18にある食料品の競合状況と企画品質の適合状況をマトリックス・データ解析法で解析した事例を示す．

マトリックス・データ解析法は数値データを用いることで，混沌とした状況から対になった項目間の相関関係に基づいて重要要因や最適手段を明らかにする方法である．量的データと質的データを数量化することで適用できる．同図は質的データを数量化したものである．

18.6　アローダイアグラム法

アローダイアグラム法とは"プロジェクトを達成するために必要な作業の相互関係(順序関係)を矢線(→)で表すことによって最適な日程計画を立てたり，効率よく進捗を管理したりするために用いられる方法"であり，ネットワークの一種である．このとき図形化されたものをアローダイアグラムといい，ネットワーク図や矢線図と表記する場合もある．

具体的には，目標を達成する手段の実行手順，所要日程（工期や工数）及びその納期の短縮の方策を検討する際に用いられる．図18.19にアローダイアグラムの概念図を示す．

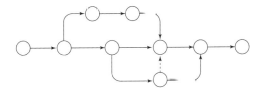

図18.19　アローダイアグラムの概念図

(1) アローダイアグラムの作成に用いられる基本的な図示記号

　　→（作　業）：時間を必要とする順序関係のある作業

　　○（結合点）：作業と作業を結びつけるときに用いる．一般に○の中

には作業順番を記入する．

→（ダミー）：作業時間 0 の架空の作業

(2) 先行作業と後続作業，並行作業，ダミー，ループ禁止などの決められた表現法方法（図 18.20 を参照）

① 先行作業と後続作業とは，作業 A が終わらないと作業 B が始められない場合である．作業 A は，作業 B の先行作業，作業 B は，作業 A の後続作業という［同図 (b)］．

② 並行作業とは，作業を並行して行う場合をいう［同図 (c)］．

③ 1 対の結合点番号では一つの作業しか表してはならない．すなわち，作業 A と作業 B の作業終了後に同じ結合点番号を使うことはルール違反となる．これを避けるため，ダミーを使う［同図 (d)］．

同図 (d) の左側の図では，結合点①と結合点②との間に二つの作業が

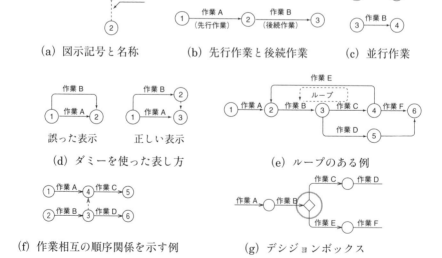

図 18.20 アローダイアグラムの描き方のルール

あり，①と②との間の作業が作業Aであるのか，作業Bであるのかがわからない．したがって，架空の作業（ダミー）を入れる必要が出てくる．そこで，同図 (d) の右側の図のように，⇢ を用いてダミーを表すのである．

例えば，同図 (d) の右側の図の例では，結合点①と結合点③との間の作業を作業A，結合点①と結合点②の間との作業を作業Bと表すことができる．また，結合点②と結合点③との間はダミーであるので，作業がないということがわかる．

④ 作業相互の順序関係を実線の矢線で表せない場合にはダミーを用いる．
例えば，同図 (f) は作業Cの先行作業は作業A，作業Bであり，作業Dの先行作業は作業Bであることを示す．したがって，作業Cは作業Aと作業Bが終わらないと作業に入れないことを示している．

(3) アローダイアグラムの描き方

手順1　テーマを決める．
　　　　ここでは，計画の前提条件，納期，関係部門，人員，方法，予算など，必要なことを決めておく．

手順2　必要な作業を列挙する．

手順3　作業名を記入する．
　　　　カードなどに記入しておくと確実である．

手順4　先行と後続の作業に順序をつける．
　　　　最も自然な作業順序であること，かつ，どのようにすれば納期を短縮できるか，作業そのもののやり方を工夫して順序を変えて無駄な作業を省くなど，熟慮のうえ，作業の順序づけを決めることが大切である．

手順5　結合点から矢線を引き，結合点番号をつける．
　　　　各作業の配置関係を決めて，結合点番号を記入する（結合点番号は1から始まる正の整数を用い，順序の確認をする）．矢線は結合点と結合点とを結ぶように描く．矢線を描き終えたら，あらためて作業間の前後関係をよく確認する．

新たにダミーが必要な部分が見つかったり，作業の抜けや落ちがあったり，前後関係のないものを発見できることがある．

手順6　各作業の所要日数を見積もる．

　　所要日数に必要な点は"作業の所要日数の正味所要日数を見積ること""待ち時間を忘れずに組み込むこと"である．

　　作業の中には，実際には作業をしない，例えば，官庁申請の許認可に要する場合や1回目が乾かないと2回目が塗れないという複数回塗装を行う場合に"待ち時間"が発生する．いずれの例も一定の日数を経ないと後続作業を始めることができない．

　　このように，時間も一つの作業として組み込むことを見積もっておくことが重要である．また，実働日以外の公休日，あるいは屋外作業の場合は雨天によるロスなどを考慮する必要がある．

手順7　最早結合点日数を計算する．

　　最早結合点日程とはその結合点から継続して開始する作業が最も早く開始できる日程のことである．すべての作業について，その先行作業が終わればすぐ開始するということで進行させたときの各結合点の日程（時刻）が何日目（何時）になるかを求める計算である．すなわち後続作業が最も早く始められる日程（時刻）は先行する作業のうち，最も遅い作業が終わらなければ始められない日程（時刻）ということになる．

手順8　最遅結合点日数を計算する．

　　最遅結合点日程とは，その結合点の先行作業がどんなに遅くとも終了していなければならない日程（時刻）のことである．終点の最早結合点日程の値が決まると，それを初期値とする．初期値と矢線と反対方向に描く矢線（作業）の所要日数との差を計算して始点に戻る日程（時刻），すなわち最遅結合点日程を決める．

　　最遅結合点日程（時刻）とは，終点の日程を最早にするために各作業が遅くとも終了していなければならない日程である．遅れれ

18.6 アローダイアグラム法

ば，終点の日程が遅れるということになる．

手順9 全余裕を計算する．

一つの経路で，所要時間に比べて余裕がある場合をいう．5日の正味時間に比べて10日がある場合，5日を全余裕という．これは，各結合点での最早開始時間と最遅開始時間との差，又は最早終了時間と最遅終了時間との差である．

手順10 クリティカル・パス（最重要経路）の表示

全余裕日数が0の作業をクリティカル作業といい，ゆとりのない作業である．クリティカル作業にのみでできる経路をクリティカルパスという．したがって，最早結合点日程と最遅結合点日程が一致している結合点間の作業は，開始できる時間と終了すべき時間が一致している．このため，この結合点間の矢線で表す作業に遅れが発生すると，全体日程を遅延させることになる．全体日程を遵守するためには，これら矢線上の作業はどれ一つとっても遅延が許されないことから，この矢線を結んだ経路をクリティカル・パス（最重要経路）という．

手順11 時間短縮を考える．

日程計画全体がみえるようになったので，日程短縮が可能かどうかを検討するために，クリティカルパス上の作業の短縮化や並列作業化の検討などを行う．

これらの手順に沿って作成されたアローダイアグラムを図18.21に示す．

例えば，結合点⑦での最早結合点日程を求めるには，各結合点①，②，③，④の都合18日と各結合点①，②，③，④，⑥，⑦の都合21日とを比べて大きいほうをとる．したがって，21日となる．

結合点②での最遅結合点日程は，結合点③と結合点②，結合点⑤と結合点②，結合点⑥と結合点②の中で最も小さい3日となっている．

結合点⑥と結合点②の据付用架台工事では最早結合点日程からみると，13

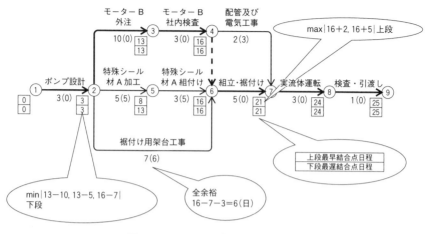

図 18.21 アローダイアグラムの例

日あるうち，7日しか使わないので6日の全余裕である．

最早結合点日程と最遅結合点日程が等しい経路をたどると，同図の太線で記した結合点①→②→③→④→⑥→⑦→⑧→⑨の経路がクリティカルパスである．

18.7 PDPC法

PDPC法とは"新製品開発や問題解決などの進行過程において，事前に考えられる問題を予測し，想定されるリスクを回避して，その進行を望ましい方向に導く方法"をいう．新しい事態や情報のもとで，これまでの計画のとおりでいいのか，他にとるべきもっと良い方法はないのかなどをその時点時点で予測し，常に望ましい方向へと解決策を見いだす方法である．

具体的には，問題の最終的なゴールまでの一連の手段を表して予想される障害を事前に想定し，適切な対策を講じておく場合に用いられる．

PDPC法では，実行計画の策定にあたって最初に作成したPDPC図を最後まで用いることは少ない．新しい事実の発見や，事態の進展に応じ，新たな阻

18.7 PDPC法

害要因を打破するための手段を追加して，PDPC図を新たに書き換えることを原則とする．このため，図の作成にはかなりの任意性がある．

PDPCは"Process Decision Program Chart"の頭文字をとったもので，過程決定計画図とも呼ばれる．問題解決や意思決定の手法として開発されたものである．

PDPC法には2種類の型がある．
① 逐次展開型：ある状態から出発して，望む状態に向かって至る過程を描いていく方法をいう．
② 強制連結型：最後の状態から出発して最初の状態へ向けて行く過程を多くの観点から展開していく方法をいう．

PDPC法は研究テーマの実施計画の策定，重大事故の予測とその対応策の策定，製造工程における不適合対策などに用いられる．

また，筋書きどおりのケースである"楽観ルート"と筋書きどおりにはいかないケースである"悲観ルート"をあらかじめ考えておいて，手を打つべき対策を考えておくことが重要であり，必要である．目的達成の確度向上のための手法といえる．そのため，問題解決の対象をよく理解しているメンバーが作成することが重要な要件となる．

PDPC法の利点として，
・目標達成に至る過程を図示することで全体像をつかめること
・時間推移に応じた戦略図であるので時系列的にたどることができて納期管理にも有効であること
・常に考えられるすべての可能な手段や方策を出し切ることで目標達成が困難な事態に対しても迅速に対応できること

などがあげられる．

図18.22に概念図と記号の事例を示す．なお，この記号を使わなければならないわけではない．図18.23には，新製品の生産にあたって，既存の排水処理設備で処理可能かどうかの検討を行ったときの事例を示す．

第18章 新QC七つ道具

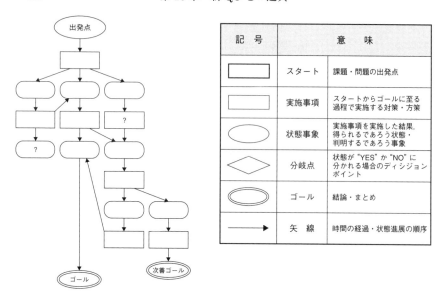

図 18.22　PDPC 法の概念図と記号

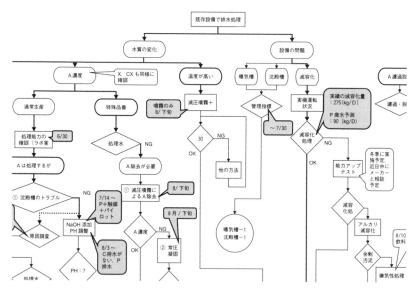

図 18.23　PDPC 法の例―現行設備での排水処理の検討の例

第19章　統計的方法の基礎

　品質管理では，事実に基づく行動が大切である．事実を正しく把握して客観的な判断を下すために，データに基づく統計的方法は欠かせない．
　顕在化した問題，あるいはデータによる事実の把握で発見された不具合を解消するために特性要因図が描かれることが多い．その特性要因図に描かれた特性の原因らしきものが本当に真の原因となっているかどうかはデータで確認・判断する必要がある．
　原材料，製品，ロット，工程の状態あるいは作業のやり方など，実際にどのような状態にあるのかについては"こうなっているはずである"とか"経験からいえばこうである"などとはいわずに，事実を実際に確認し，可能ならばその状況を数値データで表現し，データでものをいうことが必要である．データで客観的に事実を把握して，それに基づいた適切な判断をすることが大切である．
　とかく"データでものをいう"といわれるので，とりあえずデータをとってみるとしてみても，そのデータに"ばらつきがある"ということを知らないと，とんでもないことになる．データにはばらつきがあることを忘れてはならない．
　データに表れた結果を鵜呑みにしないで，結果がデータのばらつきの範囲内で偶然そうなったのか，あるいは本当にその結果どおりであると考えてよいのかを明確にする必要がある．そのためには，このばらつくということをよく知ることが必要である．
　では，このデータがばらつくということはどのようなルール（分布）でばらつくのだろうか．同じような条件でつくっても結果はばらつくが，全く勝手な値をとるわけではなく，ある一定のルールに従っている．どのくらいの値がど

のくらいの割合（確率）で出てくるかというルールがあり，それを確率分布という．

正規分布は製品の寸法や質量，強度のように，データが連続量として得られる計量値の場合の代表的な分布であり，計数値データの大きさ n のサンプル中の不適合品数は二項分布に従い，欠点数などの不適合数はポアソン分布に従う．

なお，不適合とは，規定された要求項目を満たさないことであり，不適合品とは一つ以上の不適合のあるアイテム（この場合，製品及びサービス）をいう．

本章では，これら三つの分布について説明する．

分布の 名　称	正規分布	二項分布	ポアソン分布
分布の 種　類	連続分布	離散分布	離散分布
確　率 密　度 関　数	$f(x) = \dfrac{1}{\sqrt{2\pi}\sigma} e^{-\dfrac{(x-\mu)^2}{2\sigma^2}}$ $-\infty < x < \infty$ μ：分布の母平均 σ：分布の母標準偏差 e：自然対数の底 　（$=2.71828\cdots$） ∞：無限大	$P(X=x) = P(x)$ $= \binom{n}{x} P^x(1-P)^{n-x}$ $\binom{n}{x} = {}_nC_x$ $= \dfrac{n!}{x!(n-x)!}$ n：サンプルの大きさ x：不適合品数 P：不適合品率	$P(X=x) = P(x)$ $= \dfrac{\lambda^x}{x!} e^{-\lambda}$ $x = 0, 1, 2, \cdots$ $\lambda = nP$ n：サンプルの大きさ P：不適合品率
分布の 　形	（$\sigma=1, \sigma=2, \sigma=3$ の正規分布曲線）	（$n=20$，$P=0.1, 0.2, 0.4, 0.5, 0.8, 0.9$ の二項分布）	（$\lambda=0.5, 1, 5, 10$ のポアソン分布）

分布の名称	正規分布	二項分布	ポアソン分布
分布の説明	分布の形は母平均μ, 母分散σ^2で決まり, $N(\mu,\sigma^2)$のように表される. 　計量値の検定, 推定の多くは正規分布に従う母集団からのサンプルであることを基礎としている. 　平均$\mu=0$で標準偏差$\sigma=1$の正規分布を標準正規分布という.	1回の試行で, ある事象の起こる確率がPであるとき, 試行を独立に繰り返した場合, このとき事象の起こる回数xの分布が二項分布になる. 　分布の形はnとPとによって定まる. 　抜取検査は二項分布の考え方を基礎としている.	確率変数Xの確率分布である. 二項分布でnが限りなく大きい場合の極限分布である. 　一単位当たりの欠点数のような確率分布はポアソン分布に従う.
例	降ってくる雨粒の大きさや動物の身長や体重, ジュースやお菓子の重さ, ねじやナットの長さなど, 多くが該当する(正規分布に従う). 　また, 誤差も正規分布に従う.	不適合品率5%のロットから$n=50$(個)のサンプルをランダムに抜き取って検査を行ったとき, サンプル中に含まれている不適合品数が含まれる確率などを求めるときに用いられる.	事象の起こる頻度が非常に小さく, まれにしか起こらない事象を求める場合に利用される. 　製品が故障する頻度, 本の誤植, 火災や事故の発生件数・鉄板・ガラス製品のきず・割れ, 事故件数, 故障件数などである. 　欠点は程度に応じて, 致命欠点, 重欠点, 軽欠点, 微欠点などに分けられる.

　ヒストグラムの縦軸を相対度数（データ数を各区間の度数で除したもの）で表し，データ数を∞（無限大）に近づけ，区間幅を狭めて0に近づけていくと，ヒストグラムの輪郭線は分布の形のように滑らかな曲線に近づいていく．この曲線を$f(x)$と表して確率密度関数と呼ぶ．

　次いで，確率に関係する基本的な確率変数について説明する．

　変数とは，一定条件のもとで種々の値を自由に取りうる値のことである．確率は一つの出来事（事象）の起こりうる可能性（確からしさ）の度合い（数値）である．こういったことから，確率変数は変数Xがどのような数値をとるか

については偶然に支配される．しかし，X がある特定の数値 x をとる確率 $\Pr(X = x)$，すなわちある出来事が起こる確率が定まっているときの X を確率変数という．得られた値が絶対的なものではなく，偶然そうなったと考えるのであり，それを確率としてとらえる考え方なのである．確率変数は実際に行って初めて値が決まる変数であるので，単なる数値（変数）と区別して大文字で表すことがある．また，確率変数がどのような値になるのかということの法則性を与えるものを確率分布又は単に分布という．

例えば，サイコロ振りでは，サイコロの目（の数字）は変数である．サイコロを振るという事象に対しては，1 ～ 6 までの目の数（数値）が対応する．サイコロの目はいずれも確率変数であり"サイコロの目が 1 である確率"とは "$X = 1$ である確率"のように表現する．また，$X = 1$ である確率 P は $P = \Pr(X = 1)$ のように表す．

19.1 正規分布

19.1.1 正規分布とは

品質管理では，原材料，製品，ロット，工程の状態，あるいは作業方法など，実態という事実を実際に確認し，その状況をデータでものをいうことに重点を置いている．そのためには，平均とばらつき（標準偏差や分散）を把握して適切な判断をすることが大切である．

データがばらつくという事実を我われはよく知っている．それでは，データはどのようなルール（分布）でばらつくのだろうか．製品の寸法や質量，強度のように，データが連続量として得られる場合の代表的な分布として正規分布がある（図 19.1 を参照）．左右対称な山のような形になっている．山の各地点の高さに比例して，その値の現れやすさ（確率）を意味している．

例えば，x_1 での高さが a，x_2 での高さが $2a$ であれば，x_1 の近辺の値が現れるよりも，x_2 の近辺の値が現れる割合（確率）のほうが 2 倍大きいということを意味する．その意味では，山の頂上に対応する μ の近辺の値が最も現れや

19.1 正規分布

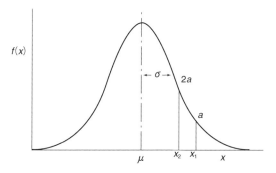

図 19.1 正規分布

すい．この点を母集団の平均又は母平均という．母平均から離れるほど発生する確率は急激に小さくなる．平均の周りをどの程度ばらつくのかを表す値が母集団の標準偏差又は母標準偏差であり，σで表す．また，母標準偏差の 2 乗を母分散といい，σ^2 で表す．

母標準偏差又は母分散が大きいと，平均の周りにかなりばらついた，すなわち平均からかなり離れたところまで広がったデータが得られる．また，母標準偏差又は母分散が小さいと，母平均の周りに集まった値，すなわち平均に近い範囲の小さな広がりのデータが得られる．

別の表現をすれば，個々のデータ x がその平均 μ とどれほど離れるかという尺度として $(x-\mu)^2$ を用いる．この値はデータごとに異なるが，それが平均的にどのくらいになるのかを表す値［これを期待値といい，$E(x)$ と表す］が σ^2 である．これを (確率) 変数 x の母分散 (variance) といい，$V(x)$ と表す．

$$E[(x-\mu)^2] = V(x) = \sigma^2$$

このように，正規分布に従ってデータがばらつく場合に，どの範囲内にデータが入るかに関する数値を記憶しておくと便利である（図 19.2 を参照）．

① $\mu - \sigma \leqq x \leqq \mu + \sigma$ となる確率は，68.27%　±1σ 内
② $\mu - 2\sigma \leqq x \leqq \mu + 2\sigma$ となる確率は，95.45%　±2σ 内
③ $\mu - 3\sigma \leqq x \leqq \mu + 3\sigma$ となる確率は，99.73%　±3σ 内

正規分布は μ と σ を与えれば定まる．このような，その値を指定すれば分

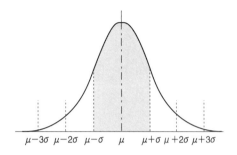

図 19.2 正規分布における平均値と標準偏差

布が確定するような定数（この場合は μ と σ）を母数という．

平均値 μ，分散 σ^2 の正規分布を $N(\mu, \sigma^2)$（N：normal の頭文字）で表す．正規分布において，$\mu = 0$，$\sigma = 1$ であるもの，すなわち，$N(0, 1^2)$ を標準正規分布と呼ぶ．この標準正規分布と $N(\mu, \sigma^2)$ との間には次のような関係がある．正規分布で x が $N(\mu, \sigma^2)$ に従うとき，$u = \dfrac{x - \mu}{\sigma}$ は $N(0, 1^2)$ に従う．これを標準化又は基準化という．

正規分布表（数値表，540 ページ）は $N(0, 1^2)$ において，種々の u に対する上側確率 ε を求めるための表である．また，$N(\mu, \sigma^2)$ において，x の上側確率 ε を求めるには，$u = \dfrac{x - \mu}{\sigma}$ から標準化した u を求め，正規分布表（数値表）の u から確率 ε を求める．ここで，u は確率変数である．

なお，正規分布表の u の表記はテキストによって，K_ε，k などと異なるが，いずれも標準化の記号である．したがって，K_ε，あるいは k を u として用いればよい．

19.1.2　確率の求め方

（1）正規分布表の使い方

正規分布表には，平均との差が標準偏差の u 倍以上離れる確率が P として示されている（図 19.3 を参照）．

19.1 正規分布

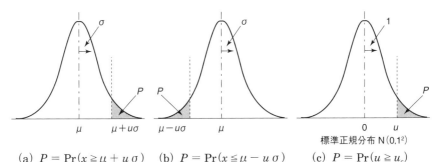

(a) $P = \Pr(x \geq \mu + u\sigma)$ (b) $P = \Pr(x \leq \mu - u\sigma)$ (c) $P = \Pr(u \geq u_c)$

図 19.3 正規分布表における確率 P を表した正規分布図

同図の三つはいずれも左右対称である．同図 (c) は標準化した確率変数 u が u 以上のときの確率を意味する．

すなわち，特性が x 以上（$x \geq \mu$）になる確率 P は次のように表せる．

$$u = \frac{x - \mu}{\sigma}$$

また，x 以下（$x \leq \mu$）になる確率 P は次のように表せる．

$$u = \frac{\mu - x}{\sigma}$$

u が計算から得られた値であれば，その値から正規分布表を用いて確率 P を求めればよい．正規分布表からの確率の求め方は，計算から得られた値の小数点以下 1 けたまでは正規分布表の u の縦の欄をたどり，小数点以下 2 けた目では u の横の欄をたどって小数点以下 2 けた目までを求めればよい．なお，本書掲載の正規分布表では，u 以上である確率を表している．

正規分布においては，u が同じなら μ や σ の値にかかわらず，確率 P が求まることに特徴がある．

(2) 正規分布表から確率を求める—例題で理解する

例題を使って正規分布表から確率を求める方法を説明する．なお，正規分布表は本書の数値表（540 ページ）に掲載している表を用いている．

例題 1　平均 20.0, 標準偏差 2.0 の正規分布 $N(20.0, 2.0^2)$ において, 24.0 以上の値が得られる確率 P を求めよ. また, 18.5 以下の確率 P も求めよ.

解答 1　① 24.0 以上の値が得られる確率 P は,

$$u = \frac{x - \mu}{\sigma} = \frac{24.0 - 20.0}{2.0} = 2.00$$

正規分布表の 1.1 の u から確率 P を求める表を用いて, $u = 2.00$ における $P = 0.0228$ が求まる.

② 18.5 以下の値が得られる確率 P は,

$$u = \frac{\mu - x}{\sigma} = \frac{20.0 - 18.5}{2.0} = 0.75$$

正規分布表の 1.1, u から確率 P を求める表を用いて, $u = 0.75$ における $P = 0.2266$ が求まる.

例題 2　平均 $\mu = 20.0$, 標準偏差 $\sigma = 1.5$ の場合で 18.5 以下の場合の確率 P を求めよ.

解答 2　18.5 以下の場合の確率は,

$$u = \frac{\mu - x}{\sigma} = \frac{20.0 - 18.5}{1.5} = 1.00$$

正規分布表の 1.1 の $u = 1.00$ から, $P = 0.1587$ が求まる.

例題 3　両側確率が 5% である u を求めよ.

解答 3　正規分布は左右対称であることから, 正規分布表には片側の確率のみが掲載されている. そこで正規分布表の 1.2 より, 片側確率 2.5% での u を求めると $u = 1.960$ が得られる.

例題 4　平均 $\mu = 30$, 標準偏差 $\sigma = 5$ の正規分布で, x の値が 40 以上 ($x \geq 40$) の確率 P はいくらか.

19.1 正規分布

解答4 標準化の式に $x = 40$, $\mu = 30$, $\sigma = 5$ を代入すると,

$$u = \frac{\mu - x}{\sigma} = \frac{40 - 30}{5} = 2.00$$

正規分布表の1.1の $u = 2.00$ から $P = 0.0228$ である.

したがって,x の値が40以上 $(x \geq 40)$ となる確率 P は 2.28（%）となる.

例題5 平均 $\mu = 100.0$,標準偏差 $\sigma = 5.0$ の正規分布で,x の値が90.4以下 $(x \leq 90.4)$ の確率 P はいくらか.

解答5 下側確率であることから,

$$u = \frac{\mu - x}{\sigma} = \frac{100.0 - 90.4}{5.0} = 1.92$$

正規分布表の1.1の $u = 1.92$ より,$P = 0.0274$ となる.

これまでの例題のように,正規分布表を用いることで分布内のさまざまな範囲での確率を求めることができる.また,次のように不適合品率の確率 P も求めることができる.

例題6 A社では厚みの規格が 5 ± 0.15（mm）である鋼板を製造している.
　この1年間での製造工程での厚みは平均 $\mu = 5.03$（mm）,標準偏差 $\sigma = 0.07$（mm）の正規分布に従っているという.
　この工程での不適合品率はどの程度見込まれるか.図19.4に正規分布図を示す.

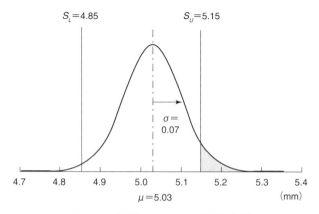

図 19.4 例題 6 における正規分布図

解答 6 規格の下限値 $S_L = 4.85$,規格の上限値 $S_U = 5.15$ である.規格の下限外れを起こす確率を P_L とすると正規分布表より,

$$u = \frac{\mu - x}{\sigma} = \frac{5.03 - 4.85}{0.07} = 2.57 \quad \therefore P_L = 0.0051$$

規格の上限外れを起こす確率を P_U とすると正規分布表より,

$$u = \frac{x - \mu}{\sigma} = \frac{5.15 - 5.03}{0.07} = 1.71 \quad \therefore P_U = 0.0436$$

したがって,次が得られる.

$$P = P_L + P_U = 0.0051 + 0.0436 = 0.0487 = 4.87 \text{(\%)}$$

19.1.3 正規分布における母平均(期待値)及び分散の加法性

二つの変数である x_1 と x_2 が正規分布に従い,両変数に相関がない(独立)ならば,この和や差の分布も正規分布となる.その母平均 $E(x_1 \pm x_2)$ と母分散 $V(x_1 \pm x_2)$ は,

$$E(x_1 \pm x_2) = E(x_1) \pm E(x_2)$$
$$V(x_1 \pm x_2) = V(x_1) + V(x_2)$$

である.ここで,$(x_1 + x_2)$ の母分散と $(x_1 - x_2)$ の母分散は同じ $V(x_1) + V(x_2)$

19.1 正規分布

となる（分散のように，＋1も－1も2乗すれば1になる）．この性質を分散の加法性という．

なお，母集団に関する平均値は母平均といい，μで表す．一般的に母平均は標本平均（サンプルとして取ったものの平均）で推定する．また，その平均値はデータの数を多くしていくと一定の値に限りなく近づく性質をもっており，データの数を無限に大きくしていったときのデータの平均値を期待値という．

この期待値は母平均μになる．したがって，期待値$E(x)$はxの測定値を無限回得たときのそれらの平均値である．無限回であれば，母集団の分布の中心位置を表していると考えられる．したがって，母平均の定義は $\mu = E(x)$である．このことから，母分散の定義も母平均の定義を用いて，$\sigma^2 = V(x) = E[(x - E(x))^2]$となる．また，母標準偏差$D(x)$の定義は $\sigma = D(x) = \sqrt{V(x)}$である．

分散の加法性について例題で理解する．なお，母平均や母分散，母標準偏差は母集団の母数である．そのため，統計量との区別をするため"母"という言葉を用いているが，明らかに母集団とわかる場合には"母"を省略して用いる．

例題1　材料Aを投入する際に計量した結果，平均 $\mu_A = 2.5$，標準偏差 $\sigma_A = 0.2$，材料Bは $\mu_B = 3.0$，$\sigma_B = 0.1$ であった．合計質量の平均と標準偏差を求めよ．

解答1　材料A，Bの合計質量は両者が互いに無関係に投入されるので，
$\mu_A + \mu_B = 5.5$
$s = \sqrt{\sigma_A^2 + \sigma_B^2} = 0.22$
である．

例題2　ジュースの空びんの質量xは，平均 $\mu = 10.0$，標準偏差 $\sigma = 1.0$ であった．このびんに質量Mがほぼ一定値になるまでジュースを充填する工程で充填結果を測定したところ，$\mu = 60.0$，$\sigma = 0.5$ であった．充填されたジュースの質量yの平均とばらつきを求めよ．

解答2　Mが一定になるまで充填するというコントロールを実施すると，充

填されたジュースの質量 y は，x が大きい場合には小さめになるというように，両者には関係がある．そこで $y = M - x$ とすれば，y の平均とばらつきは，

$\mu = 60.0 - 10.0 = 50.0$

$\sigma = \sqrt{0.5^2 + 1.0^2} = 1.12$

となる．

19.1.4　正規分布の重要な性質

（1）確率変数 x が正規分布 $N(\mu, \sigma^2)$ に従い，a, b が定数なら，$ax + b$ は次の正規分布に従う．

$N(a\mu + b, a^2\sigma^2)$

$E(x) = \mu, \quad V(x) = \sigma^2$

$E(ax + b) = aE(x) + b = a\mu + b$

$V(ax + b) = a^2V(x) = a^2\sigma^2$

（2）二つの確率変数 x, y が独立に，それぞれ $N(\mu_1, \sigma_1^2)$，$N(\mu_2, \sigma_2^2)$ の正規分布に従っているとき，$x + y$ は $N(\mu_1 + \mu_2, \sigma_1^2 + \sigma_2^2)$ に従う．確率変数が増えてもこの加法性は成り立つ．

19.2　二 項 分 布

解析の対象となるデータには，製品の寸法，質量，強度，あるいは時間などの計量値データのほかに，不適合品（不良品）の個数，製品中に発見される異物やきずなどの不適合（欠点）の数，機械の故障回数，事故数など，1, 2, … と個数で数えられるデータや，それを割合（率）で表した不適合品率（不良率），単位当たりの不適合数（欠点数）のような計数値データがある．

計数値のうち，個数などのデータは二項分布やポアソン分布と呼ばれる分布に従う．そのうち，二項分布と呼ばれる分布は不適合品を全体の P の割合（確率）だけ含む母集団から大きさ n のサンプルを抜き取ったときに，サンプル

19.2 二項分布

中に含まれる不適合品数の分布である．

二項分布がどのような分布であるのか，サンプル中に含まれる不適合品数のばらつきから考えてみる．

抜取検査（第 24 章）で問題になるのは，n 個のサンプルを抜き取るたびに n 個中に含まれる不適合品数が一定ではなく，ばらついていることである．

不適合品率 10% の 1 000 個のロットの品物が検査に提出された場合，このロットの中には 100 個の不適合品が含まれることになる．このロットから，例えば，50 個の品物をサンプリングしたとき，サンプル中に不適合品率 10% に相等する不適合品（この場合，5 個）が常に含まれるわけではない．実際に不適合品が 0 個や 1 個，2 個のときもあって，サンプル中の不適合品の数はばらついている．

図 19.5 に示すように，不適合品率 10%，大きさ 1 000 個のロットからランダムに大きさ $n = 10$ のサンプルを抜き取り，不適合品数を調べる実験を 100 回実施すると，不適合品数 1 個の場合が最も多く，不適合品が多くなるに従って発生回数が減少しており，7 個程度で不適合品は発生しない．

こうした実験を図 19.6 のように，サンプルの大きさ（サンプルサイズ）を $n = 30$ で固定して，不適合品率 P を 5%，15%，25% のように変化させて同様な実験を行うと，図 19.5 の $P = 10$% のときと同様に，最も多い不適合品数はそれぞれ 1 個，4 個，7 個と変化する．

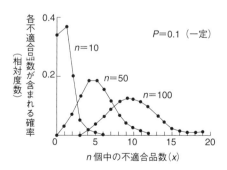

図 19.5　$P = 10$% で n が変化した場合の二項分布

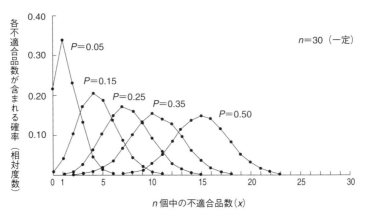

図 **19.6** $n = 30$ で P が変化した場合の二項分布

このように,サンプルの大きさ n のサンプル中の不適合品数 x,不適合品率 P の分布の形は,ロットの不適合品率 P とサンプルの大きさ n によって変化する.さらに,nP が小さいうちは,分布の形は左右非対称であるが,nP(同図では P)が大きくなるにつれて,本来,飛び飛びの値をとる離散分布である二項分布も,分布の形が左右対称な形に近づく.nP が 3 以上になると,おおよそ正規分布と考えてよい.また,不適合率を管理するための管理図(p 管理図,np 管理図)は二項分布の理論を基礎にしている.

こうしたばらつきの法則性が分布であり,サンプル中の不適合品数は"二項分布"に従うと考えてよい.

上記の不適合品率を母不適合品率 P とすれば,その二項分布は $x = 0, 1, 2, \cdots, n$ のそれぞれの値の出現の確率,例えば,$X = x$ のときの確率を $\Pr(X = x)$ とすると,

$$\Pr(X = x) = \binom{n}{x} P^x (1 - P)^{n-x} \quad (二項分布の式)$$

で与えられる分布のことをいい,二項分布は $\mathrm{B}(n, P)$ のように表す.ここで,B は二項分布を意味する "binomial distribution" の頭文字である.

なお,

19.2 二項分布

$$\binom{n}{x} = {}_nC_x = \frac{n!}{x!(n-x)!}$$

ただし，$n! = 1 \times 2 \times 3 \times \cdots \times (n-1) \times n$

であり，異なる n 個の中から x 個をとる組合せの数を表す．

この分布は n と P とによって決まるもので，その期待値（母平均）と分散は次式で求められる．したがって不適合品数の母数は，

期待値（母平均）　$E(x) = nP$

分　散　　　　　$V(x) = nP(1-P)$

となる．

また，n 個のサンプル中，x 個が不適合品であったとすると，これは母不適合率 P をサンプルから推定をすることになる．その推定値を表す $\hat{P}$ は，

$$\hat{P} = \frac{x}{n}$$

で表される．$\hat{P}$ はデータから得られた不適合品率で母不適合品率 P を推定するための統計量である．

したがって不適合品率についての母数は，

$$E(\hat{P}) = P$$

$$V(\hat{P}) = \frac{P(1-P)}{n}$$

となる．

例題 1　不適合品率 $P = 5\%$ のロットから 20 個のサンプルを取ったときに 2 個の不適合品が含まれる割合を求めよ．

解答 1　P を母不適合品率の推定値として，二項分布の式を用いて求める．

$$\Pr(X=2) = {}_{20}C_2\, 0.05^2 (1-0.05)^{20-2} = \frac{20 \times 19}{2} \times 0.0025 \times 0.3972$$

$$= 0.1887$$

この $\Pr(X=2)$ は不適合品の数 X が 2 である確率を意味する．

Pr($X = 2$) = 0.1887 とは，不適合品率 5％のロットから 20 個のサンプルを抜き出したときに含まれる不適合品が 2 個のときの確率が 18.87（％）ということである．

例題 2 営業マンの A さんは，毎日 10 件のお客様に電話で訪問のアポイントをとっている．これまでの経験から 20％のお客様と訪問の約束取れており，これをもとにして月次の訪問計画を立てている．

① 1 日のアポイント獲得数が 3 件以上である確率はいくらか．
② 1 週間（5 日間）のうち，3 件以上アポイントが取れる日が少なくとも 2 日ある確率はいくらか．

解答 2 ① 二項分布の式，Pr($X = x$) = $\binom{n}{x} P^x (1-P)^{n-x}$ において，

Pr($X \geq 3$)

$= 1 - \binom{10}{0} 0.2^0 (1-0.2)^{10-0} - \binom{10}{1} 0.2^1 (1-0.2)^{10-1}$

$- \binom{10}{2} 0.2^2 (1-0.2)^{10-2}$

$= 1 - 1 \times 1 \times 0.1074 - 10 \times 0.2 \times 0.1342 - 45 \times 0.04 \times 0.1678$
$= 0.322$

② 3 件以上のアポイントがとれる日の 0 日と 1 日を除いた確率が求める確率である．0 日と 1 日の確率を求めて，全体から差し引く．

Pr($X \leq 1$) = $\binom{5}{0} 0.322^0 \cdot 0.678^5 + \binom{5}{1} 0.322^1 \cdot 0.678^4$

$= 0.4835$

したがって，
Pr($X \geq 2$) = 1 - 0.4835 = 0.5165
となる．

19.2 二項分布

例題 3 例題 1 の 20 個のサンプル中に含まれる不適合品数を確率変数 X として，X の平均と標準偏差を求めよ．

解答 3 サンプルを 1 個取り出したときに不適合品である確率は 0.05 である．20 個のサンプルを取るということは，ロットの中から 1 個 1 個を 20 回取り出すことである．このことは，それぞれ独立した試行なので，20 個の中に含まれる不適合品数は二項分布に従う．したがって不適合品数の統計量は，

平均 $= nP = 1$

標準偏差 $= \sqrt{nP(1-P)} = \sqrt{20 \times 0.05 \times 0.95} = 0.975$

となる．

例題 4 10 回コインを投げて表の出る平均と分散はいくらか．

解答 4 表の出る確率の平均は $P = 1/2$ なので，

平均：$nP = 10 \times 1/2 = 5$（回）

分散：$nP(1-P) = 10 \times 1/2 \times (1 - 1/2) = 2.5$（回）

となる．

例題 5 サイコロを 1 000 回投げたとき，1 の目の出る回数と分散を求める．

解答 5 回数 $n = 1000$，サイコロの目の数は 6 であることから，

1 の出る確率 $P = 1/6$

なお，2～6 までの目が出る確率 Q は $Q = 5/6$

1 の目の出る回数 $= nP = 1000 \times 1/6 = 167$ 回

分散 $= nP(1-P) = nPQ = 1000 \times 1/6 \times 5/6 = 139$ 回

例題 6 不適合品率 P が 15% のロットから大きさ 20 のサンプルを抜取検査するとき，不適合品数が 0 である確率を求めよ．また，不適合品数が 5 個以上の確率を求めよ．

解答 6 表 19.1（261 ページ）において $nP = 3$ の表で $n = 20, P = 0.15$,

$x=0$ をみると確率は 0.039,また,表 19.1 で $n=20$,$P=0.15$,$nP=3$ の表から $x \geq r = 5$ をみると,$x=0, 1, 2, 3, 4$ のそれぞれの確率は 0.039, 0.137, 0.229, 0.243, 0.182 であり,その合計は 0.83 となる.したがって,5 個以上の確率は 0.17 である.

その他の二項分布となる例としては,サイコロ振り,子ども 10 人の家庭にいる男の子(あるいは女の子)の人数,交通違反者数,ある区画における不適合品の数 などがある.

19.3 ポアソン分布

日本における交通事故の発生件数を 1 億ほどの人口に比べたとき,統計的にどのように映るだろうか.データから計算すると 1 人が交通事故に遭遇する確率は 0 に近いといえる.発生件数が 53 万件としても確率は 0.0053 (0.53%) である.1 件の発生率を P とすれば,x 人が交通事故に遭遇する確率は二項分布となり,

$$\Pr(X=x) = \binom{n}{x} P^x (1-P)^{n-x}$$

である.ところがこの場合,n は日本の人口であるから非常に大きく,P が非常に小さい.このようなとき,二項分布の式は近似的にポアソン分布の式,

$$Pr(X=x) = \frac{\lambda^x}{x!} e^{-\lambda} \quad (\text{ただし,}\lambda:\text{母欠点数})$$

と変わらない.これは,ある事象が x 回起こる確率を示すもので,このような分布をポアソン分布という.n が大きく,P が小さいとき二項分布の代わりに用いると便利である.

一定の大きさのサンプル中の欠点数の分布は工程が安定していればポアソン分布に従う.ポアソン分布では,平均,分散ともに $\lambda = nP$ である.分散が平均によって変化することに注意する.

19.3 ポアソン分布

なお，n と P がわからないときは，度数分布表より求めた $\bar{x}$ を λ の近似値として用いる場合が多い．

ポアソン分布は二項分布において，$nP = \lambda$ を一定にして n を ∞，P を 0 に近づけた極限の確率分布であり，λ は母欠点数である．なお，欠点数の場合は，単位当たりの欠点数で表現するので，単位を明確にしておくことが必要である．

例題 1 不適合品率 $P = 5\%$ のロットから 20 個のサンプルを取ったときに 2 個の不適合品が含まれる確率をポアソン分布によって求めよ．

解答 1 $\Pr(X = x) = \dfrac{\lambda^x}{x!} e^{-\lambda}$ に $\lambda = nP = 1$，$x = 2$ を代入すると，

$$\Pr(X = 2) = \dfrac{1^2}{2!} e^{-\lambda} \fallingdotseq \dfrac{1}{2} \times 0.3679 = 0.1839$$

となる．また，二項分布の計算では 0.1887 が得られる．

この結果から，ポアソン分布と二項分布の式によって，計算結果では 2.5% の差である．不適合品のような確率の場合には十分な近似といってよい．さらに次のような，n が大きく，P が小さいとする設問ではほぼ同一の値となる．

例題 2 ある反応を制御する計装部品が 300 個ある．そのうち故障が 2 個であれば制御機構が働くが，3 個以上であると反応停止となってしまう．計装部品の故障確率は $P = 3 \times 10^{-7}$ としてすべて同一とする．故障部品が 0 個，1 個，2 個について，ポアソン分布で計算して求めよ．

解答 2 $\Pr(X = x) = \dfrac{\lambda^x}{x!} e^{-\lambda}$ （だだし，$\lambda = nP$）の式より求める．

$$\lambda = nP = 300 \times 3 \times 10^{-7} = 9 \times 10^{-5}$$

したがって，次が得られる．

$$\Pr(X=0) = \frac{(9\times 10^{-5})^0}{0!} e^{-9\times 10^{-5}} = 0.999910004$$

$$\Pr(X=1) = \frac{(9\times 10^{-5})^1}{1!} e^{-9\times 10^{-5}} = 0.000089992$$

$$\Pr(X=2) = \frac{(9\times 10^{-5})^2}{2!} e^{-9\times 10^{-5}} = 0.000000004$$

また，二項分布の式 $\Pr(X=x) = \binom{n}{x} P^x (1-P)^{n-x}$ を用いて $\Pr(X=0)$ を計算すると，

$$\Pr(X=0) = \binom{300}{0}(3\times 10^{-7})^0 (1-3\times 10^{-7})^{300-0} = 0.999910004$$

のように，小数点以下9けたまで同一であり，近似式として有効であることがわかる．

例題3 自転車のパンクの回数について調べてみる．

B社の自転車は2 000（km）で1回パンクすることがわかっている．1 000（km）で2回パンクする確率はどの程度であろうか．

解答3 $\Pr(X=x) = \dfrac{\lambda^x}{x!} e^{-\lambda}$

$P = 1/2000 = 0.0005, \ n = 1000$

$\lambda = nP = 1000 \times 0.0005 = 0.5, \ x = 2$

であることからパンク率は，

$$\Pr(X=2) = \frac{0.5^2}{2!} e^{-0.5} = \frac{0.25}{2} \times 0.6065 \fallingdotseq 0.0758$$

となり，1 000（km）で2回パンクする確率はおよそ7.6（％）である．

19.3 ポアソン分布

表 19.1 二項分布とポアソン分布の個々の確率 $P(x)$

$nP = m = 0.2$

x	n	1	2	5	10	20	$m=0.2$
	P	.20	.10	.04	.02	.01	
0		.800	.810	.815	.817	.818	.819
1		.200	.180	.170	.167	.165	.164
2		—	.010	.014	.015	.016	.016
3		—	—	.001	.001	.001	.001

$nP = m = 0.5$

x	n	2	5	10	25	50	$m=0.5$
	P	.25	.10	.05	.02	.01	
0		.562	.590	.599	.603	.605	.607
1		.375	.328	.315	.308	.306	.303
2		.062	.073	.075	.075	.076	.076
3		—	.008	.010	.012	.012	.013
4		—	.000	.001	.001	.001	.002

$nP = m = 1$

x	n	5	10	20	50	100	$m=1$
	P	.20	.10	.05	.02	.01	
0		.328	.349	.358	.364	.366	.368
1		.410	.387	.377	.372	.370	.368
2		.205	.194	.189	.186	.185	.184
3		.051	.057	.060	.061	.061	.061
4		.006	.011	.013	.015	.015	.015
5		.000	.001	.002	.003	.003	.003
6		—	.000	.000	.000	.000	.001

$nP = m = 2$

x	n	5	10	20	50	100	$m=2$
	P	.40	.20	.10	.04	.02	
0		.078	.107	.122	.130	.133	.135
1		.259	.268	.270	.271	.271	.271
2		.346	.302	.285	.276	.273	.271
3		.230	.201	.190	.184	.182	.180
4		.077	.088	.090	.090	.090	.090
5		.010	.026	.032	.035	.035	.036
6		—	.006	.009	.011	.011	.012
7		—	.001	.002	.003	.003	.003
8		—	.000	.000	.001	.001	.001

$nP = m = 3$

x	n	10	20	50	100	150	$m=3$
	P	.30	.15	.06	.03	.02	
0		.028	.039	.045	.048	.048	.050
1		.121	.137	.145	.147	.148	.150
2		.233	.229	.226	.225	.225	.224
3		.267	.243	.231	.227	.226	.224
4		.200	.182	.173	.171	.170	.168
5		.103	.103	.102	.101	.101	.101
6		.037	.045	.049	.050	.050	.050
7		.009	.016	.020	.021	.021	.022
8		.001	.005	.007	.007	.008	.008
9		.000	.001	.002	.002	.002	.003
10		.000	.000	.001	.001	.001	.001

$nP = m = 5$

x	n	10	20	50	100	250	$m=5$
	P	.50	.25	.10	.05	.02	
0		.001	.003	.005	.006	.006	.007
1		.010	.021	.029	.031	.033	.034
2		.044	.067	.078	.081	.083	.084
3		.117	.134	.139	.140	.140	.140
4		.205	.190	.181	.178	.177	.175
5		.246	.202	.185	.180	.177	.175
6		.205	.169	.154	.150	.148	.146
7		.117	.112	.103	.106	.105	.104
8		.044	.061	.064	.065	.065	.065
9		.010	.027	.033	.035	.036	.036
10		.001	.010	.015	.017	.018	.018
11		—	.003	.006	.007	.008	.008
12		—	.001	.002	.003	.003	.003
13		—	.000	.001	.001	.001	.001

$nP = m = 10$

x	n	20	50	100	200	500	$m=10$
	P	.50	.20	.10	.05	.02	
0		.000	.000	.000	.000	.000	.000
1		.000	.000	.000	.000	.000	.000
2		.000	.001	.002	.002	.002	.002
3		.001	.004	.006	.007	.007	.008
4		.005	.013	.016	.017	.018	.019
5		.015	.030	.034	.036	.037	.038
6		.037	.055	.060	.061	.062	.063
7		.074	.087	.089	.090	.090	.090
8		.120	.117	.115	.114	.113	.113
9		.160	.136	.130	.128	.126	.125
10		.176	.140	.132	.128	.126	.125
11		.160	.127	.120	.117	.115	.114
12		.120	.103	.099	.097	.096	.095
13		.074	.075	.074	.074	.073	.073
14		.037	.050	.051	.052	.052	.052
15		.015	.030	.033	.034	.034	.035
16		.005	.016	.019	.021	.021	.022
17		.001	.008	.011	.012	.012	.013
18		.000	.004	.005	.006	.007	.007
19		.000	.002	.003	.003	.004	.004
20		.000	.001	.001	.002	.002	.002
21		—	.000	.000	.001	.001	.001

二項分布では,
$$P_x = {}_nC_x P^x (1-P)^{n-x}$$
の値を, ポアソン分布では,
$$P_x = \frac{m^x}{x!} e^{-m}$$
の値を表にしたものである.

二項分布表では $nP = m = $ 一定 としてあるから, n が大きくなるとポアソン分布の値に近づく.

例1 $n = 20$, $P = 0.05$ の二項分布で, $x = 3$ という値の出現する確率は, $nP = m = 1$ の表で, $n = 20$, $P = 0.05$ の列と $x = 3$ の行の交わる点の値 0.060 で与えられる.

例2 $m = 3$ のポアソン分布で, $x = 4$ という値の得られる確率は $m = 3$ のポアソン分布の表で $x = 4$ の行の値 0.168 で与えられる.

19.4 統計量の分布

19.1.3項(正規分布における母平均)で述べたように,母集団はその母集団固有の中心位置を表す量をもっていると考え,それを母平均μ,中心からの広がりを表す量として母分散σ^2や母標準偏差σを用いている.これらは,母集団独自の値であるため,母数と呼ばれる.これらは未知であり,標本(サンプリング後のサンプル)から得られたデータから母数を推測することが必要である.この母数を推測することが統計解析の目的である.母数に見合う標本量を統計量という.したがって,母平均μは母数であり,それに対応する標本平均$\bar{x}$は統計量である.ただし,μは定数であるが,$\bar{x}$は変数である.

母集団の分布の母数(パラメータとも呼ばれる)として,母平均,母分散などを推定する際には,標本平均,標本分散などの標本から得られる統計量を用いる.これらの統計量もまた確率変数であり,一定の値にはならない.すなわち,統計量には誤差がある.

この誤差があるということは,統計量がデータを取り直すたびに,異なった値が得られるということである.しかし,でたらめな値をとるのかというとそうではなく,推定したい母数やデータ数に関連して,統計量の値に何らかの法則性がある.それが統計量の分布である.

そこで,ある確率分布に従う母集団からサンプルを取ったとき,このサンプルから求まる統計量(標本平均,標本分散,標本比率など)がどのような分布に従うか,その"誤差のつき方の法則=統計量の分布"を調べることが必要である.すなわち,統計量の値のばらつき方の法則が統計量の分布であるといえる.以降,種々の統計量について説明する.

19.4.1 正規分布における標本平均$\bar{x}$の分布 (母分散σ^2が既知の場合)

まずは標本平均$\bar{x}$という統計量がどのような分布に従っているのかをみる.

(1) 母集団が母平均μ,母分散σ^2の正規分布$N(\mu, \sigma^2)$に従うとき,この母集団から互いに独立に抽出された標本(サンプル)の大きさ(サンプルサイ

19.4 統計量の分布

ズ) n の標本平均 $\bar{x}$ は母平均 μ, 母分散 $\dfrac{\sigma^2}{n}$ の正規分布 $N(\mu, \dfrac{\sigma^2}{n})$ に従う.

これは正規分布である母集団, つまり母集団の分布が正規分布である母集団から得られた, サンプルの大きさが n のデータ $x_1, x_2, \cdots, x_n$ の標本平均 $\bar{x}$ は正規分布に従うことを意味している. これを図 19.7 (b) に示す.

サンプルの大きさが n のデータ $x_1, x_2, \cdots, x_n$ を繰り返して取って, それぞれの標本平均 $\bar{x}$ を取ると, 同図 (b) のような正規分布 $N(\mu, \dfrac{\sigma^2}{n})$ に従う.

例えば, 精度 (母標準偏差と考える) が 4 (mg) の秤で測定する場合, 測定の平均の精度 (標本平均の標準偏差) を 1 (mg) にすることを考える. $\dfrac{\sigma^2}{n} = \dfrac{4^2}{n} = 1$ (mg) であるので, $n = 16$ であることから 16 回測定すればよいことになる.

(2) サンプルの大きさが n のデータ $x_1, x_2, \cdots, x_n$ が正規分布 $N(\mu, \sigma^2)$ に独立に従うとき, $u = \dfrac{\bar{x} - \mu}{\sqrt{\sigma^2/n}}$ は標準正規分布 $N(0, 1^2)$ に従う.

大きさ n の標本平均 $\bar{x}$ が $\bar{x} \geqq \mu$ である確率は標準化された統計量 u が標準正規分布 $N(0, 1^2)$ に従うことから, 正規分布表を使って求めることができる.

なお, 標本平均 $\bar{x}$ の確率は正規分布の 19.1.2 項 (確率の求め方) で述べている "標準化" (基準化) を行い, 正規分布表から確率を求める. u の値から正

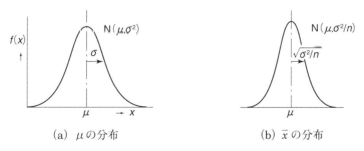

(a) μ の分布   (b) $\bar{x}$ の分布

図 19.7 母平均 μ の分布と標本平均 $\bar{x}$ の正規分布の図

規分布表の u の値の確率を求めればよい．

19.4.2　正規分布における標本平均 $\bar{x}$ の分布（母分散 σ^2 が未知の場合）

前項では，母集団の従う分布が正規分布で，その分散 σ^2 が既知の場合に，標本平均 $\bar{x}$ がどのような分布に従うかを考えたが，実際には，母集団の分散 σ^2 が不明の場合が多い．母分散 σ^2 が不明の場合には，$u = \dfrac{\bar{x} - \mu}{\sqrt{\sigma^2/n}}$ の変換は行えず，したがって，標準正規分布の表を利用しての確率計算はできない．

それではどうすればよいか．それは，母分散 σ^2 が不明であっても，標本分散 s^2 には母分散 σ^2 に関する情報が含まれていると考えられることから，標本分散 s^2 を利用することを考えた人がいた．それを考えたのが英国の醸造会社の技師であるゴセットであった．ゴセットは母集団が従う分布が正規分布で，その分散 σ^2 未知のとき，$\dfrac{\bar{x} - \mu}{\sqrt{\sigma^2/n}}$ の σ を標本標準偏差の不偏推定量 s（標準偏差）で置き換えた $t = \dfrac{\bar{x} - \mu}{\sqrt{s^2/n}}$ という統計量が従う分布を導いた．これが t 分布である．

なお，標本分散の不偏推定量 s^2（不偏分散）は大きさ n 個のデータ $x_1, x_2, \cdots, x_n$ の各測定値と標本平均 $\bar{x}$ の差（偏差という）の2乗の和を $n - 1$ で除したばらつきの尺度であり，不偏分散である．

$$s^2 = \frac{1}{n-1} \sum_{i=1}^{n} (x_i - \bar{x})^2 = \frac{S}{n-1}$$

ただし，$S = \sum_{i=1}^{n} (x_i - \bar{x})^2$：平方和

t 分布が重要な役割を果たすのは σ^2 が不明で，かつ，サンプルの大きさ n が小さい場合である．このような場合，自由度 $\phi = n - 1$ の t 分布を用いて解析する必要がある．

この t 分布については,20.2.2 項(一つの母平均に関する検定と推定)で詳しく説明する.

19.4.3　正規分布における不偏分散 s^2 の分布

n 個のデータ $x_1, x_2, \cdots, x_n$ が正規分布 $N(\mu, \sigma^2)$ に独立に従うとき,

$$\frac{S}{\sigma^2} = \frac{\sum_{i=1}^{n}(x_i - \bar{x})^2}{\sigma^2}$$

は自由度 $\phi = n - 1$ の χ^2 分布に従う.

$$\chi^2 = \frac{(n-1)s^2}{\sigma^2}$$

これはサンプルの大きさが n の不偏分散を s^2 とすると,$s^2 = \dfrac{S}{n-1}$ であることから,

$$\chi^2 = \frac{(n-1)s^2}{\sigma^2} = \frac{(n-1)\dfrac{S}{n-1}}{\sigma^2} = \frac{S}{\sigma^2}$$

となる.自由度 $\phi = n - 1$ の χ^2 分布に従う.サンプルの大きさによって異なる分布に従う.この χ^2 分布については 20.3 節(一つの母分散に関する検定と推定)で詳しく説明する.

19.4.4　R 管理図で用いられる範囲の分布

$N(\mu, \sigma^2)$ からランダムに取られた n 個のサンプルの範囲 R の分布の期待値 $E(R)$ と標準偏差 $D(R)$ はそれぞれ次のようになる.

$E(R) = d_2 s$

$D(R) = d_3 s$

d_2, d_3 は n によって決まる値であり,R 管理図で用いられている係数である.抜き出した一部が表 19.2 である.

表19.2 d_2, d_3 の値

n	d_2	d_3
2	1.128	0.853
3	1.693	0.888
4	2.059	0.880
5	2.326	0.864
6	2.534	0.848

19.5 大数の法則と中心極限定理

統計学における基本的な定理として大数の法則と中心極限定理がある．これらはサンプルに関する統計的な性質を述べる基本的な定理である．

(1) 大数の法則

大数の法則とは，文字どおりにサンプルの大きさ n が大きくなれば，標本平均 $\bar{x}$ の値は母平均 μ の真の値に非常に近づくことを示している．データ数を多くすることの有効性を述べている．

$x_1, x_2, \cdots, x_n$ が独立に同一の分布に従い，$E(x_i) = \mu$，$V(x_i) = \sigma^2 (i = 1, 2, \cdots, n)$ であるとする．このとき十分大きいサンプルの大きさ n に対して，標本平均 $\bar{x} = \dfrac{\sum_{i=1}^{n} x_i}{n}$ は母平均 μ に収束する．すなわち，サンプルの大きさ n が大きくなると標本平均 $\bar{x}$ のばらつきが小さくなり，母平均 μ の周りに分布が集中してくるということである．

(2) 中心極限定理

この定理は母集団分布が正規分布でなくてもサンプルの大きさが大きい場合に標本平均は正規分布に近似的に従うというものである．

すなわち，母平均 μ，母分散 σ^2 が有限ならば，この母集団から互いに独立に

抽出したサンプルの大きさ n の標本平均 $\bar{x}$ は母平均 μ, 母分散 $\dfrac{\sigma^2}{n}$ の正規分布で近似でき，近似の程度は n が大きくなるほどよくなる．これが中心極限定理である．

中心極限定理は $x_1, x_2, \cdots, x_n$ が独立に同一の分布に従い，$E(x_i) = \mu$, $V(x_i) = \sigma^2$ $(i = 1, 2, \cdots, n)$ であるとき, 十分大きな n に対して, 標本平均 $\bar{x} = \dfrac{\sum_{i=1}^{n} x_i}{n}$ は正規分布 $N(\mu, \dfrac{\sigma^2}{n})$ に近似的に従う．この定理は母集団分布が正規分布でなくても，十分多くのデータから標本平均 $\bar{x}$ を計算すれば，$\bar{x}$ は近似的に正規分布に従うことを意味している．

例えば，母集団から $n = 5$ の大きさのサンプルを取って，その標本平均 $\bar{x}$ を計算するという作業を 100 回繰り返すような作業を行うとヒストグラムは左右対称にならず，正規分布は仮定できない．しかし，正規分布に近いものになる．これをもとに標本平均 $\bar{x}$ を母平均 μ, 標本標準偏差 s を母標準偏差 σ とみなすことにするということである．

また，サンプルの大きさが大きくなるにつれて，平均の値は変わらないが，母分散 $\dfrac{\sigma^2}{n}$ はサンプルの大きさ n が大きくなるほど，ばらつきは小さくなっていく．

第20章　計量値データに基づく検定と推定

　第19章で"統計の基礎"を述べてきた．そもそも統計学の目的は集団の規則性を求めることである．少数の標本（サンプル）によって，その母集団の規則性を求めることができるように発達してきた学問が"推計統計学"と呼ばれる近代統計学である．したがって"統計的方法の推測の対象は母集団"である．母集団の推測とは"データから母集団を推し測る"ことである．

　その推測統計学，すなわち近代統計学では，標本集団の平均値や標準偏差などの値から母集団の平均値や標準偏差などの値，すなわち，母数を確率的に推測し，それによって母集団の様子を推測している．一言でいえば，統計的検定と推定とは"標本データから母集団が備えていると思われる情報，すなわち，母集団の様子を具体的に推測する方法"である．

　そしてこのとき，母数を推測する手法として"推定と検定"がある．推定は母数がどれほどの値なのかを推測する手法，すなわち母平均，母分散，母不適合率といった母数の値を具体的に見積もるためのものである．検定は母数が実質的，なおかつ，科学的に意味のある基準となる値と等しいか等しくないのか，改善効果があるのかないのか，装置Aと装置Bとに差があるのかないのかなどを判定する方法である．

　すなわち，推定は母集団の特性値を評価しようということから定量的であり，検定は母集団の分布についてある仮定をおいて，その仮定が成り立つかどうかを判定しようということで定性的である．

20.1　検定と推定の考え方

　工場では，製造工程からいくつかの製品の品質特性を測定し，記録している

20.1 検定と推定の考え方

ことが多い．この作業は単に工程から得られた試料だけがどのようであるかを知ることが目的ではない．この測定値からその標本（サンプル）が得られた母集団である工程が管理された状態にあるのか，規格を満足するものかなどを判断し，不都合な状態であれば，正常な姿に戻すための手を打つ必要があるからである．

また，母集団は"同じ条件でつくられた場合の品質特性の全体"である．我われは，品質を向上するための検討において，どのようなつくり方をすれば，同じような条件でつくったすべての製品がよくなるのかを知りたい．言い換えれば，母集団としての全体の品質が向上する方法をみつけたい．母集団全体を調べれば，母数（その値を指定すれば，母集団の分布が確定するような数値のこと）の正確な値を知ることができる．

しかしそれは無理である．そこで，標本（サンプル）という有限個のデータから母数を推測することになる．標本平均値は母平均 μ を推測する役割，標本分散 V は母分散 σ^2 を推測する役割，標本標準偏差 s は母標準偏差 σ を推測するという役割をもっている．統計的推測とは"統計学に基づいて検定と推定を行うこと"である．

20.1.1 検定の考え方

これまでの経験や知見などから，母集団の性質に関して何らかの仮説が設定できる場合には，その仮説の真偽を判断することが必要となる．そのときにサンプルから得た情報に基づいて，このような判断を下す一つの方法が統計的検定である．

例えば"母集団の平均 μ はある値 μ_0 と考えられる"や"母集団 A の平均 μ_A と母集団 B の平均 μ_B は等しいと考えられる"というように，あらかじめ母集団の性質に関して仮説が設定できる場合に，この設定した仮説が正しいかどうかを実験や調査データで得た情報から科学的に判断するものである．そこで，次のような状況を考えてみる．

ある容器に原材料を充填している会社がある．その原材料190（kg）が200

(ℓ) の容器に充填されるように設定している．ところが最近，設定の範囲外になることが多くなり，調整作業が発生しているという．そこで，データを取って検討することになった．$n = 10$（個）のデータをランダムに取った結果，次表（表20.1を参照）のようなデータであった．

表20.1　データ表

($n = 10$)（単位：kg）

| 185 | 191 | 187 | 197 | 206 | 197 | 190 | 187 | 190 | 194 |

この $n = 10$ の平均は $\bar{x} = 192.4$ である．データをみる限りでは，平均値 $\bar{x}$ を超えるデータが4点，$\bar{x}$ 未満のデータが6点，$\bar{x}$ と同じデータは0点である．それでは，この事実から設定よりもずれているといえるかどうかを"合理的に判断を下す方法"はないのだろうか．このようなときに有効な手段が検定である．

第19章（統計的方法の基礎）で学んだことを使ってあらためて考えてみる．上記の例の場合の母集団は個々の原材料を充填した容器の集まりである．その分布を正規分布と仮定する．ここで，母分散 σ^2 を 2.5^2 で既知の値とする．このことより，母集団の分布は正規分布 $N(\mu, \sigma^2) = N(190, 2.5^2)$ である．

$\mu = 190$ が成り立っているとしたとき，確率変数 x が正規分布 $N(\mu, \sigma^2)$ に従うとき，$n = 10$(個)のデータの平均値 $\bar{x}$ も正規分布 $N(\mu, \sigma^2/n)$ に従う．このとき，$u = \dfrac{\bar{x} - \mu}{\sqrt{\sigma^2/n}}$ は標準正規分布 $N(0, 1^2)$ に従う（標本平均 $\bar{x}$ の分布の標準化又は基準化）．正規分布表での確率が5%や1%以下になる確率 Pr は，

$$\Pr(|u| \geq 1.960) = \Pr(u \geq 1.960) + \Pr(u \leq -1.960) = 0.05$$
$$\Pr(|u| \geq 2.576) = \Pr(u \geq 2.576) + \Pr(u \leq -2.576) = 0.01$$

と表せる．

なお，u の絶対値をとる理由は，その値のもつ+か−いずれかの符号につい

20.1 検定と推定の考え方

てを問題とするのではなく，原点からの距離（数値の大きさ）を検討するためであり，数学的な処理である．

再び，上記の例の検討を行う．

$$u = \frac{\bar{x} - \mu}{\sqrt{\sigma^2/n}} = \frac{192.4 - 190}{\sqrt{2.5^2/10}} = 3.036$$

となる．この値は 1.960 や 2.576 よりも大きな値である．したがって，5%や1%以下といった小さな確率でしか，めったに起きないことが生じたといえる．

このように"めったに起きないことが起きた"のは"母集団の平均 $\mu = 190$ が成り立つ"と考えたためである．結論として"母集団の平均 μ は 190 ではない（$\mu \neq 190$）"とするのが合理的である．

次いで，単純なコインの問題で考えてみる．"コインの表か裏かを当てるゲームで，何回連続で負ければイカサマ（如何様）されていると判断するか？"

もし，表の出る確率も裏の出る確率も 0.5 だとしたら（これが仮説），○回連続で負けるのは確率的にありえないだろう，したがって，○回連続で負けたら"イカサマされている"と考えるのが妥当であろうから"確率 p が 0.5 という仮説"が間違っていると考えて，その考えを排除するであろう．

"○回"について計算してみると表 20.2 のようになる．連続 4 回目，連続 5 回目あたりで怪しいと思うであろう．

このように"何回目以上の確率なら表（あるいは裏）の出る確率 p も裏（あ

表 20.2　コインが連続して表/裏の出る確率

回数	p	回数	p
1 回	0.5	連続 6 回	0.016
連続 2 回	0.25	連続 7 回	0.008
連続 3 回	0.125	連続 8 回	0.004
連続 4 回	0.063	連続 9 回	0.002
連続 5 回	0.031		

るいは表)の出る確率 p も 0.5" という仮説を排除(統計的検定では棄却)するかということが検定の役割である.

(1) 検定の用語

先の例でいえば "$\mu = 190$ が成り立つ" という仮説を帰無仮説, "μ は 190 ではない" という仮説を対立仮説と呼び,次のように表す.

　　　帰無仮説 H_0: $\mu = \mu_0$ ($\mu_0 = 190$)
　　　対立仮説 H_1: $\mu \neq \mu_0$

　話はそれるが,仮説を立てる前に注意してほしい点がある.上記の例を踏まえて説明する.

　まず,仮説(hypothesis)を表すには "H" を用いる.検定の性質上に生じる二つの仮説,すなわち帰無仮説と対立仮説を区別するために,0 と 1 の添え字を用いて帰無仮説を H_0,対立仮説を H_1 と表記して二つを区別する.これは決まりごとである.

　仮説において,母平均 μ や母分散 σ^2 を改善の前後で区別するには "与えられた"(すなわち "改善前の")母平均は "0" の添え字を用いて新たに μ_0 と表す.母分散は σ^2 に "0" の添え字を用いて新たに σ_0^2 と表す.一方の μ や σ^2 は "これから求める"(すなわち "改善後の")値としておかれる.

　上記の例において "$\mu = 190$ が成り立っているとしたとき" とは "調整前の母平均 μ が 190 で成り立つと仮定したとき" と言い換えることができる.この仮定をもとに仮説を立てる際,その準備として "与えられた値"(この場合,調整前の母平均の値:190)を新たに μ_0 とおいてこれを "基準値" としている.一方 "これから求める値"(この場合,調整後の母平均)を μ とおいてこれを "測定値" としている.この作業が暗黙のうちに行われている.これらも決まりごとである.

　母平均や母分散が複数ある場合の検定(比較)では,その区別を添え字に数字やアルファベットを用いて区別している.添え字の種類はテキストによって異なっている.本書では,後者のアルファベット(A, B, …)を用いて区別し

20.1 検定と推定の考え方

ている．

さて，検定は帰無仮説 H_0 であるか対立仮説 H_1 であるかを判定する方法であり，仮説を検定するということから仮説検定とも呼ばれる．ここで，帰無仮説と対立仮説について言葉の意味から説明する．帰無仮説とは，立てた仮説が棄却されなければ無に帰する，すなわち，無意味になるということである．ということは，仮説が棄却される（捨てられて取り上げられないこと）ことに意味があることになる．そのため"有意である"ことと"棄却する"ということは同じ意味である．そして，帰無仮説が正しくないときにとるべき判断は正反対の仮説を対立仮説として設定することになる．

これらをわかりやすくいえば，主張したいことの反対のことをいっておいてそれを検定し，この反対の主張を否定して主張したいことを認めさせようというものである．

- この事象はほんとうは"いままでと違う！"と主張したい．
- 主張したいことの反対のことは一つしかない．"いままでと同じ！"と主張してみる．
- 検定の結果"いままでと同じ"とはいえない．ならば，この事象は"いままでと違う"と主張できる．

これを仕事の場で考えてみると，意図して（あるいは意図せずに）何らかの条件が変わったときに，結果である特性に影響があったかどうかの判定，あるいは操業条件や設備を変更したときの効果に有意差があるかどうかの確認，過去と現在の操業による製品の特性間で有意差があるかの確認，ばらつきの範囲内の差なのか確かに変わったといえるのか，このようなことを確率的に判断することが検定である．

先ほどの"$n = 10$（個）のデータの平均値 $\bar{x}$ も正規分布 $N(\mu, \sigma^2/n)$ に従

うので，$u = \dfrac{\bar{x} - \mu}{\sqrt{\sigma^2/n}}$ は標準正規分布 $N(0, 1^2)$ に従う"と説明した．帰無仮説 H_0 が正しいとしたもとで新たに計算された u を先の u と区別して u_0 とおいて用いる．このように，検定で用いられる u_0 のような統計量を検定統計量と呼ぶ．

余談だが，変数（例えば u）に添え字（例えば 0）がついた変数（例えば u_0）が出てきた場合，まずは統計量と考えてよい．

検定のときには $u = \dfrac{\bar{x} - \mu}{\sqrt{\sigma^2/n}}$ は $u_0 = \dfrac{\bar{x} - \mu_0}{\sqrt{\sigma^2/n}}$ とおく．u_0 は帰無仮説 H_0 のもとで，$N(0, 1^2)$ に従うので確率評価を行うことができる．このときに判定に用いる確率の値 Pr として 1%が用いられる［データを x で表しているため，（　）内は x となる］．Pr はどのような値をとってもよいが，一般的には 5%や 1%が使われる．検定の方法によっては，20%で母集団のもつ方向性を判断して，その結果によってあらためて 5%，あるいは 1%で検定することもある．この方法は後述する．

さて，得られたデータの値が帰無仮説 H_0 のもとで不自然かどうか（めったに起こらない確率での事象が起きたかどうか）の判定に用いる確率の値は有意水準と呼ばれ，記号 α で表される．

$u_0 = 1.960$ は，正規分布表の $u = 1.960$ を調べると，片側の確率が 0.025，両側での確率が片側の 2 倍の 0.05 となっていることがわかる．このときの確率が有意水準 $\alpha = 0.05$ である．$\alpha = 0.05$ と設定したときの u_0 は 1.960 であり，$\alpha = 0.10$ と設定したときの u_0 は 1.645 であることがよく知られている．この 1.960 や 1.645 という統計量を特に"臨界点"と呼ぶことがある．

有意水準 $\alpha = 0.05$ において，$|u_0| \geq 1.960$ のときに"H_0 を棄却する"又は"有意水準 5%で有意である"という．また，$|u_0| \geq 1.960$ を棄却域といい，R で表す．$|u_0| < 1.960$ なら"H_0 を採択する"と表現し，"有意でない"という．また，$|u_0| < 1.960$ を採択域という．

図 20.1 に示す同図 (a) は正規分布 $N(\mu_0, \sigma^2/n)$ のとき，同図 (b) と同図 (c)

は標準正規分布 $N(0, 1^2)$ のときである．

同図において，対立仮説が $H_1: \mu \neq \mu_0$ である同図 (a) と同図 (b) は正規分布の両側に棄却域がある場合であり，これを両側検定という．一方，対立仮説が $H_1: \mu > \mu_0$ である同図 (c) は片側検定という．特に，右側に棄却域がある場合を右片側検定，左側に棄却域がある場合を左片側検定という．したがって，同図 (c) は右片側検定である．

なお，本書では，棄却域における u は含め（$\leq$, $\geq$），採択域における u は

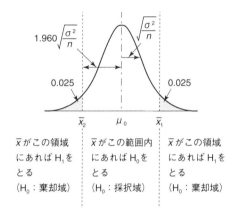

(a) $H_0: \mu = \mu_0$, $H_1: \mu \neq \mu_0$ の検定規則（σ^2 既知）

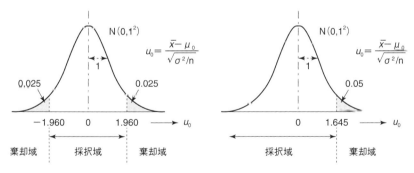

(b) $H_0: \mu = \mu_0$, $H_1: \mu \neq \mu_0$ の検定規則（σ^2 既知）両側検定での採択域と棄却域

(c) $H_0: \mu = \mu_0$, $H_1: \mu > \mu_0$ の検定規則（σ^2 既知）右側検定での採択域と棄却域

図 20.1 平均値の分布の帰無仮説の採択域と棄却域の関係（有意水準 $\alpha = 5\%$）

含めず（<，>），言い換えると，棄却域ではその確率に含めるものとして，採択域ではその確率に含めないものとしている．参考までに，どのケースでも"≦，≧"を用いているテキストもあるが，これは矛盾している．こういった点が多くあるので，勉強する際は留意されたい．

(2) 検定における2種類の誤り

検定は"母集団の平均μはある値μ_0（基準値）と考えられる（$\mu = \mu_0$）"，あるいは"母集団Aの平均μ_Aと母集団Bの平均μ_Bは等しいと考えられる（$\mu_A = \mu_B$）"のように，あらかじめ，母集団の性質に関して仮説が設定できる場合に，この設定した仮説の真偽（あるいは，正誤）を実験や調査で得られたデータから科学的に判断するものである．

しかしながら，実験や調査によって得られる情報は多かれ少なかれ不確実である．そのため，この不確実性を含む情報に基づいての判断であるので"誤り"を犯す危険は避けられないと考える．特に，統計的方法は数少ないデータから母集団全体を推し測るものだから，誤った結果に至ることも当然起こりうることである．

検定においても，2種類の誤りが存在すると考える．一つは，設定した帰無仮説H_0が真である（帰無仮説H_0が正しい）にもかかわらず，その仮説を棄却してしまう誤り，すなわち，本当は帰無仮説H_0が成り立っているにもかかわらず，これを棄却する誤りである．この誤りを第1種の誤り（又は第1種の過誤）と呼び，特にαで表す．

もう一つは，設定した帰無仮説H_0が"真でない"（"偽である"又は"正しくない"），すなわち，対立仮説H_1が成り立っているにもかかわらず，帰無仮説を採択（採用）してしまう誤りである．すなわち，本当は帰無仮説が成り立っていないにもかかわらず，これを棄却しない誤りである．この誤りを第2種の誤り（又は第2種の過誤）と呼び，特にβで表す．

βの値は"本当の"（"真の"又は"母集団の"）母平均μと基準値μ_0との差やデータ数nに依存し，$0 \sim (1-\alpha)$程度まで変化する．例えば，$\alpha = 0.05$とすると，βは$0.00 \sim 0.95$程度までの値をとりうるので，大きな確率で第2

種の誤りを犯すこともある．

　また$1-\beta$は，本当はH_0が成り立っていないときに帰無仮説H_0を棄却する確率を表すもので，これを"検出力"（power）と呼び"対立仮説H_1が正しいときに，その対立仮説H_1を採択するという正しい判断の確率"である．

　品質管理では，この第1種の誤りを生産者危険，第2種の誤りを消費者危険と呼んでいる．この理由は，

　"製品の特性が規格に合っている（合格品である）という仮説を立てる．このとき，第1種の誤りは合格とすべき適合品を不適合品と判断する誤りであり，生産者の損失になる．一方，第2種の誤りは不合格とすべき不適合品を合格と判断する誤りであり，消費者の損失になる"
からである．

　言い換えると検定では，第1種の誤りを犯す（生産者の損失となる）確率を有意水準αとして設定し，仮説のいずれ（帰無仮説H_0，対立仮説H_1）をとるかを判定しているのである．

　これまでに述べてきたことを図20.2を用いてあらためて説明する．

　第1種の誤りは母平均μ_0の母集団の標本平均$\bar{x}_1$以上や標本平均$\bar{x}_2$以下［$\bar{x}_1 \leq \mu_0$，$\bar{x}_2 \geq \mu_0$（同図中の斜線部分）］の有意水準αの領域について，この領域が母平均μ_0の母集団であるにもかかわらず，別の母平均μをもつ母集団であるとする誤りである．上述と同様の言い方をすれば，帰無仮説が成り立っているにもかかわらず，対立仮説を認める場合である．同図の斜線部分が該当する部分である．

　これに対して，母平均μと母平均μ_0の二つの異なる母集団であるにもかかわらず，母平均μ_0の母集団の標本平均$\bar{x}_1$から標本平均$\bar{x}_2$の間にある（$\bar{x}_1 \leq \mu_0 \leq \bar{x}_2$）と判断してしまう誤りである．これが第2種の誤りである．これは対立仮説が成り立っているにもかかわらず，帰無仮説を認めてしまう誤りである．同図の網掛部分である．

　検定における仮説と2種の誤りについてまとめると，表20.3のようになる．

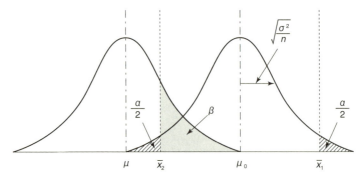

図 20.2 α と β の関係

表 20.3 検定における仮説と 2 種の誤りとの関係

検定の結果	仮説の真偽	本当に成り立っているのは	
		仮説 H_0	仮説 H_1
検定結果	仮説(H_0)を採択 有意でない	正しい (確率：$1-\alpha$)	第 2 種の誤り (確率：β)
	仮説(H_0)を棄却 有意である	第 1 種の誤り (確率：α)	正しい (確率：$1-\beta$＝検出力)

(3) 検定の手順

これまで述べてきたことの手順をわかりやすく表現するために，次のように説明する．

栄養ドリンク A を充填する容器の更新をした．容器ごとの質量を基準とする質量と比べて，違いがあるのかどうかを調べてみることとした．

20.1 検定と推定の考え方

> 帰無仮説："質量がこの範囲に入ったら,容器による違いではないね"($\mu = \mu_0$)
>
> 対立仮説："すると,この範囲外になったら容器による違いはあったっていうことだね"($\mu \neq \mu_0$ 又は $\mu > \mu_0$ 又は $\mu < \mu_0$)
>
> 有意水準の設定:
>
> "その統計量になる確率を根拠にどちらの仮説が正しいか決めようよ"
>
> "それなら,確率が5%よりも高かったら帰無仮説が正しくて,5%よりも低かったら対立仮説が正しいっていうことにしない？"
>
> "OK！"
>
> 検定統計量の計算："今回のデータによる検定統計量を計算するとこんな値になった"
>
> (検定統計量が起こりうる確率 P を正規分布表から求める)
>
> 計算結果と判定:
>
> ケース1(5%より低い場合:$P < 5\%$)
>
> "P が5%より低いということは,範囲外なのだから容器による違いはあったのだね"
>
> ケース2(5%以上の場合:$P \geq 5\%$)
>
> "P が5%以上ということは,範囲内だったのだから容器の違いではなくて誤差だったのだね"

以上の"会話"を手順としてまとめてみると次のようになる.

手順1　仮説を立てる.

　　　　帰無仮説 $H_0 : \mu = \mu_0$

　　　　対立仮説 $H_1 : \mu \neq \mu_0$ (又は $H_1 : \mu < \mu_0$ 又は $H_1 : \mu > \mu_0$)

手順2　有意水準 α を設定する($\alpha = 0.05$ 又は 0.01).

手順3　棄却域 R を設定する.

　　　　$|u_0| \geq 1.960$ ($\alpha = 0.05$ の場合,$|u_0|$ は 1.960 である)

$H_1 : \mu \neq \mu_0$（両側検定）では，棄却域 $R : |u_0| \geq 1.960$

$H_1 : \mu < \mu_0$（左片側検定）では，棄却域 $R : u_0 \leq -1.645$

$H_1 : \mu > \mu_0$（右片側検定）では，棄却域 $R : u_0 \geq 1.645$

手順4　検定統計量 u_0 を求める．

得られたデータ $x_1, x_2, \cdots, x_n$ の検定統計量 u_0 を求める．

$$u_0 = \frac{\bar{x} - \mu_0}{\sqrt{\sigma^2/n}}$$

ただし，σ^2：既知の母分散の値（σ：母標準偏差）

帰無仮説 $H_0 : \mu = \mu_0$ が正しいとして計算される u を新たに添え字 "0" をつけて u_0 と表し，これを検定統計量と呼ぶ．この u_0 は帰無仮説 $H_0 : \mu = \mu_0$ のもとで標準正規分布 $N(0, 1^2)$ に従うことから確率評価ができる．

手順5　判定を行う．

u_0 の値が定めた棄却域にあれば有意と判定し，帰無仮説 $H_0 : \mu = \mu_0$ を棄却する．

(4) 検定の留意点

(a) 片側検定の場合

調べたいこと（改善の前後で差があるかないか）が帰無仮説のどちらか片側にしかない場合の検定を片側検定といい，調べたいことが仮説をはさんで両側にある場合の検定を両側検定という．

片側検定では例えば，対立仮説 $H_1 : \mu > \mu_0$ は改善後の母平均 μ（測定値）が改善前の母平均 μ_0（基準値）より大きい側にずれることしか考えていないことを意味している．対立仮説 $H_1 : \mu < \mu_0$ では逆に小さい側にずれることしか考えていないことを意味している．

(b) 検定結果の解釈

検定には不確実性が含まれる．帰無仮説を棄却できない場合，すなわち，帰無仮説 $H_0 : \mu = \mu_0$ を否定できない場合は，改善後の母平均 μ（測定値）と改善前の母平均 μ_0（基準値）との間に十分な差があるとはいえない，すなわち，

母平均が変わったとはいえないということにすぎず,帰無仮説を棄却するだけの根拠(十分な証拠)が得られなかったということを意味している.したがって,帰無仮説が正しいという積極的な結論を出すことはできない.

帰無仮説 $H_0: \mu = \mu_0$ を棄却するとき,すなわち,積極的に改善前後の母平均が変化した($\mu \neq \mu_0$)といえるのは,変化しないにもかかわらず,変化したと判断する誤り α が検定の中に設定されているためである.そのため,積極的な結論を出すことができるのである.

これに対して帰無仮説 $H_0: \mu = \mu_0$ を採択する($\mu = \mu_0$)ときには,変化している($\mu \neq \mu_0$)にもかかわらず,変化していない($\mu = \mu_0$)と判断する誤り β が検定の中に設定されていない.すなわち,図20.3の β が設定されていないため,母平均は変わったとはいえないといったような消極的な結論にとどまらざるをえないのである.

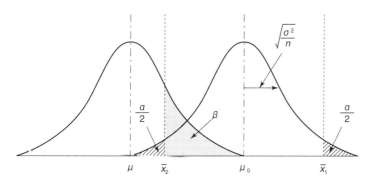

図 20.3 α と β の関係(図 20.2 再掲)

20.1.2 推定の考え方

検定は"帰無仮説という仮説を採択するか棄却するかを判定する"という考え方をする.これに対して"得られた統計量から母集団の母数 θ がどのような値になるのか"を示す手法が推定である.

これまで,母平均 μ の推定値として標本平均 $\bar{x}$ を用い,母分散 σ^2 の推定値

として標本分散 s^2 を用いてきた．ただ一つの数値で母平均 μ や母分散 σ^2 のような，母集団の母数の値を推定する方法を点推定法と呼ぶ．

これに対して，母集団の母数の値を推定するのに，一つの数値をもって行うのではなく，母数の値を含む区間を推定することも可能である．これは区間推定法と呼ばれる方法である．例えば"ある確率で母集団の平均 μ が a と b との間に存在する"といえるというように，母集団の母数が"ある確率で存在する区間（信頼区間）"を推定するための方法である．

(1) 点推定

第19章（統計的方法の基礎）では，標本平均 $\bar{x}$ や標本分散 s^2 のような統計量の期待値が母平均 μ や母分散 σ^2 で表されることを述べた．期待値 $E(\bar{x}) = \mu$ という式は"n 個のサンプルを抽出して標本平均 $\bar{x}$ を求めると，標本平均 $\bar{x}$ の最も期待される値が母平均 μ である"ことを示している．すなわち，母平均 μ がわからないときには，サンプルの値 $x_1, x_2, \cdots, x_n$ からその値を推定する場合に標本平均 $\bar{x}$ を推定値としようというものである．

一般的に点推定とは"母平均 μ や母分散 σ^2 のような未知の母数（θ と表記する）の値を測定によって得られたデータから計算された統計量として推定すること"である．このときの"未知の母数 θ の値を測定によって得られたデータから計算された統計量"を推定量と呼び，$\hat{\theta}$ で表す．特に，この推定量の値を推定値と呼ぶ．

母平均 μ や母分散 σ^2 のような母数 θ が標本平均 $\bar{x}$ や標本分散 s^2 のような統計量の期待値として推定される場合，母数 θ の推定量 $\hat{\theta}$ がすべての母数 θ に対して $E(\hat{\theta}) = \theta$ となるとき，次式の関係がある．

$$b(\hat{\theta}) = E(\hat{\theta}) - \theta$$

この $b(\hat{\theta})$ をかたより（bias）と呼ぶ．すなわち，不偏推定量は $b(\theta) = 0$ であるので"かたよりのない推定量"と呼ぶのである．

$E(\bar{x}) = \mu$ において，標本平均 $\bar{x}$ を母平均 μ の不偏推定量という．

$E(V) = \sigma^2$ において，標本分散 s^2 を母分散 σ^2 の不偏推定量という．

20.1 検定と推定の考え方

ただし，$V = \dfrac{S}{n-1} = s^2$

S：偏差平方和

s：標本標準偏差

サンプルの標本平均$\bar{x}$はそのサンプルが得られた母集団の母平均μに近い値をとりやすく，標本平均$\bar{x}$で母平均μの推定ができる．このように"標本平均$\bar{x}$という一つの値で母平均μを推定すること"を点推定という．点推定値は$\hat{\mu}$と表し，$\bar{x} = \hat{\mu}$である．

(2) 区間推定

点推定によって得られた母集団の母数θの点推定値$\hat{\mu}$は近似値であって，真の値μではない．もともとサンプルのデータによる確率分布に基づいているので，点推定の推定量よりも，ある確率で母平均μは"ここからここまでの区間"にあるといったほうが合理的である．そこで，確率によって合理的な区間を求めてみようということになる．

いま母平均μ，母分散σ^2の正規分布$N(\mu, \sigma^2)$からランダムに取られたn個のサンプルの標本平均$\bar{x}$の分布は正規分布$N(\mu, \sigma^2/n)$である．ここで，$u = \dfrac{\bar{x} - \mu}{\sqrt{\sigma^2/n}}$と変換すると$u$は標準正規分布$N(0, 1^2)$に従う．このことは19.4節（統計量の分布）で説明している．

次いで"信頼率95%の信頼区間"について説明する．

図20.4に示すように，標準正規分布$N(0, 1^2)$の確率$\Pr(u \geq 1.960) = 2.5\%$での値$u$（$x$軸上の値）を正規分布表から求めると$u = 1.960$である．したがって"合理的な区間"は$-1.960 \leq u \leq 1.960$である．この不等式を$u$の式で置き換えると，$-1.960 \leq \dfrac{\bar{x} - \mu}{\sqrt{\sigma^2/n}} \leq 1.960$となることから"標本平均$\bar{x}$は母平均$\mu$を中心に$\pm 1.960 \times \sqrt{\sigma^2/n}$の範囲内に$95(= 100 - 2.5 \times 2)\%$の確率で入り，この範囲から外れるものは分布全体で（分布の両側で）5%にすぎない"と表現されている．

この "$1 - 0.025 \times 2 = 1 - 0.05 (= 0.95)$" を信頼率又は信頼係数といい，一般式で表すと $1 - \alpha$ となる．$\alpha = 0.05$ の場合，$\bar{x} \pm 1.960 \times \sqrt{\sigma^2/n}$ が信頼限界である．大きいほうの信頼限界を信頼上限，小さいほうの信頼限界を信頼下限と呼び，上限の信頼限界と下限の信頼限界にはさまれた区間を信頼区間と呼ぶ．信頼率（信頼係数）に応じて，区間を推定することを区間推定という．同図からもわかるように，信頼区間は両側検定で考察することとなる．

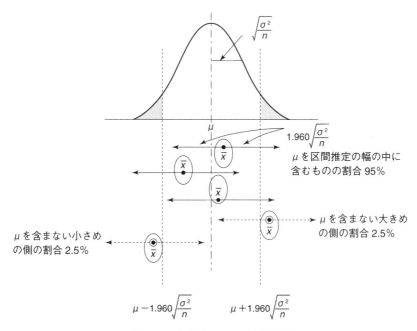

図 20.4　信頼率 95% の信頼区間

20.1.3　検出力とサンプリング

仮に帰無仮説 H_0 が正しければ，$\alpha = 0.05$ といった場合，とうてい得られそうもない統計検定量の値が得られれば，帰無仮説を棄却する．逆にいえば，帰無仮説が正しくても，出そうもない棄却域の値がたまたま出てしまい，帰無仮説を棄却してしまうことがありうる．これが "第 1 種の誤り" である．そ

の確率 α が 0.05 である．

帰無仮説 H_0 が偽であるにもかかわらず，たまたま（この"たまたま"の確率を β とする）統計量の値が棄却域に入らなかったために，H_0 を棄却しない誤りが"第2種の誤り"である．β は対立仮説が正しいのに棄却域に入らないという確率である．

図 20.3（281 ページ）のように，α, β は，棄却域を狭くすれば（採択域を広げれば）α は小さくなるが，β は大きくなる．棄却域を広くとれば（採択域を狭くすれば）β は小さくなり，α は大きくなる．サンプルの大きさが一定というもとでは，α, β をともに小さくすることはできない．

検定では，α を先に固定している．その条件で β をなるべく小さく，すなわち，第2種の誤りを犯さない確率 $1-\beta$ をなるべく大きくしたい．この確率 $1-\beta$ を"検出力"という．

検出力は帰無仮説 H_0 が真でないとき，そのとおりにこれを棄却する確率である．検出力は検定方法の良さの評価基準であり，検出力の大きいものほど，そのような誤りを犯さない厳しい検定である．

いま，母平均 $\mu_0 = 25.0$，母標準偏差 $\sigma_0 = 0.5$ である部品の質量 (g) がほぼ正規分布をとると考える．生産性の良い加工方法へ変更した後に測定した結果，サンプルの大きさ $n = 9$ のサンプルの標本平均 $\bar{x} = 25.4$ であった．このとき，変更後の母平均 μ は等しいといえるだろうか．

検定の手順を示すと次のようになる．

手順 1　仮説を立てる．

　　　　帰無仮説 H_0 : $\mu = \mu_0 (\mu_0 = 25.0)$

　　　　対立仮説 H_1 : $\mu \neq \mu_0 (\mu_0 = 25.0)$

手順 2　有意水準 α を設定する．

　　　　$\alpha = 0.05$

手順 3　棄却域 R を設定する．

　　　　$R : |u_0| \geq 1.960$

手順4　検定統計量 u_0 を求める．

$$u_0 = \frac{\bar{x} - \mu_0}{\sqrt{\sigma^2/n}} = \frac{25.4 - 25.0}{\sqrt{0.5^2/9}} = \frac{0.4}{0.5/3} = 2.4$$

手順5　判定を行う．

$|u_0| = 2.4 \geq 1.960$ であり，帰無仮説 $H_0 : \mu = \mu_0$ は棄却される．

上記の判定結果を信頼区間からみてみると，次のように計算される．

帰無仮説 $H_0 : \mu = \mu_0$ が成り立っていれば，

$$\mu_0 - 1.960 \sqrt{\frac{\sigma_0^2}{n}} < \bar{x} < \mu_0 + 1.960 \sqrt{\frac{\sigma_0^2}{n}}$$

$$25.0 - 1.960 \times 0.17 < \bar{x} < 25.0 + 1.960 \times 0.17$$

より $24.67 < \bar{x} < 25.33$ が採択域である．しかし，$\bar{x} = 25.4$ であり，帰無仮説 $H_0 : \mu = \mu_0$ が成り立っているときの採択域には入っていないので，帰無仮説 $H_0 : \mu = \mu_0$ は棄却されることになる．すなわち，生産性の良い加工方法の変更によって，母平均が変わったといえるという結論となる．

したがって，加工方法変更による点推定値は，

$$\hat{\mu} = 25.4$$

信頼区間は，

$$25.4 - 1.960 \times 0.17 \leq \bar{x} \leq 25.4 + 1.960 \times 0.17$$

$$25.07 \leq \bar{x} \leq 25.73$$

である．

それでは，検出力はどうであろうか．図20.5において，$\bar{x} = \mu = 25.4$ で信頼区間の上限の値が25.33以下となる確率，すなわち"帰無仮説 H_0 が成り立っていないのに棄却しない誤り"である β を求める．まず u は，

20.1 検定と推定の考え方

$$u = \frac{\mu - \left(\mu_0 + 1.960\sqrt{\dfrac{\sigma_0^2}{n}}\right)}{\sqrt{\sigma_0^2/n}} = \frac{25.4 - 25.33}{\sqrt{0.5^2/9}} = 0.42$$

と求められる．

正規分布表（数値表，540ページ）から $\beta = 0.337$ と引けるので，検出力 $1 - \beta = 0.663$ となる．検出力は対立仮説が正しいときに，帰無仮説が棄却される確率である．

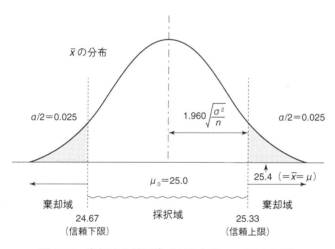

図 20.5 棄却域と採択域（有意水準 $\alpha = 0.05$ の例）

第 24 章で説明する抜取検査においては，品質の良いロットで不合格となってしまう確率である生産者危険 α を 5%，品質の悪いロットで合格となってしまう確率である消費者危険 β を 10% とおいている．この考え方からもわかるように，できるだけ不良を発生させない，検定でいえば，誤りをできるだけ犯さない厳しい検定とするためには，検出力は 90% としたい．現実的には少なくとも 80% としてもよいが，結果は品質に返ってくる．ここは 90% を確保しておきたい．

この場合，検出力66%は低い値なので高くしておきたい．どうするか．高くするためには，u の値を大きくすればよいのでサンプルの大きさ n を増やす必要がある．検出力を90%に上げるには，どの程度のサンプルの大きさ n が必要になるかを求めてみる．

正規分布表から $\beta = 0.1$（$\because 1-\beta = 0.9$）になる u の値は1.282と引ける．$u = 1.282$ を変形すると，

$$u = 1.282 = u_0 - 1.960 = \frac{\bar{x} - \mu}{\sqrt{\sigma_0^2/n}} - 1.960$$

$$= \frac{25.4 - 25.0}{\sqrt{0.5^2/n}} - 1.960 = 0.4 \times \frac{\sqrt{n}}{0.5} - 1.960$$

であることから，$\sqrt{n} = (1.282 + 1.960)/0.8$ である．

これより，$n = 16.4 \fallingdotseq 17$ が求まる．

したがって，検出力を90%にするには，サンプルの大きさ n を少なくとも17とすればよいことになる．

β の求め方は標本平均 $\bar{x}$ の分布である正規分布 $N(\mu, \sigma_0^2/n)$ を標準化（基準化）して確率を求める．

標準化（基準化）は $u = \dfrac{\bar{x} - \mu}{\sqrt{\sigma^2/n}}$ として，β の値を決めてその値の u を求める．

対立仮説 $H_1 : \mu \neq \mu_0$ であることから，u_0 は標準正規分布 $N(0, 1^2)$ に従わず，$u = \dfrac{\bar{x} - \mu}{\sqrt{\sigma_0^2/n}}$ が標準正規分布 $N(0, 1^2)$ に従う．このとき，$1 - \beta$ は u が $\alpha = 0.05$ に対応する棄却域に入る確率である．

$$1 - \beta = \Pr(|u_0| \geq 1.960)$$

$$= \Pr(u_0 \geq 1.960) + \Pr(u_0 \leq -1.960)$$

ここで，

20.1 検定と推定の考え方

$$\frac{\bar{x}-\mu_0}{\sqrt{\sigma_0^2/n}} = \frac{\bar{x}-\mu}{\sqrt{\sigma_0^2/n}} + \frac{\mu-\mu_0}{\sqrt{\sigma_0^2/n}}$$

と変形できることから，

$$u_0 = u + \frac{\mu-\mu_0}{\sqrt{\sigma_0^2/n}} = u + \sqrt{n} \cdot \frac{\mu-\mu_0}{\sigma_0}$$

が得られる．これを利用して u の確率の範囲を求めると次のようになる．

$$1-\beta = \Pr\left(\frac{\bar{x}-\mu}{\sqrt{\sigma_0^2/n}} \leqq \frac{\mu_0-\mu}{\sqrt{\sigma_0^2/n}} - 1.960 \right)$$
$$+ \Pr\left(\frac{\bar{x}-\mu}{\sqrt{\sigma_0^2/n}} \geqq \frac{\mu_0-\mu}{\sqrt{\sigma_0^2/n}} + 1.960 \right)$$
$$= \Pr\left(u \leqq \sqrt{n}\left(\frac{\mu_0-\mu}{\sigma_0}\right) - 1.960 \right)$$
$$+ \Pr\left(u \geqq \sqrt{n}\left(\frac{\mu_0-\mu}{\sigma_0}\right) + 1.960 \right)$$

ここで，u は標準正規分布 $N(0, 1^2)$ に従うので，上式の u や $\frac{\mu-\mu_0}{\sigma_0}$ が決まれば，$1-\beta$ によって検出力が求まる．

サンプルの大きさ $n=17$，検出力 90%をもとに，$1-\beta$ と $\frac{\mu-\mu_0}{\sigma_0}$ の関係を図示すると図 20.6 のようになる．

この $1-\beta$ と $\frac{\mu-\mu_0}{\sigma_0}$ との関係を示す曲線を検出力曲線という．

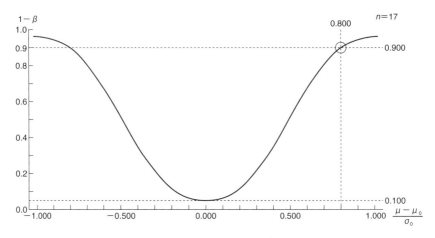

図 20.6　加工法変更に関する検出力曲線

20.1.4　分散の加法性の応用

母平均の差の検定など，計量値を扱ううえで必要となる分散の加法性に関して，見方を変えながら少し詳しく説明する．

分散に加法性があるときの条件は一般に，x と y が独立ならば，
$$V(x + y) = V(x) + V(y)$$
が成り立つ．さらに，$x_1, x_2, \cdots, x_n$ が互いに独立ならば，
$$V(a_1 x_1 + a_2 x_2 + \cdots + a_n x_n) = a_1^2 V(x_1) + a_2^2 V(x_2) + \cdots + a_n^2 V(x_n)$$
が成り立つというものであった．

言い換えると，分散の加法性は x, y という二つの母集団を考えるとき，x, y それぞれが正規分布 $N(\mu_x, \sigma_x^2)$，$N(\mu_y, \sigma_y^2)$ に従っており，x と y との間に相関関係がなければ，$x \pm y$ は $N(\mu_x \pm \mu_y, \sigma_x^2 + \sigma_y^2)$ の正規分布となる．

(1) 基準点が変わることによる分散への影響

分散の加法性を基準点が変わることによる分散への影響として"ドリルで穴を開ける"という例で考えてみる．

① 基準点が変わるとき

横手方向に長い長方形の金属板が置かれているとする．いま，金属板の

20.1 検定と推定の考え方

左の縁（辺）を基準点 A とする．基準点 A から x_1 だけ離れた箇所に穴を開けるための印として点 A_1 をつける．次いで，基準点 A と点 A_1 の延長線上に，点 A_1 から x_2 だけ離れた箇所に穴を開けるための印として点 A_2 をつける．この作業を点 A_n まで繰り返す．点 A_1 の基準は A である．点 A_2 の基準は A_1 であり，…，点 A_n の基準は A_{n-1} となる．すなわち，基準点は作業のたびに変わる（図 20.7 を参照）．

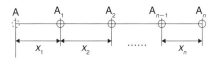

図 20.7 ある位置が次の位置の基準の役割をあわせもつ場合

基準〇が点に応じて変わると，位置情報 $x_1, x_2, \cdots, x_n$ は互いに独立となる．

したがって，測定値 $x_1, x_2, \cdots, x_n$ の分散はそれぞれ $\sigma_{x_1}^2, \sigma_{x_2}^2, \cdots, \sigma_{x_n}^2$ となるので，その合計値が全体の分散となる．

② 基準点が変わらないとき

上記①と同様な金属板があり，左の縁（辺）を基準点 A とする．基準点 A から y_1 だけ離れた箇所に穴を開けるための印として点 A_1 をつける．次いで，基準点 A と点 A_1 の延長線上に，基準点 A から y_2 だけ離れた箇所に穴を開けるための印としての点 A_2 をつける．この作業を点 A_n まで繰り返す．点 A_1 の基準は A である．点 A_2 の基準も A であり，…，点 A_n の基準も A である．すなわち，基準点は作業にかかわらず変わらない（図 20.8 を参照）．

基準が常に左端で変わらないので，穴を開けるときの位置情報が等しい．このことから，基準点 A からそれぞれの穴の位置の分散はすべて同じといえる．

したがって，穴の数が変わっても一定の分散 σ^2 が得られる．

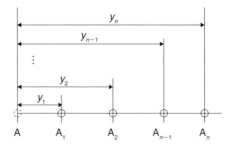

図 20.8　すべての位置を一つの基準から決める場合

(2) ばらつきの視点の違い

図 20.9 に示すように，z の規格としての公差 Δ が決められている場合，次の二つのように考える必要がある．ただし，ここでは便宜的に $C_p = 1.33$ とする．

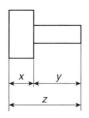

図 20.9　部品の図面の例

① 長さの公差から考える．

　$C_p = 1.33$ の場合，すなわち，公差を 3σ としたときに 1σ の余裕，すなわち片側の管理幅は 4σ を確保してほしいという意味が工程管理上，込められていることを考慮すると，同図における規格 z の公差 Δ は $\sigma_z = \dfrac{3\sigma}{4\sigma}\Delta = \dfrac{3}{4}\Delta$ と表せる．

20.1 検定と推定の考え方

z の公差を x, y それぞれの公差に均等に割り振ると，σ_x, σ_y はそれぞれ $\dfrac{3}{4}\Delta \times \dfrac{1}{2} = \dfrac{3}{8}\Delta$ となる．

② 分散から公差 Δ を考える．

$\sigma_x^2 + \sigma_y^2 = \sigma_z^2$ であって $\sigma_x^2 = \sigma_y^2$ とすれば，

$$\sigma_x^2 = \sigma_y^2 = \frac{\sigma_z^2}{2} = \frac{\left(\dfrac{3}{4}\Delta\right)^2}{2} = \frac{9 \times \Delta^2}{16 \times 2} = \frac{9}{32}\Delta^2$$

より，$\sigma_x = \sigma_y = \dfrac{3}{4\sqrt{2}}\Delta$ となる．

上記①と②では，①（$\sigma_x = \sigma_y = \dfrac{3}{8}\Delta$，$\sigma_z = \dfrac{3}{4}\Delta$）よりも②（$\sigma_x = \sigma_y = \dfrac{3}{4\sqrt{2}}\Delta$，$\sigma_z = \dfrac{3}{4}\Delta$）のほうが公差 Δ を $\sqrt{2}$ 倍だけ広げることができるということがわかる．すなわち，公差 Δ に $\sqrt{2}$ 倍の余裕ができ，加工のしやすさが向上するといえる．

以上，統計的な検定と推定の基本を述べてきた．次節以降では，具体的な検定と推定をその手順に沿って，説明するが，準備として，いろいろな計量値に関する検定と推定を述べておく．

表 20.4 に示すように，母集団の数や母平均 μ，母分散 σ^2 に応じて用いられる検定の方法，すなわち，使用される分布が異なっている．まず，この違いを理解しておいてほしい．

表 20.4 計量値の決定と推定の方式で用いられる検定の比較

母集団の数	1	2
母平均 μ	母平均：設定した従来の母平均とサンプリングされたデータの平均との差があるかの検定と推定を行う． ① 母分散 σ^2 既知：正規分布 ② 母分散 σ^2 未知：t 検定，t 分布 (①は 20.2.1 項，②は 20.2.2 項で説明)	母平均の差：2 群のデータの母平均に差があるか否かの検定と推定を行う． ① σ_A^2, σ_B^2 既知：正規分布 ② 未知だが $\sigma_A^2 = \sigma_B^2$ と仮定できる場合：t 検定，t 分布 ③ 未知だが $\sigma_A^2 \neq \sigma_B^2$ と仮定できる場合：ウェルチの検定 ④ データに対応のある場合：t 検定，t 分布 (①～③は 20.5 節，④：20.6 節で説明)
母分散 σ^2	母分散：母集団のばらつき，すなわち母分散が従来の値と比較して変化したか否かの検定と推定を行う． χ^2 検定，χ^2 分布（20.3 節で説明）	母分散の比：2 群のデータの母分散の比について，等しいか否かの検定と推定を行う． F 検定，F 分布（20.4 節で説明）

20.2　一つの母平均に関する検定と推定

"一つの母平均に関する検定と推定"は，原料の入手先が変更になったり，製造場所が変更になったりしたときや，試験方法が変更になった場合など，設定した従来の母平均とサンプリングしたデータの平均との間に有意な差があるかどうかの検定を行い，推定を行う場合に用いられる．

20.2.1　一つの母平均に関する検定と推定——母分散 σ^2 が既知の場合

母集団の標準偏差や分散の値がわかっている場合を "σ 既知の場合" "σ^2 既知の場合" という．

σ^2 既知の場合は，正規分布表（数値表，540 ページ）を用いて検定と推定を行えばよい．

母平均が μ，大きさ n の標本（サンプル）から計算される標本平均 $\bar{x}$ が $N(\mu, \sigma^2/n)$ の正規分布で表されることは 19.4 節（統計量の分布）で述べた．

20.2 一つの母平均に関する検定と推定　　　　　　　　　　295

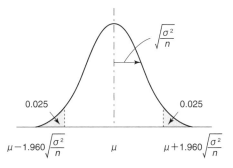

図 20.10　母平均が μ の場合の $\bar{x}$ の分布

(1) 検　定

手順 1　仮説を立てる．

　　　　帰無仮説 H_0：$\mu = \mu_0$

　　　　対立仮説 H_1：$\mu \neq \mu_0$（両側検定：図 20.10 の両側の網掛部分の
　　　　　　　　　　　　　　　　ときの値をとるとき）

　　　　　　　　　　H_1：$\mu > \mu_0$（右片側検定：同図の右側の網掛部分の
　　　　　　　　　　　　　　　　ときの値の 2 倍のとき）

　　　　　　　　　　H_1：$\mu < \mu_0$（左片側検定：同図の左側の網掛部分の
　　　　　　　　　　　　　　　　ときの値の 2 倍のとき）

手順 2　有意水準を設定する．

　　　　$\alpha = 0.05$

手順 3　棄却域を設定する．

　　　　H_0：$\mu = \mu_0$ の棄却域

　　　　　H_1：$\mu \neq \mu_0$ のとき，R：$|u_0| \geq u(\alpha)$

　　　　　H_1：$\mu > \mu_0$ のとき，R：$u_0 \geq u(2\alpha)$

　　　　　H_1：$\mu < \mu_0$ のとき，R：$u_0 \leq -u(2\alpha)$

　　　　　（棄却域 u_0 は次の式 20.1 で表される統計量）

　　　なお，この α，2α の表記の方法は正規分表が片側のみの確率を
　　表しているために，両側検定では $\alpha/2$ の値を α としている．一方，

片側検定では，両側検定の2倍の値を使用するために，便宜上2αとして表記している．

手順4　データを取って式20.1より検定統計量u_0を求める．

$$u_0 = \frac{\bar{x} - \mu_0}{\sqrt{\sigma^2/n}} \tag{20.1}$$

［帰無仮説H_0が正しいとしたうえで，式20.1で計算される値（この場合u_0）を検定統計量という］

手順5　判定を行う．

棄却する領域（棄却域R）が$|u_0| > 1.960$ならば，$\mu \neq \mu_0$の判定で$\mu = \mu_0$を棄却するという．したがって対立仮説H_1は，

$H_1 : \mu \neq \mu_0$又は$H_1 : \mu > \mu_0$又は$H_1 : \mu < \mu_0$

のいずれかである．棄却したときに，有意水準$\alpha = 0.05$（5%）としたのであるから，仮説が正しい場合でも，誤って仮説を棄却する確率が5%あることになる．この値を危険率5%という．

(2) 推　定

二つの推定を行う．

① 点推定（$\hat{\mu} = \bar{x}$）

② 区間推定［信頼率＝$(1-\alpha) \times 100$（%）で表す］

μ_Lを下限値，μ_Uを上限値とする．

実際のデータの標本平均$\bar{x}$について考える．標本平均$\bar{x}$は，

$$\mu - 1.960 \leq \bar{x} \leq \mu + 1.960 \tag{20.2}$$

を満たす母平均をもつ母集団からのデータと考えてよい．そこで，母平均μの代わりに標本平均$\bar{x}$を用いて母平均の区間推定が行われる．式20.3はその一般式である．

$$\mu_L = \bar{x} - u\sqrt{\frac{\sigma^2}{n}}, \quad \mu_U = \bar{x} + u\sqrt{\frac{\sigma^2}{n}} \tag{20.3}$$

$\alpha = 0.05$のとき，信頼区間は次式の範囲となる．

20.2 一つの母平均に関する検定と推定

$$\bar{x} - 1.960\sqrt{\frac{\sigma^2}{n}} \leq \mu \leq \bar{x} + 1.960\sqrt{\frac{\sigma^2}{n}} \tag{20.4}$$

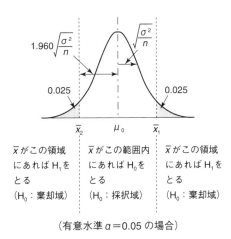

(有意水準 α＝0.05 の場合)

図 20.11 平均値の棄却域と採択域 [図 20.1 (a) 再掲]

例題　携帯電話用バッテリーの充電時間の短縮をねらって開発をしてきた試作品の結果が出た．従来の製品の充電時間の平均は 40.00（分）で標準偏差 σ は 5.00（分）であった．

　新たに開発中の試作品の充電時間（分）は表 20.5 のような結果が得られている．

　ねらいどおり短縮されているかどうか，効果を確認したい．

表 20.5 試作品の充電時間

(単位：分)

32.00	32.16	33.60	33.44	33.44
34.56	36.32	33.44	34.88	34.40

解答
(1) 検 定
手順1　仮説の設定

　　　　帰無仮説 $H_0 : \mu = \mu_0$ ($\mu_0 = 40.00$)

　　　　対立仮説 $H_1 : \mu < \mu_0$ ($\mu_0 = 40.00$)

　　　　（短縮しているかを確認したいので，左片側検定としている）

手順2　有意水準の設定

　　　　$\alpha = 0.05$

　　　　（片側検定）

手順3　棄却域の設定

　　　　$R : u_0 \leq -u = -1.645$

　　　　　[対立仮説 $H_1 : \mu < \mu_0$ ($\mu_0 = 40.00$) の両側検定では，片側確率は $\Pr = 0.025$ である．しかし，ここでは片側検定である．片側での検定は設定された有意水準 $\alpha = 0.05$，すなわち，片側確率 $\Pr = 0.05$ で検定する．正規分布表の1.2を使って，片側確率 $\Pr = 0.05$ である P のときの ε は 1.645 と引ける．正規分布表の右上にある分布図をみればわかるように，正規分布表の数値は右側の値を示してある．左片側の検定を行うので，符号を反転させて -1.645 となる．したがって，棄却域は $R : u_0 \leq -u = -1.645$ となる．]

手順4　データを取って検定統計量 u_0 を計算する．

　　　　表20.5より次が得られる．

　　　　$\bar{x} = 33.824$，$\sigma^2 = 5.00^2$ ($n = 10$)

　　　　u_0 を求める．

　　　　$$u_0 = \frac{\bar{x} - \mu_0}{\sqrt{\sigma^2/n}} = \frac{33.824 - 40.00}{\sqrt{5.00^2/10}} = -3.906$$

手順5　判定

　　　　手順3の式に u_0 を代入すると，

20.2 一つの母平均に関する検定と推定

$R: -3.906 < -u = -1.645$ となり，帰無仮説 $H_0: \mu = \mu_0$ は棄却され，対立仮説 $H_1: \mu < \mu_0$ が成立する．したがって，対立仮説が成り立ち，充電時間は短くなったといえる．

そこでどの程度短くなったのかを推定する．

(2) 推 定

① 点推定

$\mu = \hat{\mu} = \bar{x} = 33.824 ≒ 33.82$

② 区間推定

まず信頼限界を求める．

$u_L = \bar{x} - u\sqrt{\dfrac{\sigma^2}{n}} = 33.824 - 1.960 \times \sqrt{\dfrac{5.00^2}{10}} = 30.73$

$u_U = \bar{x} + u\sqrt{\dfrac{\sigma^2}{n}} = 33.824 + 1.960 \times \sqrt{\dfrac{5.00^2}{10}} = 36.92$

したがって，開発中の試作品の平均の信頼率95%の信頼区間は 30.73～36.92（分）であり，従来の製品の 40.00（分）に比べて改善されているといえる．

20.2.2 一つの母平均に関する検定と推定——母分散 σ^2 が未知の場合

前項では，母分散 σ^2 を既知として扱った．ここでは母分散 σ^2 がわからない，すなわち，未知として扱う．過去のデータが不十分で母分散 σ^2 を推定できない場合や，たとえ母分散 σ^2 の推定値が得られても，ばらつきの度合が安定していない場合は "母分散 σ^2 未知の場合" という．

母分散 σ^2 の値がわからなりれば，データから既知である母分散の不偏推定量である分散（又は不偏分散）V（平均平方）（すなわち，母分散 σ^2 の推定値である $\widehat{\sigma^2}$）を用いる．

ただし，未知の母数が増えたために，すなわち，母分散 σ^2 が未知となったために正規分布は使えない．したがって，正規分布とは異なる分布を利用する必要が生じる．なお，分布が変わっても検定と推定の考えは正規分布のときと

同じである.

ここで,不偏推定量,不偏分散について,あらためて説明する.

母平均 μ を推定するとき,推定量には標本平均 $\bar{x}$ を用いる.標本平均 $\bar{x}$ の期待値は μ である.すなわち,ある推定量の期待値が目標とする母数 θ に一致するとき,その推定量 $\hat{\theta}$ は不偏推定量(かたよりのない推定量)であるという.

母数 θ は"母集団の分布の全体を考えるとき,その値を指定すれば分布が確定するような定数"をいう.例えば"正規分布は母平均 μ と母標準偏差 σ の二つの母数 θ によって定まる"といわれる.

式 20.1 の母分散 σ^2 の代わりに分散 V を用いたものは自由度 $\phi(=n-1)$ の t 分布(図 20.12 を参照)と呼ばれる分布をする.t 分布の自由度は平方和 S を自由度 ϕ で除した分散 $V=S/(n-1)$ に由来する自由度 $\phi=n-1$ である.

t 分布は左右対称である.母分散 σ^2 が未知のときに母平均 μ を推定するときには,t 表を用いて,自由度 ϕ と有意水準である確率 P の値から $t(\phi, P)$ を求める.n が無限大に近づくにつれて正規分布の値に近づく.

$$t = \frac{\bar{x} - \mu}{\sqrt{V/n}}$$

母分散 σ^2 が未知の場合の母平均 μ の検定における帰無仮説 $H_0 : \mu = \mu_0$ での検定統計量は式 20.5 で示される.

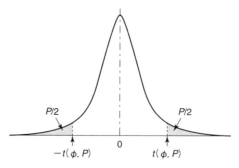

図 20.12　自由度 $\phi(=n-1)$ の t 分布

$$t_0 = \frac{\bar{x} - \mu_0}{\sqrt{V/n}} \tag{20.5}$$

(1) 検　定

手順1　仮説の設定

　　　　帰無仮説 $H_0 : \mu = \mu_0$

　　　　対立仮説 $H_1 : \mu \neq \mu_0$

　　　　　　　　$H_1 : \mu > \mu_0$

　　　　　　　　$H_1 : \mu < \mu_0$

手順2　有意水準の設定

　　　　$\alpha = 0.05$

手順3　棄却域の設定

　　　　$R : |t_0| \geq t(n-1, \alpha)$

　　　　$R : t_0 \geq t(n-1, 2\alpha)$

　　　　$R : t_0 \leq -t(n-1, 2\alpha)$

手順4　データから検定統計量 t_0 を計算する．

$$t_0 = \frac{\bar{x} - \mu_0}{\sqrt{V/n}}$$

手順5　判定

　　　　$|t_0| \geq t(\phi, \alpha)$ ならば，帰無仮説 H_0 を棄却する．

(2) 推　定

① 点推定

　　$\hat{\mu} = \bar{x}$

② 区間推定

信頼率 95％の信頼区間は式 20.3，式 20.4 と同様にして次式が求められる．

$$\bar{x} - t(\phi, \alpha)\sqrt{\frac{V}{n}} \leq \mu \leq \bar{x} + t(\phi, \alpha)\sqrt{\frac{V}{n}} \tag{20.6}$$

前項の例題(297ページを参照)を母分散 σ^2 未知として扱った場合の解析を行う．

例題 携帯電話用バッテリーの充電時間の短縮をねらって開発をしてきた試作品の結果を得た．従来の製品の充電時間の平均は40.00（分）で標準偏差は未知であった．

新たに開発中の試作品の充電時間（分）は次表（表20.6）のような結果が得られている．

ねらいどおり短縮されているかどうか，効果を確認したい．

表20.6 試作品の充電時間（表20.5再掲）

（単位：分）

32.00	32.16	33.60	33.44	33.44
34.56	36.32	33.44	34.88	34.40

解答

(1) 検　定

手順1　仮説の設定

　　　　帰無仮説 $H_0: \mu = \mu_0$ （$\mu_0 = 40.00$）

　　　　対立仮説 $H_1: \mu < \mu_0$

　　　　（短縮したかどうかを知りたいので，左片側検定を行う）

手順2　有意水準の設定

　　　　$\alpha = 0.05$

　　　　（片側検定）

手順3　棄却域の設定

　　　　$R: t_0 \leqq -t(\phi, 2\alpha) = -t(n-1, 2\times\alpha) = -t(9, 0.10) = -1.833$

　　　　$\phi = n - 1 = 9$

手順4　データから検定統計量 t_0 を計算する．

　　　　表20.6より次が得られる．

$$\bar{x} = 33.824, \quad s = 1.2827, \quad s^2 = 1.2827^2 = V \quad (n = 10)$$

t_0 を求める．

$$t_0 = \frac{\bar{x} - \mu_0}{\sqrt{V/n}} = \frac{33.824 - 40.00}{\sqrt{1.2827^2/10}} = -15.226$$

手順5　判定

$$R : -15.226 \leq -t(9, 0.10) = -1.833$$

となり，帰無仮説 $H_0 : \mu = \mu_0$ は棄却される．

したがって，有意であり，充電時間は短くなったといえる．

(2) 推　定

新たに開発された製品の充電時間に関する推定を行う．

① 点推定

$$\hat{\mu} = \bar{x} = 33.824$$

② 区間推定

信頼限界を求める．

開発中の試作品の平均 μ の信頼率95％の信頼区間は，

$$u_L = \bar{x} - t(9, 0.05)\sqrt{\frac{V}{n}} = 33.824 - 2.262 \times \frac{1.2827}{\sqrt{10}} = 32.906$$

$$u_U = \bar{x} + t(9, 0.05)\sqrt{\frac{V}{n}} = 33.824 + 2.262 \times \frac{1.2827}{\sqrt{10}} = 34.742$$

$$32.906 \leq \mu \leq 34.742$$

である．

また，従来の製品の充電時間の平均 $\mu = 40.00$（分）が求めた信頼区間に入っていないので，改善されたことが確認できた．

20.3　一つの母分散に関する検定と推定

分布のばらつきを示す偏差平方和 S や標本標準偏差 s は同一の母集団からサンプルを取ったとしてもばらついている．どのようにばらついているか，そ

のばらつき方がわかれば,検定や推定が行える.式20.7に示す統計量 χ^2 が自由度 $\phi = n - 1$ の分布に従うことが知られている.

$$\chi^2 = \frac{S}{\sigma^2} \tag{20.7}$$

図20.13の χ^2 分布の形は左右対称ではないが,右側と左側にそれぞれ $\alpha = 0.05$ の場合には,0.025(2.5%)ずつの点 $\chi^2(\phi, 1 - \alpha/2)$ と $\chi^2(\phi, \alpha/2)$ を χ^2 表から求めれば,$\dfrac{S}{\sigma^2}$ が95%の確率で入るべき範囲がわかる.

なお,分布はデータ数 n によって分布の形が変わるので,n によって異なる値が示されている.特に,χ^2 表では確率 Pr を上側(右側)だけを考えるので,$\chi^2(\phi, P)$ を上側100% P 点という.

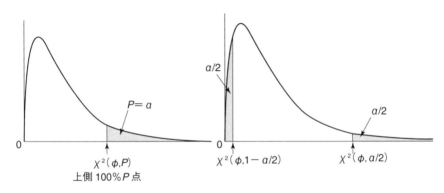

図 **20.13** 自由度 ϕ の χ^2 分布

(1) 検　定

手順1　仮説の設定

　　　　帰無仮説 H_0 : $\sigma^2 = \sigma_0^2$
　　　　対立仮説 H_1 : $\sigma^2 \neq \sigma_0^2$
　　　　　　　　H_1 : $\sigma^2 > \sigma_0^2$
　　　　　　　　H_1 : $\sigma^2 < \sigma_0^2$

20.3 一つの母分散に関する検定と推定

手順 2 有意水準の設定

$\alpha = 0.05$

手順 3 棄却域の設定

$H_1 : \sigma^2 \neq \sigma_0^2$ のとき, $R : \chi_0^2 \geq \chi^2(n-1, \alpha/2)$ 又は
$\chi_0^2 \leq \chi^2(n-1, 1-\alpha/2)$

$H_1 : \sigma^2 > \sigma_0^2$ のとき, $R : \chi_0^2 \geq \chi^2(n-1, \alpha)$

$H_1 : \sigma^2 < \sigma_0^2$ のとき, $R : \chi_0^2 \leq \chi^2(n-1, 1-\alpha)$

手順 4 データから検定統計量 χ_0^2 を計算する.

$$\chi_0^2 = \frac{S}{\sigma_0^2} \tag{20.8}$$

手順 5 判定

$\alpha = 0.05$ の場合の帰無仮説 $H_0 : \sigma^2 = \sigma_0^2$ の棄却域は両側検定であれば自由度 $\phi = n-1$ として,

$\chi^2(\phi, 0.025) > \chi_0^2 > \chi^2(\phi, 0.975)$

から外れた領域である.そのときは対立仮説 $H_1 : \sigma^2 \neq \sigma_0^2$ と判断する.

片側検定のときには,分散が小さくなる場合の対立仮説 H_1 は $H_1 : \sigma^2 < \sigma_0^2$ である.したがって棄却域は,

$\chi_0^2 \leq \chi^2(\phi, 0.95)$

となる.

(2) 推　定

① 点推定

母分散の推定値 $\hat{\sigma}^2 = V = \dfrac{S}{n-1}$

② 区間推定

いま知りたいのは母分散 σ^2 の値であるので,母分散 σ^2 の区間を求める式を立てる.そのためには式 20.7 を変形して区間推定を行う.

まず,未知の母分散 σ^2 の区間推定を行うために式の逆数をとり,母分

散 σ^2 を得る．

$$\frac{S}{\chi^2(n-1, 0.025)} \leq \sigma^2 \leq \frac{S}{\chi^2(n-1, 0.975)} \tag{20.9}$$

式 20.9 の変換方法は次のように行う．

$$\chi^2(n-1, 0.025) \geq \chi^2 \geq \chi^2(n-1, 0.975)$$

上式に式 20.7 を代入すると，

$$\chi^2(n-1, 0.025) \geq \frac{S}{\sigma^2} \geq \chi^2(n-1, 0.975)$$

となる．ここで，上式の逆数をとる．

$$\frac{1}{\chi^2(n-1, 0.025)} \leq \frac{\sigma^2}{S} \leq \frac{1}{\chi^2(n-1, 0.975)}$$

全体に S を乗じて，式 20.9 を得る．

以上から，区間推定は式 20.9 が未知の母分散 σ^2 に対する信頼率 95％ の信頼区間となる．

ここで，先の例題（302 ページを参照）を用いて確認する．

例題　携帯電池用バッテリーの充電時間の短縮をねらって開発をしてきた試作品の結果を得た．従来の製品の充電時間の平均は 40.00（分）で標準偏差は 5.00（分）であった．

　新たにばらつきを小さく平均時間の短縮をねらった開発中の試作品の充電時間（分）は次表（表 20.7）のような結果が得られている．

　ねらいどおり平均時間が短くなっているかを確認する．その前にまず分散が変化をしたかどうかを確認する．

20.3 一つの母分散に関する検定と推定

表 20.7 試作品の充電時間（表 20.5 再掲）

(単位：分)

| 32.00 | 32.16 | 33.60 | 33.44 | 33.44 |
| 34.56 | 36.32 | 33.44 | 34.88 | 34.40 |

解答
(1) 検 定

手順 1　仮説の設定

帰無仮説 H_0： $\sigma^2 = \sigma_0^2$

対立仮説 H_1： $\sigma^2 \neq \sigma_0^2$ （$\sigma^2 < \sigma_0^2$ 又は $\sigma^2 > \sigma_0^2$）

手順 2　有意水準の設定

$\alpha = 0.05$

手順 3　棄却域の設定（自由度 $\phi = n - 1$，両側検定）

$$R: \chi_0^2 \leq \chi^2\left(\phi, 1 - \frac{\alpha}{2}\right) = \chi^2(9, 0.975) = 2.70$$

$$R: \chi_0^2 \geq \chi^2\left(\phi, \frac{\alpha}{2}\right) = \chi^2(9, 0.025) = 19.02$$

手順 4　データから検定統計量 χ_0^2 を計算する．

表 20.7 から偏差平方和 $S = 14.810$，不偏分散 $V = \dfrac{S}{n-1} = \dfrac{14.810}{9} = 1.646$，標本平均 $\bar{x} = 33.824$ が求められる．

$$\chi_0^2 = \frac{S}{\sigma_0^2} = \frac{14.810}{5.00^2} = 0.592$$

手順 5　判定

$\chi_0^2 = 0.592 < \chi^2(9, 0.975) = 2.70$

したがって，有意水準 $\alpha = 0.05$ で帰無仮説 H_0： $\sigma^2 = \sigma_0^2$ を棄却する．

(2) 推　定

① 点推定

$$\widehat{\sigma^2} = V\ (=s^2) = \frac{S}{n-1} = \frac{14.810}{10-1} = 1.646 = 1.283^2$$

② 区間推定

　　信頼率 95％ の信頼限界は，

　　$\chi_0^2 \leqq \chi^2(9, 0.975) = 2.70$

　　$\chi_0^2 \geqq \chi^2(9, 0.025) = 19.02$

である．

区間の上限値を添え字の U，下限値を添え字の L で表すと，区間の上限値 σ_U^2，区間の下限値 σ_L^2 はそれぞれ次式となる．

$$\sigma_U^2 = \frac{S}{\chi^2(9, 0.975)} = \frac{14.810}{2.70} = 5.485$$

$$\sigma_L^2 = \frac{S}{\chi^2(9, 0.025)} = \frac{14.810}{19.02} = 0.779$$

信頼区間を次のように表す．

　　　（区間の下限値, 区間の上限値）

母分散 σ^2 の信頼率 95％ の信頼区間は（0.779, 5.485）となる．

偏差平方和 S は表 20.8 を作成して，

$$S = \sum_{i=1}^{n}(x_i - \bar{x})^2$$

$$= (32.00 - 33.824)^2 + (32.16 - 33.824)^2 + \cdots + (34.40 - 33.824)^2$$

$$= 14.810$$

と求める．なお，計算のために次式のように変換して求めてもよい．

20.4 二つの母分散の比に関する検定と推定

$$S = \sum_{i=1}^{n}(x_i - \bar{x})^2 = \sum_{i=1}^{n} x_i^2 - \frac{\left(\sum_{i=1}^{n} x_i\right)^2}{n} = 11455.44 - \frac{338.24^2}{10} = 14.810$$

ただし,変換した式からは偏差平方和のもつ本来の意味が読み取れなくなっている.くれぐれも留意されたい.

表 20.8 充電時間の測定データと統計データ

No.	充電時間 x	x^2	No.	充電時間 x	x^2
1	32.00	1024.00	6	34.56	1194.39
2	32.16	1034.27	7	36.32	1319.14
3	33.60	1128.96	8	33.44	1118.23
4	33.44	1118.23	9	34.88	1216.61
5	33.44	1118.23	10	34.40	1183.36
			計	338.24	11455.44

20.4 二つの母分散の比に関する検定と推定

ここでは二つの母集団の分散の違いを調べる方法を説明する.原材料,加工機,反応器,治具,作業方法,熟練度,測定方法など,ばらつきの原因になりそうな 4M や 5M は製造現場には数多くある.これらを変更管理,変化点管理を行う場合には,平均値だけでなく,ばらつきに目を向けて管理していかなければならない.

ここでは,二つの母分散の比によって検定と推定を行う.なお,二つの母集団の分散が等しいかどうかを調べることを等分散性の検定という.

まず,標本(サンプル)から計算した分散のうち,大きいほうを V_A,小さいほうを V_B とする.なお本書では,二つの母分散をアルファベット A, B を添え字に用いて区別する.添え字に算用数字を用いているテキストもあるが同じ意味である.

さて，$\dfrac{V_A}{V_B}$ が 1 よりはるかに大きい，すなわち $\dfrac{V_A}{V_B} \gg 1$ であれば，$\sigma_A{}^2 \gg \sigma_B{}^2$ といえるだろう．

この二つの母分散を比べたとき"どの程度なら異なると考える"のか．この判定の基準は F 表という F 分布に関する表に示されている．

まず，$\sigma_A{}^2$ と $\sigma_B{}^2$ を比較するという目的のために基本となる分布が次に述べる F 分布である．

$x_{A_1}, x_{A_2}, \cdots, x_{A_n}$ が互いに独立に正規分布 $N(\mu_A, \sigma_A{}^2)$ に従い，また，$x_{B_1}, x_{B_2}, \cdots, x_{B_n}$ が互いに独立に正規分布 $N(\mu_B, \sigma_B{}^2)$ に従うとき，

$$F = \frac{V_A / \sigma_A{}^2}{V_B / \sigma_B{}^2} \tag{20.10}$$

上式は自由度 $(n_A - 1, n_B - 1)$ の F 分布に従う．

F 分布の自由度は V_A，V_B の自由度が対応している．式 20.10 の分子に対応する自由度を第 1 自由度，分母に対応する自由度を第 2 自由度という．なお，本書では，先の二つの母分散の区別にならって第 1 自由度を ϕ_A，第 2 自由度を ϕ_B として表しているので，（第 1 自由度, 第 2 自由度）$=(\phi_A, \phi_B)=(n_A - 1, n_B - 1)$ となる．

二つの母分散の比の検定と推定を行うには，F 分布の確率で評価する．用いる数値表は F 表である．F 表は F 分布において，自由度 (ϕ_A, ϕ_B) と確率 P の値から図 20.14 の確率 $\Pr(=P)$ を一般化した関係にある値 $F(\phi_A, \phi_B; P)$ を求めるための数値表である．同図では $P = 0.025$ の場合を示している．なお，$F(\phi_A, \phi_B; P)$ は上側 $100P\%$ 点（上側の 2.5% の点）を示す記号として用いられる．

F 分布は，分子とした分散のデータ数である自由度 $(\phi_A =) n_A - 1$ と分母とした分散のデータ数である自由度 $(\phi_B =) n_B - 1$ で，その形が決まる．同図の分布上にある左右の斜線部分で示す 2.5% の領域，$\phi_A = n_A - 1$，$\phi_B = n_B - 1$ から F 表を用いて得られる．

20.4 二つの母分散の比に関する検定と推定

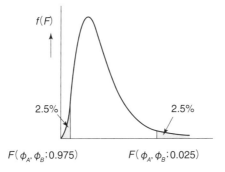

図 20.14 自由度(ϕ_A, ϕ_B) の F 分布（有意水準 $\alpha = 0.05$ の場合）

F 表には P の小さい上側確率の値しかない．これは F 分布に次の逆数の関係が成立していることによる．

$$F(\phi_A, \phi_B; 1-P) = \frac{1}{F(\phi_B, \phi_A; P)} \tag{20.11}$$

(1) 二つの母分散の比の検定

手順1　仮説の設定

　　　帰無仮説 $H_0: \sigma_A^2 = \sigma_B^2$
　　　対立仮説 $H_1: \sigma_A^2 \neq \sigma_B^2$
　　　　　　　$H_1: \sigma_A^2 < \sigma_B^2$
　　　　　　　$H_1: \sigma_A^2 > \sigma_B^2$

手順2　有意水準の設定

　　　$\alpha = 0.05$（又は $\alpha = 0.01$）

手順3　棄却域の設定

　　　$H_1: \sigma_A^2 \neq \sigma_B^2$ の棄却域
　　　　$V_A \geq V_B$ のとき，$R: F_0 = V_A/V_B \geq F(n_A - 1, n_B - 1; \alpha/2)$
　　　　$V_B > V_A$ のとき，$R: F_0 = V_B/V_A \geq F(n_B - 1, n_A - 1; \alpha/2)$
　　　$H_1: \sigma_A^2 < \sigma_B^2$ の棄却域
　　　　$R: F_0 = V_B/V_A \geq F(n_B - 1, n_A - 1; \alpha)$

$H_1 : \sigma_A{}^2 > \sigma_B{}^2$ の棄却域

$$R : F_0 = V_A/V_B \geqq F(n_A - 1, n_B - 1 ; \alpha)$$

手順4 二つの母集団から n_A, n_B のデータを取り,検定統計量 F_0 の値を計算する.

自由度 $\phi_A = n_A - 1$, $\phi_B = n_B - 1$ より,

$$F_0 = \frac{V_A}{V_B} \quad \text{又は} \quad F_0 = \frac{V_B}{V_A}$$

を計算する.

手順5 F_0 の値が棄却域にあれば有意と判定し,帰無仮説 $H_0 : \sigma_A{}^2 = \sigma_B{}^2$ を棄却する.

(2) 二つの母分散の比の推定

① 点推定

$$\frac{\hat{\sigma}_A{}^2}{\hat{\sigma}_B{}^2} = \frac{V_A}{V_B}$$

② 区間推定

二つの母分散の比 $\dfrac{\sigma_A{}^2}{\sigma_B{}^2}$ の信頼率 $100(1-\alpha)$ %の信頼区間

$$\Pr(F(\phi_A, \phi_B ; 1 - \alpha/2) \leqq \frac{V_A/\sigma_A{}^2}{V_B/\sigma_B{}^2} \leqq F(\phi_A, \phi_B ; \alpha/2))$$

上式から $\dfrac{\sigma_A{}^2}{\sigma_B{}^2}$ の範囲を求めると,

$$\Pr\left(\frac{V_A}{V_B} \frac{1}{F(\phi_A, \phi_B ; \alpha/2)} \leqq \frac{\sigma_A{}^2}{\sigma_B{}^2} \right.$$

$$\left. \leqq \frac{V_A}{V_B} \frac{1}{F(\phi_A, \phi_B ; 1 - \alpha/2)} \right)$$

式20.11を用いて,

$$\Pr\left(\frac{V_A}{V_B} \frac{1}{F(\phi_A, \phi_B ; \alpha/2)} \leqq \frac{\sigma_A{}^2}{\sigma_B{}^2} \leqq \frac{V_A}{V_B} F\left(\phi_B, \phi_A ; \frac{\alpha}{2} \right) \right)$$

20.4 二つの母分散の比に関する検定と推定

したがって信頼区間は,

$$\left(\frac{V_A}{V_B} \frac{1}{F(\phi_A, \phi_B; \alpha/2)}, \frac{V_A}{V_B} F(\phi_B, \phi_A; \alpha/2) \right) \quad (20.12)$$

である.

例題 フィルムの厚み調整の方法としてA法とB法がある. 作業効率から考えるとA法を選びたい. 二つの方法のばらつきに差があるかどうかを確認したい. A法, B法それぞれのデータ x_A, x_B は次表(表20.9)が得られた. なお, 規格は 20 ± 4 (μm) である.

表20.9 データ表

(単位:μm)

No.	1	2	3	4	5	6	7	8	9	10
x_A	20.16	21.68	21.04	21.12	20.56	20.96	19.52	21.44	—	—
x_B	19.01	19.92	21.20	19.19	18.96	20.96	19.20	20.76	18.87	20.72

解答

(1) 検 定

手順1 仮説の設定

　　　　帰無仮説 H_0: $\sigma_A^2 = \sigma_B^2$
　　　　対立仮説 H_1: $\sigma_A^2 \neq \sigma_B^2$

手順2 有意水準の設定

　　　　$\alpha = 0.05$

手順3 棄却域の設定

　　　　自由度 $\phi_B = 9$, $\phi_A = 7$, $\alpha/2 = 0.025$ より,
　　　　$V_B > V_A$ のとき, $R: F_0 = V_B/V_A \geq F(9,7;0.025) = 4.82$

　　　である.

手順4 表20.9を用いて平方和と分散を求めて検定統計量 F_0 を計算する.

同表より表20.10を作成し，不偏分散 V_A, V_B を求める．

$$F_0 = V_B/V_A$$
$$= 0.8836/0.4963 = 1.780$$

表20.10 A法，B法の測定データと統計データ

No.	A法：x_A	x_A^2	No.	B法：x_B	x_B^2
1	20.16	406.4256	1	19.01	361.3801
2	21.68	470.0224	2	19.92	396.8064
3	21.04	442.6816	3	21.20	449.4400
4	21.12	446.0544	4	19.19	368.2561
5	20.56	422.7136	5	18.96	359.4816
6	20.96	439.3216	6	20.96	439.3216
7	19.52	381.0304	7	19.20	368.6400
8	21.44	459.6736	8	20.76	430.9776
計	166.48	3467.9232	9	18.87	356.0769
平均	20.810	—	10	20.72	429.3184
			計	198.79	3959.6987
			平均	19.879	—

偏差平方和 $S_A = 3.4744$　　　　偏差平方和 $S_B = 7.9523$

不偏分散 $V_A = \dfrac{S_A}{n-1} = 0.4963$　　不偏分散 $V_B = \dfrac{S_B}{n-1} = 0.8836$

手順5　棄却域

$$R : F_0 = 1.780 < F(9,7;0.025) = 4.82$$

したがって，有意水準 $\alpha = 0.05$ で帰無仮説 $H_0 : \sigma_A^2 = \sigma_B^2$ は棄却されない．

すなわち，フィルムの厚み調整の方法としてのA法とB法に差があるとはいえない．

(2) 推　定

① 点推定

$$\frac{\hat{\sigma}_A^2}{\hat{\sigma}_B^2} = \frac{V_A}{V_B} = \frac{0.4963}{0.8836} = 0.5617 = 0.749^2$$

② 区間推定

二つの母分散の比 $\dfrac{\hat{\sigma}_A^2}{\hat{\sigma}_B^2}$ の信頼率 $100(1-0.05)\%$ の信頼区間は，

$$\left(\frac{V_A}{V_B} \frac{1}{F(\phi_A, \phi_B; \alpha/2)},\ \frac{V_A}{V_B} F(\phi_B, \phi_A; \alpha/2) \right)$$

$$= \left(0.5617 \times \frac{1}{F(7,9; 0.025)},\ 0.5617 \times F(9,7; 0.025) \right)$$

$$= \left(0.5617 \times \frac{1}{4.20},\ 0.5617 \times 4.82 \right)$$

$$= (0.134,\ 2.707)$$

である．$\dfrac{\sigma_A^2}{\sigma_B^2}$ の信頼区間内に 1 が入っている．この "1" とは，$\dfrac{V_A}{V_B}=1$ を意味しており，$V_A = V_B$ であり，$\sigma_A^2 = \sigma_B^2$ である．すなわち，V_A と V_B の比が等しいことを示している．

このことからも，帰無仮説 $H_0: \sigma_A^2 = \sigma_B^2$ は棄却されず，有意ではないことがわかる．

20.5　二つの母平均の差に関する検定と推定

同一原料を 2 社から購買するときや製造方法の違いによる収率の比較，検査方法の違いによる差を調べたいときなど，それぞれの母集団の平均に差があるかどうかを調べたいときがある．

二つの正規分布に従う母集団 $N(\mu_A, \sigma_A^2)$，$N(\mu_B, \sigma_B^2)$ からそれぞれ

n_A 個, n_B 個のサンプルを取り出す. それぞれの標本平均 $\bar{x}_A$, $\bar{x}_B$ はそれぞれ $\mathrm{N}(\mu_A, \dfrac{\sigma_A{}^2}{n_A})$, $\mathrm{N}(\mu_B, \dfrac{\sigma_B{}^2}{n_B})$ の正規分布に従い, さらに二つの標本平均の差 $\bar{x}_A - \bar{x}_B$ は正規分布 $\mathrm{N}(\mu_A - \mu_B, \dfrac{\sigma_A{}^2}{n_A} + \dfrac{\sigma_B{}^2}{n_B})$ に従う.

これを標準化（基準化）した式

$$u = \dfrac{(\bar{x}_A - \bar{x}_B) - (\mu_A - \mu_B)}{\sqrt{\dfrac{\sigma_A{}^2}{n_A} + \dfrac{\sigma_B{}^2}{n_B}}} \tag{20.13}$$

は標準正規分布 $\mathrm{N}(0, 1^2)$ に従う.

ここで, 有意水準 $\alpha = 0.05$ のときの標本平均 $\bar{x}$ の区間推定の式は,

$$\mu - 1.960 \times \sqrt{\dfrac{\sigma^2}{n}} \leqq \bar{x} \leqq \mu + 1.960 \times \sqrt{\dfrac{\sigma^2}{n}}$$

であった. この式に,

$$\bar{x} = \bar{x}_A - \bar{x}_B, \quad \mu = \mu_A - \mu_B, \quad \sqrt{\dfrac{\sigma^2}{n}} = \sqrt{\dfrac{\sigma_A{}^2}{n_A} + \dfrac{\sigma_B{}^2}{n_B}}$$

を代入し, 母平均の差の 95% の信頼区間に変形すると,

$$(\bar{x}_A - \bar{x}_B) - 1.960 \times \sqrt{\dfrac{\sigma_A{}^2}{n_A} + \dfrac{\sigma_B{}^2}{n_B}} \leqq \mu_A - \mu_B$$

$$\leqq (\bar{x}_A - \bar{x}_B) + 1.960 \times \sqrt{\dfrac{\sigma_A{}^2}{n_A} + \dfrac{\sigma_B{}^2}{n_B}} \tag{20.14}$$

が得られる.

20.5.1 母分散 σ^2 が既知の場合

(1) 検 定

手順 1　仮説の設定

　　　　帰無仮説 $\mathrm{H}_0: \mu_A = \mu_B$

　　　　対立仮説 $\mathrm{H}_1: \mu_A \neq \mu_B$

$$H_1: \mu_A > \mu_B$$
$$H_1: \mu_A < \mu_B$$

手順2　有意水準の設定

$\alpha = 0.05$

手順3　棄却域の設定

対立仮説 $H_1: \mu_A \neq \mu_B$ のとき, $R: |u_0| \geq u(\alpha)$

対立仮説 $H_1: \mu_A > \mu_B$ のとき, $R: u_0 \geq u(2\alpha)$

対立仮説 $H_1: \mu_A < \mu_B$ のとき, $R: u_0 \leq -u(2\alpha)$

手順4　二つの母集団から，それぞれのデータを取って検定統計量 u_0 を求める．式20.13の $\mu_A - \mu_B = 0$ であることから，

$$u_0 = \frac{\bar{x}_A - \bar{x}_B}{\sqrt{\dfrac{\sigma_A^2}{n_A} + \dfrac{\sigma_B^2}{n_B}}} \tag{20.15}$$

手順5　判定

棄却域ならば，帰無仮説 $H_0: \mu_A = \mu_B$ を棄却する．

$\alpha = 0.05$ で両側検定の場合の標本平均 $\bar{x}$ の差の区間推定式は，

$$-1.960 \times \sqrt{\frac{\sigma_A^2}{n_A} + \frac{\sigma_B^2}{n_B}} \leq \bar{x}_A - \bar{x}_B \leq 1.960 \times \sqrt{\frac{\sigma_A^2}{n_A} + \frac{\sigma_B^2}{n_B}}$$

$$-1.960 \leq \frac{\bar{x}_A - \bar{x}_B}{\sqrt{\dfrac{\sigma_A^2}{n_A} + \dfrac{\sigma_B^2}{n_B}}} \leq 1.960$$

であり，u_0 が範囲から外れたとき棄却されることになる．

(2) 推定

① 点推定

$$\widehat{\mu_A - \mu_B} = \bar{x}_A - \bar{x}_B$$

② 区間推定　信頼率 $100(1-\alpha)$ ％の区間推定は，

$$\mu_A - \mu_B = (\bar{x}_A - \bar{x}_B) \pm u(\alpha) \sqrt{\frac{\sigma_A^2}{n_A} + \frac{\sigma_B^2}{n_B}}$$

の範囲である.

しかし,式 20.15 の u_0 は σ_A^2, σ_B^2 の値が既知でなければ計算できない.

したがって,母平均の差の区間推定は母分散の既知や未知などの情報によって変化する.

20.5.2 母標準偏差 σ_A, σ_B は未知だが, $\sigma_A = \sigma_B$ と考えられる場合

母標準偏差 σ_A, σ_B は未知であるが,母分散 σ^2 が等しいと考えてよい場合は, $\sigma_A^2 = \sigma_B^2 = \sigma^2$ として,母分散 σ^2 の推定値 $\widehat{\sigma^2}$ を求める.

$$\sqrt{\frac{\sigma_A^2}{n_A} + \frac{\sigma_B^2}{n_B}} = \sqrt{\frac{\sigma^2}{n_A} + \frac{\sigma^2}{n_B}} = \sqrt{\sigma^2 \left(\frac{1}{n_A} + \frac{1}{n_B}\right)}$$

母集団 A と母集団 B から得られる n_A 個,n_B 個のデータから得られる偏差平方和を S_A, S_B とすると,母分散 σ^2 は次式で表される.

$$\sigma^2 = V = \frac{S_A + S_B}{(n_A - 1) + (n_B - 1)} \tag{20.16}$$

式 20.13 に $\sigma^2 = V$ を代入すると,

$$t = \frac{(\bar{x}_A - \bar{x}_B) - (\mu_A - \mu_B)}{\sqrt{\frac{V}{n_A} + \frac{V}{n_B}}} \tag{20.17}$$

となる.

母分散 σ^2 の推定値として不偏分散 V を用いたものは自由度 $\phi = n - 1$ の t 分布をする.式 20.16 より,不偏分散 V の自由度 ϕ は,偏差平方和 S_A の自由度 ϕ が $n_A - 1$,偏差平方和 S_B の自由度 ϕ が $n_B - 1$ であることから $n_A + n_B - 2$ となる.

したがって,式 20.17 は自由度 $\phi = n_A + n_B - 2$ の t 分布に従う.このことから $\mu_A = \mu_B$ のもとで自由度 $\phi = n_A + n_B - 2$ の t 分布に従うので,検定統計量として用いることができる.

(1) 検 定

手順 1 仮説の設定

帰無仮説 $H_0: \mu_A = \mu_B$

対立仮説 $H_1: \mu_A \neq \mu_B$

$H_1: \mu_A < \mu_B$

$H_1: \mu_A > \mu_B$

手順2 有意水準の設定

$\alpha = 0.05$

手順3 棄却域の設定

$\phi = n_A + n_B - 2$ より,

$H_1: \mu_A \neq \mu_B$ のとき, $R: |t| \geq t(\phi, \alpha)$

$H_1: \mu_A < \mu_B$ のとき, $R: t_0 \leq -t(\phi, 2\alpha)$

$H_1: \mu_A > \mu_B$ のとき, $R: t_0 \geq t(\phi, 2\alpha)$

$\alpha = 0.05$ の場合,

$|t_0| \geq t(\phi, \alpha) = t(n_A + n_B - 2, 0.05)$

手順4 二つの母集団からのデータから検定統計量 t_0 を求める.

$$t_0 = \frac{\bar{x}_A - \bar{x}_B}{\sqrt{\dfrac{V}{n_A} + \dfrac{V}{n_B}}} \tag{20.18}$$

$$V = \frac{S_A + S_B}{n_A + n_B - 2}$$

手順5 t_0 の値が棄却域にあれば,有意と判断し,$H_0: \mu_A = \mu_B$ は棄却され,二つの母平均 μ_A, μ_B には差があると判断される.

(2) 推 定

① 点推定

$\widehat{\mu_A - \mu_B} = \bar{x}_A - \bar{x}_B$

② 区間推定

信頼率 $100(1-\alpha)\%$ の信頼区間を求める.

$\alpha = 0.05$ のとき,信頼率 95% の信頼区間は次のようになる.

$$(\bar{x}_A - \bar{x}_B) - t(n_A + n_B - 2, 0.05) \times \sqrt{\frac{V}{n_A} + \frac{V}{n_B}} \leq \mu_A - \mu_B$$

$$\leq (\bar{x}_A - \bar{x}_B) + t(n_A + n_B - 2, 0.05) \times \sqrt{\frac{V}{n_A} + \frac{V}{n_B}} \quad (20.19)$$

20.5.3　二つの母標準偏差 σ_A, σ_B が未知で異なる場合

母標準偏差 σ_A, σ_B が未知で $\sigma_A = \sigma_B$ であるかどうか不明のときの場合は，不偏分散 V_A, V_B で母分散 $\sigma_A{}^2$, $\sigma_B{}^2$ を推定することになる．この方法はウェルチの検定と呼ばれることもある．この場合，

$$t = \frac{(\bar{x}_A - \bar{x}_B) - (\mu_A - \mu_B)}{\sqrt{\frac{V_A}{n_A} + \frac{V_B}{n_B}}} \quad (20.20)$$

は自由度 ϕ^* の t 分布に近似的に従う．

このとき，分散の異なる母集団を一緒にしているため，t 分布の自由度は ϕ^* （等価自由度）という値になる．次式で表される．

$$\frac{(V_A/n_A + V_B/n_B)^2}{\phi^*} = \frac{(V_A/n_A)^2}{n_A - 1} + \frac{(V_B/n_B)^2}{n_B - 1} \quad (20.21)$$

式 20.20 に基づき，次式の検定統計量 t_0 は帰無仮説 $H_0 : \mu_A = \mu_B$ において，自由度 ϕ^* の t 分布に近似的に従う．

$$t_0 = \frac{\bar{x}_A - \bar{x}_B}{\sqrt{\frac{V_A}{n_A} + \frac{V_B}{n_B}}} \quad (20.22)$$

（1）検　定

手順 1　仮説の設定

　　　　帰無仮説 $H_0 : \mu_A = \mu_B$

　　　　対立仮説 $H_1 : \mu_A \neq \mu_B$

　　　　　　　　$H_1 : \mu_A < \mu_B$

　　　　　　　　$H_1 : \mu_A > \mu_B$

20.5 二つの母平均の差に関する検定と推定

手順2 　有意水準の設定
　　　　$\alpha = 0.05$
手順3 　棄却域の設定
　　　　$H_1 : \mu_A \neq \mu_B$ のとき，$R : |t_0| \geq t(\phi^*, \alpha) = t_0(\phi^*, 0.05)$
　　　　$H_1 : \mu_A < \mu_B$ のとき，$R : t_0 \leq -t(\phi^*, 2\alpha)$
　　　　$H_1 : \mu_A > \mu_B$ のとき，$R : t_0 \geq t(\phi^*, 2\alpha)$
手順4 　検定統計量 t_0 を求める．

$$t_0 = \frac{\bar{x}_A - \bar{x}_B}{\sqrt{\dfrac{V_A}{n_A} + \dfrac{V_B}{n_B}}}$$

手順5 　判定
　　　　t_0 が棄却域にあれば，帰無仮説 $H_0 : \mu_A = \mu_B$ は棄却され，二つの母平均 μ_A, μ_B には差があると判断される．

(2) 推 定

① 点推定
　　　　$\widehat{\mu_A - \mu_B} = \bar{x}_A - \bar{x}_B$

② 区間推定
　　　　次式が母平均の差の区間推定である．

$$(\bar{x}_A - \bar{x}_B) - t(\phi^*, \alpha) \times \sqrt{\frac{V_A}{n_A} + \frac{V_B}{n_B}} \leq \mu_A - \mu_B$$

$$\leq (\bar{x}_A - \bar{x}_B) + t(\phi^*, \alpha) \times \sqrt{\frac{V_A}{n_A} + \frac{V_B}{n_B}} \quad (20.23)$$

なお，二つの母集団から取るデータ数 n_A, n_B は，できるだけ等しくするほうがよい．

例題 同じ液体を充填するラインが2系列ある．2系列の充填量に差がないかどうかを確認したい．2系列の充填速度のデータとして $n_A = 8, n_B = 10$ を取った．測定データは次表（表20.11）である．

表20.11 系列ごとの充填速度

(単位：ml/分)

系列A	106	104	111	104	108	99	98	102	—	—
系列B	103	114	112	112	115	111	100	103	111	109

解答 各系列の統計データを表20.12に示す．

表20.12 各系列の統計データ

No.	系列Aでの充填速度：v_A	v_A^2	No.	系列Bでの充填速度：v_B	v_B^2
1	106	11236	1	103	10609
2	104	10816	2	114	12996
3	111	12321	3	112	12544
4	104	10816	4	112	12544
5	108	11664	5	115	13255
6	99	9801	6	111	12321
7	98	9604	7	100	10000
8	102	10404	8	103	10609
計	832	86662	9	111	12321
平均	104.0	—	10	109	11811
			計	1090	119050
			平均	109.0	—

偏差平方和 $S_A = 134$　　　　偏差平方和 $S_B = 240$

不偏分散 $V_A = \dfrac{S_A}{n_A - 1} = 19.14$　　不偏分散 $V_B = \dfrac{S_B}{n_B - 1} = 26.67$

母平均 μ_A, μ_B の差の検定を行う前に，母分散 σ_A^2, σ_B^2 の比に関する検定を行う．母平均 μ_A, μ_B の差を議論するうえで，母分散 σ_A^2, σ_B^2 の比が大きいものは集団A，Bが全く異なる集団と考えられるので，検定しても意味がない．

そのため，母分散 σ_A^2, σ_B^2 の比を調べてばらつきをみて，検定することが妥当かどうかをまず調べるのである．

(3) 母分散の比に関する検定

手順1　仮説の設定

　　　　帰無仮説 H_0 : $\sigma_A^2 = \sigma_B^2$

　　　　対立仮説 H_1 : $\sigma_A^2 \neq \sigma_B^2$

手順2　有意水準の設定

　　　　$\alpha = 0.20$

この場合，母分散が等しい（$\sigma_A^2 = \sigma_B^2$）とみなしてよいかどうかを知るための F 検定において，有意水準 $\alpha = 20\%$ という高い値にしている．これはサンプルの数 n_A と n_B との差が大きい場合，$\sigma_A^2 \neq \sigma_B^2$ のときに $\sigma_A^2 = \sigma_B^2$ とみなして母平均の差に関する検定を行った際に，検定が不確かなものになってしまうからである．そのため，α を高くすることで β の危険を少なくしているのである．

ただし，母集団の比較という意味では，有意水準は通常の $\alpha = 0.05$ や $\alpha = 0.10$ で検定しておく必要がある．

手順3　棄却域の設定

　　　　$R : F_0 < F(\phi_A, \psi_B ; \alpha/2) = F(9, 7 ; 0.10) = 2.72$

手順4　検定統計量を求める．

　　　　表20.12の統計データを用いて平方和と分散値を求めると，

　　　　　系列A：平方和 $S_A = 134, V_A = S_A/(n-1) = 134/7 = 19.14$

　　　　　系列B：平方和 $S_B = 240, V_B = S_B/(n-1) = 240/9 = 26.67$

となる．

　　　　$V_B > V_A$ のとき，検定統計量 F_0 は，

　　　　　$F_0 = V_B/V_A = 26.67/19.14 = 1.393$

となる．

手順5 　$F_0 = 1.393 < F(\phi_A, \phi_B; \alpha/2) = F(9,7; 0.10) = 2.72$

上式より，有意水準20%では棄却されない．したがって，母分散に違いがあるとはいえない．

（棄却された場合には，ウェルチの検定を行う必要がある）

(4) 母平均の差の検定（母標準偏差 σ_A, σ_B は未知だが，$\sigma_A = \sigma_B$ と考えられる場合）

手順1 　仮説の設定

　　　　帰無仮説 $H_0 : \mu_A = \mu_B$

　　　　対立仮説 $H_1 : \mu_A \neq \mu_B$

手順2 　有意水準

　　　　$\alpha = 0.05$

手順3 　棄却域の設定

　　　　帰無仮説 $H_0 : \mu_A = \mu_B$ の棄却域は $R : |t_0| \geq t(\phi, \alpha)$，自由度 $\phi = n_A + n_B - 2$ である．

手順4 　検定統計量を求める．

$$|t_0| = \frac{\bar{x}_A - \bar{x}_B}{\sqrt{\dfrac{V}{n_A} + \dfrac{V}{n_B}}} = \frac{\bar{x}_A - \bar{x}_B}{\sqrt{V\left(\dfrac{1}{n_A} + \dfrac{1}{n_B}\right)}} = \frac{104 - 109}{\sqrt{\dfrac{134 + 240}{7 + 9}\left(\dfrac{1}{8} + \dfrac{1}{10}\right)}}$$

$$= 2.180$$

手順5 　判定

　　　　$|t_0| = 2.180 > t(\phi, \alpha) = t(16, 0.05) = 2.120$

である．したがって，$\mu_A = \mu_B$ は棄却され，二つの母平均 μ_A, μ_B には差があると判断される．

(5) 母平均の差の推定

① 点推定

　　　$\widehat{\mu_A - \mu_B} = \bar{x}_A - \bar{x}_B = -5$

② 区間推定

　　　信頼率95%の信頼区間は次の式20.19を用いて求める．

20.5 二つの母平均の差に関する検定と推定

$$(\bar{x}_A - \bar{x}_B) - t(n_A + n_B - 2, 0.05) \times \sqrt{\frac{V}{n_A} + \frac{V}{n_B}} \leq \mu_A - \mu_B$$

$$\leq (\bar{x}_A - \bar{x}_B) + t(n_A + n_B - 2, 0.05) \times \sqrt{\frac{V}{n_A} + \frac{V}{n_B}} \quad (20.24)$$

$$-5 - 2.120 \times \sqrt{5.2593} \leq \mu_A - \mu_B \leq -5 + 2.120 \times \sqrt{5.2593}$$

$$-9.86 \leq \mu_A - \mu_B \leq -0.138$$

したがって，信頼率95％の信頼区間は $-9.9 \sim -0.1$ である．
以上のデータをまとめると表20.13のようになる．

表 **20.13** 各系列のデータ一覧

変数名	系列 A での充填速度	信頼率（95％）	
データ数	8	下限値	上限値
平均値	104.0	100.3	107.7
分散	19.14	8.37	79.30
標準偏差	4.38		
自由度	7		
変数名	系列 B での充填速度		
データ数	10	下限値	上限値
平均値	109.0	105.3	112.7
分散	26.67	12.62	88.88
標準偏差	5.16		
自由度	9		
平均値の差	-5.0	-9.9	-0.1
差の自由度	16		
母標準偏差	未知		
帰無仮説 H_0： 対立仮説 H_1：	$\mu_1 = \mu_2$ $\mu_1 \neq \mu_2$		
有意水準 検定方法	1％ t 検定	5％ t 検定	
統計量 t_0	-2.180	-2.180	

20.6 データに対応がある場合の母平均の差の検定と推定

データに対応があるかどうかはデータの取り方によって決まってくる．

例えば，耐汚染性の良い塗料ができたとする．これを従来型の塗料と性能を比較したい．このとき，新塗料と従来塗料との比較を10種類の材質の異なる材料でテストを行うことになる．このとき，材質ごとの新塗料と従来塗料とのデータについて"データに対応がある"という．また，耐久性を向上させたタイヤA, Bの性能を比較するために，10台の自動車にタイヤA, Bを装着して，一定期間後の耐久度合を調べるとき，自動車ごとにタイヤA, Bの測定データが得られ，タイヤA, Bのデータは対応のあるデータ，すなわち"データに対応がある"という．

また，新旧の測定器や顧客の測定器の比較と自社の測定器の比較，同じ標本（サンプル）を二つの測定器で測定したときの測定器間の比較なども，対応のあるデータとなる．

例として，新製品として販売した省エネルギー型の冷蔵庫の省エネルギー効果を確認するために，従来型の冷蔵庫の消費電力との比較を1年間追跡調査した結果で考える．表20.14はその結果である．

同表の場合，データの中には"月当たり"というデータのばらつきが加わっている．その様子を図20.15示す．このような場合に，月当たりの対のデータ間の差をとれば，月当たりの大きな影響を小さくすることができる．

表20.14 ある冷蔵庫の月当たりの電気量

(単位：kWh)

月	従来型	省エネルギー型	差 d	d^2
1	54	44	10	100
2	55	44	11	121
3	43	35	8	64
4	35	28	7	49
5	35	27	8	64

20.6 データに対応がある場合の母平均の差の検定と推定

表 20.14 (続き)

月	従来型	省エネルギー型	差 d	d^2
6	30	26	4	16
7	52	44	8	64
8	61	51	10	100
9	58	49	9	81
10	37	29	8	64
11	33	27	6	36
12	41	34	7	49
		計	96	808

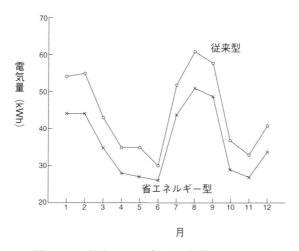

図 20.15 対応のあるデータの推移を示した図

従来型と省エネルギー型との差 $d_1, d_2, \cdots, d_n$ は互いに独立に正規分布 $N(\mu_A - \mu_B, \sigma_d^2)$ に従うとする．ただし，分散の加法性より $\sigma_d^2 = \sigma_A^2 + \sigma_B^2$ である．ここで，従来型を母集団 A，省エネルギー型を母集団 B とする．

(1) 検 定

$d_1, d_2, \cdots, d_n$ の平均 $\bar{d}$，分散 V_d を求める．

$$t = \frac{\overline{d} - (\mu_A - \mu_B)}{\sqrt{V_d/n}}, \quad \text{自由度} \phi = n - 1 \text{の} t \text{分布に従う．}$$

手順1　仮説の設定

　　　　帰無仮説 $H_0 : \mu_A = \mu_B$

　　　　対立仮説 $H_1 : \mu_A \neq \mu_B$

手順2　有意水準の設定

　　　　$\alpha = 0.05$

手順3　棄却域の設定

　　　　$R : |t| \geq t(\phi, \alpha), \quad \phi = n - 1 \text{である．}$

手順4　検定統計量を求める．

$$t_0 = \frac{\overline{d}}{\sqrt{V_d/n}}$$

手順5　判定

表 20.14 より，

$\overline{d} = 8$

$$S_d = \sum_{i=1}^{n} d_i^2 - \frac{\left(\sum_{i=1}^{n} d_i\right)^2}{n} = 808 - \frac{96^2}{12} = 40$$

$$V_d = \frac{S_d}{n-1} = \frac{40}{11} = 3.\dot{6}\dot{3} \fallingdotseq 3.636$$

$$t_0 = \frac{\overline{d}}{\sqrt{V_d/n}} = \frac{8}{\sqrt{3.636/12}} = 14.533 > t(11, 0.05) = 2.201$$

となる．したがって，帰無仮説は棄却され，有意水準5%で有意である．

(2) 推　定

① 点推定

$\widehat{\mu_A - \mu_B} = \overline{d} = 8$

8 (kWh) の差である．

② 区間推定

信頼率95％の信頼区間は式20.25を用いて求める．

$$-t(\phi,\alpha) \leqq t = \frac{\overline{d}-(\mu_A-\mu_B)}{\sqrt{V_d/n}} \leqq t(\phi,\alpha)$$

$$\overline{d}-t(\phi,\alpha)\sqrt{\frac{V_d}{n}} \leqq \mu_A-\mu_B \leqq \overline{d}+t(\phi,\alpha)\sqrt{\frac{V_d}{n}} \quad (20.25)$$

$$8-2.201\times0.5505 \leqq \mu_A-\mu_B \leqq 8+2.201\times0.5505$$

$$6.8 \leqq \mu_A-\mu_B \leqq 9.2$$

となる．

以上から，省エネルギー効果として信頼率95％の信頼区間6.8〜9.2 (kWh) の削減が見込まれる．

第 21 章　計数値データに基づく検定と推定

　解析の対象となるデータには，製品の形状，寸法，質量，強度，あるいは厚みなどの計量値データのほかに，不適合品（不良品）の個数，製品中に発見される不適合（欠点）の数，機械の故障回数，交通事故の件数など，一つ，二つ，…と個数で数えられるデータ及びそれを割合（率）で表した不適合品率（不良率），単位当たり不適合数（欠点率）のように，数えることで得られるデータがある．この数えることで得られるデータを計数値データという．

　計数値データは前章で説明した二項分布やポアソン分布に従うが，現実的には，正規分布に近似させて処理をする．ここでは特に，不適合品率（不良率）と不適合数（欠点数）に関する計数値の分布を正規分布に近似して検定と推定を行う方法を述べる．

　なお，不適合品率（不良率）は"無限母集団から n 個の製品をランダムに選んだとき，そのうち何個が不適合品（不良品）だったか"というデータから求められる．一方，欠点数は"一定単位当たり何個の欠点（例えば，きず）があったか"というデータである．これらのデータの従う分布として，前者（率）の場合は二項分布，後者（個数）の場合はポアソン分布を考える．それぞれの分布については，19.2 節と 19.3 節で説明している．不明な点がある場合は参照されたい．

　また，前章において，計量値，計数値にかかわらず，統計的な検定と推定の基本的な考え方を述べている．理解が不十分と思えば，まず前章にて統計的な検定と推定の考え方を整えてから，計数値を扱う本章を読み進めてほしい．

21.1 母不適合品率に関する検定と推定

21.1.1 二項分布

不適合品を全体の P の割合だけ含む母集団から大きさ n のサンプルを抜き取ると，サンプル中の不適合品数 x の分布は二項分布に従い，その確率分布は次の式 21.1 で表される．

$$\Pr(x) = {}_nC_x P^x (1-P)^{n-x} \tag{21.1}$$

ここで，$\Pr(x)$ は大きさ n のサンプルに含まれる不適合品の個数 x が $0, 1, 2, \cdots, n$ であるときの確率を示す．また，個数 x が r 個以上である確率は，

$$\Pr(x \geq r) = \sum_{x=r}^{n} P(x)$$

である．

ただし，P は母不適合品率であり，母集団における真の不適合品率である．${}_nC_x$ は異なる n 個の中から x 個を抜き取るときの次式で求められる組合せの数である．

$$_nC_x = \frac{n!}{x!(n-x)!}$$

ただし，$n! = n(n-1)(n-2)\cdots 2\cdot 1$

ここで，$nP \geq 5$ であれば，二項分布に従う確率変数 x，すなわち，不適合品数の期待値 $E(x)$ と分散 $V(x)$ は，

$$E(x) = \mu = nP \tag{21.2}$$
$$V(x) = nP(1-P) \tag{21.3}$$

である．

いま，大きさ n のサンプル中の不適合品数が x であったとき，$\hat{P} = \dfrac{x}{n}$ はデータによって求められる不適合品率で，この値は母不適合品率を推測するための統計量である．

確率変数 x が二項分布に従うとき，$\hat{P} = \dfrac{x}{n}$ とおくと，サンプルの不適合品率の期待値 $E(\hat{P})$ と分散 $V(\hat{P})$ は，

$$E(\hat{P}) = P \tag{21.4}$$

$$V(\hat{P}) = \frac{P(1-P)}{n} \tag{21.5}$$

である．

不適合品率が $nP \geqq 5$ であれば，二項分布は期待値や分散をもつ正規分布に近似して確率を求めても実用上は問題ないとされている．

次に四つの近似方法を紹介しておく．

① 確率変数 x が二項分布に従うとき，標本不適合品率 $p = \dfrac{x}{n}$ は近似的に正規分布 $\mathrm{N}\left(P, \dfrac{P(1-P)}{n}\right)$ に従う．このとき $u = \dfrac{p - P}{\sqrt{\dfrac{P(1-P)}{n}}}$ は $\mathrm{N}(0, 1^2)$ の標準正規分布に従う．また，検定統計量は $u_0 = \dfrac{p - P_0}{\sqrt{\dfrac{P_0(1-P_0)}{n}}}$ である．

② 確率変数 x が二項分布に従うとき，不適合品率 $\hat{P}^* = \dfrac{x + 0.5}{n + 1}$ は近似的に正規分布 $\mathrm{N}\left(P, \dfrac{P(1-P)}{n}\right)$ に従う．このときの $\hat{P}^* = \dfrac{x + 0.5}{n + 1}$ を連続修正といい，この方法を直接近似法という．

n が小さい場合や p が 0.0 や 1.0 に近い場合は精度が良くない．このため，次の③のロジット変換や④で述べる逆正弦変換を用いる．

③ 確率変数 x が二項分布に従うとき，$L(\hat{P}^*) = \ln \dfrac{\hat{P}^*}{1 - \hat{P}^*} = \ln \dfrac{x + 0.5}{n + 0.5}$ と

21.1 母不適合品率に関する検定と推定

変換するロジット変換と $L(\hat{P}^*)$ とは近似的に $\mathrm{N}(L(P), \dfrac{1}{nP(1-P)})$ に従う.

$\dfrac{P}{1-P}$ はオッズ,$L(P)$ は対数オッズと呼ばれる.

④ 確率変数 x が二項分布に従うとき,$\sqrt{p} = \sqrt{\dfrac{x}{n}}$ について逆正弦変換を行うと,$\sin^{-1}\sqrt{p}$ は近似的に $\mathrm{N}(\sin^{-1}\sqrt{P}, \dfrac{1}{4}n)$ に従う.

上記①の方法を用いて検定と推定を行う.

(1) 母不適合品率 P と基準値 P_0 との差の検定

手順1　仮説を立てる.
　　　　　P_0 は指定された値である.
　　　　　帰無仮説 $\mathrm{H}_0 : P = P_0$
　　　　　対立仮説 $\mathrm{H}_1 : P \neq P_0$
　　　　　　　　　$\mathrm{H}_1 : P > P_0$
　　　　　　　　　$\mathrm{H}_1 : P < P_0$

手順2　有意水準 α を設定する.
　　　　　(通常,$\alpha = 0.05$)

手順3　棄却域 R を設定する.
　　　　　対立仮説 $\mathrm{H}_1 : P \neq P_0$ のとき,$R : |u_0| \geq 1.960$
　　　　　対立仮説 $\mathrm{H}_1 : P > P_0$ のとき,$R : u_0 \geq 1.645$
　　　　　対立仮説 $\mathrm{H}_1 : P < P_0$ のとき,$R : u_0 \leq -1.645$

手順4　データを取り,検定統計量 u_0 を求める.

$$u_0 = \dfrac{p - P_0}{\sqrt{\dfrac{P_0(1-P_0)}{n}}} \tag{21.6}$$

ただし,$\hat{P} = p = \dfrac{x}{n}$

手順5 判定を行う.

　$\alpha = 0.05$ のとき,$|u_0| \geqq 1.960$ ならば帰無仮説 $H_0 : P = P_0$ を棄却する.

　すなわち,危険率5%で母不適合率は基準値と異なるといえる.

(2) 母不適合品率 P と基準値 P_0 との差の推定
① 点推定

$$\hat{P} = p = \dfrac{x}{n} \quad \text{又は} \quad \hat{P}^* = \dfrac{x+0.5}{n+1}$$

② 区間推定では,

　$|u_0| < 1.960$ ならば,信頼率95%の母不適合品率 P の近似的な信頼区間である.

$$-1.960 \leqq \dfrac{p - P}{\sqrt{\dfrac{P(1-P)}{n}}} \leqq 1.960$$

であることから,

$$\Pr\left(-1.960 \times \sqrt{\dfrac{P(1-P)}{n}} \leqq p - P \leqq 1.960 \times \sqrt{\dfrac{P(1-P)}{n}}\right) \fallingdotseq 0.95$$

$$\Pr\left(p - 1.960 \times \sqrt{\dfrac{P(1-P)}{n}} \leqq P \right.$$

$$\left. \leqq p + 1.960 \times \sqrt{\dfrac{P(1-P)}{n}}\right) \fallingdotseq 0.95 \tag{21.7}$$

である.式21.7は母不適合品率 P の推定であるが,両辺の $\sqrt{\dfrac{P(1-P)}{n}}$ の値は未知なので,$\hat{P} = p = \dfrac{x}{n}$ 又は $\hat{P}^* = \dfrac{x+0.5}{n+1}$ を P の推定値として用いる.

21.1 母不適合品率に関する検定と推定

データから $\sqrt{\dfrac{p(1-p)}{n}}$ で代用し，母不適合品率 P の区間推定を行う．

$$p - 1.960 \times \sqrt{\dfrac{p(1-p)}{n}} \leqq P \leqq p + 1.960 \times \sqrt{\dfrac{p(1-p)}{n}} \quad (21.8)$$

例題 医療器具の部品を供給している工場で，工程異常が発生しやすい工程の作業手順の改善を行った．これまでの不適合品率は 15% であった．この改善で工程異常起因の不適合品率が改善されたことがわかっている．その影響は 5% である．

いま，作業手順の改善後に大きさ 500 のサンプルを取ったところ，40 個の不適合品がみつかった．作業手順の変更後の不適合品率を推定せよ．

なお，作業手順の変更によって起こりうる工程異常に伴う不適合品率の改善を考慮する場合をケース 1，考慮しない場合をケース 2 として検定と推定を行え．

解答

(1) 検 定

手順1　仮説を立てる．

　　　ケース 1

　　　　帰無仮説 $H_0 : P = P_0$ （$P_0 = 0.15 - 0.05 = 0.10$）

　　　ケース 2

　　　　帰無仮説 $H_0 : P = P_0$ （$P_0 = 0.15$）

　　　　対立仮説 $H_1 : P < P_0$

手順2　有意水準 α を設定する．

　　　$\alpha = 0.05$

手順3　棄却域 R を設定する．

　　　$R : u_0 \leqq -1.645$ （対立仮説 $H_1 : P < P_0$）

手順4　データより検定統計量 u_0 を求める．

$$u_0 = \frac{p - P_0}{\sqrt{\dfrac{P_0(1 - P_0)}{n}}}$$

$\hat{P} = p = \dfrac{40}{500} = 0.08$, $P_0 = 0.10$, $P_0 = 0.15$ を用いて計算すると，

ケース1

$$u_0 = \frac{p - P_0}{\sqrt{\dfrac{P_0(1 - P_0)}{n}}} = \frac{0.08 - 0.10}{\sqrt{\dfrac{0.10 \times 0.90}{500}}} = -1.49 > -1.645$$

ケース2

$$u_0 = \frac{p - P_0}{\sqrt{\dfrac{P_0(1 - P_0)}{n}}} = \frac{0.08 - 0.15}{\sqrt{\dfrac{0.15 \times 0.85}{500}}} = -4.38 < -1.645$$

手順5　ケース1は棄却されない．ケース2は棄却される．

したがって，作業手順の変更による効果は工程異常の削減の効果が加わることにより，不適合品率が改善されたといえる．

(2) 推　定

① 点推定

$$\hat{P} = \frac{x}{n} = 0.08$$

② 区間推定を行う．

母不適合品率 P はケース1，ケース2ともに同一である．

$$0.08 \pm 1.960 \times \sqrt{\dfrac{0.08 \times 0.92}{500}} = 0.08 \pm 0.024$$

であることから，

$$0.056 \leqq P \leqq 0.104$$

となる．

今回は，作業手順の変更による工程異常の削減効果が見込まれたため，その影響を除いた場合との比較を行った．ケース1で仮説は棄却されなかったが，ケース2では棄却されている．

作業手順の変更による工程異常に伴う不適合品率が削減され，不適合品が削減されたといえる．

21.2 二つの母不適合品率の違いに関する検定と推定

例えば，同一製品を製造している2工場での製品の不適合品率に差があるのかどうか，差があるとすれば，その大きさはどの程度なのかを推定できるものであろうか．二つの母集団を不適合品率によって比較する場合にも，正規分布を利用して検定と推定を行うことができる．

母不適合品率を P，標本不適合品率を p と表す．母不適合品率 P_A の母集団Aからランダムに取られたサンプル n_A の中の不適合品は x_A 個，また，母不適合品率 P_B の母集団Bからランダムに取られたサンプル n_B の中の不適合品は x_B 個であった．

正規分布近似の条件 $nP \geq 5$ であれば正規分布に近似できる．

サンプル n_A, n_B の不適合品率をそれぞれ $p_A = \dfrac{x_A}{n_A}$, $p_B = \dfrac{x_B}{n_B}$ とすると，2組の不適合品率の差も正規分布に近似できるので，次の標準化（基準化）の式が得られる．

$$u_0 = \frac{p_A - p_B}{\sqrt{\bar{p}(1-\bar{p})\left(\dfrac{1}{n_A} + \dfrac{1}{n_B}\right)}} \tag{21.9}$$

その標本全体の不適合品率 $\bar{p} = \dfrac{x_A + x_B}{n_A + n_B} = \dfrac{n_A p_A + n_B p_B}{n_A + n_B}$ を用いて二つの母不適合品率の差の検定を行う．

なお，帰無仮説 $H_0: P_A = P_B$ のもとでは，$p_A = p_B = p$ とおくことができるので，$\hat{p}_A - \hat{p}_B$ は近似的に $N(0, P(1-P)(\frac{1}{n_A} + \frac{1}{n_B}))$ に従う．

（1）検　定

手順1　仮説を立てる．

　　　　$H_0: P_A = P_B$

　　　　$H_1: P_A \neq P_B$

手順2　有意水準 α を設定する．

　　　　$\alpha = 0.05$ とする．

手順3　棄却域 R を設定する．

　　　　$R: |u_0| \geq 1.960$

手順4　データを計算して検定統計量 u_0 を求める．

　　　　不適合品数から各不適合品率を求めて $\bar{p}$ を求める．

$$u_0 = \frac{p_A - p_B}{\sqrt{\bar{p}(1-\bar{p})\left(\frac{1}{n_A} + \frac{1}{n_B}\right)}} \tag{21.10}$$

手順5　u_0 の値が棄却域にあれば，有意と判断して帰無仮説 $H_0: P_A = P_B$ を棄却する．

（2）推　定

① 点推定

$$\widehat{P_A} - \widehat{P_B} = \frac{x_A}{n_A} - \frac{x_B}{n_B}$$

② 区間推定

　　信頼率 95% の $P_A - P_B$ の信頼区間は次式となる．

$$(p_A - p_B) - 1.960 \times \sqrt{\frac{p_A(1-p_A)}{n_A} + \frac{p_B(1-p_B)}{n_B}} \leq (P_A - P_B)$$

$$\leq (p_A - p_B) + 1.960 \times \sqrt{\frac{p_A(1-p_A)}{n_A} + \frac{p_B(1-p_B)}{n_B}} \tag{21.11}$$

21.2 二つの母不適合品率の違いに関する検定と推定

例題 組立部品 X を A 社と B 社から購買している．部品のはめ込み具合の不適合が発生している．そこで，不適合の発生状況を確認することになった．調査した結果，表 21.1 のような結果であった．

A 社と B 社の差があるか検定せよ．

A 社と B 社の母不適合品率の差を推定せよ．

表 21.1 部品のはめ込み不適合

	A 社	B 社	計
適合品	484	381	865
不適合品	16	19	35
計	500	400	900

解答

(1) 検 定

同表より $nP > 5$ であるので，正規分布に近似させてよい．

手順 1　仮説の設定

$$H_0 : P_A = P_B$$
$$H_1 : P_A \neq P_B$$

手順 2　有意水準の設定

$$\alpha = 0.05$$

手順 3　棄却域の設定

$$R : |u_0| \geq 1.960$$

手順 4　データを計算して検定統計量 u_0 を求める．

$$p_A = \frac{x_A}{n_A} = \frac{16}{500} = 0.032, \quad p_B = \frac{x_B}{n_B} = \frac{19}{400} = 0.0475$$

$$\bar{p} = \frac{x_A + x_B}{n_A + n_B} = \frac{16 + 19}{500 + 400} = 0.0389$$

$$u_0 = \frac{p_A - p_B}{\sqrt{\bar{p}(1-\bar{p})\left(\frac{1}{n_A} + \frac{1}{n_B}\right)}} = \frac{0.032 - 0.0475}{\sqrt{0.0389 \times 0.9611 \times \left(\frac{1}{500} + \frac{1}{400}\right)}}$$

$$= -1.195 > -1.960$$

手順5 判定

　　　有意水準5％でA社とB社の部品にはめ込み不適合の差があるとはいえない．

(2) 推 定

検定を行って有意差が得られなかったので推定を行う必要はないが，参考のために推定を行って確認してみる．

① 点推定

$$\widehat{P_A} - \widehat{P_B} = \frac{x_A}{n_A} - \frac{x_B}{n_B} = 0.032 - 0.0475 = -0.0155 \fallingdotseq -0.016$$

② 区間推定

　　　信頼率95％の信頼区間は式21.11より，次のように求めることができる．

$$-0.0155 - 1.960 \times \sqrt{\frac{0.032 \times 0.968}{500} + \frac{0.0475 \times 0.9525}{400}} \leqq P_A - P_B$$

$$\leqq -0.0155 + 1.960 \times \sqrt{\frac{0.032 \times 0.968}{500} + \frac{0.0475 \times 0.9525}{400}}$$

$$-0.0155 - 1.960 \times 0.01323 \leqq P_A - P_B \leqq -0.0155 + 1.960 \times 0.01323$$

$$-0.042 \leqq P_A - P_B \leqq 0.011$$

　　　したがって，A社とB社の部品のはめ込み不具合の発生率の差は-4.2〜1.1（％）である．

　　　なお，信頼区間に0（％）が含まれている．これは$P_A - P_B = 0$，すなわち，$P_A = P_B$を意味するので有意差が出ていないことがわかる．

21.3 母不適合数（母欠点数）に関する検定と推定

不適合数の母平均についても，ポアソン分布を正規分布に近似させることによって，不適合品率の場合と同様な方法で検定や推定ができる．製品中のきずの数や機械の故障回数など，不適合数の分布はポアソン分布に従うが，一定単位中の不適合数の母平均を m とすると，$m \geq 5$ ならば $\mu = m$，$\sigma = \sqrt{m}$ の正規分布に近似される．

したがって，n 単位のサンプル中の不適合数の平均値を $\bar{c}$ とすると，$\bar{c}$ の分布は $\mu = m$，$\sigma = \sqrt{m/n}$ の正規分布 $N(m, \dfrac{m}{n})$ となる．

標準化（基準化）すると，

$$u = \frac{\bar{c} - m}{\sqrt{m/n}} \tag{21.12}$$

(1) 検　定

手順1　仮説の設定

　　　　帰無仮説 $H_0 : m = m_0$

　　　　対立仮説 $H_1 : m \neq m_0$

手順2　有意水準の設定

　　　　$\alpha = 0.05$

手順3　棄却域の設定

　　　　$R : |u_0| \geq 1.960$

手順4　データを用いて不適合数の平均値 $\bar{c}$ を求め，さらに m_0，n の値を用いて検定統計量 u_0 を求める．

$$u_0 = \frac{\bar{c} - m_0}{\sqrt{m_0/n}} \tag{21.13}$$

手順5　判定

　　　　棄却域 $R : |u_0| > 1.960$ であれば，帰無仮説 $H_0 : m = m_0$ を棄却する．

棄却された場合は，有意水準5％で母不適合数は基準値と異なるといえる．

(2) 推　定

① 点推定

　　母欠点数の推定値 $\hat{m} = \bar{c}$

② 区間推定

　　信頼率95％の区間推定は次のように変形して式21.14を得る．

$$-1.960 \leqq \frac{\bar{c} - m}{\sqrt{\bar{c}/n}} \leqq 1.960$$

$$\Rightarrow -1.960 \times \sqrt{\bar{c}/n} \leqq \bar{c} - m \leqq 1.960 \times \sqrt{\bar{c}/n}$$

$$\Rightarrow \bar{c} - 1.960 \times \sqrt{\bar{c}/n} \leqq m \leqq \bar{c} + 1.960 \times \sqrt{\bar{c}/n} \quad (21.14)$$

例題　固液系（固体と液体が混ざった状態）の移送用のポンプの故障頻度が1日8回と頻繁に故障している．ポンプ手前で固液が十分混ざるように改善したところ，20日間観測した結果，1日の平均は4回となった．
　　この改善は効果があったといえるだろうか．

解答

まず，1日当たりの故障件数を比較する．

(1) 検　定

手順1　仮説の設定

　　　　帰無仮説 $H_0 : m = m_0 \ (m_0 = 8)$

　　　　対立仮説 $H_1 : m \neq m_0$

手順2　有意水準の設定

　　　　$\alpha = 0.05$（又は $\alpha = 0.10$）

手順3　棄却域の設定

　　　　$R : |u_0| \geqq 1.960$

手順4　データを用いて検定統計量 u_0 を求める．

不適合数の平均値 $\bar{c}=4$, $n=20$, $m_0=8$

$$u_0 = \frac{\bar{c}-m_0}{\sqrt{m_0/n}} = \frac{4-8}{\sqrt{8/20}} = -6.324 < -1.960$$

手順5　判定

仮説は棄却される．

したがって，改善の効果があったといえる．

(2) 推　定

① 点推定

$$\hat{m} = \bar{c} = 4$$

② 区間推定

信頼率95%の信頼区間は式21.14を用いて求める．

$\bar{c} - 1.960 \times \sqrt{c/n} \leq m \leq \bar{c} + 1.960 \times \sqrt{c/n}$

$4 - 1.960 \times 0.4472 \leq m \leq 4 + 1.960 \times 0.4472$

$3.12 \leq m \leq 4.88$

21.4　二つの母不適合数に関する検定と推定

二つの母集団の不適合数を比較する．二つの母集団 A, B からそれぞれサンプル n_A, n_B を取り，それぞれの総不適合数である $\sum c_A$, $\sum c_B$ を求め，平均値 $\bar{c}_A = \dfrac{\sum c_A}{n_A}$, $\bar{c}_B = \dfrac{\sum c_B}{n_B}$ を求める．平均値の差 $\bar{c}_A - \bar{c}_B$ は平均が $m_A - m_B$，分散が $\dfrac{m_A}{n_A} + \dfrac{m_B}{n_B}$ の正規分布に従うと考えてよい．標準化(基準化)の式は次式となる．

$$u = \frac{(\bar{c}_A - \bar{c}_B) - (m_A - m_B)}{\sqrt{\dfrac{m_A}{n_A} + \dfrac{m_B}{n_B}}} \tag{21.15}$$

m_A, m_B で差があるかどうかを調べる場合，帰無仮説 $H_1 : m_A = m_B$ である

ので，式 21.15 は次式に変換できる．$m = m_A = m_B$ とすると，

$$u = \frac{\bar{c}_A - \bar{c}_B}{\sqrt{m\left(\dfrac{1}{n_A} + \dfrac{1}{n_B}\right)}} \tag{21.16}$$

$$\hat{m} = \bar{c} = \frac{\sum c_A + \sum c_B}{n_A + n_B}$$

を用いて二つの母不適合数の差の推定ができる．

(1) 検 定

手順1　仮説の設定

　　　帰無仮説 $H_0 : m_A = m_B$

　　　対立仮説 $H_1 : m_A \neq m_B$

手順2　有意水準の設定

　　　$\alpha = 0.05$（又は 0.01）

手順3　棄却域の設定

　　　$R : |u_0| \geq 1.960$

手順4　データから検定統計量 u_0 を求める．

$$\bar{c}_A = \frac{\sum c_A}{n_A}, \quad \bar{c}_B = \frac{\sum c_B}{n_B}, \quad \hat{m} = \bar{c} = \frac{\sum c_A + \sum c_B}{n_A + n_B} \text{ を求める．}$$

$$u_0 = \frac{\bar{c}_A - \bar{c}_B}{\sqrt{\bar{c}\left(\dfrac{1}{n_A} + \dfrac{1}{n_B}\right)}} \tag{21.17}$$

手順5　$|u_0| \geq 1.960$ ならば，帰無仮説 $H_0 : m_A = m_B$ を棄却する場合，二つの母不適合数は異なるといえる．

(2) 推 定

① 点推定

　　　$\bar{c}_A - \bar{c}_B$

21.4 二つの母不適合数に関する検定と推定

② 区間推定

信頼率 95％の信頼区間は $|u_0| \leq 1.960$ であることから，式 21.15 を用いると次式となる．

$$(\bar{c}_A - \bar{c}_B) - 1.960 \times \sqrt{\frac{\bar{c}_A}{n_A} + \frac{\bar{c}_B}{n_B}} \leq m_A - m_B$$

$$\leq (\bar{c}_A - \bar{c}_B) + 1.960 \times \sqrt{\frac{\bar{c}_A}{n_A} + \frac{\bar{c}_B}{n_B}} \tag{21.18}$$

例題 外部報告書の点検作業を行っている．日付の間違い，数値の入力ミスが多いため，改善事例集への掲載や報告会，実地指導などによってミスの削減を図ることとした．

この活動に成果があったかどうかを調べてみると，従来では 30 日で 360 件，改善後は 60 日で 150 件であった．

解答

(1) 検　定

手順 1　仮説の設定

　　　　帰無仮説 $H_0 : m_A = m_B$
　　　　対立仮説 $H_1 : m_A > m_B$

手順 2　有意水準の設定

　　　　$\alpha = 0.05$

手順 3　棄却域の設定

　　　　$R : u_0 \geq 1.645$

手順 4　データから検定統計量 u_0 を求める．

　　　　平均値を求める．

$$\bar{c}_A = \frac{\sum c_A}{n_A} = \frac{360}{30} = 12, \quad \bar{c}_B = \frac{\sum c_B}{n_B} = \frac{150}{60} = 2.5$$

$$\hat{m} = \bar{c} = \frac{\sum c_A + \sum c_B}{n_A + n_B} = \frac{510}{90} = 5.67$$

$$u_0 = \frac{\bar{c}_A - \bar{c}_B}{\sqrt{\bar{c}\left(\dfrac{1}{n_A} + \dfrac{1}{n_B}\right)}} = \frac{12 - 2.5}{\sqrt{5.67 \times \left(\dfrac{1}{30} + \dfrac{1}{60}\right)}} = 17.84 > 1.645$$

手順5 判定

$u_0 > 1.645$ なので,帰無仮説 $H_0 : m_A = m_B$ を棄却し,対立仮説: $H_1 : m_A > m_B$ を採用する.

したがって,ミスが少なくなったといえる.

(2) 推 定

① 点推定

$\bar{c}_A - \bar{c}_B = 9.5$

② 区間推定

信頼率95%の信頼区間は式21.18を用いて求める.

$$(\bar{c}_A - \bar{c}_B) - 1.960 \times \sqrt{\frac{\bar{c}_A}{n_A} + \frac{\bar{c}_B}{n_B}} \leq m_A - m_B$$

$$\leq (\bar{c}_A - \bar{c}_B) + 1.960 \times \sqrt{\frac{\bar{c}_A}{n_A} + \frac{\bar{c}_B}{n_B}}$$

$$9.5 - 1.960 \times \sqrt{\frac{12}{30} + \frac{2.5}{60}} \leq m_A - m_B$$

$$\leq 9.5 + 1.960 \times \sqrt{\frac{12}{30} + \frac{2.5}{60}}$$

$8.20 \leq m_A - m_B \leq 10.80$

したがって,日付や数値の間違いの件数は1日当たり 8.2〜10.8 件である.

21.5　分割表による検定

分割表とは"何らかの属性で分類した結果をいくつかの母集団について層別して並べた表"である．

例えば，製品を適合品と不適合品に分けていくつかの母集団で不適合品率の違いを比較したい場合，あるいは，製品やロットを等級やクラス分けをして各クラスの不適合品の出現割合（又は確率）をいくつかの母集団で比較したい場合 などである．

分類が適合品と不適合品との2クラスであり，比較したい母集団が二つの場合には，二つの不適合品率の比較と全く同じ結果になるので，適合品と不適合品のどちらの検定を行ってもよい．

三つ以上の母集団の不適合品率を比較したい場合や，3クラス以上に分類した場合の出現割合を比較する場合は分割表による．表21.2のように，母集団 n 個とそれぞれの母集団を属性で m 分類した各クラスの出現度数をまとめた表を $m \times n$ 分割表という．なお，属性とは"事物のもっている特徴や性質のこと"であることから，比較したい事柄で分類する．

属性の各クラスの出現が母集団によって差がないとしたら，母集団第 j 番目のデータの中に，属性第 i クラスのデータが何個出現すると考えられるかを求

表 21.2　$m \times n$ 分割表

属性＼母集団	1	2	⋯	j	⋯	n	計
1	x_{11}	x_{12}	⋯	x_{1j}	⋯	x_{1n}	$X_{1\cdot}$
2	x_{21}	x_{22}	⋯	x_{2j}	⋯	x_{2n}	$X_{2\cdot}$
⋮	⋮	⋮		⋮		⋮	⋮
i	x_{i1}	x_{i2}	⋯	x_{ij}	⋯	x_{in}	$X_{i\cdot}$
⋮	⋮	⋮		⋮		⋮	⋮
m	x_{m1}	x_{m2}	⋯	x_{mj}	⋯	x_{mn}	$X_{m\cdot}$
計	$X_{\cdot 1}$	$X_{\cdot 2}$	⋯	$X_{\cdot j}$	⋯	$X_{\cdot n}$	$X_{\cdot\cdot}$

めてみる.

i 行 (i クラス) の部分で出現 (頻度) に差がなければ, x_{ij} が出現する確率を $P_{x_{ij}}$ とすると, $P_{x_{i1}} = P_{x_{i2}} = \cdots = P_{x_{ij}}$ である.

したがって, $P_{x_{ij}} = X_{i\cdot}/X_{\cdot\cdot}$ の割合で出現すると考えられる. 母集団 j のデータの合計は $X_{\cdot j}$ であるので x_{ij} の期待度数 y_{ij} は,

$$y_{ij} = X_{\cdot j} \times \left(\frac{X_{i\cdot}}{X_{\cdot\cdot}}\right) \tag{21.19}$$

である. この仮定どおりに, 各母集団での出現確率が等しければ, 実際の度数 x_{ij} と期待度数 y_{ij} は似た値をとるはずである. これによって, この差の大きさを調べることで母集団の出現確率の違いを検定できる. 式 21.19 を視覚化すると表 21.3 のように表現される.

表 21.3 $m \times n$ 分割表における実際の度数 x_{ij} と期待度数 y_{ij}

	j			計
i	x_{ij}	$\Rightarrow$	y_{ij}	$X_{i\cdot}$
計		$X_{\cdot j}$		$X_{\cdot\cdot}$

すなわち, 実際の度数 x_{ij} が期待度数 y_{ij} とどの程度の差があるかを調べることで判定できる. その差を次式で測るのである.

$$\chi_0^2 = \sum_{i=1}^{m} \sum_{j=1}^{n} \frac{(x_{ij} - y_{ij})^2}{y_{ij}} \tag{21.20}$$

この χ_0^2 が帰無仮説 H_0 で自由度 $\phi = (m-1)(n-1)$ の χ^2 分布に近似的に従うことを利用する.

(1) $m \times n$ 分割表の検定

手順 1 仮説の設定

帰無仮説 $H_0 : P_{x_{i1}} = P_{x_{i2}} = \cdots = P_{x_{ij}}$ (x_{ij} の出る確率を $P_{x_{ij}}$)

21.5 分割表による検定

ある属性によって分類した各クラスの出現確率は母集団によって差がない．

対立仮説 H_1：帰無仮説 $H_0: P_{x_{i1}} = P_{x_{i2}} = \cdots = P_{x_{ij}}$ の等号のいずれかが等しくない．

手順2　有意水準の設定
$$\alpha = 0.05$$

手順3　棄却域の設定
$$R: \chi_0^2 \geq \chi^2(\phi, \alpha)$$

手順4　母集団 n 個から m 個のデータを取り，表21.2のように分割表を作成する．この表をもとに，期待度数 y_{ij} を次式に代入して計算し，期待度数 y_{ij} を求める．

$$y_{ij} = X_{\cdot j} \times \left(\frac{X_{i\cdot}}{X_{\cdot\cdot}} \right) \tag{21.21}$$

実際の度数 x_{ij} と期待度数 y_{ij} との差を求める．これらのデータから検定統計量 χ_0^2 を計算により求める．

$$\chi_0^2 = \sum_{i=1}^{m} \sum_{j=1}^{n} \frac{(x_{ij} - y_{ij})^2}{y_{ij}}, \quad 自由度 \phi = (m-1)(n-1)$$
$$\tag{21.22}$$

手順5　判定

$\chi_0^2 \geq \chi^2(\phi, \alpha)$ であれば有意と判断し，帰無仮説 $H_0: P_{x_{i1}} = P_{x_{i2}} = \cdots = P_{x_{ij}}$ を棄却する．

したがって，母集団によって出現確率に差があるといえる．

例題　接着性不適合品を削減するために，接着剤の塗布方法を変更した．改善策の効果を調べよ．実測値のデータは表21.4である．

解答　表21.4〜表21.6に実測値 x_{ij}，期待度数 y_{ij} 及びその差のデータを示す．

表 21.4 塗布方法変更前後の発生状況（実測値 x_{ij}）

	変更前	変更後	計
適合品	868	457	1325
不適合品	132	43	175
計	1000	500	1500

表 21.5 実測値の期待度数 y_{ij}

	変更前	変更後	計
適合品	883.3	441.7	1325
不適合品	116.7	58.3	175
計	1000.0	500.0	1500

表 21.6 実測値 x_{ij} と期待度数 y_{ij} との差

	変更前	変更後	計
適合品	-15.3	15.3	0.0
不適合品	15.3	-15.3	0.0
計	0.0	0.0	0.0

(1) 検　定

手順 1　仮説の設定

　　　帰無仮説 H_0：改善前後で等しい．

　　　対立仮説 H_1：改善前後で等しくない．

手順 2　有意水準の設定

　　　$\alpha = 0.05$

手順 3　棄却域の設定

　　　$R : \chi_0^2 \geq \chi^2(1, 0.05)$

手順 4　データから検定統計量 χ_0^2 を計算により求める．

$$\chi_0^2 = \sum_{i=1}^{m}\sum_{j=1}^{n} \frac{(x_{ij} - y_{ij})^2}{y_{ij}}$$

21.5 分割表による検定

$$= \frac{(-15.3)^2}{883.3} + \frac{15.3^2}{116.7} + \frac{15.3^2}{441.7} + \frac{(-15.3)^2}{58.3} = 6.815$$

手順5　$\chi_0^2 = 6.815 > \chi^2(1, 0.05) = 3.84$ であり，棄却域にあるため有意である．

したがって，接着剤の塗布方法の改善によって不適合品率が変化したといえる．

例題　多くの職場では，不適合の発生状況のパレート図を作成して重点の改善課題を決め，改善に取り組んでいることが多い．例えば，成形機や品種，作業方法の変更前後で母集団による影響があるかどうかを調べ，それらの影響を把握しておきたいことがある．

いま，成形機の影響を調べるために不適合項目の発生状況をまとめた（表21.7）．成形機によって不適合項目の発生状況が異なるかどうかを調べよ．

解答　表21.7～表21.9に実測値 x_{ij}，期待度数 y_{ij} 及びその差のデータを示す．

表21.7　不適合項目の発生状況（実測値 x_{ij}）

	1号機	2号機	3号機	計
すじ引き	113	178	89	380
しみ	96	123	68	287
異物	19	35	13	67
色ずれ	31	45	21	97
計	259	381	191	831

表 21.8 実測値の期待度数 y_{ij}

	1号機	2号機	3号機	計
すじ引き	118.44	174.22	87.34	380
しみ	89.45	131.58	65.97	287
異物	20.88	30.72	15.40	67
色ずれ	30.23	44.48	22.29	97
計	259.00	381.00	191.00	831

表 21.9 実測値 x_{ij} と期待度数 y_{ij} との差

	1号機	2号機	3号機	計
すじ引き	−5.44	3.78	1.66	0.00
しみ	6.55	−8.58	2.03	0.00
異物	−1.88	4.28	−2.40	0.00
色ずれ	0.77	0.52	−1.29	0.00
計	0.00	0.00	0.00	0.00

(1) 検 定

手順1 仮説の設定

　　　　帰無仮説 H_0：1号機，2号機，3号機で不適合の発生頻度は同等である．

　　　　対立仮説 H_1：不適合の発生頻度は同等ではない．

手順2 有意水準の設定

　　　　$\alpha = 0.05$

手順3 棄却域の設定

　　　　$R: \chi_0^2 \geq \chi^2(6, 0.05), \quad \phi = (4-1)(3-1) = 6$

手順4 表21.8，表21.9のデータを用いて検定統計量 χ_0^2 の値を求める．

$$\chi_0^2 = \sum_{i=1}^{m} \sum_{j=1}^{n} \frac{(x_{ij} - y_{ij})^2}{y_{ij}}$$

　　　　上式に代入すると，

21.5 分割表による検定

$$\chi_0^2 = \sum_{i=1}^{m}\sum_{j=1}^{n}\frac{(x_{ij}-y_{ij})^2}{y_{ij}} = \frac{(-5.44)^2}{118.44} + \cdots + \frac{(-1.29)^2}{22.29}$$
$$= 2.705 < \chi^2(6, 0.05) = 12.59$$

となる．

手順5 　$\chi_0^2 = 2.705 < \chi^2(6, 0.05) = 12.59$ であり，棄却域 $R: \chi_0^2 \geqq \chi^2(6, 0.05)$ ではない．

　　　　したがって，成形機によって不適合品項目の発生状況に差があるとはいえない．

なお，2×2 分割表において表 21.10 の χ_0^2 は，

$$\chi_0^2 = \frac{(ad-bc)^2 n}{efgh}$$

によって求めることができる．

表 21.10　2×2 分割表

	B_1	B_2	計
A_1	a	b	g
A_2	c	d	h
計	e	f	n

第22章 管理図

22.1 工程能力図

工程能力図とは"縦軸に製品における重要な品質特性などの測定値にとり、横軸に時間の経過をとり、データを製造順（時間順）に打点したグラフ"である．

規格が定められている場合には規格値を示す実線を記入し、規格が定められていない場合には目標値を示す実線を記入する．

特性値の平均やばらつき（標準偏差や分散）を分布の形から把握できる利点があるヒストグラムに対して、工程能力図は管理図のように、特性値の変化を時間の経過から把握できる利点がある．

工程能力図は特性値の時系列的な変化から不適合品の発生を予測したり、データが規格線や調整限界線［この限界線を越えたら調整のアクション（処置、活動）をとると決めた線（値）のこと］に近い場合、工程の調整を行い、特性値をねらい値に近づけたりすることに利用される．また、規格値だけでなく、改善などのねらい値を定め、そこからのずれ量を管理していく方法もある．

工程能力図によるデータの時間的変化の把握とともに、ヒストグラムによってデータ全体の分布や平均やばらつきを把握することで、工程の管理状態をよく把握できるようになる．

22.1.1 工程能力図のつくり方

手順1 縦軸に特性値、横軸に測定の順序（時間の順序や製造番号など）をとって目盛りをふる．

手順2 規格線を記入する．規格のない場合は目標値を記入する．規格（又

は目標値）の上限・下限・中心の値を実線で横軸に対して水平に記入する．

調整限界線なども必要に応じて記入する．

手順3 製造順に従って得られた測定値を打点する．このとき管理図では，異常傾向の判定に利用する連をみることを目的に打点間を線で結ぶことをするが，工程能力図では，連のような規則性をみることよりも，おおよその工程能力を把握することが目的であることから，打点した点を線で結ぶ必要はない．

図 22.1 に幅寸法の工程能力図の一例を示す．

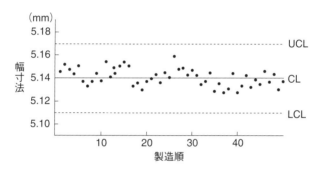

図 22.1　幅寸法の工程能力図の例

22.1.2　工程能力図の使い方

安定した品質が得られているかどうかを判断するには，工程能力がどの程度であるかを把握することが必要である．工程能力図中の点の動きについて，次のような確認をすることで，おおよその工程能力が把握できる．

① 規格の外に飛び出す異常な点はないか．
② 測定値の動きにくせはないか．中心からのずれやばらつきはどうか．
③ 点の周期性や上昇・下降の傾向はみられないか．

表 22.1 に工程能力図における点の現れ方の例を示す．

表 22.1 工程能力図における点の現れ方の例

No.	工程能力図	工程の状態
1		工程は安定している．工程能力は十分にあるといえる．
2		工程のばらつきが大きい．また，上限での外れが大きい．
3		工程平均が上がっている．ばらつきもやや大きい．
4		極端な上昇傾向である工程に大きな変化が発生している．この上昇と同様な上昇又は下降が出ている工程を特定する必要がある．
5		工程平均がブロック単位でずれている．オーバーコントロールの可能性がある．
6		周期性のあるデータである．この周期又は時間遅れで連動するような要因を探す必要がある．

22.1.3 工程能力図の活用例

ある製品の特性値を 10 ロットの製品の検査結果をもとに調整剤の量で規格値に合わせるように変えていた．不適合品数が多いため，2 ロットの製品検査結果をもとに調整を始めたところ，かえってばらつきが大きくなり，不適合品が増加してしまった．

そこでまず，調整剤の添加量（調整頻度）を変えた結果の"時間的な推移"をとらえる目的で工程能力図を作成して調べてみると，図 22.2 (a) のような結果が得られた．調整頻度を上げたために，ばらつきを大きくしてしまっていたようだ．この対策として，調整剤と特性値の原理面からの添加範囲を作業指示書に定め，この中でばらついている場合には調整しないように作業標準を改訂した．これにより得られた結果が同図 (b) である．調整前はデータのばらつきを考慮せずにオーバーコントロール（過度な調整）であったことがわかった．工程能力図による解析によって，不適合品を大幅に減らすことに成功した事例の一つである．

過度の調整・調節による変動（の増幅現象）は"ハンチング現象"と呼ばれる．特性値が規格や目標値からずれているので，補正をしようとして調節したにもかかわらず，かえって悪くなってしまう現象であり，オーバーコントロールの結果として現れる．これは本来，調整剤は平均値を変える方法であり，母

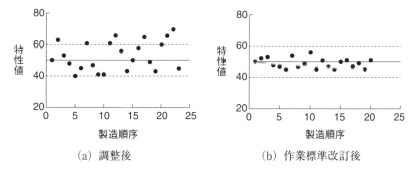

図 22.2　調整剤がオーバーコントロール状態の工程能力図の例

集団を変えていることと同じことである．母集団を変えているときに，平均は増減させて調整はできるが，分散は加法性があり，調整剤を変えるたびにばらつきが大きくなっていってしまう．

22.2 管理図の考え方と使い方

22.2.1 管理図とは

　生産者にとって，常にばらつきを小さく，安定した品質の製品を提供することは重要な仕事である．この安定してつくり続けられている状態のことを工程が安定な状態にあるといい，技術的，経済的に考慮された好ましい水準に管理された安定した状態にあるといえる．

　それでは，一つの作業において，常にばらつきを小さく，安定した品質の製品をつくり続けられるように生産するにはどうしたらよいか．それにはまず，作業標準という，決められた方法（製造条件）で生産することである．この作業標準どおりに生産を行えば，現時点で最も好ましい，安定した品質の製品が得られる最良の方法である．

　作業が定めた条件のとおりに行われるように管理することを"条件の管理"と呼ぶ．また，その生産の結果である製品の品質を定期的に測定し，期待どおりの結果であることを確認することを"結果による管理"と呼ぶ．継続して安定した好ましいレベルの品質をつくっていくには，この条件の管理と結果による管理の両方を行う必要がある．

　結果による管理を行うということは，その製品の品質を表す特性値を測定し，その値がいつもと同じ状態になるように管理していくことである．前節（工程能力図）で述べたように，特性値は必ずばらつきをもっているので，そのばらつきの範囲をみて，それがいつもと同じような範囲にあるのか（安定な状態），超えていると考えなければならないのかを判断する必要がある．この判断を可能にする手法の一つに管理図がある．

　管理図は"時間の変化とともに工程の状態を作業の結果である特性値で示し

た図であり，安定な状態と考えられる程度のばらつきの範囲を示した管理限界線のある折れ線グラフ"である．

なお本項では，JIS Z 9021（シューハート管理図）に合わせて，測定値を大文字で $X, \overline{X}$ のように表記する．ただし，JIS Z 9041 シリーズ（データの統計的な解釈方法）では，測定値を小文字で $x, \overline{x}$ のように表記されていることに注意されたい．

管理図とは，
> "連続した観測値もしくは群のある統計量の値を通常は時間順又はサンプル番号順に打点した，上側管理限界線及び／又は下側管理限界線をもつ図．打点した値の片方の管理限界方向への傾向の検出を補助するために，中心線が示される"

である．

ここでは"工程が統計的管理状態であるかどうかを評価するための管理図"であるシューハート管理図について説明する．

(1) シューハート管理図の概要

シューハート管理図は，ほぼ規則的な間隔で工程からサンプリングされたデータから作成される．この間隔は，時間（例えば，1時間ごと）又は量（例えば，ロットごと）によって決める．サンプリングされたデータのかたまりを群といい，それぞれの群は，同じ測定単位で群の大きさが同じ製品及びサービスからなっている．各群から，平均値 $\overline{X}$ と範囲 R 又は標準偏差 s のような群についての一つ以上の特性値を得ることができる．

シューハート管理図は，群番号の順に打点した群の特性値のグラフであり，中心線（CL）の両側に統計的に求められた上方管理限界（UCL），下方管理限界（LCL）の二つの管理限界線がある．この管理限界線は対象として取り上げた特性値の中心線の上下にその特性値の標準偏差 σ の3倍の幅をとっていることから，3シグマ（3σ）法管理図とも呼ばれている．

このように，上方管理限界及び下方管理限界を設定すると，約99.7%の打点値が管理限界幅の内側に入ることが統計的に知られている．

(2) 管理図に使われる用語

シューハート管理図で使われる用語は次のとおりである（図22.3を参照）．

① 中心線（Central Line：CL）：$\overline{\overline{X}}, \overline{R}, \overline{p}$ など，平均値を示す線をいい，実線で示す．

② 管理限界線：中心線に対して上下に水平に引かれた一対の直線であり，破線（………）又は1点鎖線（−−−）で表す．破線は解析段階の管理図，1点鎖線は管理段階の管理図で用いる．

　上方及び下方管理限界線は，上方管理限界（Upper Control Limit：UCL），下方管理限界（Lower Control Limit：LCL）という値をとる．

③ 管理線：中心線及び上方，下方の管理限界線の総称をいう．

④ n：一つの群の大きさを示し，群を構成するサンプルの大きさ（サンプルサイズ）をいう．

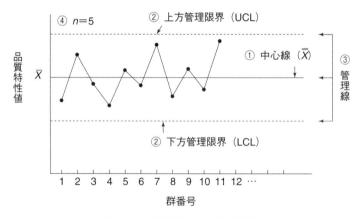

図 **22.3** 管理図に使われる用語

(3) 偶然原因と突き止められる原因

工程から生み出される製品の品質特性は必ずばらつきをもっている．これは，その品質特性に影響を及ぼす要因がばらつくからである．品質特性に影響を及ぼしている影響の大きさの程度はさまざまである．工程において，仕様ど

おりの材料や適切に整備された機械や設備において異常もなく，適切な作業標準を用いて標準どおりの仕事をしても製品品質に生じるばらつきをやむを得ないばらつきといい，このばらつきが生じる原因を偶然原因又は不可避原因，突き止められない原因という．

また，あるばらつき以下に抑えこんだ要因が通常の値を超えてばらついたり，予測していなかった要因がばらついたりすることがある．このようなばらつきを"いつもと違った，意味のあるばらつき"といい，このばらつきが生じる原因を異常原因又は見逃せない原因，突き止められる原因という．

したがって，工程の安定状態又は統計的管理状態とは"見逃せない原因が取り除かれ，偶然原因のみによって品質特性にばらつきが生じている状態"を指している．

(4) 群分け

統計的な管理を実践するには，偶然原因によるばらつきの大きさを知っておくことが必要である．しかし工程には，異常原因と偶然原因が混在していることがある．そのため，例えば，1日，1交替，1ロットごとのデータなど，技術的にみて，群の中でのばらつきが小さくなるように，すなわち，偶然原因しか入らないようにグループ分けを行っておけば，平均値が変動してもグループ内のばらつきは小さいと考えられる．このように，データをいくつかのグループに分けることを群分けといい，各グループのことを群という．

このような目的のためには，群内には偶然誤差によるばらつきのみが現れるようにして，群と群との間のばらつきである群間には異常原因が現れるようにする．そうすることで異常を見つけやすくすることである．そのため群分けには，技術的な側面や妥当性の確認が必要である．

したがって，管理状態とは"群内変動の大きさが一定で，群間変動が0（ゼロ）とみなせる状態のこと"である．管理図の代表的な例である$\overline{X}$-R管理図は，群間変動の有無をみるのに$\overline{X}$管理図を用い，群内変動の標準偏差が一定であるかどうかをみるのにR管理図を用いる．

(5) 管理限界としての3σのルール

管理特性の期待値の両側に管理限界として，上記（1）で述べた3σが用いられる．

正規分布であれば，3σ以内に99.7%の値が含まれる，すなわち，3σ以内に1000のデータのうち997が入っているので，異常が起きていないにもかかわらず，異常が起きていると判定してしまう第1種の誤りが0.3%に設定されている．通常の検定は1%（0.01）又は5%（0.05）であるので，かなり小さい．その理由は，工程を管理する場合，異常であれば工程を止めて原因追究し，対策を講じなければならないためである．

"工程を止める"ということは生産工程にとって現場にとって死活問題ともいえる緊急事態である．そのため，ほぼ確実に異常が起きているときに限って工程を止めて原因追究と対策を行うことにしたい．そのため，第1種の誤りを小さくしているのである．

このとき，異常が起きていないにもかかわらず異常が起きていると誤って判定する第1種の誤りを通常よりも低く設定しているので，逆に，異常が起きているときに，異常であると判断する能力，すなわち，検出力（20.1.3項を参照）は悪くなることになる．そのため管理図では，安定状態の判定をするためのルールと異常と判定をするためのルールによって，早期に異常の検知ができる仕組みになっている．

22.2.2 管理図の種類

管理図は使用する統計量や使用目的から表22.2のように分類される．

表22.2 管理図の種類

分 類	管理図の種類	内 容
計量値管理図 （計量値に用いる管理図）	$\bar{X}$-R 管理図	平均値と範囲の管理図
	$\bar{X}$-s 管理図	平均値と標準偏差の管理図
	メディアン管理図	メディアンと範囲の管理図
	X 管理図	個々の測定値の管理図

22.2 管理図の考え方と使い方

表 22.2 (続き)

分　類	管理図の種類	内　　容
計数値管理図 (計数値に用いる管理図)	np 管理図	不適合品数の管理図
	p 管理図	不適合品率の管理図
	c 管理図	不適合数の管理図
	u 管理図	単位当たりの不適合数の管理図

(1) 統計量による分類

(a) $\overline{X}$-R 管理図, $\overline{X}$-s 管理図

品質特性として，長さ，重さ，時間，強さ，成分などの計量値で工程内のばらつきの変化をみるために用いられる．工程についての情報が最も多く得られる管理図である．

群ごとに取られるサンプルの大きさが大きくなると R よりも s のほうが統計量としての精度が高まる．これは R 管理図が最大値と最小値という二つの情報でばらつきをみているため，サンプルの大きさが大きくなると標準偏差に比べ，精度が悪くなっているからである．そのため，$\overline{X}$-R 管理図（図 22.4 を参照）ではなく，$\overline{X}$-s 管理図を用いることが多い．

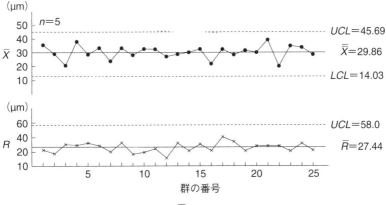

図 22.4 $\overline{X}$-R 管理図の例

(b) メディアン管理図

$\overline{X}$-R 管理図の $\overline{X}$ の代わりにメディアン（Me）を用いたもので，$\overline{X}$ の計算が不要という利便性がある．メディアン管理図も $\overline{X}$-R 管理図と同様に R 管理図を併用する．以前は"$\tilde{x}$（中央値）"と表記していた．

メディアン管理図は $\overline{X}$-R 管理図と同じような結論を導くが，いくつかの利点がある．それは計算が不要という利便性だけでなく，使用が容易なため，製造現場で利用しやすく，またメディアン Me と同時に個々の値も打点するので，メディアン管理図は工程のアウトプットであるばらつきを示すとともに，工程変動を時系列的にとらえることができる．さらに平均値のほうがメディアン Me に比べて異常値の影響を受ける度合が高い．そのため，異常値の影響を避けたい場合は，統計量としての精度は平均値よりも劣るが，この異常値に影響を受けにくいメディアン Me は好都合である．

(c) X 管理図

得られた個々の測定値（X）をそのまま打点して工程を管理する場合に用いる．一つの群から1個の測定値しか得られない場合や群の内部が均一で多くの測定値をとっても意味がない場合，又は測定値を得るのに時間がかかるため，1個の測定結果でできるだけ早く工程の安定状態の判定をしたい場合などに用いられる．

(d) np 管理図

1個1個の品物について適合・不適合を判定し，サンプル（n）中に不適合品が何個あったか（p）という不適合品数（不良数）（np）で工程を管理する場合に用いる．

(e) p 管理図

不適合品率（不良率）（p）で工程を管理する場合に用いる．群によってサンプルの大きさが一定でなくてもよく，2級品率，適合品率，出勤率などもこの管理図で管理することができる．

(f) c 管理図　群に含まれる欠点数（群の大きさ＝一定）

鉄板のきずの数，織物の織りむら，電線のピンホール，電気製品のはんだ不

適合箇所数，トラブル回数などの不適合数（欠点数）(c) によって工程を管理する場合のうち，不適合を発生する可能性のある広がり（サンプルの大きさ，又は群の大きさ）が一定のときに用いる．

(g) u 管理図　　単位当たり欠点数（群の大きさ≠一定）

不適合の数によって工程を管理するうち，不適合が発生する可能性のある広がり（サンプルの大きさ）が一定でない場合に用いる．製品について一定の単位を定め，サンプル中の不適合数 (c) を一定単位当たりの不適合数 (u) に直して管理図を作成する．

(2) 使用目的による分類

管理図は使用目的によって次の2種類に分類される（図22.5を参照）．

(a) 解析用管理図

工程で造りこまれた製品の品質特性とその特性に影響を及ぼす要因との関係を明らかにすることを工程解析といい，この工程解析に用いられる管理図が解析段階の管理図であり，解析用管理図という．

なお，管理のために管理図を計画する段階で，層別や群分けの方法，管理限界線の決定など，管理の方法を決めるために作成される管理図も含む．

(b) 管理用管理図

管理図によって工程を管理するため及び望ましい水準で一様な製品を維持するために用いられるもので，管理図本来の目的に沿った管理図である．1枚の用紙に解析用と管理用の管理図を並べて描くなど，二つを区別する必要がある場合には，解析用管理図の管理限界線と管理用管理図の管理限界線は区別しておいたほうがよい．

一般には，解析用管理図の管理限界線は破線で，管理用管理図での管理限界線は1点鎖線で記入する．ただし，中心線は両管理図とも実線とする（図22.5を参照）．

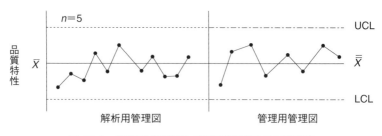

図 22.5　解析用管理図と管理用管理図での管理線

22.3　$\bar{X}$-R 管理図

計量値データの代表的な管理図である $\bar{X}$-R 管理図の作成手順の概略を事例に従って説明する．なお，詳細の手順等については『2015 年改定レベル表対応　品質管理検定教科書 QC 検定 3 級』を参照されたい．

具体的に考えてみる．QC 薬品の工場では，重要特性である薬品 A の内容量（基準値 50 ml からの外れ）について，$\bar{X}$-R 管理図を用いて工程の状況を把握することとした．そこで，毎日製造された部品から 1 日を群として 1 日に 5 個をランダムサンプリングして各サンプルの内容量を測定した結果，表 22.3 に示す 25 日間のデータを得た．

まず，群ごとに平均値 $\bar{X}$ 及び群ごとの最大値と最小値の差である範囲 R を計算する．次いで，群ごとの平均値 $\bar{X}$ の平均値 $\bar{\bar{X}}$ 及び範囲 R の平均 $\bar{R}$ を求める．

なお，求める値の桁数については，$\bar{X}$ は測定値のけたより 1 けた下まで求め，$\bar{\bar{X}}$ と $\bar{R}$ は測定値のけたより 2 けた下まで求める．

次に，管理線は $\bar{X}$ 管理図及び R 管理図の管理線として，中心線（CL），上方管理限界（UCL），下方管理限界（LCL）を計算により求める．

① $\bar{X}$ 管理図の管理線：$CL = \bar{\bar{X}}$, $UCL = \bar{\bar{X}} + A_2\bar{R}$, $LCL = \bar{\bar{X}} - A_2\bar{R}$

　A_2 は群の大きさ n によって決まる値で，表 22.4 の係数表（368 ページを参照）から求める．

22.3 $\overline{X}$-R 管理図

表 22.3 薬品 A の内容量のデータの例

群番号	測定値（単位：ml）					計 $\sum X$	平均値 $\overline{X}$	範囲 R
	X_1	X_2	X_3	X_4	X_5			
1	43	55	47	51	52	248	49.6	12
2	49	40	54	51	50	244	48.8	14
3	45	47	59	51	58	260	52.0	14
4	46	44	46	46	50	232	46.4	6
5	59	43	51	45	50	248	49.6	16
6	49	52	46	59	58	264	52.8	13
7	45	47	49	54	56	251	50.2	11
8	41	53	54	45	54	247	49.4	13
9	53	43	53	47	53	249	49.8	10
10	48	45	46	48	57	244	48.8	12
11	43	45	55	54	47	244	48.8	12
12	48	48	54	51	56	257	51.4	8
13	51	52	47	47	55	252	50.4	8
14	45	56	49	56	53	259	51.8	11
15	58	58	61	46	38	261	52.2	23
16	56	55	59	50	50	270	54.0	9
17	42	53	58	58	51	262	52.4	16
18	55	50	55	49	47	256	51.2	8
19	43	51	45	53	51	243	48.6	10
20	53	60	55	57	44	269	53.8	16
21	52	53	54	59	54	272	54.4	7
22	43	52	48	51	44	238	47.6	9
23	54	43	50	40	53	240	48.0	14
24	45	54	55	52	40	246	49.2	15
25	44	52	47	51	48	242	48.4	8
						合　計	1259.6	295

表 22.4 管理限界線を計算するための係数
(JIS Z 9021)

群の大きさ n	A_2	D_3	D_4
2	1.880	0.000	3.267
3	1.023	0.000	2.574
4	0.729	0.000	2.282
5	0.577	0.000	2.114
6	0.483	0.000	2.004
7	0.419	0.076	1.924
8	0.373	0.136	1.864
9	0.337	0.184	1.816
10	0.308	0.223	1.777

注 $n=6$ 以下の D_3 は示されない.

② R 管理図の管理線:$CL = \overline{R}$, $UCL = D_4\overline{R}$, $LCL = D_3\overline{R}$

D_3, D_4 は群の大きさによって決まる値で,表 22.4 の数値表から求める.

$\overline{X}$ 管理図の管理線:$CL = \overline{\overline{X}}, UCL = \overline{\overline{X}} + A_2\overline{R}, LCL = \overline{\overline{X}} - A_2\overline{R}$ を求めると,

$CL = \overline{\overline{X}} = 50.38$

$UCL = \overline{\overline{X}} + A_2\overline{R} = 50.38 + 0.577 \times 11.80 = 57.19$

$LCL = \overline{\overline{X}} - A_2\overline{R} = 50.38 - 0.577 \times 11.80 = 43.57$

R 管理図の管理線:$CL = \overline{R}$, $UCL = D_4\overline{R}$, $LCL = D_3\overline{R}$ を求めると,

$CL = \overline{R} = 11.80$

$UCL = D_4\overline{R} = 2.114 \times 11.80 = 24.9$

$LCL = D_3\overline{R} = 0.000 \times 11.80 = 0$ (このときの表示は"0"ではなく"−"
又は"示されない"とする)

得られた薬品 A の質量に関する $\overline{X}$-R 管理図が図 22.6 である.

同図の管理図が次に示す工程の安定状態の判定や異常判定のルールからみて,問題がないかどうかをみれば工程の状況を把握することができる.

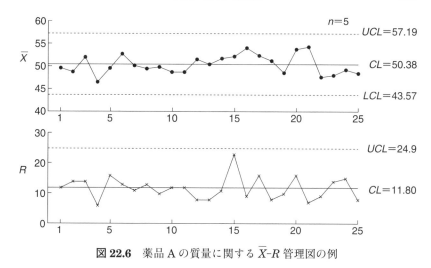

図 22.6　薬品 A の質量に関する $\overline{X}$-R 管理図の例

22.3.1　管理図の見方
(1) 安定状態の判断基準とその意味
(a) 工程を安定状態（統計的管理状態）と判定する基準
・点が管理限界線の外に出ない（管理外れの点がない）．
・点の並び方にくせがない．
なお，打点が管理限界線上にある場合は外に出たものとみなさない．
(b) 安定状態の判断
・連続 25 点すべてが管理限界内にある場合
・連続 35 点中，管理限界外の点が 1 点以内である場合
・連続 100 点中，管理限界外の点が 2 点以内である場合
ただし，上記の点数以内ならば点が限界外に出ても，原因追究をしなくてもよいということではない．管理限界外に点が出た場合には，いかなる場合でも，必ずその原因を探究し，処置しなければならない．
(c) 工程の安定と管理状態
工程が安定状態にあれば，変動の原因は偶然原因だけであって，突き止めら

れる原因は存在しないと考える．製造工程においては，管理図を利用して突き止められる原因の存在をみつけて迅速にその原因を探究し，経済的及び技術的に可能限り，原因の再発防止処置を施すことで安定状態は達成できる．

しかし，工程が安定していても規格との関係で平均値が中心からずれが大きかったり，規格幅に対して大きくばらついたりするような好ましくない安定状態では不適合品ばかりができてしまう．すなわち，規格値は顧客要求事項から決められ，管理線は工程の実力値から求められたものである．そこで技術的・経済的に十分検討して，品質水準を好ましい状態に改善し，維持して，好ましい品質水準での安定した状態に保つことを管理状態にあるという．

工程が安定な状態にあるというのは，工程に偶然原因のみが生じていて突き止められる原因が生じていない状態のことをいう．この状態のことを工程は正常であるといい，突き止められる原因が生じている状態を異常であるという．

しかし，我われは工程の真の状態を知ることは不可能であり，工程から取ったサンプルについて管理図を作成して判断をしているにすぎないということを常に意識しておかなければならない．

そのために先に述べた安定状態である判断基準と次に示す異常状態と判定するためのルールがガイドラインとして示されている．

(2) 異常状態と判定するためのルール

管理図から異常状態か否かを判定するルールが JIS Z 9021 に参考として記載されており，大よその目安となる．表22.5に"変動の判定ルール"として一覧を掲載する．

図22.6に示した管理図はどうであろうか．工程を安定状態（統計的管理状態）と判定する基準では，管理限界外れはないので工程は安定状態といえる．また，異常判定ルールの1～8にも該当しない．したがって，工程は安定状態にあるといってよい．

22.3 $\overline{X}$-R 管理図

表 22.5 突き止められる原因による変動の判定ルール

ルール No.	管理図	管理図の特徴
図，用語の説明	判定ルールのための領域 A は $2\sigma\sim3\sigma$，領域 B は $1\sigma\sim2\sigma$，領域 C は $0\sigma\sim1\sigma$ とする．連は中心線の一方に現れる連続して現れた点の並びのことを示す．	
ルール 1		1点が領域Aを超えている．
ルール 2		9点が中心線に対して同じ側にある．
ルール 3		6点が増加又は減少している．
ルール 4		14点が交互に増減している．

表 22.5 （続き）

ルール No.	管理図	管理図の特徴
ルール 5		連続する3点中2点が領域A又はそれを超えた領域にある．
ルール 6		連続する5点中4点が領域B又はそれを超えた領域にある．
ルール 7		連続する15点が領域Cにある．
ルール 8		連続する8点が領域Cを超えた領域にある．

備考　JIS Z 9021 をもとに作成

22.4　$\bar{X}$-s 管理図

$\bar{X}$-s 管理図は $\bar{X}$-R 管理図の範囲 R の代わりに標準偏差 s を用いる管理図である．群の大きさ n が大きい場合に用いる．目安として群の大きさ n が 10 以上といわれているが，範囲 R を用いたほうが容易なため，最近ではあまり利用されていない．

また，群の大きさが大きすぎると，標準偏差の差も小さくなり，管理限界の幅は非常に狭くなり，ほんの些細な変動であっても管理限界外に点が出てしまうことになる．これは，実務上"問題ない異常を異常"としてしまうことになる．

標準偏差を利用するから精度が高くなるからいっていては過剰品質にもなりかねない．この点に注意を払う必要がある．

$\overline{X}$ 管理図の管理線は次のようになる．

$$CL = \overline{\overline{X}} = \frac{\sum_{i=1}^{k} \overline{X}_i}{k} \quad (ただし，k：群の数)$$

$$UCL = \overline{\overline{X}} + A_3 \overline{s}$$

$$LCL = \overline{\overline{X}} - A_3 \overline{s}$$

s 管理図の管理線は次のようになる．

$$CL = \overline{s} = \frac{\sum_{i=1}^{k} s_i}{k} \quad (ただし，k：群の数)$$

$$UCL = B_4 \overline{s}$$

$$LCL = B_3 \overline{s}$$

なお，計算にあたって必要な係数の値は表 22.6 を用いる．

22.5　*Me-R* 管理図

Me-R 管理図は $\overline{X}$-R 管理図の $\overline{X}$ の代わりにメディアン Me を用いる管理図である．

メディアン Me は 1 群のデータについて，大きさの順番に並べたときの真中の値である．もとの母集団の分布が左右対称の正規分布であれば，メディアン Me の分布は平均の分布に比べて，平均値は同じであるが，ばらつきが少し大きくなる．そのため管理限界の幅が広がり，異常を検出する能力が弱くなる．

表 22.6 管理限界線を計算するための係数

群の大きさ n	管理限界のための係数												中心線のための係数			
	A	A_2	A_3	A_4	B_3	B_4	B_5	B_6	D_1	D_2	D_3	D_4	E_2	c_4	$1/c_4$	d_2	$1/d_2$
2	2.121	1.880	2.659	1.880	0.000	3.267	0.000	2.606	0.000	3.686	0.000	3.267	2.66	0.7979	1.2533	1.128	0.8865
3	1.732	1.023	1.954	1.187	0.000	2.568	0.000	2.276	0.000	4.358	0.000	2.574	1.77	0.8862	1.1284	1.639	0.5907
4	1.500	0.729	1.628	0.796	0.000	2.266	0.000	2.088	0.000	4.698	0.000	2.282	1.46	0.9213	1.0854	2.059	0.4857
5	1.342	0.577	1.427	0.691	0.000	2.089	0.000	1.964	0.000	4.918	0.000	2.114	1.29	0.9400	1.0638	2.326	0.4299
6	1.225	0.483	1.287	0.549	0.030	1.970	0.029	1.874	0.000	5.078	0.000	2.004	1.18	0.9515	1.0510	2.534	0.3946
7	1.134	0.419	1.182	0.509	0.118	1.882	0.113	1.806	0.204	5.204	0.076	1.924	1.11	0.9594	1.0423	2.704	0.3698
8	1.061	0.373	1.099	0.432	0.185	1.815	0.179	1.751	0.388	5.306	0.136	1.864	1.05	0.9650	1.0363	2.847	0.3512
9	1.000	0.337	1.032	0.412	0.239	1.761	0.232	1.707	0.547	5.393	0.184	1.816	1.01	0.9693	1.0317	2.970	0.3367
10	0.949	0.308	0.975	0.363	0.284	1.716	0.276	1.669	0.687	5.469	0.223	1.777	0.98	0.9727	1.0281	3.078	0.3249

参考 我が国では R 管理図において $n \leq 6$ の場合,"LCL は存在しない" とする.したがって,上表における $n \leq 6$ の場合の D_3 には,0.000 ではなく,"—" を記載している.これに従うならば,上表における $n \leq 5$ での B_3,B_5 及び $n \leq 6$ での D_1 も 0.000 ではなく,"—" と記載することになる.

しかし，群の中に異常値があると $\bar{X}$ は異常値の影響を受けるが，メディアン Me は異常値の影響を受けないという利点がある．また，この異常値の発見は R 管理図でみつけられるので，異常値も把握できる．

Me 管理図の管理線は次のようになる．

$$CL = \overline{Me} = \frac{\sum_{i=1}^{k} \overline{Me_i}}{k} \quad (ただし，k：群の数)$$

$$UCL = \overline{Me} + A_4\overline{R}$$

$$LCL = \overline{Me} - A_4\overline{R}$$

22.6　$\bar{X}$-s 管理図，$\bar{X}$-R 管理図，Me-R 管理図の違い

具体的に，表 22.7 のデータを用いて，$\bar{X}$-s，$\bar{X}$-R，Me-R の三者の管理図を作成してその違いをみる．なお，表 22.7 のデータはある合成反応によって得られた球状固体の平均粒子径（μm）の値である．

なお，$\bar{\bar{X}} = 19.940$，$\overline{Me} = 19.848$，$\bar{R} = 3.868$，$\bar{s} = 1.466$ とする．

表 22.7　群の数 25，群の大きさ $n = 7$ についての管理図データ

群	x_1	x_2	x_3	x_4	x_5	x_6	x_7
1	20.3	19.6	20.2	22.6	17.7	18.4	18.0
2	20.1	19.3	20.0	19.7	19.6	19.7	18.7
3	17.9	19.9	20.3	21.0	17.8	18.9	17.7
4	18.1	20.7	18.7	20.3	19.5	18.7	18.0
5	18.7	19.5	18.8	21.4	18.6	19.7	21.5
6	19.6	17.8	18.5	19.4	18.8	17.1	17.9
7	19.2	17.0	18.1	22.5	17.2	18.6	17.8
8	22.8	21.0	23.0	22.8	17.1	17.6	17.8
9	22.4	21.4	21.1	19.9	19.4	19.2	18.7
10	22.0	20.3	21.0	21.3	17.8	20.2	19.8

第22章 管理図

表 22.7 （続き）

群	x_1	x_2	x_3	x_4	x_5	x_6	x_7
11	20.2	20.4	19.7	21.9	18.2	18.3	17.6
12	19.6	20.2	19.9	20.5	19.2	18.6	17.6
13	20.3	19.7	19.8	22.6	19.5	22.3	22.5
14	19.4	18.7	20.8	20.7	20.5	20.5	22.1
15	18.7	19.6	19.3	22.4	17.8	21.9	21.2
16	19.6	17.9	19.4	21.8	21.4	23.0	22.2
17	18.9	18.6	19.1	21.5	18.6	19.6	20.5
18	18.8	19.6	18.0	21.4	21.1	22.6	21.7
19	19.2	18.1	18.4	22.8	19.6	21.3	22.8
20	17.8	18.9	18.7	20.9	19.2	20.5	20.0
21	19.0	17.8	18.2	22.6	18.3	21.6	22.2
22	18.5	18.2	17.8	20.4	20.1	21.5	22.3
23	17.3	17.6	18.3	22.1	18.7	22.0	20.5
24	22.1	21.4	22.9	23.1	19.0	22.5	22.4
25	21.7	20.6	21.4	21.7	19.6	22.3	22.4

表 22.7 から $\overline{X}, Me, s, R$ を求めたものを表 22.8 に示す．

表 22.8 群の数 25，群の大きさ $n = 7$ についての管理図データ及び $\overline{X}, Me, R, s$

群	x_1	x_2	x_3	x_4	x_5	x_6	x_7	$\overline{X}$	Me	R	s
1	20.3	19.6	20.2	22.6	17.7	18.4	18.0	19.54	19.6	4.9	1.71
2	20.1	19.3	20.0	19.7	19.6	19.7	18.7	19.59	19.7	1.4	0.47
3	17.9	19.9	20.3	21.0	17.8	18.9	17.7	19.07	18.9	3.3	1.34
4	18.1	20.7	18.7	20.3	19.5	18.7	18.0	19.14	18.7	2.7	1.06
5	18.7	19.5	18.8	21.4	18.6	19.7	21.5	19.74	19.5	2.9	1.24
6	19.6	17.8	18.5	19.4	18.8	17.1	17.9	18.44	18.5	2.5	0.90
7	19.2	17.0	18.1	22.5	17.2	18.6	17.8	18.63	18.1	5.5	1.87
8	22.8	21.0	23.0	22.8	17.1	17.6	17.8	20.30	21.0	5.9	2.71
9	22.4	21.4	21.1	19.9	19.4	19.2	18.7	20.30	19.9	3.7	1.35
10	22.0	20.3	21.0	21.3	17.8	20.2	19.8	20.34	20.3	4.2	1.35

22.6 $\overline{X}$-s 管理図, $\overline{X}$-R 管理図, Me-R 管理図の違い

表 22.8 (続き)

群	x_1	x_2	x_3	x_4	x_5	x_6	x_7	$\overline{X}$	Me	R	s
11	20.2	20.4	19.7	21.9	18.2	18.3	17.6	19.47	19.7	4.3	1.52
12	19.6	20.2	19.9	20.5	19.2	18.6	17.6	19.37	19.6	2.9	1.01
13	20.3	19.7	19.8	22.6	19.5	22.3	22.5	20.96	20.3	3.1	1.44
14	19.4	18.7	20.8	20.7	20.5	20.5	22.1	20.39	20.5	3.4	1.08
15	18.7	19.6	19.3	22.4	17.8	21.9	21.2	20.13	19.6	4.6	1.73
16	19.6	17.9	19.4	21.8	21.4	23.0	22.2	20.76	21.4	5.1	1.82
17	18.9	18.6	19.1	21.5	18.6	19.6	20.5	19.54	19.1	2.9	1.09
18	18.8	19.6	18.0	21.4	21.1	22.6	21.7	20.46	21.1	4.6	1.68
19	19.2	18.1	18.4	22.8	19.6	21.3	22.8	20.31	19.6	4.7	1.99
20	17.8	18.9	18.7	20.9	19.2	20.5	20.0	19.43	19.2	3.1	1.09
21	19.0	17.8	18.2	22.6	18.3	21.6	22.2	19.96	19.0	4.8	2.08
22	18.5	18.2	17.8	20.4	20.1	21.5	22.3	19.83	20.1	4.5	1.72
23	17.3	17.6	18.3	22.1	18.7	22.0	20.5	19.50	18.7	4.8	2.02
24	22.1	21.4	22.9	23.1	19.0	22.5	22.4	21.91	22.4	4.1	1.40
25	21.7	20.6	21.4	21.7	19.6	22.3	22.4	21.39	21.7	2.8	0.99
平均	—	—	—	—	—	—	—	19.940	19.848	3.868	1.466

(1) $\overline{X}$-R 管理図について

$\overline{X}$ 管理図

$$CL = \overline{\overline{X}} = 19.940$$
$$UCL = \overline{\overline{X}} + A_2\overline{R} = 19.940 + 0.419 \times 3.868 = 21.561$$
$$LCL = \overline{\overline{X}} - A_2\overline{R} = 19.940 - 0.419 \times 3.868 = 18.319$$

R 管理図

$$CL = \overline{R} = 3.868$$
$$UCL = D_4\overline{R} = 1.924 \times 3.868 = 7.44$$
$$LCL = D_3\overline{R} = 0.076 \times 3.868 = 0.29$$

なお，$\overline{X}$-R 管理図から全体の変動を群内変動 $\hat{\sigma}_w$ と群間変動 $\hat{\sigma}_b$ に分解できる．すなわち，

$$\text{群内変動 } \hat{\sigma}_w = \frac{\overline{R}}{d_2} = \frac{3.868}{2.704} = 1.430$$

であり，

$$\text{群間変動 } \hat{\sigma}_b = \sqrt{\hat{\sigma}_{\overline{X}}^2 - \frac{\hat{\sigma}_w^2}{n}} = \sqrt{\frac{\sum_{i=1}^{k}(\overline{X}_i - \overline{\overline{X}})^2}{k-1} - \frac{(\overline{R}/d_2)^2}{n}} = 0.59$$

ただし，k：群の数

となる．

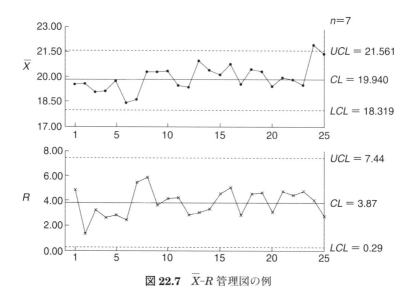

図 22.7 $\overline{X}$-R 管理図の例

22.6 $\bar{X}$-s 管理図, $\bar{X}$-R 管理図, Me-R 管理図の違い

(2) $\bar{X}$-s 管理図

$\bar{X}$ 管理図

$$CL = \bar{\bar{X}} = \frac{\sum_{i=1}^{k} \bar{X}_i}{k} = 19.940 \quad (\text{ただし}, \ k：群の数)$$

$$UCL = \bar{\bar{X}} + A_3\bar{s} = 19.940 + 1.182 \times 1.466 = 21.673$$
$$LCL = \bar{\bar{X}} - A_3\bar{s} = 19.940 - 1.182 \times 1.466 = 18.207$$

s 管理図

$$CL = \bar{s} = \frac{\sum_{i=1}^{k} s_i}{k} = 1.466 \quad (\text{ただし}, \ k：群の数)$$

$$UCL = B_4\bar{s} = 1.882 \times 1.466 = 2.759$$
$$LCL = B_3\bar{s} = 0.118 \times 1.466 = 0.173$$

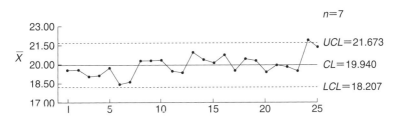
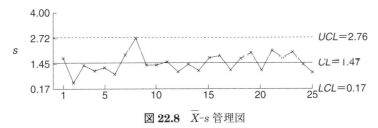

図 22.8 $\bar{X}$-s 管理図

(3) $Me\text{-}R$ 管理図

Me 管理図

$$CL = \overline{Me} = \frac{\sum_{i=1}^{k} Me_i}{k} = 19.848$$

$$UCL = \overline{Me} + A_4\overline{R} = 19.848 + 0.509 \times 3.868 = 21.817$$

$$LCL = \overline{Me} - A_4\overline{R} = 19.848 - 0.509 \times 3.868 = 17.879$$

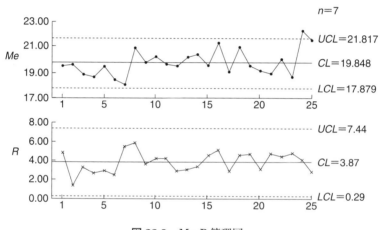

図 22.9　$Me\text{-}R$ 管理図

　図 22.7 の $\overline{X}$ 管理図と図 22.9 の Me 管理図では，Me 管理図のほうが管理限界の幅がやや広がっているが，外れ値は明確さをもって外れている．双方ではそれほど精度に大きな差がないので，Me 管理図も実用性が十分ある．

　また，図 22.7，図 22.9 の R 管理図と図 22.8 の s 管理図では，s 管理図のほうが管理限界の幅が狭くなって，上方管理限界線上にプロットされる点が発生している．

22.7 X-R 管理図

X 管理図は個々のデータをプロットする管理図である．反応器における収率をみるときや一日の電気使用量や均一に混合されている液体の入った容器から採取する場合など，一つの測定値である場合は，群分けに意味がない，あるいは，技術的にみて群とは考えない場合である．

X 管理図において，R は移動範囲を表し，連続する二つの値の差の絶対値である．R 管理図では，$n = 2$ の移動範囲を用いることが多い．

X 管理図

$$CL = \overline{X} = \frac{\sum_{i=1}^{k} X_i}{k}$$

$$UCL = \overline{X} + 2.66\overline{R}$$

$$LCL = \overline{X} - 2.66\overline{R}$$

R 管理図

$$CL = \overline{R} = \frac{\sum_{i=1}^{k} R_i}{k - 1}$$

$$UCL = 3.27\overline{R}$$

$$LCL = 示されない$$

表 22.7 のデータ x_1 のみを使って X-R 管理図を描いてみる（図 22.10 を参照）．

この例では，管理限界線外れが X 管理図で 1 か所，R 管理図で 1 か所，1σ 外れ 4 か所，1σ 外れ 1 か所で，かつ，下降現象が発生しているので，工程が不安定になっているかもしれないという状況である．$\overline{X}$-R 管理図では，$\overline{X}$ 管理図での管理限界外れが 1 か所，1σ 外れが 2 か所，1σ 外れが 1 か所であったのに比べて誤った判断をするおそれがある．

なお，以前は移動範囲を Rs と表し，X-Rs 管理図と記していた．

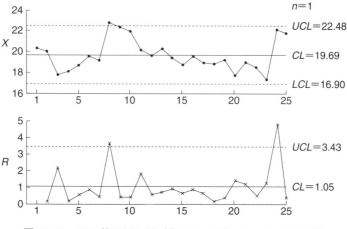

図 22.10 X-R 管理図の例（表 22.7 のデータ x_1 のみを使用）

22.8 np 管理図，p 管理図

np 管理図，p 管理図は主に不適合品数や不適合品率に用いられる．

p 管理図は不適合品の全体に占める割合（率）であり，不適合品数を検査個数で除して求めるので検査個数（群の大きさ）が一定でなくともよいが，np 管理図は検査個数に対する不適合個数を求めるものであることから検査個数（群の大きさ）が一定でなければならない．

なお，群の大きさの目安としては，不適合品数が 1 〜 5 程度含まれるように決める．

（1）np 管理図

np 管理図とはサンプルの大きさが一定で，工程を不適合品数（不良個数）np で管理する場合に用いる管理図である．大きさ一定のサンプルを 20 〜 25 群ほどとり，各群の中の不適合品数（不良個数）np を調べる．サンプルの大きさは工程の不適合品率（不良率）を予測して，平均としてサンプル中に 1 〜 5 個くらいの不適合品数（不良個数）が含まれるようにする．

例えば，$p = 0.05$（5％）とすると，$np = 1 \sim 5$ であると $n = 20 \sim 100$（個）

22.8 np 管理図, p 管理図

がサンプルの大きさである.

① np 管理図の管理線

$$CL = n\bar{p} = \frac{\sum_{i=1}^{k} np_i}{k}$$

$$UCL = n\bar{p} + 3\sqrt{n\bar{p}(1-\bar{p})}$$
$$LCL = n\bar{p} - 3\sqrt{n\bar{p}(1-\bar{p})}$$

ただし, np_i:第 i 群の不適合品数

np:各群の不適合品数

$\sum np$:不適合品数の総和

k:群の数

有効けた数は測定値 np より小数点以下1けたまで求める.

② 工程平均不適合品率(不良率)p は次式で求める.

$$\bar{p} = \frac{\sum np}{\sum n} = \frac{\sum np}{kn} = \frac{総不適合品数(不良個数)}{総検査個数}$$

ただし, $\sum n = kn$:総検査個数(検査個数の総和)

例 表22.9は1か月間の部品Aの欠けによる不適合を調査した表である.この表をもとに np 管理図(図22.11を参照)で解析を行う.

表22.9 日ごとの部品Aの欠けの数(サンプルの大きさ:$n = 300$)

群の数:30					
日にち	欠けの数	日にち	欠けの数	日にち	欠けの数
1	9	4	10	7	18
2	14	5	7	8	11
3	8	6	10	9	6

表 22.9 （続き）

群の数：30					
日にち	欠けの数	日にち	欠けの数	日にち	欠けの数
10	13	17	7	24	12
11	10	18	14	25	8
12	8	19	9	26	13
13	11	20	11	27	9
14	9	21	9	28	10
15	5	22	14	29	10
16	13	23	4	30	7

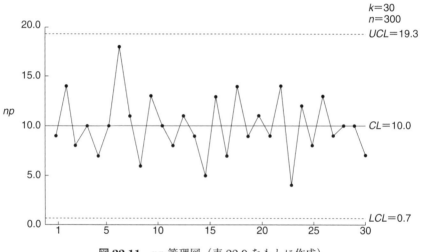

図 22.11 np 管理図（表 22.9 をもとに作成）

中心線，管理線を求める．

$$\bar{p} = \frac{299}{30 \times 300} = 0.0332 = 3.32\ (\%)$$

22.8 np 管理図, p 管理図

$$CL = n\bar{p} = \frac{\sum_{i=1}^{k} np_i}{k} = \frac{299}{30} = 9.97$$

$$UCL = n\bar{p} + 3\sqrt{n\bar{p}(1-\bar{p})} = 9.97 + 3\sqrt{9.97 \times 0.9668} = 19.28$$

$$LCL = n\bar{p} - 3\sqrt{n\bar{p}(1-\bar{p})} = 9.97 - 3\sqrt{9.97 \times 0.9668} = 0.66$$

図 22.11 より，14 点が交互に増減している（ルール 4, 表 22.5 参照）ので，調査が必要である．

(2) p 管理図

p 管理図は工程を不適合品率（不良率）p で管理する場合に用い，サンプルの大きさは必ずしも一定でなくてもよい．作成方法は管理図とほぼ同様であるが，管理限界の計算式が若干異なり，サンプルの大きさが異なるときは n によって管理限界の幅が変わる．

① 群ごとの不適合品率（不良率）p を計算する．

$$p = \frac{np}{n} = \frac{\text{不適合品数}}{\text{検査個数}}$$

ただし，np：サンプル中の不適合品数（不良個数）

n：1 群のサンプルの大きさ

② 中心線，管理線を求める．

$$CL = \bar{p} = \frac{\sum_{i=1}^{k} (np)_i}{\sum_{i=1}^{k} n_i}$$

$$UCL = \bar{p} + 3\sqrt{\frac{\bar{p}(1-\bar{p})}{n_i}}$$

$$LCL = \bar{p} - 3\sqrt{\frac{\bar{p}(1-\bar{p})}{n_i}}$$

サンプルの大きさが群ごとに違う場合は，管理限界を群ごとに計算し，各点についてその限界値を適用する（中心線は変わらない）．したがって，管理図上に記入した管理限界線は凹凸となり，n が大きいほど限界幅は狭くなる．

ここに,生産単位が1トンで生産単位ごとに適合,不適合を判定する製品があるとする.その生産ロットごとの生産量と不適合品量を表22.10に示す.

生産ロット No.1 について求めてみる(すべての結果は,表22.11を参照).なお,管理線は,%で表示する.

$$CL = \bar{p} = \frac{\sum_{i=1}^{k}(np)_i}{\sum_{i=1}^{k}n_i} = \frac{\text{不適合品数の総和}}{\text{検査個数の総和}} = \frac{151}{10160} = 0.01486$$

$$= 1.49\ (\%)$$

$$UCL = \bar{p} + 3\sqrt{\frac{\bar{p}(1-\bar{p})}{n_i}} = 0.01486 + 3\sqrt{\frac{0.01486 \times 0.98514}{415}}$$

$$= 0.03268 = 3.27\ (\%)$$

$$LCL = \bar{p} - 3\sqrt{\frac{\bar{p}(1-\bar{p})}{n_i}} = 0.01486 - 3\sqrt{\frac{0.01486 \times 0.98514}{415}}$$

$$= -0.00296 = -0.30\ (\%) < 0$$

LCL は(正の整数をとるので)示されない(図22.12を参照).

表22.10 生産ロットごとの生産量と不適合品量

生産ロット No.	不適合品量(トン)	生産量(トン)	生産ロット No.	不適合品量(トン)	生産量(トン)	生産ロット No.	不適合品量(トン)	生産量(トン)
1	6	415	11	4	460	21	5	400
2	3	380	12	3	440	22	5	420
3	8	350	13	7	400	23	7	480
4	2	375	14	8	380	24	9	500
5	3	450	15	8	370	25	6	450
6	8	420	16	7	380			
7	7	380	17	4	390			
8	5	350	18	7	400			
9	9	380	19	6	430			
10	9	400	20	5	360			

22.8 np 管理図, p 管理図

表 **22.11** 生産ロットごとの UCL

ロット No.	n	np	p (%)	UCL (%)	ロット No.	n	np	p (%)	UCL (%)
1	415	6	1.446	3.27	16	380	7	1.842	3.35
2	380	3	0.789	3.35	17	390	4	1.026	3.32
3	350	8	2.286	3.43	18	400	7	1.750	3.30
4	375	2	0.533	3.36	19	430	6	1.395	3.24
5	450	3	0.667	3.20	20	360	5	1.389	3.40
6	420	8	1.905	3.26	21	400	5	1.250	3.30
7	380	7	1.842	3.35	22	420	5	1.190	3.26
8	350	5	1.429	3.43	23	480	7	1.458	3.14
9	380	9	2.368	3.35	24	500	9	1.800	3.11
10	400	9	2.250	3.30	25	450	6	1.333	3.20
11	460	4	0.870	3.18	計	10160	151	1.486	—
12	440	3	0.682	3.22					
13	400	7	1.750	3.30					
14	380	8	2.105	3.35					
15	370	8	2.162	3.37					

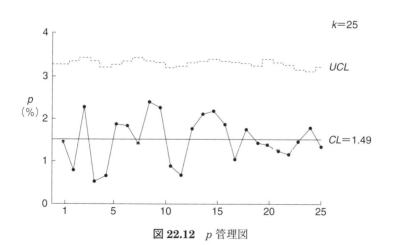

図 **22.12** p 管理図

判定ルール上の問題はなさそうである．工程は安定しているといえる．

22.9　u 管理図，c 管理図

u 管理図，c 管理図とも特性値が不適合数（欠点数）の場合である．群の大きさが一定でない場合は，単位当たりの欠点数を求め，u 管理図を用いる．群の大きさが一定の場合は，c 管理図を用いる．

（1）u 管理図の管理線（群の大きさ≠一定）

u 管理図では，群ごとの単位当たりの不適合数から求める．

$$u_i = \frac{c_i}{n_i}$$

　　　ただし，u_i：単位当たりの不適合数
　　　　　　　c_i：群内の不適合数
　　　　　　　n_i：群の大きさ

例えば，10 m² 当たり 32 個の不適合数の場合，$u_i = \dfrac{c_i}{n_i} = \dfrac{32}{10} = 3.2$（個/m²）となる．

u 管理図の管理線は次式から得られる．

$$CL = \bar{u} = \frac{\sum_{i=1}^{k} c_i}{\sum_{i=1}^{k} n_i}$$

$$UCL = \bar{u} + 3\sqrt{\frac{\bar{u}}{n_i}}$$

$$LCL = \bar{u} - 3\sqrt{\frac{\bar{u}}{n_i}}$$

最近開発した特殊用途のシートでは 50（μm）以上の異物が強度に影響する

22.9 u 管理図, c 管理図

ため徹底した異物管理のため，現状での異物の状況を把握するためデータを採取した．その結果を表 22.12 に示す．

表 22.12 シート中の異物個数

ロット	異物個数	シート面積 (m^2)	ロット	異物個数	シート面積 (m^2)	ロット	異物個数	シート面積 (m^2)
1	4	6	11	3	4	21	5	5
2	4	3	12	4	3	22	5	5
3	3	8	13	4	7	23	7	7
4	2	2	14	7	8	24	7	9
5	2	3	15	8	8	25	5	6
6	5	8	16	8	7	26	3	6
7	8	7	17	2	4	27	5	8
8	7	5	18	4	7	28	7	9
9	3	9	19	7	6	29	3	5
10	9	9	20	5	5	30	1	7

単位面積当たりの異物個数になるので，u 管理図で解析を試みる．

ロット 1 について求めると次のようになる．また，すべての結果を表 22.13，図 22.13 に示す．

$$CL = \bar{u} = \frac{\sum_{i=1}^{k} c_i}{\sum_{i=1}^{k} n_i} = \frac{147}{186} = 0.79$$

$$UCL = \bar{u} + 3 \times \sqrt{\frac{\bar{u}}{n_i}} = 0.79 + 3 \times \sqrt{\frac{0.79}{6}} = 1.88$$

$$LCL = \bar{u} - 3 \times \sqrt{\frac{\bar{u}}{n_i}} = 0.79 - 3 \times \sqrt{\frac{0.79}{6}} = -0.30 = 示されない$$

表 22.13　ロット No. ごとの中央線と管理限界線

ロット No.	n	c	u	UCL	LCL
1	6	4	0.67	1.88	—
2	3	4	1.33	2.33	—
3	8	3	0.38	1.73	—
4	2	2	1.00	2.68	—
5	3	2	0.67	2.33	—
6	8	5	0.63	1.73	—
7	7	8	1.14	1.80	—
8	5	7	1.40	1.98	—
9	9	3	0.33	1.68	—
10	9	9	1.00	1.68	—
11	4	3	0.75	2.12	—
12	3	4	1.33	2.33	—
13	7	4	0.57	1.80	—
14	8	7	0.88	1.73	—
15	8	8	1.00	1.73	—
16	7	8	1.14	1.80	—
17	4	2	0.50	2.12	—
18	7	4	0.57	1.80	—
19	6	7	1.17	1.88	—
20	5	5	1.00	1.98	—
21	5	5	1.00	1.98	—
22	5	5	1.00	1.98	—
23	7	7	1.00	1.80	—
24	9	7	0.78	1.68	—
25	6	5	0.83	1.88	—
26	6	3	0.50	1.88	—
27	8	5	0.63	1.73	—
28	9	7	0.78	1.68	—
29	5	3	0.60	1.98	—
30	7	1	0.14	1.80	—

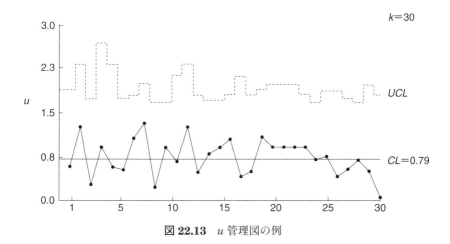

図 **22.13** u 管理図の例

　u 管理図では管理限界を超える点はなく，点の並び方にもくせはないので，工程は安定状態にあるといえる．ロット No.24 以降，異物は減っているので，4M や 5M などで変化点がないかを確認して改善に結びつく要因はないかを調べていくことも必要である．

(2) c 管理図の管理線（群の大きさ＝一定）

　c 管理図の管理線は次式から得られる．

$$CL = \bar{c} = \frac{\sum_{i=1}^{k} c_i}{k}$$

$$UCL = \bar{c} + 3\sqrt{\bar{c}}$$

$$LCL = \bar{c} - 3\sqrt{\bar{c}}$$

　シール性の高さを要求される医療用薬剤 A を生産している．従来気がついていない程度の漏れも測定できる検査機が設置されたので，そのシール性を確認したところ表 22.14 のようになった．このデータを解析する．

表22.14 シール不適合のデータ表

1ロットのサンプルの大きさ：$n = 500$

ロット	シール不良	ロット	シール不良	ロット	シール不良
1	2	11	4	21	2
2	1	12	3	22	5
3	3	13	9	23	1
4	7	14	1	24	9
5	3	15	0	25	0
6	1	16	1	26	3
7	2	17	2	27	7
8	0	18	2	28	4
9	3	19	8	29	1
10	2	20	12	30	5

同表より，シールの不適合総数 $\sum_{i=1}^{k} c_i = 103$ であることから，

$$CL = \bar{c} = \frac{\sum_{i=1}^{k} c_i}{k} = \frac{103}{30} = 3.43 \quad (ただし，k：ロットの数)$$

$$UCL = \bar{c} + 3\sqrt{\bar{c}} = 3.43 + 3 \times \sqrt{3.43} = 8.99$$

$$LCL = \bar{c} - 3\sqrt{\bar{c}} = 3.43 - 3 \times \sqrt{3.43} = -2.12 < 0 \quad (示されない)$$

表22.14からc管理図を作成すると図22.14が得られる．同図より管理限界外の点が3点あり，2σ外れ，1σ外れが1点ずつあることがわかる．突発的に悪くなっている．また20ロット以降変動が大きくなっている．突発の原因が定常化している可能性があるので，値が高くなる前後の情報収集が必要である．

22.9 u 管理図, c 管理図

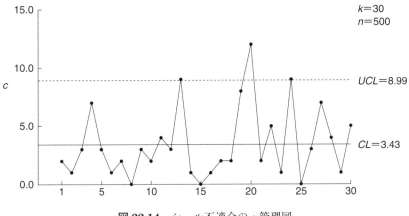

図 **22.14** シール不適合の c 管理図

第 23 章　工程能力指数

23.1　工程能力指数の計算と評価方法

23.1.1　工程能力指数（計算と評価方法）

工程能力とは，工程の品質に関する能力のことで，工程品質能力ともいわれる．工程が安定状態にあるとき，どの程度のばらつきで品質を実現しうるかの能力を示すものである．均一な製品をつくることができる工程は工程能力があるといわれる．

したがって，精密さ又は精度の指標として用いられる．正規分布の場合には，±3σの中に 99.7% のデータが入るので，通常平均値 ±3σ で工程能力を表すことが多いが，6σ で表すこともある．この値と規格幅を比較した指標が工程能力指数 C_p である．

工程の品質を確保するということは，特性値をねらいの値にコントロールできる正確さとばらつかない精密さが両立されなければならない．そのため，工程能力レベルを判断するために，工程能力指数 C_p とかたよりを考えた場合の工程能力指数 C_{pk} が広く使われている．

工程が管理状態にないときに工程能力指数 C_p を算出しても正しい評価はできない．工程が管理された安定状態であるときに有効な指標である．

(1) 両側規格の場合

$$C_p = \frac{S_U - S_L}{6s}$$

ただし，S_U：上限規格
　　　　S_L：下限規格
　　　　s：標準偏差

平均値 $\bar{x}$ が規格の中心と大きくずれている場合は，C_p だけでなく C_{pk} を求める．なお，平均値に近いほうの規格値を用いて片側規格の C_p を求めても同じ値が得られる．C_{pk} が平均値のかたよりを考慮した評価指標であるというのは，C_{pk} が平均値のずれている側の片側規格に対する C_p を求めることを意味している．

$\bar{x}$ が規格の中心からずれている場合には C_p では分布が規格の外にあってもばらつきが小さいことが定義式からわかるように，工程能力を正しく示すことができない．そこで，$\bar{x}$ と規格の幅をみることで，そのかたよりを考慮しようとしたものが C_{pk} である．

$$C_{pk} = (1-k)\frac{S_U - S_L}{6s}$$

ただし，k：かたより度　$k = \dfrac{|(S_U + S_L) - 2\bar{x}|}{S_U - S_L}$

$$C_{pk} = \min\left(\frac{S_U - \bar{x}}{3s},\ \frac{\bar{x} - S_L}{3s}\right)$$

ただし，$\min(A, B)$：A, B 二つのうち，小さいほうを選ぶことを意味する演算記号

(2) 片側規格の場合

① 上限規格の場合

$$C_p = \frac{S_U - \bar{x}}{3s}$$

② 下限規格の場合

$$C_p = \frac{\bar{x} - S_L}{3s}$$

一般的に工程能力は C_p が 1.33 以上であれば十分と判断される．工程能力の有無の判断を表 23.1 に示す．

第23章 工程能力指数

表23.1 工程能力指数の評価基準

No.	C_p（又はC_{pk}）の値	分布と規格の関係	工程能力有無の判断
1	$C_p \geqq 1.67$		工程能力は十分すぎる．
2	$1.67 > C_p \geqq 1.33$		工程能力は十分である．
3	$1.33 > C_p \geqq 1.00$		工程能力は十分とはいえないがまずまずである．
4	$1.00 > C_p \geqq 0.67$		工程能力は不足している．
5	$0.67 > C_p$		工程能力は非常に不足している．

具体的に，製品の質量の工程能力を求めてみる．

規格値は90.0±5.0 (kg)，平均値$\bar{x} = 90.51$ (kg)，標準偏差$s = 2.269$ (kg)ならば，工程能力指数C_p，C_{pk}は次のようになる．

$$C_p = 10.0/(6 \times 2.269) = 0.735$$

$$C_{pk} = \min(0.660, 0.809) = 0.660$$

かたより度kは$1 - k = \dfrac{C_{pk}}{C_p} = 0.898$より$k = 0.102$となる．したがって，工程能力は非常に不足していることがわかる．

なお，JIS Z 9021（シューハート管理図）では工程能力指数を PCI（Process Capability Index）と表記している．ここまで説明している C_p と同じ意味である．

23.1.2 管理のための工程能力の利用

第22章（管理図）では管理図は製品をつくり出している工程の実態を把握する方法として紹介した．工程が管理状態にある場合，製品規格に対して満足しているかどうかを工程能力指数で判断することができる．すなわち，管理図で工程が統計的管理状態にあるか，次に，規格との関係を満足しているかを見極め，満足していなければ工程の改善を試みるというように改善の道具として利用していくことが重要である．図23.1にそれを示す．

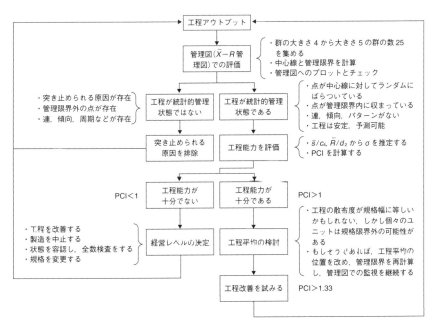

図 23.1　工程改善のための方策
（JIS Z 9021，シューハート管理図より）

第 24 章　抜 取 検 査

24.1　抜取検査の考え方

　抜取検査とは，ロットからあらかじめ定められた抜取検査方式に従ってサンプルを抜き取って試験し，その結果をロット判定基準と比較して，そのロットの合格・不合格を判定する検査である．図 24.1 に抜取検査の概念図を示す．

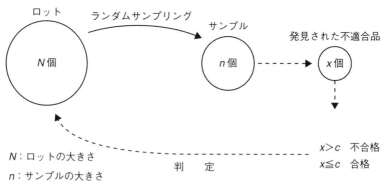

図 24.1　抜取検査の概念図（計数型の例）

　抜取検査では，検査対象とする母集団であるロットと，そこからランダムに抜き取って得られるサンプルとの関係を考えることが大切である．例えば，サンプルに含まれる不適合品の数に注目して考えてみる．例えば，ロットの不適合品率（母不適合品率）が 10% のとき，ここから 20 のサンプルを抜き取った場合の不適合品はいくつになるであろうか．

　このロットの不適合品率（母不適合品率）10% の母集団から 20 個のサンプ

24.1 抜取検査の考え方

ルを抜き取って不適合品の数を数えることを繰り返して行うと，10％という比率どおりの不適合率が2個の結果になるのは三分の一もない．これは，計数値の場合はサンプル中に含まれる不適合個数の割合（確率）が二項分布やポアソン分布に従うことから，不適合品の個数がばらつくためである．

そのため，一定の不適合率のロットでも合格することもあれば不合格になることもあるということになるので次が定められている．

(1) 抜取検査を採用する条件

① ロットとして処置がとれること

判定を下す対象が不明確であると混乱のもととなるので，検査ロットの範囲を事前に明確にしておく必要がある．

② 合格ロット中にもある程度の不適合品の混入が許せること

抜取検査では不適合品率0（ゼロ）を保証することはできないので，ロット中に多少の不適合品の混入が許されることが必要である．しかし，安全に関係する製品や医療用，宇宙開発など，特殊用途の場合では不適合品の混入はゼロの必要があるので全数検査となる．

(2) 抜取検査の判定について

合格の確率はロットの不適合率に応じて変化する．すなわち，ロットの不適合率が低ければ合格の確率は大きく，ロットの不適合率が高ければ，合格の確率は小さくなる．そのため，ロットの不適合品率と合格の確率の関係を表す指標が必要である．24.2.2項で述べるOC曲線などが該当する．

(3) 抜取検査におけるサンプルの大きさ（サンプルサイズ）と合格判定個数について

抜取検査にサンプルの大きさnと合格判定個数cを定めておくことが必要である．ロットからランダムに抜き取るサンプルの大きさnと，合格判定個数cでサンプルを試験した結果，不良品（不適合品）がc個以下（c個も含む）なら合格と判定し，c個を超えたなら不合格とする．

例 サンプルの大きさ：$n = 20$，不適合品率$p = 0.10$のとき，$c = 2$となるような"nとcの組合せ"を抜取検査方式という．

（4）抜取検査の形式について

サンプルの抜取回数からの分類では次の4種類がある．

① 1回抜取形式

　　ロットからサンプルをただ1回抜き取り，その試験結果によってロットの合格・不合格を判定する形式である．

② 2回抜取形式

　　第1回目として指定された大きさのサンプルの試験結果によって，ロットの合格・不合格，検査続行をいずれかの基準のもとに判定する．検査続行となれば，第2回目として指定された大きさのサンプルの試験結果と第1回目の結果との累積した成績によってロットの合格・不合格を判定する形式である．

③ 多回抜取形式

　　毎回定められた大きさのサンプルを試験し，各回までの累積成績をロット判定基準と比較し，合格・不合格，検査続行をいずれかの基準のもとに判定する．一定回数までに合格か不合格かを判定する形式である．

④ 逐次抜取形式

　　1個ずつ又は一定個数ずつのサンプルを試験しながら，その累積成績をその都度ロット判定基準と比較することによって，合格・不合格，検査続行をいずれかの基準のもとに判定する形式である．

（5）抜取検査方式を選ぶ原則

抜取検査ではロットの一部を抜き取って調べ，その結果によってそのロット全体の品質を判定して合格か不合格かを決めるのであるから，抜取によって合格となったり不合格となったりという変動は避けることができない．この変動による危険を少なくしようとする要求から抜取のサンプルの大きさを大きくしようとする要求と検査費用を少なくしようとする経済的な要求を考慮し，その間に妥協点を見いだす必要がある．

抜取検査方式を選ぶには，各種方式の条件や特徴を知ってその検査の目的，性質などに合致したものを選ばなければならない．

（6）抜取検査の種類

① 計数値抜取検査

　　サンプルを試験して検査単位を不適合個数によって適合品・不適合品に分けて不適合品の数を数えるか，あるいは欠点の個数を数えて合格判定個数と比較してロットの合格・不合格を判定する検査方法である．

② 計量値抜取検査

　　サンプルを試験し，その結果の計量値のデータから平均値，標準偏差を計算し，合格判定値と比較してロットの合格・不合格を判定する検査方法である．

（7）抜取検査の適用

抜取検査は一般的に，ある程度の不適合品の混入が許せるときで，次のような場合に適用される．

① 破壊検査などのため全数検査ができないとき

② 初めて又は間欠的な取引などでロットの品質に関する事前情報が不足しているとき

③ 品質水準は必ずしも満足ではないが全数検査を必要とするほどでもなく，悪いロットだけは全数選別するなどの方法によって平均品質の改善を図りたいとき

④ 検査の成績によって供給者を格付け選択したい場合で，ロットごとの品質が変動するとき，又はロット数がまだ少なくて，間接検査に移行するには不十分なとき

また，抜取検査は全数検査に比べて，試験する検査単位の数が少なくて済むので，多くの品質項目について試験することができる．しかし，同じ品質のロットでも合格になったり不合格になったりすることがある．

非常に小さい不適合品率の場合には，不適合品の検出が困難であるなど個々の問題があるので，採用にあたっては十分に検討すべきである．

24.2 計数規準型抜取検査

不適合品の個数の場合の計数規準型抜取検査は生産者にとっては，不適合品率 p_0 の品質の良いロットでは不合格となる確率 α（生産者危険という）はなるべく減らしたい．一方，消費者にすれば不適合品率 p_1 の品質の悪いロットに対しては，合格となる確率 β（消費者危険という）をなるべく下げさせたい．

計数規準型抜取検査は，これら生産者及び消費者の要求する検査特性をもつように設計した抜取検査で，ロットごとの合格・不合格を一回に抜き取ったサンプル中の不適合品の個数によって判定するものである．

この検査は抜取検査であるから，製品がロットとして処理できることが必要で，合格ロット中にもある程度の不適合品の混入は避けられない．

すなわち，生産者側に対しては生産者危険（一般的に $\alpha = 0.05$）を，消費者側に対しては消費者危険（一般的に $\beta = 0.10$）をそれぞれ一定の小さい値に決めて，この α, β を満たす OC 曲線からサンプルの大きさ（n），合格判定個数（c）を決定する検査方法である．

したがって，この型の抜取検査は新しく購入する品物とか，ときたま買い入れる品物などのように，提出されるロットの品質について予備知識がない場合に適用すると効果がある．代表的なものには，JIS Z 9002（計数規準型一回抜取検査）である．以下に JIS Z 9002 の記号及び用語の定義を記す．なお，本書では"試料"を"サンプル"と置き換えて説明する．

(1) 記 号

p_0：なるべく合格させたいロットの不適合率の上限

p_1：なるべく不合格としたいロットの不適合率の下限

α：生産者危険（不適合率 p_0 のロットが不合格となる確率）

β：消費者危険（不適合率 p_1 のロットが合格となる確率）

n：試料の大きさ

c：合格判定個数

(2) 用　語

検査単位：検査の目的のために選ぶ単位体又は単位量

検査ロット：検査の対象となるひとまとめの品物の集まり（以下"ロット"という）

ロットの大きさ：ロット内の検査単位の総数

不適合品：品質基準に適合しない検査単位

OC 曲線（検査特性曲線）：抜取検査方式の特性を表すため，ロットの不適合率に対してその抜取検査で合格になる確率を示した曲線［図 24.3(b) を参照］

試　料：ロットから抜き取られる検査単位の集まり

試料の大きさ：試料中の検査単位の数

$$\text{ロットの不適合率} = \frac{\text{ロット内の不適合の数}}{\text{ロットの大きさ}} \times 100 \;(\%)$$

一回抜取検査：ロットから抜き取った 1 組の試料を調べるだけで，そのロットの合格・不合格の判定を行う検査

抜取検査方式：ロットの合格・不合格を決める試料の大きさと合格判定個数を規定したもの

合格判定個数：抜取検査で合格の判定を下す規準となる不適合個数．試料中に見出した不適合品の個数がこの数以下の場合には合格の判定を下す．

24.2.1　検査の手順と実施（JIS Z 9002 による）

手順 1　品質基準の設定

　　検査単位について適合品と不適合品とに分けるための基準を明確に定める．

手順 2　p_0, p_1 の指定

　　この規格による抜取検査を実施するにはまず品物を渡す側と受け取る側が合議のうえ，p_0, p_1 を決める．この際，$\alpha = 0.05$，$\beta =$

0.10 を基準とする．

なお，抜取検査では，必ず $p_0 < p_1$ でなければならない．

p_0, p_1 の値は生産能力，経済事情，品質に対する必要な要求又は検査にかかる費用・労力・時間など，種々の実情を考慮して決める．

手順3　ロットの形成／同一条件で生産されたロットをなるべくそのまま検査ロットに選ぶ．ロットがはなはだしく大きい場合は，小ロットに区切って検査ロットとしてもよい．

手順4　n, c の決め方

サンプルの大きさ n と合格判定個数 c の求め方は次のとおりとする．

① 表24.1の中で指定された p_0 を含む行と，指定された p_1 を含む列の交わる欄を求める．

② 欄の中の左側の数値（細字）をサンプルの大きさ n とし，右側の数値（太字）を合格判定個数 c とする．

数値が記入されていなければ，次のとおりとする．

・(a) 欄に矢印のある場合には矢印をたどって順次に進み，到達した数値の記入してある欄から n, c を求める．

・(b) 欄に*印がある場合は表24.2により n, c を計算する．

備考　表の左下の部分が空欄となっているのは，抜取検査では必ず $p_0 < p_1$ でなければならないからである．

③ このようにして求めた n がロットの大きさを超える場合は，全数検査を行う．

④ 求めた n, c について OC 曲線（24.2.2項を参照）を調べ，又は検査費などを検討した結果，必要があれば p_0, p_1 の値を修正して n, c を求め直す．

JIS Z 9002 の例に従って説明する．

例1　$p_0 = 2\%$，$p_1 = 12\%$ に対する n, c の求め方

① 表24.1の中で含む $p_0 = 2\%$ の行（1.81〜2.24％）と $p_1 = 12\%$ を含

24.2 計数規準型抜取検査

む列（11.3～14.0%）との交わる欄を求める．

② この欄中の左側の数値（細字）40 がサンプルの大きさ n であり，右側の数値（太字）2 が合格判定個数 c である．

以上を表 24.1 に示す．

表 24.1 計数基準型一回抜取検査表

p_0 (%) / p_1 (%)	0.71~0.90	0.91~1.12	1.13~1.40	1.41~1.80	1.81~2.24	2.25~2.80	2.81~3.55	3.56~4.50	4.51~5.60	5.61~7.10	7.11~9.00	9.01~11.2	11.3~14.0	14.1~18.0	18.1~22.4	22.5~28.0	28.1~35.5	p_0 (%)
0.090~0.112	*	400 1	←	↓	↓	→	60 0	50 0	←	↓	↓	↓	↓	↓	↓	↓	↓	0.090~0.112
0.113~0.140	*	↑	300 1	↓	↓	↓	↓	40 0	←	↓	↓	↓	↓	↓	↓	↓	↓	0.113~0.140
0.141~0.180	*	500 2	↑	250 1	↓	↓	↓	→	30 0	←	↓	↓	↓	↓	↓	↓	↓	0.141~0.180
0.181~0.224	*	*	400 2	↑	200 1	↓	↓	↓	→	25 0	←	↓	↓	↓	↓	↓	↓	0.181~0.224
0.225~0.280	*	*	500 3	300 2	↑	150 1	↓	↓	↓	→	20 0	←	↓	↓	↓	↓	↓	0.225~0.280
0.281~0.355	*	*	↑	400 3	250 2	↑	120 1	↓	↓	↓	→	15 0	←	↓	↓	↓	↓	0.281~0.355
0.356~0.450	*	*	*	500 4	300 3	200 2	↑	100 1	↓	↓	↓	→	15 0	←	↓	↓	↓	0.356~0.450
0.451~0.560	*	*	*	↑	400 4	250 3	150 2	↑	80 1	↓	↓	↓	↑	10 0	←	↓	↓	0.451~0.560
0.561~0.710	*	*	*	*	*	500 6	300 4	200 3	120 2	↑	60 1	↓	↓	→	↑	7 0	←	0.561~0.710
0.711~0.900	*	*	*	*	↑	*	400 6	250 4	150 3	100 2	↑	50 1	↓	↓	→	↑	5 0	0.711~0.900
0.901~1.12	*	*	*	*	*	*	↑	300 6	200 4	120 3	80 2	↑	40 1	↓	↓	↑	↓	0.901~1.12
1.13~1.40	*	*	*	*	*	*	*	500 10	250 6	150 4	100 3	60 2	↑	30 1	↓	↓	←	1.13~1.40
1.41~1.80	*	*	*	*	*	*	*	*	400 10	200 6	120 4	80 3	50 2	↑	25 1	↓	↓	1.41~1.80
1.81~2.24	*	*	*	*	*	*	*	*	*	300 10	150 6	100 4	60 3	40 2	↑	20 1	↓	1.81~2.24
2.25~2.80	*	*	*	*	*	*	*	*	*	*	250 10	120 6	70 4	50 3	30 2	↑	15 1	2.25~2.80
2.81~3.55	*	*	*	*	*	*	*	*	*	*	*	200 10	100 6	60 4	40 3	25 2	↑	2.81~3.55
3.56~4.50	*	*	*	*	*	*	*	*	*	*	*	*	150 10	80 6	50 4	30 3	20 2	3.56~4.50
4.51~5.60	*	*	*	*	*	*	*	*	*	*	*	*	*	120 10	60 6	40 4	25 3	4.51~5.60
5.61~7.10	*	*	*	*	*	*	*	*	*	*	*	*	*	*	100 10	50 6	30 4	5.61~7.10
7.11~9.00	*	*	*	*	*	*	*	*	*	*	*	*	*	*	*	70 10	40 6	7.11~9.00
9.01~11.2	*	*	*	*	*	*	*	*	*	*	*	*	*	*	*	*	60 10	9.01~11.2

細字は n，太字は c．$\alpha \doteqdot 0.05, \beta \doteqdot 0.10$

備考 矢印はその方向の最初の欄の n, c を用いる．*印は表2による．空欄に対しては抜取検査方式はない．
編集注 備考の中の表2とはJIS Z 9002:1956の表2「抜取検査設計補助表」を指す．なお，ここでは掲載していない．

例2 $p_0 = 0.5\%$，$p_1 = 10\%$ に対する n, c の求め方

① 表 24.1 において，$p_0 = 0.5\%$，$p_1 = 10\%$ を含む列との交わる欄を求める．

② この欄は "↓" となっているので矢の方向に従って下の欄に移る．移った欄は "←" となっているので再び矢の方向に従って左横の欄に移る．

　この欄がさらに "↓" であるので下欄へ移り，その欄の左側の数値（細字）50 がサンプルの大きさ n となり，右側の数値（太字）1 が合格判定個数 c となる（表 24.1 を参照）．

例3 $p_0 = 0.4\%$，$p_1 = 1.2\%$ に対する n, c の求め方

① 表 24.1 において，$p_0 = 0.4\%$ を含む行と $p_1 = 1.2\%$ を含む列との交わる欄を求める．同表に示す．
② この欄は "*" となっているので表 24.2 の補助表を用いる．
③ p_1/p_0 を求めると $1.2/0.4 = 3.0$ となる．

そこで同表の p_1/p_0 の列で 3.0 を含む行を探し，この行から $c = 6$，$n = 164/p_0 + 527/p_1$ が求まる．p_0, p_1 を代入すると 850 が得られる．

表 24.2 抜取検査設計補助表

p_1/p_0	c	n
17 以上	0	$2.56/p_0 + 115/p_1$
16 ～ 7.9	1	$17.8/p_0 + 194/p_1$
7.8 ～ 5.6	2	$40.9/p_0 + 266/p_1$
5.5 ～ 4.4	3	$68.3/p_0 + 334/p_1$
4.3 ～ 3.6	4	$98.5/p_0 + 400/p_1$
3.5 ～ 2.8	6	$164/p_0 + 527/p_1$
2.7 ～ 2.3	10	$308/p_0 + 770/p_1$
2.2 ～ 2.0	15	$502/p_0 + 1065/p_1$
1.99 ～ 1.86	20	$704/p_0 + 1350/p_1$

(1) サンプルの取り方

検査ロットの中から n, c を求める手順で決めた大きさ n のサンプルをできるだけロットを代表するようにしてとる．それには次のいずれかの方法によるとよい．

① 乱数表・乱数器などを利用してロットからランダムにサンプルを抜き取る．
② やむをえなければロットの中をよくかきまぜて目をつぶって取るようなつもりでサンプルを抜き取る．
③ ロットの中がさらに小さく分れているときは，小群の大きさに比例した個数の品物をランダムに抜き取り，まとめてサンプルとする．

(2) サンプルの試験
品質基準に従ってサンプルを調べ，サンプル中の不適合品の数を調べる．

(3) 判　定
ロットの判定サンプル中の不適合品の数が合格判定個数 c 以下であれば，そのロットを合格とし，c の値を超えればそのロットを不合格とする．

(4) 判定後の処置
ロットの処置合格又は不合格と判定されたロットはあらかじめ決めた約束に従って処置する．どのような場合でも不合格となったロットをそのままで再提出してはならない．

24.2.2　OC 曲線
(1) サンプル中の不適合品の割合を求める
これまで検討してきたように，ロットの不適合品率は一定であっても，サンプル中に含まれる不適合品の数はサンプリングごとに異なった値をとる．そのため，ロットの不適合率が一定であっても，検査では合格となったり不合格となったりする．

計数一回規準型抜取検査では，サンプル中の不適合品数 x が合格判定個数 c より大きいとき，ロットを不合格とし，小さいときには合格としている．そこで，例を用いて，ロットの合格する割合を求めることにする．例えば，不適合品率 5% のロットが検査に提出され，$n = 20$，$c = 2$ の抜取検査方式で検査を実施したとき，検査で合格となる割合は次のようにして求める．検査に合格するのは，

　　　ロットの合格割合＝(サンプル中の不適合品 0 個の割合)
　　　　＋(サンプル中の不適合品 1 個の割合)＋(サンプル中の不適合品
　　　　2 個の割合)

である．

これを 100 回の実験と二項分布の式とポアソン分布の式から求めたものを表 24.3 に示す．

表 24.3 不適合率5%のときの実験結果と理論値との比較

不適合品数	実験結果	二項分布	ポアソン分布
0	0.36	0.3585	0.3679
1	0.38	0.3774	0.3679
2	0.19	0.1887	0.1839
計	0.93	0.9246	0.9197

この理論値は次のように，$L(p)$を合格する割合とすると，

二項分布の式　$L(p) = \sum_{x=0}^{c} {}_nC_x p^x (1-p)^{n-x}$

ポアソン分布の式　$L(p) = \sum_{x=0}^{c} e^{-np} \cdot \dfrac{(np)^x}{x!}$

　ここで，n：サンプルの大きさ
　　　　　c：合格判定個数

として求まる．

また，図 24.2 のようなポアソン分布を利用した累積確率曲線から $np = \lambda$ と $x = c$ の c 個以下の合格する確率を求めることができる．

例えば，$n = 20$，$c = 2$ の係数一回抜取検査で，ロットの不適合率 10% のロットが合格する割合を図 24.2 より求めると，$np = (\lambda =) 20 \times 0.1 = 2$ と $c = 2$ の曲線との交点から左に値を読むと 0.68 が得られる．したがって，$L(p) = 0.68$ となる．なお，二項分布で求めた値は $L(p) = 0.6811$ であり，一致している．

先の例で，不適合品率が 5% のロットでの合格の割合は 0.93 であるのに対して，不適合品率が 10% のロットでの合格の割合は 0.68 となり，大きく低下したことがわかる．

24.2 計数規準型抜取検査

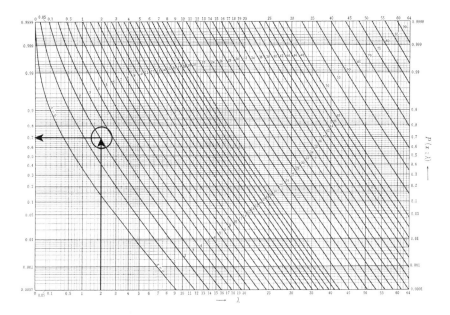

図 24.2 累積確率曲線（ポアソン分布の場合）

(2) OC曲線（検査特性曲線）の作成

累積確率曲線や二項分布の式を用いて，図24.3のように横軸にロットの品質をとり，縦軸にロットの合格する確率をとって，ある抜取検査方式 (n, c) におけるロットの不適合率に対するロットの合格する割合をプロットすると一本の曲線が得られる．これをOC曲線（検査特性曲線）という．この曲線からは，ある品質のロットがどのくらいの割合で合格となるかを読み取ることができる．

例えば，$n = 20$，$c = 2$ の計数一回抜取検査のOC曲線は同図のようになる．

同図から，ロットの不適合品率 p が5%のロットは0.92（92%）の確率で合格し，不適合品率が20%のロットの合格する確率は0.24（24%）であることがわかる．

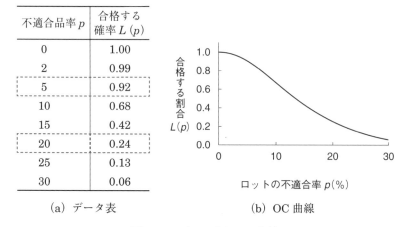

図 24.3 データ表と OC 曲線

なお，$n = 40$ の OC 曲線を図 24.4 に示す．$n = 40$，$c = 2$ であることから，OC 曲線で合格する確率 0.95 のロットは不適合品率 2.08（％）のロットである．一方，不適合品率 12.8（％）のロットでも合格する確率が 0.10 であることを示している．また，$n = 40$，$c = 2$ のときの不適合品率 p に対するロットの合格する確率 $L(p)$ を二項分布の式を用いて求めた表を表 24.4 に示す．

OC 曲線は二項分布やポアソン分布の式を用いて作成されているので，よく一致していることがわかる．

(3) OC 曲線の見方

OC 曲線は抜取検査の性能を表すものであり，ロットの大きさ N とサンプルの大きさ n と合格判定個数 c によって変化する．

(a) n, c が一定でロットの大きさ N を変化させた場合

図 24.5 のように，ロットの大きさ N がサンプルの大きさ n に比べ，10 倍以上（$N = 500$ 以上）であれば曲線に大きな変化はないが，小さくなるにつれて曲線は立ち上がってくる（傾斜が大きくなる）．

(b) c が一定でサンプルの大きさ n を変化させた場合

合格判定個数 c を一定にして，サンプルの大きさ n を変化させると，図 24.6

24.2 計数規準型抜取検査

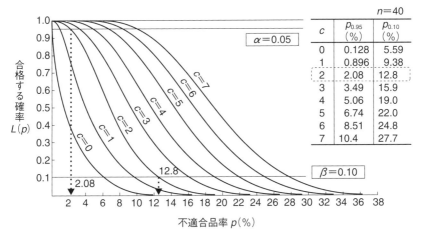

図 24.4　サンプルの大きさ $n = 40$ の OC 曲線

表 24.4　二項分布の式よる各不適合品率とロットの合格の確率 ($n = 40, c = 2$)

不適合品率 p	合格する確率 $L(p)$	特記事項
0	1	
0.01	0.992502637	
0.02075	0.950021159	$\alpha = 0.05$
0.0025	0.922051578	
0.05	0.676735761	
0.075	0.414437139	
0.1	0.222808124	
0.125	0.108407065	
0.1276	0.100086949	$\beta = 0.10$
0.15	0.048598666	
0.175	0.020291322	
0.2	0.007942137	

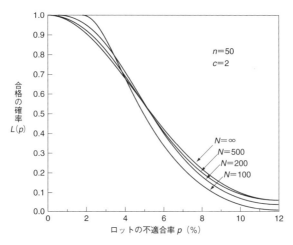

図 24.5 ロットの大きさ N のみを変化させたときの OC 曲線
［朝香鐵一（1986）：品質管理講座 抜取検査，日本規格協会］

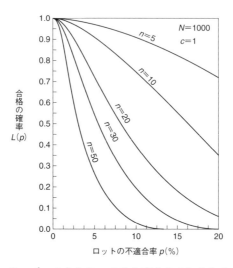

図 24.6 サンプルの大きさ n のみを変化させたときの OC 曲線
［朝香鐵一（1986）：品質管理講座 抜取検査，日本規格協会］

のように OC 曲線の形は変わってくる．n が増加するにつれて合格する確率が下がる．

（c）n が一定で合格判定個数 c を変化させた場合

合格判定個数 c を増やすと，図 24.7 のように，曲線の傾斜は大きく変化はしないが，c の増加に伴い，不適合率が高いものの合格する確率が上がる．

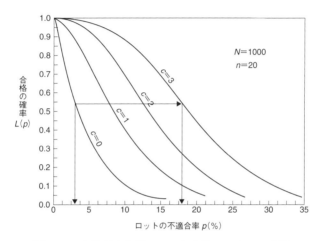

図 24.7 合格判定個数 c のみを変化させた OC 曲線
［朝香鐵一（1986）：品質管理講座 抜取検査，日本規格協会］

（d）パーセント抜取検査

パーセント抜取検査とは，ロットから一定の比率（例えば，1％，5％，10％など）のサンプルを抜き取り，サンプルを試験して合格・不合格を決める抜取検査である．$n/N =$ 一定の場合のことである．ここで，n はサンプルの大きさ，N はロットの大きさを表す．

したがって，ロットの大きさに伴ってサンプルの大きさが変化するため，抜取検査による保証の程度が異なることになる．N が小さくなると，必要な品質の保証が得られなくなってしまう．

図 24.8 に $n/N =$ 一定と $c : n : N =$ 一定 の OC 曲線を示す．

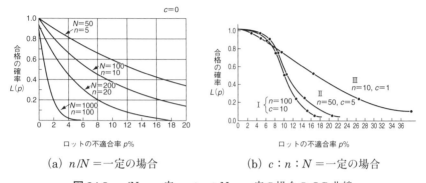

図 24.8 $n/N =$ 一定, $c:n:N =$ 一定の場合の OC 曲線

[日科技連品質管理リサーチ G（1959）：品質管理教程 抜取検査法, 日科技連出版社]

24.3 計量規準型抜取検査

計数値抜取検査では，ロットに不適合品がどのくらい含まれているかを知る目的でサンプル中の不適合品の数を調べた．

これに対して，特性が計量値で測定でき，そのデータが正規分布であれば，サンプルから平均値と標準偏差を求めて規格を外れるものがどのくらい含まれるかを推測できる．一つのサンプルのもつ情報は計数値よりも計量値のほうが多いので，同じ条件の抜取検査であれば，より少ないサンプルで実施することができる．

JIS では，計量規準型の抜取検査として JIS Z 9004（24.3.1 項を参照）と JIS Z 9003（24.3.2 項を参照）が制定されている．この二つの規格で定められている $p_0, p_1, \alpha, \beta, n$ の記号は計数値抜取検査と同じである．その他の記号については都度説明をする．

この規格による抜取検査はロットから 1 回だけサンプルを抜き取り，サンプル中の検査単位の品質特性を測定し，その平均値を算出して，これを合格判定値と比較する．決められた条件に合致していれば，そのロットを合格とし，条件に合致していなければ，そのロットを不合格と判定するという計量値による一回抜取検査である．

24.3 計量規準型抜取検査

　この場合に，なるべく合格させたい好ましい品質のロットが不合格となる確率αと，なるべく不合格としたい好ましくない品質のロットが合格する確率βをそれぞれ小さな値（$\alpha \fallingdotseq 0.05$，$\beta \fallingdotseq 0.10$）に決め，売り手と買い手の要求する品質保証を同時に満足するように抜取検査方式を決めるのが特徴である．このことは，すでに述べた前節でも同様であった．

　計数規準型抜取検査では，サンプル中に含まれる不適合品の数によってロットの合格，不合格を決めてきたが，計量値抜取検査では品質の特性値で判定が行われるので，品質の良し悪しの程度についての情報まで利用されるために計数値抜取検査に比べてサンプルの大きさが小さくて済むのが大きな利点となる．

　また，JIS Z 9003による抜取検査ではロットの標準偏差が既知（σが管理状態にある）のため，この情報も利用するので，標準偏差が未知（JIS Z 9004）の計量値抜取検査よりもさらにサンプルの大きさを小さくすることができる．しかし，特性値の測定が必要であるために，計数規準型抜取検査に比べてサンプルを調べる手数が余計にかかり，ロットを判定するまでの手順もやや複雑になる．

　したがって，時間，設備，人手などの関係から，特にサンプルの大きさを小さくしたい検査の場合には計量抜取検査を適用するとよい．

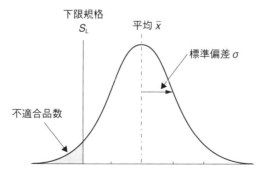

図 24.9 正規分布における規格と不適合品数の概念図

24.3.1 JIS Z 9004 計量規準型抜取検査（σ 未知）の手順

(1) 検査の手順

手順1 品質特性の基準を設定する．

　　　抜取検査単位の特性値 x の測定方法を具体的に定め，上限規格値 S_U 又は下限規格値 S_L を定める．

手順2 p_0, p_1 を指定する．

　　　品物の受渡し当事者間で協議し，p_0, p_1 を決める．この場合，$\alpha = 0.05$，$\beta = 0.10$ を基準とする．

手順3 ロットを形成する．

　　　同一条件で生産されたロットをできるだけそのまま検査ロットに選ぶ．

手順4 サンプルの大きさ n と合格判定係数 k を求める．

　　　表24.5の抜取検査表(σ 未知)から求める．$p_0 = 1\%$，$p_1 = 5\%$ のときの例を同表に示す．この場合，$n = 54$，$k = 1.95$ である．

　　　なお，合格判定係数 k はロットの不適合品率を保証する場合に合格判定値を求めるための係数である．

手順5 サンプルを取る．

手順6 サンプルの特性値 x を測定し，平均値 $\bar{x}$ と標準偏差 s を計算する．

手順7 $\bar{x} + ks$，$\bar{x} - ks$ を計算して，それぞれ S_U，S_L と比較して，ロットの合格・不合格の判定をする．

　　① 上限規格値 S_U が与えられた場合

　　　$\bar{x} + ks \leq S_U$ ならば，ロットを合格とし，

　　　$\bar{x} + ks > S_U$ ならば，ロットを不合格とする．

　　② 下限規格値 S_L が与えられた場合

　　　$\bar{x} - ks \geq S_L$ ならば，ロットを合格とし，

　　　$\bar{x} - ks < S_L$ ならば，ロットを不合格とする．

手順8 ロットを処置する――例で理解する

　　例 ある製品のフレキシブルコンテナへの充填量の規格は 300.0 ± 0.5

24.3 計量規準型抜取検査

(kg) であるが,充填量不足は避けたい.そこで,下限規格 S_L を 300.3 (kg) として管理しているが,現状での抜取検査での合否を判定しておきたい.そこで,$p_0 = 1\%$,$p_1 = 5\%$ で検査を実施することとした.

① 表24.5(抜取検査表)から,検査方式を求めると,$n = 54$,$k = 1.95$ であった.

② ロットからサンプルを取り,その充填量を測定したところ,$\bar{x} = 300.8$,$s = 0.10$ であった.

③ 下限規格値に対する検査であることから,次が得られる.
$$\bar{x} - ks = 300.8 - 1.95 \times 0.10 = 300.61 \text{ (kg)} > S_L = 300.3 \text{ (kg)}$$
したがって,合格と判定する.

表 24.5 抜取検査表（σ 未知）

24.3.2 JIS Z 9003 計量規準型抜取検査（σ既知）の手順

JIS Z 9004 の検査を連続して実施した場合に，ばらつきはいつも安定しており，毎回ロットからのサンプルでσを求めなくても，事前に標準偏差の大きさがわかっているσ既知という状態であれば，JIS Z 9003 を用いることができる．

JIS Z 9003 を用いると，サンプルから標準偏差を計算する必要のない分，JIS Z 9004 よりもサンプルは少なくてよい．

適用の条件として，
① 特性値が正規分布に従う．
② ロットのばらつきは安定しており，ばらつきを測定する前にσの値がわかっている．

(1) 検査の手順

手順1 品質特性の基準を設定する．
　　　検査単位の特性値 x の測定方法を具体的に定め，上限規格値 S_U 又は下限規格値 S_L を定める．

手順2 p_0, p_1 を指定する．
　　　品物の受渡し当事者間で協議し，p_0, p_1 を決める．この場合，$\alpha = 0.05$，$\beta = 0.10$ を基準とする．

手順3 ロットを形成する．
　　　同一条件で生産されたロットをできるだけそのまま検査ロットに選ぶ．

手順4 サンプルの大きさ n と合格判定係数 k を求める．
　　　表 24.6 の抜取検査表（σ既知）から求める．$p_0 = 1\%$，$p_1 = 5\%$ のときの例を同表に示す．この場合，$n = 18$，$k = 1.94$ である．

手順5 データをとり，平均値 $\bar{x}$ を求める．

手順6 $\bar{x} + ks$，$\bar{x} - ks$ を計算して，それぞれ S_U，S_L と比較し，ロットの合格・不合格の判定をする．
　　　なお，σ既知とみなす状況については明確な規定はないが，次の

24.3 計量規準型抜取検査

ような状態ならば σ 既知としてよい．

① 生産の 4M など工程の要素が安定している場合

② 10〜20 ロットについて，ロットごとの不偏分散 V を計算し，その平均値 $\overline{V}$ を求める．その $\overline{V}$ に F 分布表の係数を乗じた値を超える不偏分散 V がなければロット内のばらつきが安定していると判断する．安定していれば $\sqrt{\overline{V}} = s$ とみなす．

③ あるいは，別な条件や事前の情報，工程管理の状態から σ が安定しており，その値がわかるならば σ 既知と考えてよい．

表 24.6 抜取検査表（σ 既知）

付表 2 $p_0(\%)$, $p_1(\%)$ をもとにしての試料の大きさ n と合格判定値を計算するための係数 k とを求める表 ($\alpha \fallingdotseq 0.05$, $\beta \fallingdotseq 0.10$)

[表：左端列 $p_0(\%)$ 代表値 および $p_1(\%)$ 範囲，上端列 $p_1(\%)$ 代表値 0.80〜31.5。各セルは上段が n，下段が k。]

$p_0(\%)$ 代表値	$p_1(\%)$ 範囲	0.80	1.00	1.25	1.60	2.00	2.50	3.15	4.00	5.00	6.30	8.00	10.0	12.5	16.0	20.0	25.0	31.5
		0.71〜0.90	0.91〜1.12	1.13〜1.40	1.41〜1.80	1.81〜2.24	2.25〜2.80	2.81〜3.55	3.56〜4.50	4.51〜5.60	5.61〜7.10	7.11〜9.00	9.01〜11.2	11.3〜14.0	14.1〜18.0	18.1〜22.4	22.5〜28.0	28.1〜35.5
0.100	0.090〜0.112	2.71/18	2.66/15	2.61/12	2.56/10	2.51/8	2.46/7	2.40/6	2.34/5	2.28/4	2.22/4	2.14/3	2.06/3	1.99/3	1.91/2	1.84/2	1.76/2	1.62/2
0.125	0.113〜0.140	2.68/23	2.63/18	2.58/14	2.53/11	2.48/9	2.43/8	2.37/6	2.31/5	2.25/5	2.19/4	2.11/3	2.05/3	1.96/3	1.88/2	1.80/2	1.72/2	1.62/2
0.160	0.141〜0.180	2.64/29	2.60/22	2.55/17	2.50/13	2.45/11	2.39/9	2.35/7	2.28/6	2.22/5	2.15/4	2.09/4	2.01/3	1.94/3	1.84/2	1.77/2	1.68/2	1.59/2
0.200	0.181〜0.224	2.61/39	2.54/28	2.52/21	2.47/16	2.42/13	2.36/10	2.30/8	2.25/7	2.19/5	2.12/5	2.05/4	1.98/3	1.91/3	1.83/2	1.73/2	1.65/2	1.55/2
0.250	0.225〜0.280	*	2.54/37	2.49/27	2.44/20	2.38/15	2.33/12	2.27/10	2.21/8	2.15/6	2.09/5	2.02/4	1.95/4	1.87/3	1.80/2	1.71/2	1.61/2	1.52/2
0.315	0.281〜0.355	*	*	2.46/33	2.41/25	2.35/19	2.30/14	2.24/11	2.18/9	2.12/7	2.06/6	1.99/5	1.92/4	1.84/3	1.76/3	1.66/2	1.57/2	1.48/2
0.400	0.356〜0.450	*	*	*	2.37/33	2.32/23	2.26/17	2.21/13	2.15/10	2.08/8	2.02/6	1.95/5	1.89/4	1.81/4	1.72/3	1.64/2	1.53/2	1.44/2
0.500	0.451〜0.560	*	*	*	*	2.28/31	2.23/23	2.17/17	2.11/13	2.05/10	1.99/8	1.92/6	1.85/5	1.77/4	1.68/3	1.60/3	1.50/2	1.40/2
0.630	0.561〜0.710	*	*	*	*	2.19/44	2.14/30	2.08/21	2.02/15	1.96/12	1.89/9	1.82/7	1.76/6	1.65/4	1.56/3	1.46/3	1.36/2	
0.800	0.711〜0.900	*	*	*	*	*	2.10/42	2.04/28	1.98/20	1.91/15	1.84/11	1.78/8	1.70/6	1.61/5	1.52/4	1.44/3	1.32/2	
1.00	**0.901〜1.12**	*	*	*	*	*	*	2.00/38	**1.94/18**	1.88/19	1.81/14	1.74/10	1.66/8	1.58/6	1.50/4	1.42/3	1.30/2	
1.25	1.13〜1.40	*	*	*	*	*	*	1.97/36	1.91/24	1.84/17	1.77/12	1.70/9	1.63/7	1.54/5	1.45/4	1.37/3	1.26/2	
1.60	1.41〜1.80	*	*	*	*	*	*	*	1.87/34	1.80/23	1.73/16	1.66/12	1.58/9	1.49/6	1.41/5	1.32/3	1.21/2	
2.00	1.81〜2.24	*	*	*	*	*	*	*	*	1.76/31	1.69/20	1.62/14	1.54/10	1.46/8	1.37/6	1.28/5	1.16/3	
2.50	2.25〜2.80	*	*	*	*	*	*	*	*	1.72/35	1.65/23	1.58/15	1.50/10	1.42/8	1.33/6	1.24/4	1.13/3	
3.15	2.81〜3.55	*	*	*	*	*	*	*	*	*	1.60/26	1.53/17	1.46/12	1.37/8	1.29/6	1.19/4	1.05/3	
4.00	3.56〜4.50	*	*	*	*	*	*	*	*	*	*	1.49/39	1.41/24	1.34/15	1.24/10	1.15/7	1.04/4	
5.00	4.51〜5.60	*	*	*	*	*	*	*	*	*	*	1.37/35	1.28/20	1.19/13	1.10/9	0.99/5		
6.30	5.61〜7.10	*	*	*	*	*	*	*	*	*	*	*	1.22/30	1.14/15	1.05/10	0.94/6		
8.00	7.11〜9.00	*	*	*	*	*	*	*	*	*	*	*	*	1.09/27	1.00/16	0.89/9		
10.0	9.01〜11.2	*	*	*	*	*	*	*	*	*	*	*	*	1.03/44	0.94/23	0.83/14		

備考 * の欄は付表 3 によりそれぞれ p_0, p_1 の代表値に対する K_{p_0}, K_{p_1} を用いて $n = \left(\frac{2.9264}{K_{p_0} - K_{p_1}}\right)^2$, $k = 0.562\,073\,K_{p_1} + 0.437\,927\,K_{p_0}$ を計算する．n は整数に，k は小数点以下 4 けたまで計算し，2 けたに丸めたものを用いる．空欄に対しては抜取検査方式はない．

先の σ 未知の例を用いて σ 既知の場合にどのように変化するのかをみる．

$k = 1.95 \Rightarrow k = 1.94$ とわずか係数として 0.01 しか変化しないので，合否判定値への影響は小さいが，$n = 54 \Rightarrow n = 18$ と，三分の一へ大幅に減少して

いることがわかる．その概念を図 24.10 示す．

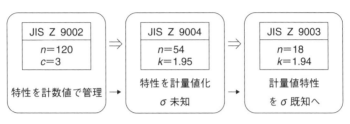

図 **24.10** 三つの規格の関連

24.3.3 平均値を保証する計量値抜取検査（σ 既知）の手順

ロットを構成する一つひとつの適合／不適合ではなく，ロットの平均値を保証する場合，ロットの平均値が規定を満たす好ましい値であればなるべく合格にさせて，好ましくない値であればなるべく不合格にさせるという要求を満足させたい場合に使う．

手順 1　測定方法を定める．

　　　検査単位の特性値 x の測定方法を具体的に定める．

手順 2　m_0, m_1 を指定する．

　　　m_0 はなるべく合格にさせたいロットの平均値の限界，m_1 はなるべく不合格にさせたいロットの平均値の限界を表す．なお，m はロットの平均値である．

　　　この規格による抜取検査を実施するには，まず，品物を渡す側と受け取る側が合議のうえ m_0, m_1 を決める．この際，$\alpha = 0.05$，$\beta = 0.10$ を基準とする．

手順 3　ロットを形成する．

　　　同一条件で生産されたロットをなるべくそのまま検査ロットに選ぶ．ロットがはなはだしく大きい場合には小ロットに区切って検査ロットとしてもよい．

手順 4　ロットの標準偏差 σ を指定する．

24.3 計量規準型抜取検査

ロットの標準偏差 σ があらかじめわかっている場合，又は品物を渡す側と受け取る側との間の協定で決められている場合にはその値を用いる．σ が与えられていない場合には過去の検査データから推定した σ の値を用いる．

手順5 サンプルの大きさと合格判定値を求める．

平均値を保証する検査では，次のように m_0, m_1 の値を設定する．m_0, m_1 の値から JIS Z 9003 の表よりサンプルの大きさ n と合格判定値を計算するための係数 G_0 を求める．

なお，係数 G_0 はロットの平均値を保証する場合に合格判定値を求めるための係数である．

表 24.7 でサンプルの大きさ n と合格判定値を計算するための係数 G_0 を求める．

表 24.7 m_0, m_1 をもとにしてサンプルの大きさ n と合格判定値を計算するための係数 G_0 を求める表

($\alpha \fallingdotseq 0.05$, $\beta \fallingdotseq 0.10$)

$\dfrac{\|m_1 - m_0\|}{\sigma}$	n	G_0
2.069 以上	2	1.163
1.690 〜 2.068	3	0.950
1.463 〜 1.689	4	0.822
1.309 〜 1.462	5	0.736
1.195 〜 1.308	6	0.672
1.106 〜 1.194	7	0.622
1.035 〜 1.105	8	0.582
0.975 〜 1.034	9	0.548
0.925 〜 0.974	10	0.520
0.882 〜 0.924	11	0.496
0.845 〜 0.881	12	0.475
0.812 〜 0.844	13	0.456
0.772 〜 0.811	14	0.440
0.756 〜 0.711	15	0.425

表 24.7 （続き）

$\dfrac{|m_1 - m_0|}{\sigma}$	n	G_0
0.732 ～ 0.755	16	0.411
0.710 ～ 0.731	17	0.399
0.690 ～ 0.709	18	0.383
0.671 ～ 0.689	19	0.377
0.654 ～ 0.670	20	0.368
0.585 ～ 0.653	25	0.329
0.534 ～ 0.584	30	0.300
0.495 ～ 0.533	35	0.278
0.463 ～ 0.494	40	0.260
0.436 ～ 0.462	45	0.245
0.414 ～ 0.435	50	0.233

手順6 大きさ n のサンプルを取る．

手順7 大きさ n のサンプルの特性値 x を測定し，平均 $\bar{x}$ を計算する．

手順8 合格・不合格の判定を行う．

合格判定値（上限合格判定値 X_U 又は下限合格判定値 X_L）ともとを比較して次のように判定する．

① 値が小さいほど，良い場合 $(m_0 < m_1)$

$\overline{X}_U = m_0 + G_0 \times \sigma$

$\bar{x} \leqq \overline{X}_U$ のとき合格

$\bar{x} > \overline{X}_U$ のとき不合格

② 値が大きいほど，良い場合 $(m_0 > m_1)$

$\overline{X}_L = m_0 - G_0 \times \sigma$

$\bar{x} \geqq \overline{X}_L$ のとき合格

$\bar{x} < \overline{X}_L$ のとき不合格

手順9 ロットを処置する——例題で理解する

例 ある反応液中の微量の重金属が反応を阻害することから，重金属の量を制御したい．ロットの平均値の限界が 21.5（ppm）であれば合格と

24.3 計量規準型抜取検査

し,不合格としたい平均値の限界を 25.0 (ppm) であれば不合格とするようなサンプルの大きさ n, 下限合格判定値 $\overline{X}_U$ を求める.ロットの標準偏差は 2.4 (ppm) である.

$\alpha = 0.05$, $\beta = 0.10$ として抜取検査方式を求める.

$m_0 = 21.5$ (ppm), $m_1 = 25.0$ (ppm), $s = 2.4$ (ppm)

上述より,

$$\frac{m_1 - m_0}{\sigma} = \frac{25.0 - 21.5}{2.4} = 1.458$$

が求まる.また,表 24.7 より $n = 5, G_0 = 0.736$ が得られる.これらよりサンプルの大きさ $n = 5$ の平均 $\bar{x} = 21.8$ とすると,

$\bar{x} = 21.8 < \overline{X}_U = 21.5 + 0.736 \times 2.4 = 23.27$

となる.したがって,$\bar{x} < \overline{X}_U$ であることから合格となる.

第25章 実験計画法

　実験計画法は新製品開発や既存製品の品質改善や現場の生産性向上やコストダウンなど多くの場面で使われる手法である．そのため，実験のための実験にならないように，真に役立つ実験とするために実験計画に際して守るべき約束事や固有技術との整合性の確認などに留意して進めていくことが重要である．

　製造現場では，工程異常が発生した場合，日常的に得ているデータだけでは，いろいろな要因が重なり合って分離できない，言い換えると"複数の要因の効果や影響度合いが一緒になって分離できないこと"（交絡という）が多い．そのため，原因の特定ができないことから，取り上げる要因も多くなる傾向がある．

　生産性の向上やコストダウンなどで工程の改善を行う場合，既知の要因だけでなく，未知の要因や水準の効果・影響度合いなどを把握する必要がある．そのため，やみくもに実験を行うのではなく，効率的，かつ，効果的な実験を行うことは重要なことである．

　実際の製造現場ではすべての要因のばらつきをなくすことは難しく，多くの要因が動いた場合に，特性値にどのような影響が及ぶかを知っておくことが重要である．新製品開発や設計段階においては，新材料，新工法，新設備などの性能を評価するためのデータは存在せず，実験によって新たなデータを取る必要がある．

25.1　実験計画法の考え方

25.1.1　フィッシャーの3原則

　実験計画法は英国のフィッシャーによって農業実験を科学的に，かつ，合理的に行うために開発された手法である．

25.1 実験計画法の考え方

実験結果を解析するにあたって，有意かどうかの統計的判断を行う際にデータから推定される誤差との比較によって行うため，誤差を精度良く求めることが誤った判断をしないためには重要である．そのことを実験計画法の創始者であるフィッシャーは実験の場を三つの原則に従って管理することを提唱した．それが次に述べるフィッシャーの3原則である．

【フィッシャーの3原則】
① 反復（replication）
② 無作為化（randomization）
③ 局所管理（local control）

---

① 反復の原則

誤差を評価するためには，同一条件下での実験や実験の場そのものを繰り返すことである．

② 無作為化（ランダマイズ）の原則

実験を行うにあたって，実験をランダムに行うことを無作為化の原則又はランダマイズの原則という．実験データには，実験の手順の差や操作の慣れや気温や湿度や粉塵など外部及び内部の環境の変化などの多くの誤差を含まれている．このような誤差を"系統誤差"と呼ぶ．

この実験環境で生ずる系統誤差をランダマイズすることで実験ごとに生ずる誤差を可能な限り平均化することで，偶然誤差に置き換えて，誤差と要因の効果が交絡することを防いで，要因と誤差を正しく評価するために行うことである．

③ 局所管理の原則

実験の場を適当なブロックに分け，ブロック内では条件をできるだけ均一にし，処理効果の検出力と比較の精度の向上を図ることである．これも系統誤差を避けるための一つの方法である．系統誤差の大きい部分はブロック間の差異として取り出し，その分，誤差のばらつきを減らすことが

できる．

　以上，実験計画法の考え方はばらつきの存在を認め，その中でさまざまな情報を取り出すことである．そのため誤差に対して特に注意を払い，管理，あるいは評価できるような工夫がなされている．

25.1.2　実験計画法の意義

　実験計画法のねらいは効率的に効果を把握するための実験方法を計画し，実験を行い，真に効果があるかどうかを検定して確認し，どのような効果であるかを推定することである．この実験計画法を用いない場合の問題点として，ばらつきと交互作用の問題がある．

　例えば，ある品質特性を大きくするために，条件をいろいろと動かしていたところ，"たまたま"良い値（実験者にとって望ましい値であり，実験計画法によって得られた最適な値）が得られたとする．しかし，同じ条件でもう一度確かめようとすると，同じように良い値が再現しないことがある．これがばらつきである．

　本当に大きくなったのか，"たまたま"の結果なのかを区別するには，1回だけの実験ではなく，実験を繰り返し行って統計的に解析することが必要である．

　また，例えば，ある製品の反応時間を短縮させるために，温度と圧力を変更する実験を考える．そのため，最初に従来の圧力に固定して，所定の収率に到達する時間を測定して温度の最適値を決める．次いで，その最適温度に固定したままで圧力の最適値を求めた．これで最適値といえるだろうか．このときは効果に加成性があったり，あるいは相乗効果が期待できたりするときに有効であるが，逆の作用が働いた場合には最適とはいえなくなる．

　このように，組み合わされる因子によって効果の現れ方が異なることを交互作用という．現実的には，交互作用が多く存在しているので，すべての組合せでの実験が必要になってくる．このとき，少ない実験で多くの情報が得られる有効な方法が実験計画法である．

25.1.3 実験計画法における固有技術の意味

品質特性のレベルを向上しようとする場合や品質特性に不具合が発生した場合の解析方法としてよく行われるアプローチは，まず因果関係をみつけることである．特性の向上の要因をみつけるには，まず，過去の経験や技術の活用や理論的な側面からのアプローチである．

試行錯誤で行ってきた実験も含め，事実を事実としてデータをよくみて，その影響すると考えられる要因を特性要因図や連関図，系統図などを用いて列挙して整理することである．これらの要因は特性に影響すると考えられるという仮説の集まりであるため，仮説の検証が必要である．

このようにして，取り上げた要因の中から，実験に取り上げた条件を因子といい，実験で検討する因子のレベルを水準という．

因子間に交互作用がない場合には，ある因子の水準の変更によって，特性が変わるパターンは他の因子の水準にかかわらず同じである．ところが，交互作用がある場合には，ある因子の水準の変更による特性の変化のパターンが他の因子の水準で異なることになる．

例えば，因子 A の最適な水準が一概にはいえず，因子 B などの他の条件によって，因子 A の最適な水準が変わるということである．なお，交互作用と因子の効果（主効果という）とを含めて要因効果という．

これらのことを固有技術のレベルでまとめておくと実験計画を立案するときに非常に役に立つ．

実験の目的として，特性を向上させるための要因を探すために行う実験と仮説を確かめるため行う実験とがある．後者の場合は，仮説の"なぜそうなるのか"というメカニズム（からくり）を明確にすることで，固有技術のレベルが上がり，より大きな改善力となる．そこで，その途中のメカニズムを明らかにするため，途中経過のデータも同時に取り，その仮説を確かめるという実験が好ましい．

技術とは，特性とその要因との因果関係を見つけ出すことである．そのために，理論と経験を用いた固有技術によって"論理的"に因果関係を見つけ出す

方法と"実験計画法"によって条件を動かした場合の結果をみて因果関係を見つけ出す方法とを使い分けていく必要がある．この両者の融合によって新たな固有技術を見つけ出し，さらなるレベルアップを図っていくことが製品及びサービスの品質の向上，ひいては組織の発展につながるのである．

25.1.4　因子の分類と因子の定義

因子を取り上げる場合，特性に対して固有に直接影響を及ぼす因子のみを取り上げればよいが，実際には温度や湿度などの環境条件等の外的条件の影響が無視できない場合がある．そのため，制御が難しくてもその影響の確認は重要であることが多い．技術者は自分の経験や勘に盲目的になりやすい．実験をする場合は客観的に考えていく必要がある．そのため，さまざまな角度で因子というものを取り上げていく必要がある．

(1) 水準の選定方法及び解析方法による因子の分類

① 母数因子

水準に技術的意味があり，かつ，再現性がある因子のことである．制御因子と標示因子のほとんどは母数因子である．

② 変量因子

水準に技術的な意味がない，あるいは再現性がない因子で，各水準の差を知ることに意味がなく，その集団全体での母分散だけが評価の対象になる因子である．この目的で取り上げた因子を集団因子ということもある．

原料ロットなどのように，水準が不特定多数の集合からランダムに選ばれた場合がこれにあたる．ブロック因子などが該当する．

(2) 役割と性格による因子の分類

① 制御因子

生産の場において，水準の指定や選択が可能な因子である．すなわち，最適条件がわかれば，それを生産の場で採用できる因子をいう．

仮に，特性がよくなることがわかっていても，採用できない水準では，情報として意味があっても制御因子としての意味がない．このことから，

25.1 実験計画法の考え方

実験に取り上げる因子の水準は重要である．

制御因子の例としては，反応温度，処理時間，材料の種類，作業方法などである．

② 標示因子

生産の場において，水準の指定はできるが選択はできない，すなわち，アクションの取れない因子である．制御因子と同様に水準に再現性があり，その水準を設定することができるが，最適水準を選ぶことはできない．

しかし，他の制御因子との交互作用を調べることが実験の目的であるような因子である．特性がよくなることがわかっても，その水準ばかりを採用することができないような装置や品種，使用環境，試験条件，地域差，人などに対しては，その水準ごとに制御因子の最適水準を見つけ出して適用するための実験が必要となる．

③ ブロック因子

実験のすべてを行うのに何日もかかったり，原料が数ロットにまたがったり，何人も参加しなければならないような実験を行う場合には，その割り付けをランダムに行っても，これらの日やロット，人の変動が誤差に組み込まれ，誤差変動は非常に大きくなる．そのようなときに，これらの日やロット，人などを積極的に因子として取り上げ，それによる変動を誤差変動から除けば，誤差分散は小さくなることが期待できる．

実験の場を細分化したおのおのをブロックと呼び，そのそれぞれの因子をブロック因子という．この細分化を局所管理の原則という．

ブロック内での実験条件は均一化されるが，ブロック間には，日やロット，人の違いはあるが，このブロック因子の水準間の差については直接的なアクションはとれない．通常は，ブロック因子と制御因子との交互作用はないと仮定している．ブロック因子は実験の精度を上げるためにのみ導入される因子である．

④ 層別因子

例えば，雨期や夏などの季節によって操作条件を変えなければならないことがある．このようなとき，季節を因子として取り上げる必要がある．これは季節を層別したことにあたる．

このように，実験の場の環境を規定（層別）する因子を層別因子と呼ぶ．層別因子と制御因子との交互作用は問題とされることが多いから，標示因子と考えることもできるが，標示因子と違って，実験の場でもその水準を自由に選ぶことはできない．層別内での最適水準を探していくことになる．

⑤ 誤差因子

生産の場において，水準の指定も選択も不可能な因子である．使用条件の違いなど，生産側でコントロールできない因子については，その水準の変化に対して，特性の変化量を少なくできる（誤差の小さい）方法の探索実験が必要となる．

25.1.5 水準の選び方

実験で取り上げる因子が質的因子，すなわち原料の銘柄，種類，測定方法などの因子の場合は，現在あるものの種類や数によって自ずと水準が決まってくる．しかし，多くの種類がある場合には，それらをすべて水準とするよりも，層別して3水準か4水準くらいとしたほうが，実験が扱いやすく適切といえる．

一方，実験で取り上げる因子が温度や圧力，電流，配合量，比率のような因子の水準が量的に変わる量的因子の場合，その実験の結果が直線的，二次曲線的，三次曲線的のいずれかによって，少なくとも2水準，3水準，4水準が必要である．これは2水準ならば直線，3水準以上ならば曲線が把握できるからである．通常，歩留りなどの最適条件を求めるという場合ならば3水準で十分である．量的な因子の場合，4水準以上は特別と考えてよいであろう．また，水準はできるだけ等間隔，あるいは等比級数的に選んでおいたほうがよい．

水準の範囲としては，その段階における技術的知識で可能と考えられる範囲まで広めにとって実験するのがよい．しかし，工場実験を行う場合は，生産へ

の影響を考え，明らかに悪くなることがわかっている水準まで実施する必要はない．なるべく最適と思われる水準が入り，明らかに悪くなる水準は入らないように幅を決めるべきである．

また，水準の範囲が広くなり過ぎると，その因子と他の因子との交互作用が大きくなりやすいことに注意が必要である．量産に移行した後では，各因子の水準はある幅の中に制御されて生産されている．その中で変動の大きい要因を見つけ出すための実験を行うときに多因子，かつ，多水準の実験は実験回数が膨大になってしまう．そのため，現状のばらついている範囲を2水準か3水準程度として実験を行うのがよい．

こういった多因子少水準系の実験の場合に用いる解析方法として，レベルは高いが"直交配列表実験"という実験計画法が有効である．なお，直交配列表実験とは，ルールに従って主効果，交互作用，誤差を直交配列表のどの列に割り振るかを決めて実験を行う方法である．

交互作用が無視できるほど小さく，主効果だけが大きい場合は，因子ごとの最適水準がわかれば効果が加算的となり，それらを組み合わせた条件が最適条件となる．これに対して，交互作用が存在すれば，あらゆる組合せの中で最適条件を選定しなければならない．推定の精度からみると，明らかに存在すると認められる交互作用については，それを消去するための方法を用いると効果的である．例えば，因子Aの各水準に対して因子Bの水準の組合せが変わるようにずらしていく方法である．

25.1.6　実験計画法の基本的な考え方

ここでは，実験計画法の考え方を"実験の計画""実験の場の管理""実験データの解析"の三つに分けて説明する．

(1) 実験の計画（単一因子実験と要因実験）

実験計画法という学問が整う以前によく用いられた実験の方法は，まず因子Aの最適水準を決めるために，因子Bの水準をどれか一つに固定しておき，因子Aの水準を変えて実験する．この結果から因子Aの最適水準A_{best}を決め，

次に因子 B の最適水準を決めるために,先の因子 A の最適水準に固定して因子 B の水準を変えて実験を行い,この結果から因子 B の最適水準 B_{best} を決める. $A_{\text{best}} B_{\text{best}}$ を最適条件であると結論する方法である.このような実験の方法は一度に因子を一つずつ取り上げていることから単一因子実験と呼ばれる.

単一因子実験は,単一因子のみで終わる実験でなければ,良い実験の方法ではない.ある因子の効果が別の因子の水準がどうであるかによって異なる場合は,因子の水準組合せのうち,特別の効果をもつ組合せが存在するということであり,因子間に交互作用が存在し,因子間に交互作用効果があるということである.因子の間に交互作用が存在するということは,各因子の効果が加算的ではないことから誤った結論を導くことになる.

このような単一因子実験の欠点を補うために考えられた実験の方法が要因実験である.これは,問題となる複数の因子を同時に取り上げ,各因子の水準の組合せすべてについての実験を行うという方法である.要因実験を行えば,すべての要因効果を評価することができ,正しい結論を得ることができる(表 25.1 を参照).

表 25.1 単一因子実験と要因実験の比較

(a) 単一因子実験

A \ B	B_1	B_2
A_1	○	×
A_2	○	○

(b) 要因実験

A \ B	B_1	B_2
A_1	○	○
A_2	○	○

備考 ○:データあり × :データなし

ところが,実際には次のような問題が発生する.

① すべての水準組合せを実験することは構わないが,すべての実験を均一な実験の場で行うことは困難である.

② すべての水準組合せを実験することは時間・費用の点から不可能で，特定の水準組合せだけの実験としたい．これを一部実施法という．

要因実験において，すべての水準組合せを実験するのは，因子の間に交互作用が存在することを考慮しているからである．例えば，各 2 水準で 10 因子を取り上げた場合，要因実験では 1024 回（2^{10} 回）の実験となるが，交互作用の推測のために多くの実験が必要となっている．

実際には，2 因子交互作用又は 3 因子交互作用程度で，4 因子以上の交互作用はほとんど存在しないと考えてよい．もしそうだとすると，すべての水準組合せを実験する必要はなく，一部の水準組合せだけを実験すればよい．

このように，一部の交互作用は存在しないという仮定のもとで実験回数を減らそうというのが一部実施法の考え方である．

(2) 実験の場の管理（実験の方法）

因子 A に 3 水準を選び，比較実験する．各水準での繰り返しを 4 回ずつ行い，合計 12 回の実験を行う．この 12 回の実験を行うとき，理想的には，因子 A 以外の他の実験条件（環境条件）はなるべく同じにしたい．

しかし，どんなに実験の場をうまく管理したとしても，実験条件をすべて同一にすることは不可能であり，環境条件は実験ごとに少しずつ異なると考えなければならない．環境条件の違いが実験結果に及ぼす影響のことを実験誤差と呼ぶのである．

この実験誤差の影響が 12 回の各実験に，均等になるようにしたい．このために 12 回の実験をランダムな順序で行うことが必要である．これが実験順序の無作為化の原則又は実験順序の確率化の原則である．

一方これとは別に，実験誤差が小さくなるように積極的に実験の場を管理する努力もすべきである．

(3) 実験データの解析

実験データには必ず実験誤差が含まれている．したがって，実験データの解析に際しては，この誤差を考慮して結論を導き出すのが実験計画法のデータ解析面での主旨である．

誤差を考慮して結論を導き出すための手法には，検定と推定の統計的手法がある（第20章，第21章を参照）．水準間の平均値の差に意味があるかどうか，あるいはその平均値の差が実験誤差の範囲内であるかどうかを判断しなければならないので，水準間の母平均に差がないという仮説を立てて検定をしてみるとよい．

もしこの仮説が棄却された場合には因子Aの水準間に違いがあると結論する．しかし，この仮説が棄却されない場合には因子Aの水準間には有意な違いはないと結論する．

検定の結果，因子Aの水準間に違いがあると結論されれば，因子Aの最適水準では特性値はどのくらいの値になるか，水準間での差はどのくらいになるかという推定を使えばよい［20.1.2項（推定の考え方）を参照］．

25.2　一元配置実験

一元配置実験とは，改善したい特性に影響があると考えられる因子を一つだけ取り上げて，それにn個の水準A_1, A_2, $\cdots$, A_aを選んで，a個の水準の間の比較をする実験をいう．特性の要因を解析するために，a水準を設定し，それぞれの水準でn回ずつ繰り返しの実験を行い，総計an回の実験をランダムな順序で行う実験である．

主な解析は因子Aの効果の確認とA_iでの平均の推定である．これは二つの母平均の差の検定と推定であり，a個の水準の母平均の間に有意差があるかどうかを検定し，各水準間の平均の差などを推定する．

なお，因子とは実験で取り上げる要因のことであり，水準は因子を量的，質的に変えた具体的な条件のことである．

表25.2は因子Aの水準数a，各水準での繰り返し数nの一般的な様式を示したものである．

25.2 一元配置実験

表 25.2 一元配置データの一般的様式

	n 個の繰り返しのデータ	計
A_1	$x_{11}, \cdots, x_{1n}$	T_{A_1}
A_2	$\vdots$	T_{A_2}
$\vdots$	$\vdots$	$\vdots$
A_i	$x_{i1}, \cdots, x_{ij}, \cdots, x_{in}$	T_{A_i}
$\vdots$		$\vdots$
A_a	$x_{a1}, \cdots, x_{aj}, \cdots, x_{an}$	T_{A_a}
	総計	T

25.2.1 平方和の分解

因子 A の第 i 水準における j 個目のデータ x_{ij} は，A_i における平均 μ_i に ε_{ij} の誤差が加わった次式で表される．

$$x_{ij} = \mu_i + \varepsilon_{ij} = \mu + a_i + \varepsilon_{ij} \tag{25.1}$$

式25.1のような表現は構造模型と呼ばれる．

μ_i は A_i における母平均，a_i は A_i の効果（又は主効果），μ は $\mu_1, \mu_2, \cdots, \mu_a$ の平均であるから総平均である．

$a_i = \mu_i - \mu$ であり，A_i の水準に固有な値で，$\sum_{i=1}^{a} a_i = 0$ である．

ε_{ij} はサンプリング誤差，測定誤差，環境条件での誤差などを含んでいる．

A_i における平均 μ_i は，総平均 μ と A_i の効果 a_i とに分解できることになる．

ここで，表25.2の一元配置データの一般的様式の表をもとに，このデータの平方和の分解を行う．

$$\sum_{i=1}^{a}\sum_{j=1}^{n}(x_{ij}-\overline{T})^2 = \sum_{i=1}^{a}\sum_{j=1}^{n}(x_{ij}-\overline{A_i})^2 + n\sum_{i=1}^{a}(\overline{A_i}-\overline{T})^2 \tag{25.2}$$

$$\uparrow \qquad \uparrow \qquad \uparrow$$
$$S_T \quad = \quad S_e \quad + \quad S_A \tag{25.3}$$

$(x_{ij} - \overline{A_i})$ は，A_i での個々の繰り返しのデータと A_i の平均値との差で，同

一水準内でのばらつきであり，実験誤差を表すものである．S_e を残差平方和（又は誤差平方和）という．

$(\overline{A_i} - \overline{T})$ は，A_i の平均値と総平均値との差であり，i 水準での平均的な効果を意味する．すなわち，i 水準の平均が全体の平均からどれだけ変わったかを示すものである．S_A を級間平方和という．

ここで，$\overline{T}$ は総平均値，$\overline{T} = \dfrac{T}{an}$ において，T は全データの総計，a は水準の数，n は繰り返しの数，$\overline{A_i}$ は A の水準 i での平均値，x_{ij} は A_i の繰り返し j 番目のデータである．S_T を総平方和という．

式 25.2 は次式から求めている．

$$\sum_{i=1}^{a}\sum_{j=1}^{n}(x_{ij} - \overline{T})^2 = \sum_{i=1}^{a}\sum_{j=1}^{n}[(x_{ij} - \overline{A_i}) + (\overline{A_i} - \overline{T})]^2$$

$$= \sum_{i=1}^{a}\sum_{j=1}^{n}[(x_{ij} - \overline{A_i})^2 + (\overline{A_i} - \overline{T})^2 + 2(x_{ij} - \overline{A_i})(\overline{A_i} - \overline{T})]$$

$$= \sum_{i=1}^{a}\sum_{j=1}^{n}(x_{ij} - \overline{A_i})^2 + n\sum_{i=1}^{a}(\overline{A_i} - \overline{T})^2$$

なお，$\sum_{j=1}^{n}(x_{ij} - \overline{A_i}) = n\overline{A_i} - n\overline{A_i} = 0$ より，

$$\sum_{i=1}^{a}\sum_{j=1}^{n}[2(x_{ij} - \overline{A_i})(\overline{A_i} - \overline{T})] = 0$$

式 25.3 のように，全データのもっているばらつき S_T を因子の効果 S_A と実験誤差によるばらつき S_e に分けることを平方和の分解という．

因子 A の効果があれば S_A は S_e に比べて大きくなり，逆であれば因子の効果がない，あるいは実験誤差が大きすぎるということになる．

25.2.2 平方和の計算ルール

$$S_A = \sum_{i=1}^{a}\sum_{j=1}^{n}(\overline{A_i} - \overline{T})^2 = n\sum_{i=1}^{a}(\overline{A_i} - \overline{T})^2$$

$$= \sum_{i=1}^{a} n\overline{A_i}^2 + \sum_{i=1}^{a} n\overline{T}^2 - 2\sum_{i=1}^{a} n\overline{A_i}\overline{T}$$

$$= \sum_{i=1}^{a} n\overline{A_i}^2 - an\overline{T}^2 = \sum_{i=1}^{a} \frac{T_{A_i}^2}{n} - \frac{T^2}{an} \quad (25.4)$$

$$\overline{A_i} = \frac{T_{A_i}}{n}$$

ただし，$T_{A_i}:A_i$ におけるデータの総和

したがって，

$$S_A = \left[\sum_{i=1}^{a} \frac{(A_i でのデータの合計)^2}{A_i でのデータ数}\right] - \left[\frac{(総データの合計)^2}{総データ数}\right] \quad (25.5)$$

$$CT = \frac{(総データの合計)^2}{総データ数}$$

自由度 $\phi = a - 1$

となる．なお，CT は修正項と呼ばれている．

25.2.3 分 散 分 析

平方和はデータ数を増やしていくにつれて単調に増加する計量値である．そのため，S_A と S_e を単純に比較するのではなく，平方和を自由度で除して，データ数に依存しない統計量にして比較する必要がある．

各平方和の自由度は，偏差の和が0となる性質から総平方和の自由度ϕ_T，因子 A の平方和の自由度ϕ_A，誤差の自由度ϕ_e はそれぞれの数から1を差し引いた，$\phi_T = an - 1$，$\phi_A = a - 1$，$\phi_e = \phi_T - \phi_A = a(n-1)$ である．

S_A，S_e をそれぞれϕ_A，ϕ_e で除した統計量として，次のように級間分散V_A，誤差分散V_eを求める．

$$V_A = \frac{S_A}{\phi_A} \quad (25.6)$$

$$V_e = \frac{S_e}{\phi_e} \tag{25.7}$$

級間誤差 V_A（式 25.6）と誤差分散 V_e（式 25.7）の比を F とおいて大きさを比較する．

$$F = \frac{V_A}{V_e} \tag{25.8}$$

この F の値が大きければ，誤差よりも大きい効果が得られているものとして，因子 A の効果があると考える．

このように，因子の効果を分散によって判断する方法であることから，この方法を分散分析と呼ぶ．

すなわち，因子 A の効果の大きさは S_A の大きさ単独で判断されるものではなく，誤差の大きさとの比較によって判断されるべきものであり，S_A と S_e の両者の比によって因子 A の効果の有無を調べることになる．

ばらつきに関しては，平方和をその自由度で除した分散の比が F 分布することを利用して，因子 A の効果を統計的に検定で確認するということである．

25.2.4　F 検定

$V_A = \dfrac{S_A}{\phi_A}$ は誤差 ε_{ij} を伴うデータから計算されたものであるから，純粋の因子 A の効果 σ_A^2 だけでなく，誤差変動 σ_e^2 も含んでいる．そこで，統計量がどのくらいの値の前後を大きくなったり，小さくなったりしてばらついているかを表す期待値を求めてみると式 25.9，式 25.10 のようになる．

V_A の期待値

$$E(V_A) = n\sigma_A^2 + \sigma_e^2 \tag{25.9}$$

V_e の期待値

$$E(V_e) = \sigma_e^2 \tag{25.10}$$

ここで，σ_A^2 の大きさを調べるために次の検定を行う．

帰無仮説 H_0：$\sigma_A^2 = 0$

25.2 一元配置実験

対立仮説 H_1：$\sigma_A^2 \neq 0$

$\dfrac{V_A}{V_e}$ は 20.4 節で述べた "二つの母分散の比" である検定統計量であり，F 分布と呼ばれる分布をする．H_0 が成り立てば因子 A の効果がなく，$V_A \fallingdotseq V_e$ となる．

ところが，$\sigma_A^2 \neq 0$ であれば $E(V_A) > E(V_e)$ であることから $\dfrac{V_A}{V_e}$ が F 表に示されている値よりも大きくなった場合の統計的な検定の判断として，H_0 が正しくない．H_0 では起こりにくいことが起きた．したがって，因子 A の効果があるから，$\dfrac{V_A}{V_e}$ の値が F 表の値より大きくなったと考える．

すなわち，$\dfrac{V_A}{V_e}$ が F 表の値より大きくなった場合には $\sigma_A^2 \neq 0$，すなわち，因子 A によって平均が変わると判断する．

これを "帰無仮説 H_0 を棄却する" といい "有意な差がある" という．また，1％の F 表の値より大きくなった場合には "高度に有意である" という．

実際は $\sigma_A^2 = 0$ であっても，$\dfrac{V_A}{V_e}$ の値が F 表の値より大きくなってしまうことも 5％程度はありうる．この 5％の確率を危険率という．しかし，F 表の値よりも大きくなった場合には，単なるばらつきで起きたと考えるよりも "水準の平均の間に本質的な差があると考えて行動を起こす意味がある" という意味で "有意である" といい "有意水準 5％" という言葉が用いられている．

有意となった場合には，積極的に水準の平均の間に違いがあると解釈するが，有意とはならなかった場合の解釈には注意が必要である．これは検定の考え方がありえないことやまれにしか起きないことが起きたかどうかで判断するため，有意とならない場合には "今回のデータでは差があるとはいえない" "ばらつきが大きいのでなんともいえない" という程度の表現になる．有意の場合には積極的に違いがあるといえるが，有意でない場合には差がないとは言い切

れないためである．

なお，F 表の ϕ_1, ϕ_2 にはそれぞれ ϕ_A, ϕ_e が対応する．

25.2.5 一元配置実験の事例による解析

収率向上をねらって反応促進剤（因子 A とする）を 4 水準変化させた実験を各水準について繰り返し 3 回行った．実験の結果を表 25.3，図 25.1 に示す．ただし，12 回の実験はランダムに行った．

表 25.3 一元配置実験の結果（データ表）

[収率（%）]

繰り返し	A_1	A_2	A_3	A_4
1	92.1	93.5	93.6	93.3
2	92.1	92.4	93.4	92.1
3	91.5	92.8	94.2	92.3
計	275.7	278.7	281.2	277.7
平均	91.90	92.90	93.73	92.57
総計 T	1113.3			

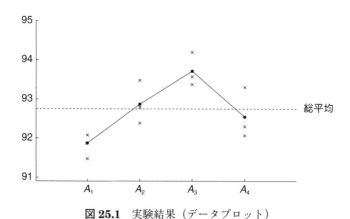

図 25.1 実験結果（データプロット）

25.2 一元配置実験

手順1 修正項 CT を求める．

$$CT = \frac{T^2}{an} = \frac{(総計)^2}{総データ数} = \frac{1113.3^2}{12} = 103286.41$$

手順2 総平方和を求める．

$$S_T = \sum_{i=1}^{a}\sum_{j=1}^{n} x_{ij}^2 - \frac{T^2}{an} = \sum_{i=1}^{a}\sum_{j=1}^{n} x_{ij}^2 - CT$$

$$S_T = 103293.67 - 103286.41 = 7.26$$

手順3 要因の変動を求める．

$$S_A = \sum_{n=1}^{a} \frac{T_{A_i}^2}{n} - \frac{T^2}{an} = \sum_{i=1}^{a} \frac{T_{A_i}^2}{n} - CT$$

$$S_A = 103291.64 - 103286.41 = 5.23$$

自由度 $\phi_A = \phi_1 = 4 - 1 = 3$

手順4 残差平方和を求める．

$$S_e = S_T - S_A = 2.03$$

自由度 $\phi_e = \phi_2 = 11 - 3 = 8$

手順5 分散分析表の作成

有意水度 $\alpha = 0.05$

$F_0 > F_8^3(0.05) = 4.07$ ならば因子 A は有意である．

表25.4 分散分析表 (1)

要因	平方和 S	自由度 ϕ	分散 V	F 比 F_0	検定
因子 A	S_A	$\phi_A = a - 1$	$\dfrac{S_A}{\phi_A}$	$\dfrac{V_A}{V_e}$	$F(\phi_A, \phi_e ; \alpha)$
誤差 e	S_e	$\phi_e = a(n-1)$	$\dfrac{S_e}{\phi_e}$		
計	S_T	$\phi_T = an - 1$			

表 25.5 分散分析表 (2)

要因	平方和 S	自由度 ϕ	分散 V	F 比 F_0	検定	寄与率 (％)
因子 A	5.23	3	1.743	6.862	*	61.5
誤差 e	2.03	8	0.254			38.5
計	7.26	11				

[検定結果] ** : 1％有意　　* : 5％有意　　空欄 : 有意差なし
参考　因子 A の寄与率は $(S_A - \phi_A V_e)/S_T$ より求める.

F 検定によって有意性を検定するだけでなく，因子よるばらつきが，全体の変動 S_T のどのくらいを占めているかを調べるのに寄与率を用いる. 寄与率 $= \dfrac{\text{因子 } A \text{ のみの変動}}{\text{全変動}}$ である. その寄与率 ρ_A の求め方は，式 25.9 の因子 A の平均平方の期待値 $E(V_A) = n\sigma_A^2 + \sigma_e^2$ より，$E(S_A) = \phi_A \times E(V_A) = \phi_A n \sigma_A^2 + \phi_A \sigma_e^2$ を用いて,

$$\rho_A = \frac{S_A - \phi_A V_e}{S_T} = \frac{5.23 - 3 \times 0.254}{7.26} = 0.615 = 61.5 \, (\%)$$

であった.

したがって，全体のばらつきの 61.5 (％) を因子 A で説明できることになる.

手順 6　平均の推定

表 25.3 の平均値のデータを用いて,

$$\overline{A_i} \pm t(\phi_e, 0.05) \sqrt{\frac{V_e}{n}} = \overline{A_i} \pm t(8, 0.05) \sqrt{\frac{0.254}{3}} = A_i \pm 2.306 \times 0.291$$
$$= A_i \pm 0.671$$

ただし，$A_1 : 91.23 \sim 92.57$
　　　　$A_2 : 92.23 \sim 93.57$
　　　　$A_3 : 93.06 \sim 94.40$
　　　　$A_4 : 91.90 \sim 93.24$

以上の結果より A_3 が最も良い収率であった.

25.2 一元配置実験

手順7 平均の差の推定

表25.3の平均値のデータを用いて，

$$(\text{二つの水準値の差}) \pm t(\phi_e, 0.05)\sqrt{\frac{2V_e}{n}}$$

$$= (\text{二つの水準値の差}) \pm t(8, 0.05)\sqrt{\frac{2 \times 0.254}{3}}$$

$$= (\text{二つの水準値の差}) \pm 2.306 \times 0.4115$$

$$= (\text{二つの水準値の差}) \pm 0.949$$

上式をもとに計算した値が次の表25.6である．

表25.6 平均の差の推定結果

差	点推定値	信頼率95%の信頼区間
$\bar{A}_1 - \bar{A}_2$	-1.000	$-1.949 \sim -0.051$
$\bar{A}_1 - \bar{A}_3$	-1.833	$-2.783 \sim -0.884$
$\bar{A}_1 - \bar{A}_4$	-0.667	$-1.616 \sim 0.283$
$\bar{A}_2 - \bar{A}_3$	-0.833	$-1.783 \sim 0.116$
$\bar{A}_2 - \bar{A}_4$	0.333	$-0.616 \sim 1.283$
$\bar{A}_3 - \bar{A}_4$	1.167	$0.217 \sim 2.116$

手順8 個々のデータの存在範囲

$$\bar{A}_i \pm t(\phi_e, 0.05)\sqrt{\left(1 + \frac{1}{n}\right)V_e} = \bar{A}_i \pm t(8, 0.05)\sqrt{\left(1 + \frac{1}{n}\right) \times 0.254}$$

$$= \bar{A}_i \pm 2.306 \times 0.582 = \bar{A}_i \pm 1.342$$

表25.3の各水準の平均値と上式より各水準の値は，

$A_1 : 90.56 \sim 93.24$

$A_2 : 91.56 \sim 94.24$

$A_3 : 92.39 \sim 95.08$

$A_4 : 91.22 \sim 93.91$

である.

　なお,繰り返しが異なる場合でも,因子の水準 A_i に対応した n の値,すなわち n_i を用いればよい.

　例えば,平均の差 $(\overline{A}_1 - \overline{A}_2)$ の場合,

$$(\overline{A}_1 - \overline{A}_2) \pm t(\phi_e, 0.05)\sqrt{\frac{2V_e}{n}}$$

$$\Rightarrow (\overline{A}_1 - \overline{A}_2) \pm t(\phi_e, 0.05)\sqrt{\left(\frac{1}{n_1} + \frac{1}{n_2}\right)V_e} \quad (25.11)$$

となる.

手順9　検討

　今回の一元配置実験では,反応促進剤 A の効果が有意となり,効果のあることがわかった.また,因子 A_3 の条件が最も収率が良いことから,最適水準があることも確認できた.因子 A の寄与率が 61.5% であるので,他の要因も検討してみる必要があるであろう.

25.3　二元配置実験

　一元配置実験では,特性値に影響を与えると思われる因子を一つだけ取り上げて,その効果があるといえるかどうかを調べた.しかし,実際に起こる問題では,複数の因子が考えられる場合が多い.そのとき,因子を一つずつ取り上げて実験する代わりに,全部の因子の水準を適切に組み合わせて実験を行うことで,すべての因子の効果を同時に検定及び推定することができる.

　ここでは二つの因子について説明する.基本的には,一元配置実験と同じ解析を二つの因子について繰り返せばよいが,二元配置実験では,繰り返しのない実験と繰り返しのある実験とでは取扱い方が大きく異なることからそれぞれに分けて説明する.

25.3.1 繰り返しのない二元配置実験

ここで述べる"繰り返しのない二元配置実験"とは，交互作用が存在しないことが技術的にわかっている二つの因子 A, B の水準の数をそれぞれ a 水準，b 水準とした場合，$a \times b$ 個のあらゆる組合せについて1回ずつランダムな順序で実験する方法である．この実験を繰り返しのない二元配置実験という．

因子 A と因子 B に交互作用があるかないかをみる場合は，繰り返しの実験を行う必要がある．その理由は，繰り返しがない場合は交互作用と誤差が交絡し，交互作用を検出することができないことによる．したがって，繰り返しのない二元配置実験は過去の実験の情報や固有技術的な知見によって，あらかじめ交互作用がないことがわかっている場合に用いることができる．

表25.7 二元配置データの一般様式

	B_1	B_2	$\cdots$	B_j	$\cdots$	B_b	計
A_1							T_{A_1}
A_2							T_{A_2}
$\vdots$			データ				$\vdots$
A_i				x_{ij}			T_{A_i}
$\vdots$							$\vdots$
A_a							T_{A_a}
計	T_{B_1}	T_{B_2}	$\cdots$	T_{B_j}	$\cdots$	T_{B_b}	T

因子 A を第 i 水準，因子 B を第 j 水準からとった実験のデータ x_{ij} のデータ構造式と制約は式25.12，式25.13のようになる．

$$x_{ij} = \mu + a_i + b_i + \varepsilon_{ij} \tag{25.12}$$

ただし，$\varepsilon_{ij} \sim N(0, \sigma^2)$

$$\sum_{i=1}^{a} a_i = 0, \sum_{j=1}^{b} b_j = 0 \tag{25.13}$$

これを言葉で表すと，

データ x_{ij} = 総平均 μ + 因子 A_i の効果 a_i + 因子 B_j の効果 b_j + 誤差 ε_{ij}

となる.

表 25.7 を用いて平方和の分解を利用して求めたい平方和を導く.

$$S_T = \sum_{i=1}^{a}\sum_{j=1}^{b}(x_{ij}-\overline{T})^2 = \sum_{i=1}^{a}\sum_{j=1}^{b}[(x_{ij}-\overline{A}_i-\overline{B}_j+\overline{T})$$

$$+(\overline{A}_i-\overline{T})+(\overline{B}_j-\overline{T})]^2$$

$$= b\sum_{i=1}^{a}(\overline{A}_i-\overline{T})^2 + a\sum_{j=1}^{b}(\overline{B}_j-\overline{T})^2 + \sum_{i=1}^{a}\sum_{j=1}^{b}(x_{ij}-\overline{A}_i-\overline{B}_j+\overline{T})^2$$

(25.14)

ここで,

$$\sum_{i=1}^{a}\sum_{j=1}^{b}[(x_{ij}-\overline{A}_i-\overline{B}_j+\overline{T})(\overline{A}_i-\overline{T})]$$

$$= \sum_{i=1}^{a}\sum_{j=1}^{b}[(x_{ij}-\overline{A}_i-\overline{B}_j+\overline{T})(\overline{B}_j-\overline{T})]$$

$$= \sum_{i=1}^{a}\sum_{j=1}^{b}[(\overline{A}_i-\overline{T})(\overline{B}_j-\overline{T})] = 0$$

である.

$$S_T = \sum_{i=1}^{a}\sum_{j=1}^{b}(x_{ij}-\overline{T})^2, \ S_A = b\sum_{i=1}^{a}(\overline{A}_i-\overline{T})^2, \ S_B = a\sum_{j=1}^{b}(\overline{B}_j-\overline{T})^2$$

$$S_e = \sum_{i=1}^{a}\sum_{j=1}^{b}(x_{ij}-\overline{A}_i-\overline{B}_j+\overline{T})^2$$

なので,

$$S_T = S_A + S_B + S_e$$

となる.

一方,データからの計算方法は次のとおりとなる.

$$S_T = \sum_{i=1}^{a}\sum_{j=1}^{b}x_{ij}^{\ 2} - CT$$

25.3 二元配置実験

$$S_A = \sum_{i=1}^{a} \frac{T_{A_i}^2}{b} - CT$$

$$S_B = \sum_{j=1}^{b} \frac{T_{B_i}^2}{a} - CT$$

$$S_e = S_T - S_A - S_B$$

ただし, $CT = \dfrac{T^2}{ab}$

また,それぞれの平方和の自由度は,

$$\left.\begin{array}{l}\phi_T = 全データ数 - 1 = ab - 1 \\ \phi_A = 因子Aの水準数 - 1 = a - 1 \\ \phi_B = 因子Bの水準数 - 1 = b - 1 \\ \phi_e = \phi_{A\times B} = \phi_A \times \phi_B = (a-1)(b-1)\end{array}\right\} \quad (25.15)$$

によって求めることができる.

それぞれの因子の効果はそれぞれの因子の分散を誤差分散で除し,これらの値を F 表と比較する.

表 25.8 繰り返しのない二元配置法の分散分析表

要因	平方和 S	自由度 ϕ	分散 V	F 比 F_0	検定
A	S_A	$\phi_A = a - 1$	$\dfrac{S_A}{\phi_A}$	$\dfrac{V_A}{V_e}$	$F(\phi_A, \phi_e; \alpha)$
B	S_B	$\phi_B = b - 1$	$\dfrac{S_B}{\phi_B}$	$\dfrac{V_B}{V_e}$	$F(\phi_B, \phi_e; \alpha)$
誤差 e	S_e	$\phi_e = (a-1)(b-1)$	$\dfrac{S_e}{\phi_e}$		
計	S_T	$ab - 1$			

例題 プラスチック成形材料の伸びを改良するために,因子 A として混練する温度(℃)4水準と因子 B としてその促進剤の添加量を樹脂3水準の添加剤の剤量(重量%)の検討を行った.なお,交互作用はないと

考えて実験を行った．実験結果を次表（表25.9）に示す．

表25.9 実験の水準と材料の伸びの増分率（%）

温度 A	B_1：剤量 1.0	B_2：剤量 1.5	B_3：剤量 2.0	A_i の合計：T_{A_i}
A_1：100	33	45	39	117
A_2：110	58	63	51	172
A_3：120	71	81	76	228
A_4：130	73	98	80	251
B_i 合計：T_{B_i}	235	287	246	総合計 T：768

解答

手順1　データの総計から修正項 CT を求める．

$$CT = \frac{T^2}{ab} = \frac{768^2}{12} = 49152$$

手順2　総平方和 S_T を求める．

$$S_T = \sum_{i=1}^{a}\sum_{j=1}^{b} x_{ij}^2 - CT = (33^2 + 45^2 + \cdots + 80^2) - 49152 = 4128$$

手順3　因子 A の変動 S_A を求める．

$$S_A = \sum_{i=1}^{a} \frac{T_{A_i}^2}{b} - CT = \frac{117^2 + \cdots + 251^2}{3} - 49152 = 3600.67$$

$$\phi_A = 3$$

手順4　因子 B の変動 S_B を求める．

$$S_B = \sum_{j=1}^{b} \frac{T_{B_i}^2}{a} - CT = \frac{235^2 + 287^2 + 246^2}{4} - 49152 = 375.5$$

$$\phi_B = 2$$

手順5　誤差変動 S_e を求める．

$$S_e = S_T - S_A - S_B = 4128 - 3600.67 - 375.5 = 151.83$$

$$\phi_e = 6$$

手順6 分散分析表の作成

表 25.10 分散分析表

要因	平方和 S	自由度 ϕ	分散 V	F 比 F_0	検定	寄与率
温度 A	3600.67	3	1200.22	47.421	**	85.4
剤量 B	375.50	2	187.75	7.419	*	7.9
誤差 e	151.83	6	25.31			
計	4128.00	11				

［検定結果］ ＊＊：1%有意　＊：5%有意　空白：有意差なし
参考　因子 A の寄与率は $(S_A - \phi_A V_e)/S_T$ より求める．

手順7 推定

① 有意な要因効果の推定

図 25.2 に各因子に関するデータのプロットを示す．

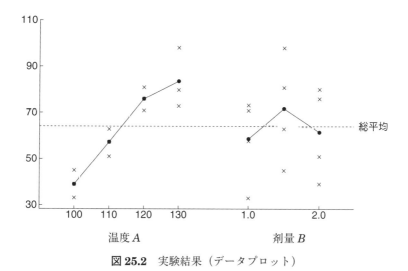

図 25.2 実験結果（データプロット）

$$(各水準の平均値) \pm t(\phi_e, 0.05)\sqrt{\frac{V_e}{各水準のデータ数}}$$

$t(6, 0.05) = 2.447$ であるので,

$$因子Aの場合:(各水準の平均値) \pm 2.447 \times \sqrt{\frac{25.31}{3}}$$

$$因子Bの場合:(各水準の平均値) \pm 2.447 \times \sqrt{\frac{25.31}{4}}$$

② 個々の水準の予測区間の推定

$$(各水準の平均値) \pm t(\phi_e, 0.05)\sqrt{\left(1 + \frac{1}{各水準のデータ数}\right)V_e}$$

$$因子Aの場合:(各水準の平均値) \pm 2.447\sqrt{\left(1 + \frac{1}{3}\right) \times 25.31}$$

$$因子Bの場合:(各水準の平均値) \pm 2.447\sqrt{\left(1 + \frac{1}{4}\right) \times 25.31}$$

以上①, ②の結果を表 25.11, 表 25.12, 図 25.3 に示す.

表 25.11 各水準におけるデータ数と平均

因子 A, B	データ数	平均
$A_1:100$	3	39.00
$A_2:110$	3	57.33
$A_3:120$	3	76.00
$A_4:130$	3	83.67
$B_1:1.0$	4	58.75
$B_2:1.5$	4	71.75
$B_3:2.0$	4	61.50

25.3 二元配置実験

表 25.12 因子 A, B の特性値

(a) 因子 A の特性値

温度 A		母平均	信頼区間 (95%)			予測区間 (95%)		
			下限	上限	幅	下限	上限	幅
A_1：100		39.00	31.89	46.11	7.11	24.79	53.21	14.21
A_2：110		57.33	50.23	64.44	7.11	43.12	71.55	14.21
A_3：120		76.00	68.89	83.11	7.11	61.79	90.21	14.21
A_4：130	max	83.67	76.56	90.77	7.11	69.45	97.88	14.21

(b) 因子 B の特性値

剤量 B		母平均	信頼区間 (95%)			予測区間 (95%)		
			下限	上限	幅	下限	上限	幅
B_1：1.0		58.75	52.60	64.90	6.15	44.99	72.51	13.76
B_2：1.5	max	71.75	65.60	77.90	6.15	57.99	85.51	13.76
B_3：2.0		61.50	55.35	67.65	6.15	47.74	75.26	13.76

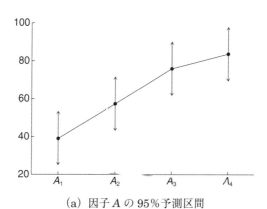

(a) 因子 A の 95% 予測区間

図 25.3 因子 A, B の特性

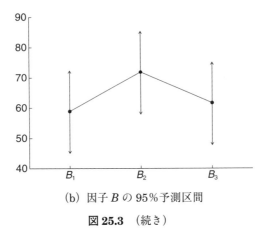

(b) 因子 B の 95％予測区間

図 25.3 （続き）

手順 8　水準間の差の推定

$$(二つの水準の平均値の差) \pm t(\phi_e, 0.05)\sqrt{\frac{2V_e}{各水準のデータ数}}$$

$t(6, 0.05) = 2.447$

因子 A の場合：$(二つの水準の平均値の差) \pm 2.447 \times \sqrt{\dfrac{2 \times 25.31}{3}}$

因子 B の場合：$(二つの水準の平均値の差) \pm 2.447 \times \sqrt{\dfrac{2 \times 25.31}{4}}$

以上の結果を表 25.13 に示す．

25.3 二元配置実験

表 25.13 因子 A, 因子 B の母平均の水準間の差の推定

(a) 因子 A の水準間の差の推定値

温度 A		母平均の差			
		点推定値	下限 (95%)	上限 (95%)	幅
A_1 : 100	A_2 : 110	− 18.33	− 28.38	− 8.28	10.05
A_1 : 100	A_3 : 120	− 37.00	− 47.05	− 26.95	10.05
A_1 : 100	A_4 : 130	− 44.67	− 54.72	− 34.62	10.05
A_2 : 110	A_3 : 120	− 18.67	− 28.72	− 8.62	10.05
A_2 : 110	A_4 : 130	− 26.33	− 36.38	− 16.28	10.05
A_3 : 120	A_4 : 130	− 7.67	− 17.72	2.38	10.05

(b) 因子 B の水準間の差の推定値

剤量 B		母平均の差			
		点推定値	下限 (95%)	上限 (95%)	幅
B_1 : 1.0	B_2 : 1.5	− 13.00	− 21.70	− 4.30	8.70
B_1 : 1.0	B_3 : 2.0	− 2.75	− 11.45	5.95	8.70
B_2 : 1.5	B_3 : 2.0	10.25	1.55	18.95	8.70

手順 9 最適条件の選定と母平均の推定

最適条件は $A_4 B_2$ である.

一般的に推定の場合の考え方は有意な因子の場合，その水準を変えると平均が変わる．そのモデルは次式である．

$$\mu(A_i B_j) = \mu + a_i + b_j \tag{25.16}$$

式 25.16 は μ, a_i, b_j が母数なので，真の値は不明である．そこで，データから推定することになる．

$\mu - a_i$ の推定値 $= \overline{A}_i$, $\mu - b_j$ の推定値 $= \overline{B}_j$

$\hat{\mu} = \overline{T}$, $\hat{a}_i = \overline{A}_i - \overline{T}$, $\hat{b}_i = \overline{B}_j - \overline{T}$ から，

$$\hat{\mu}(A_i B_j) = \overline{A}_i + \overline{B}_j - \overline{T} \pm t(\phi_e, 0.05)\sqrt{\frac{V_e}{n_e}} \tag{25.17}$$

$$n_e = \frac{a \times b}{a + b - 1} \quad (n_e：有効反復数^*)$$

* 有効反復数とは，ある条件での平均を推定するときに，実験計画法を行えば，その実験を何回行ったことに相当する推定精度が得られるかを表したものである．今回は1回しか行っていないのに，

$$n_e = \frac{4 \times 3}{4 + 3 - 1} = 2$$

となり，2回分の情報が得られたこと意味している［n_e を求める田口の公式については式25.24（466ページ）であらためて説明する］．

今回の最適水準での値は次のようになる．

$$\hat{\mu}(A_4 B_2) = \overline{A}_4 + \overline{B}_2 - \overline{T} \pm t(6, 0.05) \sqrt{\frac{4 + 3 - 1}{4 \times 3} V_e}$$

$$= 83.67 + 71.75 - 64 \pm 2.447 \times \sqrt{\frac{25.31}{2}} = 91.42 \pm 8.70$$

手順10　平均の差の推定

$$(二つの平均値の差) \pm t(\phi_e, 0.05) \sqrt{\frac{V_e}{n_d}} \qquad (25.18)$$

$$n_d = \frac{ab}{2(a + b)n}$$

繰り返しのない実験であるので，繰り返し数 $n = 1$ となる．

n_d は平均の差の有効反復数である．

$A_4 B_2$ とのすべての組合せについて行った結果を次表（表25.14）に示す．

25.3 二元配置実験

表25.14 最適値以外のその他の平均値1と
最適値 A_4B_2 の平均値2との差の計算結果

平均値1		平均値2		母平均の差			幅
温度 A	剤量 B	温度 A	剤量 B	点推定値	下限(95%)	上限(95%)	
A_1：100	B_1：1.0	A_4：130	B_2：1.5	−57.67	−70.96	−44.37	13.30
A_1：100	B_2：1.5	A_4：130	B_2：1.5	−44.67	−54.72	−34.62	10.05
A_1：100	B_3：2.0	A_4：130	B_2：1.5	−54.92	−68.21	−41.62	13.30
A_2：110	B_1：1.0	A_4：130	B_2：1.5	−39.33	−52.63	−26.04	13.30
A_2：110	B_2：1.5	A_4：130	B_2：1.5	−26.33	−36.38	−16.28	10.05
A_2：110	B_3：2.0	A_4：130	B_2：1.5	−36.58	−49.88	−23.29	13.30
A_3：120	B_1：1.0	A_4：130	B_2：1.5	−20.67	−33.96	−7.37	13.30
A_3：120	B_2：1.5	A_4：130	B_2：1.5	−7.67	−17.72	2.38	10.05
A_3：120	B_3：2.0	A_4：130	B_2：1.5	−17.92	−31.21	−4.62	13.30
A_4：130	B_1：1.0	A_4：130	B_2：1.5	−13.00	−21.70	−4.30	8.70

手順11 個々のデータの存在範囲

$$(各水準又は水準の組合せ時の平均値) \pm t(\phi_e, 0.05)\sqrt{\left(1+\frac{1}{n_e}\right)V_e}$$

で表される．個々のデータの予測区間として求めたものを次表（表25.15）に示す．最適水準との差がよくわかる．

表25.15 個々のデータの予測区間の計算結果

温度 A	剤量 B		母平均	予測区間（95%）		
				下限	上限	幅
A_1：100	B_1：1.0		33.8	18.67	48.83	15.08
A_1：100	B_2：1.5		46.8	31.67	61.83	15.08
A_1：100	B_3：2.0		36.5	21.42	51.58	15.08
A_2：110	B_1：1.0		52.1	37.01	67.16	15.08
A_2：110	B_2：1.5		65.1	50.01	80.16	15.08
A_2：110	B_3：2.0		54.8	39.76	69.91	15.08

表 25.15 （続き）

温度 A	剤量 B		母平均	予測区間（95%）		
				下限	上限	幅
A_3：120	B_1：1.0		70.8	55.67	85.83	15.08
A_3：120	B_2：1.5		83.8	68.67	98.83	15.08
A_3：120	B_3：2.0		73.5	58.42	88.58	15.08
A_4：130	B_1：1.0		78.4	63.34	93.49	15.08
A_4：130	B_2：1.5	max	91.4	76.34	106.49	15.08
A_4：130	B_3：2.0		81.2	66.09	96.24	15.08

25.3.2 繰り返しのある二元配置実験

特性の要因を解析するために，因子 A と因子 B を二つ取り上げ，そのそれぞれの因子について a 水準と b 水準を選び，各条件の組合せで条件ごとに n 回ずつの繰り返しの実験を行い，合計 abn 回の実験を完全にランダムな順序で行う実験のことを繰り返しのある二元配置実験という．

二つの因子の間には因子が相互に影響し合う，あるいは水準の組合せによる効果，すなわち交互作用のあることが多い．

このような効果も含めて要因効果（因子単独の効果を主効果といい，主効

表 25.16 二元配置データ

	B_1	B_2	$\cdots$	B_j	$\cdots$	B_b
A_1						
A_2						
$\vdots$			n 個の繰り返しデータ			
A_i				x_{ijk}		
$\vdots$						
A_a						

$\Rightarrow$

	B_1	B_2	$\cdots$	B_j	$\cdots$	B_b	計
A_1							T_{A_1}
A_2							T_{A_2}
$\vdots$							$\vdots$
A_i				$T_{A_iB_j}$			T_{A_i}
$\vdots$							$\vdots$
A_a							T_{A_a}
計	T_{B_1}	T_{B_2}	$\cdots$	T_{B_j}	$\cdots$	T_{B_b}	T

ただし，$i = 1, 2, \cdots, i, \cdots, a$　　$j = 1, 2, \cdots, j, \cdots, b$　　$k = 1, 2, \cdots, n$

果と交互作用を含めて要因効果という）を把握するには，各水準の組合せを 2 回以上，繰り返した実験が必要である．

(1) 交互作用の把握

実験に取り上げた処理全体の平均を μ，因子 A の水準を A_i としたときの平均を μ_i とすると，その効果 $a_i = \mu_i - \mu$ のデータである $(A_i - \overline{T})$ によって推定できる．同様に，B_j とした場合の効果 b_j は $(B_j - \overline{T})$ によって推定できる．これらの効果の大きさは一元配置の場合と同様に求めることができる．

因子 A を A_i，因子 B を B_j と組み合わせた場合の平均が μ から $\mu + a_i + b_j$ のように，両者の効果の和で表現できる分だけ変化すると仮定する．そうすると，

$A_i B_j$ の組合せでの平均 μ_{ij} の推定値 $\hat{\mu}_{ij}$ は，

$$\hat{\mu}_{ij} = \mu + \hat{a}_i + \hat{b}_j = \overline{T} + (\overline{A}_i - \overline{T}) + (\overline{B}_j - \overline{T}) = \overline{A}_i + \overline{B}_j - \overline{T}$$
(25.19)

である．

実験で得られた $A_i B_j$ のデータから平均値 $\overline{A_i B_j}$ を求めたときに式 25.19 で得られた値よりも差が大きければ，因子 A と因子 B の効果以外の効果が得られたことになる．これが交互作用 $(ab)_{ij}$ である．その大きさの推定値は式 25.20 のようになる．

$$\widehat{(ab)}_{ij} = \overline{A_i B_j} - (\overline{A}_i + \overline{B}_j - \overline{T}) \tag{25.20}$$

(2) 平方和の分解

因子 A の i 水準，因子 B の j 水準の繰り返し k 番目のデータ x_{ijk} の構造式は，

$$x_{ijk} = \mu + a_i + b_j + (ab)_{ij} + e_{ijk} \tag{25.21}$$

となる．これは，

データ＝総平均＋A_i の効果＋B_j の効果＋$A_i B_j$ での交互作用＋誤差

である．ここで，

である．ここで，一元配置法と同様に平方和の分解を行うと，

$$S_T = \sum_{i=1}^{a}\sum_{j=1}^{b}\sum_{k=1}^{n}(x_{ijk} - \overline{T})^2$$

$$= \sum_{i=1}^{a}\sum_{j=1}^{b}\sum_{k=1}^{n}(x_{ijk} - \overline{A_i B_j})^2 + \sum_{i=1}^{a}\sum_{j=1}^{b}\sum_{k=1}^{n}(\overline{A_i B_j} - \overline{T})^2 \qquad (25.22)$$

$$\sum_{i=1}^{a} a_i = \sum_{j=1}^{b} b_j = \sum_{i=1}^{a}(ab)_{ij} = \sum_{j=1}^{b}(ab)_{ij} = 0$$

式25.22の右辺の第1項はデータと $A_i B_j$ の平均 $\overline{A_i B_j}$ との差である．同一条件でのばらつきである．誤差平方和と呼び，S_e で表す．

第2項の $\overline{A_i B_j}$ が全体の平均からどれくらい上がったり下がったりしているかの差を示す．AB間平方和と呼び，S_{AB} で表す．

$$S_e = \sum_{i=1}^{a}\sum_{j=1}^{b}\sum_{k=1}^{n}(x_{ijk} - \overline{A_i B_j})^2 = S_T - S_{AB}$$

$$S_{AB} = n\sum_{i=1}^{a}\sum_{j=1}^{b}(\overline{A_i B_j} - \overline{T})^2 = \sum_{i=1}^{a}\sum_{j=1}^{b}\frac{T_{A_i B_j}{}^2}{n} - CT$$

この S_{AB} の平方和の分解を行うと次式が得られる．

$$S_{AB} = bn\sum_{i=1}^{a}(\overline{A_i} - \overline{T})^2 + an\sum_{j=1}^{b}(\overline{B_j} - \overline{T})^2$$

$$+ n\sum_{i=1}^{a}\sum_{j=1}^{b}[\overline{A_i B_j} - (\overline{A_i} + \overline{B_j} - \overline{T})]^2$$

$$= S_A + S_B + S_{A \times B}$$

右辺第1項の $(\overline{A_i} - \overline{T})$ は A_i の平均から全体の平均との差であり，どの程度上がり下がりしているかを示すものである．因子Aの主効果を示す．その平方和は，

$$S_A = bn\sum_{i=1}^{a}(\overline{A_i} - \overline{T})^2$$

である．

右辺第2項の $(\overline{B_j} - \overline{T})$ は B_j の平均から全体の平均との差であり，どの程

度上がり下がりしているかを示すものである．因子 B の主効果を示す．その平方和は，

$$S_B = n \sum_{j=1}^{b} (B_i - \overline{T})^2$$

である．

　また，右辺第 3 項の $[\overline{A_i B_j} - (\overline{A_i} + \overline{B_j} - \overline{T})]$ は因子 A, B の主効果以外で $A_i B_j$ の全平均からの上がり下がりに寄与している項である．これが交互作用で，この平方和を $S_{A \times B}$ で表す．

$$S_{A \times B} = n \sum_{i=1}^{a} \sum_{j=1}^{b} [\overline{A_i B_j} - (\overline{A_i} + \overline{B_j} - \overline{T})]^2$$

である．

　各平方和を求める式を式 25.23 に示す．

$$\left.\begin{aligned}
S_T &= \sum_{i=1}^{a} \sum_{j=1}^{b} \sum_{k=1}^{n} x_{ijk}^2 - CT \\
S_A &= \sum_{i=1}^{a} \frac{T_{A_i}^2}{bn} - CT \\
S_B &= \sum_{j=1}^{b} \frac{T_{B_j}^2}{an} - CT \\
S_{AB} &= \sum_{i=1}^{a} \sum_{j=1}^{b} \frac{T_{A_i B_j}^2}{n} - CT \\
S_T &= S_{AB} + S_e = S_A + S_B + S_{A \times B} + S_e
\end{aligned}\right\} \quad (25.23)$$

25.3.3　繰り返しのある二元配置実験と解析

　ある成形工場で押出し加工を行っている．最近，引裂き強度の改善を要求されている．そこで，過去の技術情報を参考にして，吐出圧（因子 A）3 水準と成形温度（因子 B）4 水準，繰り返し 2 回の実験を行った．データは次表（表 25.17）のようになった．この事例について解析を行う．

表 25.17 成形品の引裂き強度

(単位:N/mm^2)

因子 A:吐出圧 (MPa)	因子 B:成形温度(℃)				計
	B_1:130	B_2:140	B_3:150	B_4:160	
A_1:2.0	2.63	2.80	2.87	2.92	22.53
A_1:2.0	2.72	2.85	2.85	2.89	
A_2:2.5	2.90	3.00	3.09	3.04	23.95
A_2:2.5	2.84	3.01	3.05	3.02	
A_3:3.0	2.82	2.95	2.98	3.14	23.82
A_3:3.0	2.82	2.94	3.08	3.09	
計	16.73	17.55	17.92	18.10	70.30

手順1　修正項 CT を求める．

$$CT = \frac{T^2}{abn} = \frac{70.30^2}{3 \times 4 \times 2} = 205.9204$$

手順2　総平方和を求める．

$$S_T = \sum_{i=1}^{a}\sum_{j=1}^{b}\sum_{k=1}^{n}(x_{ijk} - \overline{T})^2 = \sum_{i=1}^{a}\sum_{j=1}^{b}\sum_{k=1}^{n}x_{ijk}^2 - CT$$

$$= (2.63^2 + 2.80^2 + \cdots + 3.08^2 + 3.09^2) - 205.9204$$

$$= 206.2894 - 205.9204 = 0.3690$$

自由度　$\phi_T = abn - 1 = 23$

手順3　因子 A の平方和を求める．

$$S_A = \sum_{i=1}^{a}\frac{T_{A_i}^2}{bn} - CT = \frac{22.53^2 + 23.95^2 + 23.82^2}{4 \times 2} - 205.9204$$

$$= 206.0744 - 205.9204 = 0.1541$$

自由度　$\phi_A = a - 1 = 2$

手順4　因子 B の平方和を求める．

$$S_B = \sum_{j=1}^{b}\frac{T_{B_j}^2}{an} - CT = \frac{16.73^2 + \cdots + 18.10^2}{3 \times 2} - 205.9204$$

$$= 206.1053 - 205.9204 = 0.1849$$

25.3 二元配置実験

自由度 $\phi_B = b - 1 = 3$

手順 5 因子 A と因子 B の組合せ効果の AB 間平方和を求める.

表 25.18 成形品の引裂き強度の繰り返しの和

(単位:N/mm^2)

吐出圧 A (MPa)	成形温度 B (℃)				計
	B_1:130	B_2:140	B_3:150	B_4:160	
A_1:2.0	5.35	5.65	5.72	5.81	22.53
A_2:2.5	5.74	6.01	6.14	6.06	23.95
A_3:3.0	5.64	5.89	6.06	6.23	23.82
計	16.73	17.55	17.92	18.10	70.30

$$S_{AB} = n\sum_{i=1}^{a}\sum_{j=1}^{b}(\overline{A_iB_j} - \overline{T})^2 = \sum_{i=1}^{a}\sum_{j=1}^{b}\frac{T_{A_iB_j}^2}{n} - CT$$

$$= \frac{5.35^2 + \cdots + 6.23^2}{2} - 205.9204$$

$$= 206.2743 - 205.9204 = 0.3539$$

自由度 $\phi_{AB} = ab - 1 = 3 \times 4 - 1 = 11$

手順 6 交互作用の平方和を求める.

$$S_{A \times B} = S_{AB} - S_A - S_B = 0.3539 - 0.1541 - 0.1849 = 0.0149$$

自由度 $\phi_{A \times B} = \phi_{AB} - \phi_A - \phi_B = (ab - 1) - (a - 1) - (b - 1)$

$$= (a - 1)(b - 1) = 6$$

手順 7 誤差平方和を求める.

$$S_e = S_T - S_{AB} = 0.3690 - 0.3539 = 0.0151$$

$$S_T = S_{AB} + S_e = 0.3539 + 0.0151 = 0.3690$$

自由度 $\phi_e = \phi_T - \phi_{AB} = 23 - 11 = 12$

手順 8 分散分析表の作成

手順 9 平均の推定

① 1 因子のみ有意の場合

表 25.19 分散分析表 (1)

要因	平方和 S	自由度 ϕ	分散 V	F 比 F_0	検定
A	S_A	$\phi_A = a - 1$	V_A	V_A/V_e	$F(\phi_A, \phi_e; \alpha)$
B	S_B	$\phi_B = b - 1$	V_B	V_B/V_e	$F(\phi_B, \phi_e; \alpha)$
$A \times B$	$S_{A \times B}$	$\phi_{A \times B} = (a-1)(b-1)$	$V_{A \times B}$	$V_{A \times B}/V_e$	$F(\phi_{A \times B}, \phi_e; \alpha)$
誤差 e	S_e	$\phi_e = ab(n - 1)$	V_e	—	
計 T	S_T	$\phi_T = abn - 1$	—	—	

表 25.20 分散分析表 (2)

要因	平方和 S	自由度 ϕ	分散 V	F 比 F_0	検定	寄与率
吐出圧 A	0.1541	2	0.07705	61.25	**	41.08
成形温度 B	0.1849	3	0.06163	48.99	**	49.08
交互作用 $A \times B$	0.0149	6	0.002483	1.97		2.00
誤差 e	0.0151	12	0.001258			
計	0.3690	23				

[検定結果]　**：1%有意　　*：5%有意　　空欄：有意差なし
参考　因子 A の寄与率は $(S_A - \phi_A V_e)/S_T$ より求める．

$$(各水準の平均値) \pm t(\phi_e, 0.05)\sqrt{\frac{V_e}{各水準のデータ数}}$$

例えば，$\overline{A_1} \pm t(12, 0.05) \times \sqrt{\dfrac{0.00126}{8}} = 2.817 \pm (2.179 \times 0.01253)$

$= 2.817 \pm 0.0273$

② 因子 A と因子 B が有意，交互作用 $A \times B$ が有意ではない場合

　因子 A，因子 B の因子の最適値は A_2, B_4 である．この組合せの母平均の点推定は次のようになる．

25.3 二元配置実験

$$\overline{A}_i + \overline{B}_j - \overline{T} \pm t(\phi_e, 0.05)\sqrt{\frac{(a+b-1)V_e}{abn}}$$

$$= \overline{A}_2 + \overline{B}_4 - \overline{T} \pm t(12, 0.05)\sqrt{\frac{6 \times 0.001258}{24}}$$

$$= (2.994 + 3.017 - 2.929) \pm (2.179 \times 0.0177)$$

$$= 3.082 \pm 0.0386$$

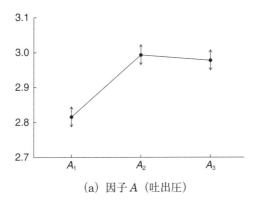

(a) 因子 A (吐出圧)

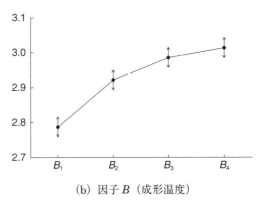

(b) 因子 B (成形温度)

図 **25.4** 要因の効果の推定図

表 25.21 各因子の水準の組合せの母平均の点推定と区間推定

(信頼率 95%の信頼区間)

吐出圧 A	成形温度 B		母平均	信頼区間（95%）		幅
				下限	上限	
A_1：2.0	B_1：130	min	2.675	2.6368	2.7141	0.0386
A_1：2.0	B_2：140		2.812	2.7734	2.8507	0.0386
A_1：2.0	B_3：150		2.874	2.8351	2.9124	0.0386
A_1：2.0	B_4：160		2.904	2.8651	2.9424	0.0386
A_2：2.5	B_1：130		2.853	2.8143	2.8916	0.0386
A_2：2.5	B_2：140		2.990	2.9509	3.0282	0.0386
A_2：2.5	B_3：150		3.051	3.0126	3.0899	0.0386
A_2：2.5	B_4：160	max	3.081	3.0426	3.1199	0.0386
A_3：3.0	B_1：130		2.837	2.7980	2.8753	0.0386
A_3：3.0	B_2：140		2.973	2.9347	3.0120	0.0386
A_3：3.0	B_3：150		3.035	2.9964	3.0736	0.0386
A_3：3.0	B_4：160		3.065	3.0264	3.1036	0.0386

③ $A \times B$ が有意の場合

ここでの例は有意ではないが，交互作用が有意の場合，それぞれの因子では説明できない効果が出たということであるから，最も効果のあった値の $T_{A_iB_j}$ を最適水準とする．その区間推定は，

(最適水準の組合せの平均値)

$$\pm t(\phi_e, 0.05)\sqrt{\frac{V_e}{2 \text{因子の水準の組合せのデータ数}}}$$

ただし，事例では有意となっていないので区間推定は行わない．

手順 10　二つの母平均の差の推定

$$(\text{点推定量の差}) \pm t(\phi_e, 0.05)\sqrt{\frac{V_e}{n_d}}$$

$$\frac{1}{n_d} = \frac{2(a+b)}{abn} \quad (\text{交互作用なしの場合})$$

25.3 二元配置実験

この場合，分子の $2(a+b)$ は a の水準が同一の場合 $a=0$，b の水準が同じ場合 $b=0$ である．

なお，平均の差の推定において，信頼率95％の信頼区間に0の値が含まれていれば，有意ではないので"差があるとはいえない"，すなわち，平均の差は0かもしれないと考えられる．このことから平均の差が小さいことになる．

一方で0の値が含まれていなければ，両者の間には有意な差があるといえる．

表25.22に A_2B_4 の平均の値と他の組合せの平均値との差の推定のデータを示す．

有意な水準間の差の推定は，

$$（二つの水準の平均値の差）\pm t(\phi_e, 0.05)\sqrt{\frac{2V_e}{各水準のデータ数}}$$

表 25.22 平均の差の推定（全データ）

吐出圧 A	成形温度 B	吐出圧 A	成形温度 B	母平均の差			幅
				点推定値	下限 (95％)	上限 (95％)	
A_1：2.0	B_1：130	A_2：2.5	B_4：160	-0.4058	-0.4649	-0.3468	0.0590
A_1：2.0	B_2：140	A_2：2.5	B_4：160	-0.2692	-0.3282	-0.2101	0.0590
A_1：2.0	B_3：150	A_2：2.5	B_4：160	-0.2075	-0.2665	-0.1485	0.0590
A_1：2.0	B_4：160	A_2：2.5	B_4：160	-0.1775	-0.2161	-0.1389	0.0386
A_2：2.5	B_1：130	A_2：2.5	B_4：160	-0.2283	-0.2730	-0.1837	0.0446
A_2：2.5	B_2：140	A_2：2.5	B_4：160	0.0917	-0.1363	-0.0470	0.0446
A_2：2.5	B_3：150	A_2：2.5	B_4：160	-0.0300	-0.0746	0.0146	0.0446
A_2：2.5	B_4：160	A_3：3.0	B_1：130	0.2446	0.1856	0.3036	0.0590
A_2：2.5	B_4：160	A_3：3.0	B_2：140	0.1079	0.0489	0.1669	0.0590
A_2：2.5	B_4：160	A_3：3.0	B_3：150	0.0463	-0.0128	0.1053	0.0590
A_2：2.5	B_4：160	A_3：3.0	B_4：160	0.0162	-0.0224	0.0549	0.0386

で求まる（表25.23）．

なお，有効反復数 n_e を求める田口の式を用いて計算すると交互作用が有意な場合は次式のように，$n_e = n$ となる．

$$n_e = \frac{abn}{1+a-1+b-1+(a-1)(b-1)} = \frac{abn}{ab} = n$$

田口の公式は，

$$n_e = \frac{\text{総データ数}}{1+(\text{推定に用いた要因の自由度の和})} \tag{25.24}$$

田口の式をみるとわかるように，有効反復数 n_e は分母の推定に用いた因子が検定で有意になった因子のみを対象としている．そのため，因子 A のみが有意な場合は $n_e = \dfrac{abn}{1+(a-1)} = \dfrac{abn}{a} = bn$ となる．

ただし，交互作用がある場合は交互作用に関係している因子 A, B も対象に加えるので，有効反復数 $n_e = n$ となるのである．

① 個々のデータの存在範囲

$$(\text{各水準又は水準の組合せなどの平均値}) \pm t(\phi_e, 0.05)\sqrt{\left(1+\frac{1}{n_e}\right)V_e}$$

予測区間の幅を求める．なお，n_e は式25.24より求める．

$$\begin{aligned}
&\pm t(\phi_e, 0.05)\sqrt{\left(1+\frac{1}{n_e}\right)V_e} \\
&= \pm 2.179 \times \sqrt{\left(1+\frac{a+b-1}{abn}\right) \times 0.00126} \\
&= \pm 2.179 \times \sqrt{\left(1+\frac{3+4-1}{3\times 4\times 2}\right) \times 0.00126} \\
&= \pm 2.179 \times 0.0397 = 0.0865
\end{aligned}$$

25.3 二元配置実験

表 25.23 水準間の差の推定

(a) 因子 A の母平均の差

吐出圧 A		母平均の差			幅
		点推定値	下限 (95%)	上限 (95%)	
A_1 : 2.0	A_2 : 2.5	-0.1775	-0.2161	-0.1389	0.0386
A_1 : 2.0	A_3 : 3.0	-0.1612	-0.1999	-0.1226	0.0386
A_2 : 2.5	A_3 : 3.0	0.0162	-0.0224	0.0549	0.0386

(b) 因子 B の母平均の差

成形温度 B		母平均の差			幅
		点推定値	下限 (95%)	上限 (95%)	
B_1 : 130	B_2 : 140	-0.1367	-0.1813	-0.0920	0.0446
B_1 : 130	B_3 : 150	-0.1983	-0.2430	-0.1537	0.0446
B_1 : 130	B_4 : 160	-0.2283	-0.2730	-0.1837	0.0446
B_2 : 140	B_3 : 150	-0.0617	-0.1063	-0.0170	0.0446
B_2 : 140	B_4 : 160	-0.0917	-0.1363	-0.0470	0.0446
B_3 : 150	B_4 : 160	-0.0300	-0.0746	0.0146	0.0446

表 25.24 個々のデータ範囲（予測区間）

吐出圧 A	成形温度 B	母平均	信頼区間 (95%)			予測区間 (95%)		
			下限	上限	幅	下限	上限	幅
A_1 : 2.0	B_1 : 130	2.675	2.6368	2.7141	0.0386	2.5890	2.7618	0.0864
A_1 : 2.0	B_2 : 140	2.812	2.7734	2.8507	0.0386	2.7257	2.8985	0.0864
A_1 : 2.0	B_3 : 150	2.874	2.8351	2.9124	0.0386	2.7873	2.9602	0.0864
A_1 : 2.0	B_4 : 160	2.904	2.8651	2.9424	0.0386	2.8173	2.9902	0.0864
A_2 : 2.5	B_1 : 130	2.853	2.8143	2.8916	0.0386	2.7665	2.9393	0.0864
A_2 : 2.5	B_2 : 140	2.990	2.9509	3.0282	0.0386	2.9032	3.0760	0.0864
A_2 : 2.5	B_3 : 150	3.051	3.0126	3.0899	0.0386	2.9648	3.1377	0.0864
A_2 : 2.5	B_4 : 160	3.081	3.0426	3.1199	0.0386	2.9948	3.1677	0.0864
A_3 : 3.0	B_1 : 130	2.837	2.7980	2.8753	0.0386	2.7503	2.9231	0.0864
A_3 : 3.0	B_2 : 140	2.973	2.9347	3.0120	0.0386	2.8869	3.0597	0.0864

表 25.24 （続き）

吐出圧 A	成形温度 B	母平均	信頼区間（95%）			予測区間（95%）		
			下限	上限	幅	下限	上限	幅
A_3：3.0	B_3：150	3.035	2.9964	3.0736	0.0386	2.9486	3.1214	0.0864
A_3：3.0	B_4：160	3.065	3.0264	3.1036	0.0386	2.9786	3.1514	0.0864

注　本表は表 25.21 に予測区間を加えたものである．

② 分散の期待値の違い

表 25.25 に示すように，$n \neq 1$ の場合には，σ_e^2 の期待値となっている V_e を用いてそれぞれの要因効果を検定すれば，σ_e^2 以外の分散成分（要因効果）が 0 であるかどうかがわかる．

$n = 1$ の場合には，誤差に交互作用が入り込んでいる（交絡している）ので検定の際に誤差が大きいときは交互作用を疑う必要がある．

$\sigma_{A \times B}^2 = 0$ の場合には，V_e は σ_e^2 だけとなるので，V_e によって因子 A や因子 B を検定できる．しかし，$\sigma_{A \times B}^2 \neq 0$ の場合には，妥当な検定ができない．無理やり V_e で検定したとしても，V_e が σ_e^2 よりも大きめになるため，因子 A や因子 B の検定の感度が鈍る，すなわち，有意であるにもかかわらず有意ではないという検定結果になってしまうことがある．

したがって，ある程度交互作用が疑われるときは，繰り返しのある実験を行うようにすべきである．

表 25.25　二元配置実験における分散の期待値

(a) $n \neq 1$ の場合

要因	分散の期待値 $E(V)$
A	$\sigma_e^2 + bn\,\sigma_A^2$
B	$\sigma_e^2 + an\,\sigma_B^2$
$A \times B$	$\sigma_e^2 + n\,\sigma_{A \times B}^2$
e	σ_e^2

(b) $n = 1$ の場合

要因	分散の期待値 $E(V)$
A	$\sigma_e^2 + b\,\sigma_A^2$
B	$\sigma_e^2 + a\,\sigma_B^2$
e	$\sigma_e^2 + \sigma_{A \times B}^2$

第26章 相関分析

　ヒストグラムは"一つの特性などのデータの分布の姿をとらえる道具"であるのに対して散布図は"対になった対応のあるデータ相互の関係をみることができる道具"である．

　散布図は対になった二組のデータ，例えば，関連のありそうな二つの特性どうしや要因どうし又は特性と要因を対にして取ったデータを二つの軸の交点にプロットした図である．この二者間の関係が見いだせれば次のような点に活用できる．

① 要因の特定：特性のばらつきに影響を与える要因の特定
② 要因の水準値の把握：特性と要因との関係を把握し，そのデータの範囲内で求めたい特性の値とそれを得るための要因の水準値の把握
③ 代用特性の把握：本来の特性の測定に時間や工数がかかる場合や，測定によって製品の機能が損なわれる破壊検査のような場合に，本来の特性と関連が強く，その代わりとなるような特性（代用特性）を把握したいとき．

　このように，対応のある2種類のデータの値 x と y で，x の変化に対応して y が変化する場合，両者の間に"相関がある"という．この相関の有無を統計的に判断する方法が"相関分析"である．

　相関分析は，原料の純度と製品収率やこれから述べる事例などについて行うが，扱う要因や特性はランダムに変わる確率変数を対象としているので，一つの変数 x, y が正規分布していることが前提である．

　今回，事例として，原料（樹脂粉末）を加工して特殊な製品を製造する中で，製品の粒子径が重要な特性であることが判明した．そこで，製品の平均直径が原料の平均直径に"どのように"依存しているかどうかを調査する．

　まず，過去のデータを調べた結果をデータ表として表26.1にまとめる．

第26章 相関分析

表 26.1 製品の粒子径と原料樹脂の粒子径のデータ表

No.	製品の平均粒子径 $y(\mu m)$	原料の平均粒子径 $x(\mu m)$	No.	製品の平均粒子径 $y(\mu m)$	原料の平均粒子径 $x(\mu m)$	No.	製品の平均粒子径 $y(\mu m)$	原料の平均粒子径 $x(\mu m)$
1	273	157	18	262	131	35	273	159
2	257	124	19	259	135	36	269	152
3	270	149	20	252	116	37	268	139
4	275	155	21	261	143	38	261	131
5	256	120	22	267	145	39	248	122
6	248	118	23	255	119	40	276	158
7	259	134	24	254	124	41	268	143
8	248	111	25	265	150	42	262	140
9	273	150	26	274	162	43	272	148
10	268	147	27	265	146	44	268	140
11	267	136	28	260	138	45	262	131
12	268	144	29	252	120	46	256	125
13	270	155	30	247	117	47	275	160
14	272	150	31	277	163	48	273	161
15	273	155	32	258	130	49	251	121
16	275	151	33	264	144	50	247	119
17	266	135	34	257	129			

同表をもとに，散布図（図 26.1）を作成する．なお，製品の規格は 240〜280（μm）である．

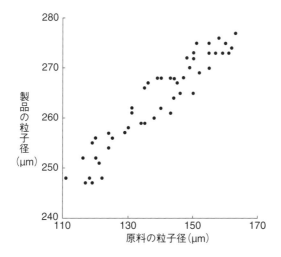

図 26.1 原料の粒子径と製品の粒子径の散布図

表 26.2 表 26.1 のデータの統計量

項目	横軸 x	縦軸 y
変数名	原料の粒子径（μm）	製品の粒子径（μm）
データ数 n	50	50
最小値 min	111	247
最大値 max	163	277
平均値 $\bar{x}, \bar{y}$	139.0	263.5
標準偏差 s	14.59	8.85
相関係数 r	0.946	

同図（散布図）をみる限り，特に外れた点はみられない．直線性もありそうである．原料の粒子径が増加すると製品の粒子径が増加しているので，この事例では正の相関関係がありそうであることがわかった．それでは，どの程度の相関性（直線性）があるのかを知りたい．強さの度合については次節に示す相関係数を用いると判断することができる．

26.1 相 関 係 数

　前述の事例の検討の結果のように，二つの特性の関係や二つの要因の関係，あるいは特性と要因との関係とそれぞれのその強さは，散布図に表すことでその概略をつかむことができる．さらに，つかんだ概略をもとに解析して，二つの特性や要因の関連性の強さの程度を明らかにする方法が相関分析である．

　相関分析において，相関性の強さを数量的に表す統計量（尺度）として相関係数 r が導かれている．その値によって相関性を判断し，二つの特性や要因の因果関係を把握することができ，現状分析と改善に役立てることができる手法である．

　相関係数は測定の原点や単位をもたない無次元量（"単位をもたずに，数そのもので表される量"をいう．相関係数 r の計算過程で単位を打ち消し合うことによる）である．

　相関係数には範囲があり，-1～$+1$ までの値をとる．絶対値が 1 に近いほど，二つの変数間にある関係性は直線性としてみられ，直線性はよくなる．

　ここでの"直線性がよい"とは"散布図から読み取れる打点の関係性がどこまでもまっすぐ無限に伸びて端点をもたないような線として得られること"である．

　直線性がよいと"特性，要因の相関性がありそうだ"ということになる．すなわち，相関係数とは直線の式 $y = a + bx$ という直線へのあてはめのよさを表すものであり，影響の大きさを示すものではない．

　相関係数は $+1$ に近いほど正の相関が強く，-1 に近いほど負の相関が強くありそうだと判断できる．0，あるいは 0 に近い値は両者に相関がない（無相関）と判断する．

　ただし，相関係数の値だけで二つの特性の関連を推測するのは危険である．相関係数はデータの分布から外れた値も含めて計算されるが，計算結果から相関係数が 1 に近いような高い値でも，散布図上では直線性が認められないことがある．すなわち，相関係数と実際の相関性とが合致しないことがある．

26.1 相関係数

したがって，外れ値があれば，その値が妥当かどうか判断して外れ値を除外する，あるいは，実験条件をあらためて確認・検討し，必要に応じてデータを再収集するなどの考慮を要する．その代表的な例が図 26.2 に示すアンスコムの数値例である．

アンスコムの例，あるいはアンスコムの数値例とは，散布図はそれぞれ異なるのに，相関係数を含めた統計量が同じとなる事例である．統計学者のフランク・アンスコムが 1973 年に紹介した例で外れ値が統計量に与える影響の大き

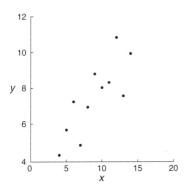

(a) 事例 1

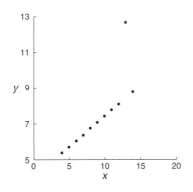

(b) 事例 2

図 26.2　アンスコムの例

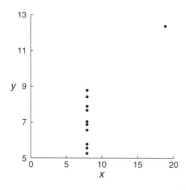

項目	横軸	縦軸
変数番号	8	9
変数名	x	y
データ数	11	11
最小値	8	5.25
最大値	19	12.50
平均値	9.0	7.501
標準偏差	3.32	2.0306
相関係数	0.817	

(c) 事例3

図 26.2 （続き）

さを示したものとしての代表例である．外れ値の影響が大きく出ている事例3はその典型的な例である．

これから，相関係数を求める式を説明する．対になったxとyに関するn組のデータがあるときに，相関係数rは次式で求められる．

相関係数の定義式　　$r = \dfrac{S_{xy}}{\sqrt{S_{xx} \times S_{yy}}}$ (26.1)

$$S_{xx} = \sum_{i=1}^{n}(x_i - \bar{x})^2 = \sum_{i=1}^{n} x_i^2 - \dfrac{\left(\sum_{i=1}^{n} x_i\right)^2}{n}$$

$$S_{yy} = \sum_{i=1}^{n}(y_i - \bar{y})^2 = \sum_{i=1}^{n} y_i^2 - \dfrac{\left(\sum_{i=1}^{n} y_i\right)^2}{n}$$

$$S_{xy} = \sum_{i=1}^{n}(x_i - \bar{x})(y_i - \bar{y}) = \sum_{i=1}^{n} x_i y_i - \dfrac{\sum_{i=1}^{n} x_i \sum_{i=1}^{n} y_i}{n} \quad (26.2)$$

相関係数の定義式では，2組の対応するデータxとyの共分散をxの標準偏差とyの標準偏差の積で除している．

26.1 相関係数

S_{xx} は x の偏差平方和といい，S_{yy} は y の偏差平方和という．また S_{xy} は x と y の偏差積和 $S_{xy}/(n-1)$ を共分散という．"偏差積和"という言葉から推測できるように，変数間の相関度を示す統計量である．二つの変数の場合に一方の変数の値が変わるともう一方の値がどのように変わるかを示す指標である．

相関係数は単位の影響を受けずに $-1 \leq r \leq +1$ に収まるため，変数の解釈がしやすい．

また，相関係数の 2 乗は寄与率と呼ばれる．この寄与率は，一方の変動を他方の変動でどの程度説明できるか，という割合を示すもので，重要な統計量である．今回の事例では，$r^2 = 0.895$ であることから，y の変動のほぼ 90% が x の変動で説明できるということである．この寄与率 r^2 の求め方については，第 27 章（単回帰分析）で説明する．

それでは，表 26.1 のデータをもとに相関係数を求めてみる．表 26.3 のように数値変換を行い，式 26.2 を用いて相関係数（式 26.1）を求める．

表 26.3 数値変換した表

No.	製品の平均粒子径 $y(\mu m)$	原料の平均粒子径 $x(\mu m)$	$(y_i - \bar{y})$	$(y_i - \bar{y})^2$	$(x_i - \bar{x})$	$(x_i - \bar{x})^2$	$(y_i - \bar{y})(x_i - \bar{x})$
1	273	157	9.5	90.25	18.0	324.00	171.0
2	257	124	-6.5	42.25	-15.0	225.00	97.5
3	270	149	6.5	42.25	10.0	100.00	65.0
4	275	155	11.5	132.25	16.0	256.00	184.0
5	256	120	-7.5	56.25	-19.0	361.00	142.5
6	248	118	-15.5	240.25	-21.0	441.00	325.5
7	259	134	-4.5	20.25	-5.0	25.00	22.5
8	248	111	-15.5	240.25	-28.0	784.00	434.0
9	273	150	9.5	90.25	11.0	121.00	104.5
10	268	147	4.5	20.25	8.0	64.00	36.0
11	267	136	3.5	12.25	-3.0	9.00	-10.5
12	268	144	4.5	20.25	5.0	25.00	22.5

表 26.3 （続き）

No.	製品の平均粒子径 $y(\mu m)$	原料の平均粒子径 $x(\mu m)$	$(y_i - \bar{y})$	$(y_i - \bar{y})^2$	$(x_i - \bar{x})$	$(x_i - \bar{x})^2$	$(y_i - \bar{y})(x_i - \bar{x})$
13	270	155	6.5	42.25	16.0	256.00	104.0
14	272	150	8.5	72.25	11.0	121.00	93.5
15	273	155	9.5	90.25	16.0	256.00	152.0
16	275	151	11.5	132.25	12.0	144.00	138.0
17	266	135	2.5	6.25	-4.0	16.00	-10.0
18	262	131	-1.5	2.25	-8.0	64.00	12.0
19	259	135	-4.5	20.25	-4.0	16.00	18.0
20	252	116	-11.5	132.25	-23.0	529.00	264.5
21	261	143	-2.5	6.25	4.0	16.00	-10.0
22	267	145	3.5	12.25	6.0	36.00	21.0
23	255	119	-8.5	72.25	-20.0	400.00	170.0
24	254	124	-9.5	90.25	-15.0	225.00	142.5
25	265	150	1.5	2.25	11.0	121.00	16.5
26	274	162	10.5	110.25	23.0	529.00	241.5
27	265	146	1.5	2.25	7.0	49.00	10.5
28	260	138	-3.5	12.25	-1.0	1.00	3.5
29	252	120	-11.5	132.25	-19.0	361.00	218.5
30	247	117	-16.5	272.25	-22.0	484.00	363.0
31	277	163	13.5	182.25	24.0	576.00	324.0
32	258	130	-5.5	30.25	-9.0	81.00	49.5
33	264	144	0.5	0.25	5.0	25.00	2.5
34	257	129	-6.5	42.25	-10.0	100.00	65.0
35	273	159	9.5	90.25	20.0	400.00	190.0
36	269	152	5.5	30.25	13.0	169.00	71.5
37	268	139	4.5	20.25	0.0	0.00	0.0
38	261	131	-2.5	6.25	-8.0	64.00	20.0
39	248	122	-15.5	240.25	-17.0	289.00	263.5
40	276	158	12.5	156.25	19.0	361.00	237.5
41	268	143	4.5	20.25	4.0	16.00	18.0

26.1 相関係数

表 26.3 （続き）

No.	製品の平均粒子径 $y(\mu m)$	原料の平均粒子径 $x(\mu m)$	$(y_i - \bar{y})$	$(y_i - \bar{y})^2$	$(x_i - \bar{x})$	$(x_i - \bar{x})^2$	$(y_i - \bar{y})(x_i - \bar{x})$
42	262	140	-1.5	2.25	1.0	1.00	-1.5
43	272	148	8.5	72.25	9.0	81.00	76.5
44	268	140	4.5	20.25	1.0	1.00	4.5
45	262	131	-1.5	2.25	-8.0	64.00	12.0
46	256	125	-7.5	56.25	-14.0	196.00	105.0
47	275	160	11.5	132.25	21.0	441.00	241.5
48	273	161	9.5	90.25	22.0	484.00	209.0
49	251	121	-12.5	156.25	-18.0	324.00	225.0
50	247	119	-16.5	272.25	-20.0	400.00	330.0
			合計	3840.50	—	10432.00	5987.0

それぞれの値を式 26.1，式 26.2 に代入すると，

$$r = \frac{S_{xy}}{\sqrt{S_{xx} \times S_{yy}}} = \frac{5987.0}{\sqrt{10432.00 \times 3840.50}} = 0.946$$

$$r^2 = 0.946^2 = 0.895$$

相関係数 r は 0.946，寄与率 r^2 は 0.895 が得られる．

散布図と相関係数を求めることで，次の事項が期待できる．

① 対となるデータから散布図を描くことで，関係性の概略をとらえることができる．

② 関係の強さを表す相関係数を求めれば，要因を管理するうえで，特性のばらつきがどの程度改善可能かが予想できる．

③ 直接的に測定が困難な品質特性に対して相関の強い他の特性がみつかれば，それを測定困難な品質特性の代用特性として管理・保証することで，真の特性を管理・保証することも可能となる．

26.2 相関に関する検定の簡便法——大波の相関,小波の相関

相関に関する検定の方法としてグラフによる方法がある.散布図を用いて検定を行う符号検定による方法と折れ線グラフを利用する検定の方法がある.さらに折れ線グラフを用いる方法は,二つの変数が正規分布に従っていないときや,外れ値の影響を無視することができないときに,相関を調べる手法として大波の相関や小波の相関を用いた検定の方法がある.これらを用いると外れ値などの影響を受けにくいという利点がある.

特性を調べたい要因との関係をそれぞれのグラフを対応づけることで調べる方法を事例で示しながら説明する.

(1) 大波の相関

手順1 グラフの準備

特性 y [製品の平均粒子径(μm)] とその要因 x [原料の平均粒子径(μm)] とを対応づけたグラフを描く.

手順2 メディアン線の記入

グラフ上に,点の数を上下に2等分するように直線を引く.これをメディアン線(中央線)という.図26.3 はメディアンを "0" となるように設定している.

事例では,各測定値とメディアンとの差を取り,原点(0)に対して+(プラス),-(マイナス)で示している.+側のデータを総称して n_+,マイナス側のデータを総称して n_- と表す.

手順3 符号の積の系列の作成

メディアン線(ここでは0の値)の上側にある点に+,下側にある点に-の符号をつけ,その符号の積の系列をつくる.ただし,メディアン線上に乗った(一致した)点は0とし,それと他の符号との積は0とする.表26.4(480ページ)の大波の相関の列に示す.

手順4 各符号の計数

対応する符号の積(同符号の場合を+,異符号の場合を-とする)

26.2 相関に関する検定の簡便法

を求め，+の数 n_+ と−の数 n_- を数える．

手順5　有意の判断

n_+ と n_- で検定を行い，n_+ が有意に多ければ正の相関，n_- が有意に大きければ負の相関があると判断する．

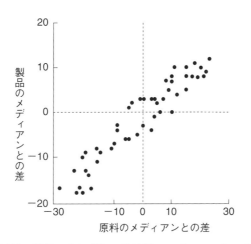

図 26.3　原料，製品のそれぞれの粒子径のメディアンとの差の散布図

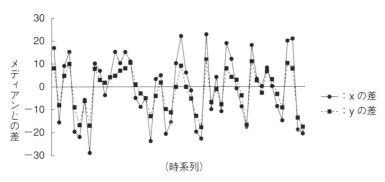

図 26.4　大波の相関の図

表 26.4 より，製品の粒子径のメディアン = 265（μm），原料の粒子径のメディアン = 140（μm）から符号をみると，$n_+ = 41$，$n_- = 5$，$n_0 = 4$ である．

このようにメディアンを用いているので，グラフによる相関の有無の検定方法はメディアンを用いる符号検定による方法と全く同じである．

現場では，重要な特性や要因系について，データがグラフ化されていれば，比較的容易に原因の解析ができる．このような関係を特に大波の相関と呼ぶ．

表 26.4 大波の相関，小波の相関をみるための数値変換したデータ表

No.	製品の粒子径 $y(\mu m)$	原料の粒子径 $x(\mu m)$	$(y_i - \tilde{y})$	$(x_i - \tilde{x})$	大波の相関	$(y_i - y_{i+1})$	$(x_i - x_{i+1})$	小波の相関
1	273	157	8	17	+	—	—	
2	257	124	－8	－16	+	16	33	+
3	270	149	5	9	+	－13	－25	+
4	275	155	10	15	+	－5	－6	+
5	256	120	－9	－20	+	19	35	+
6	248	118	－17	－22	+	8	2	+
7	259	134	－6	－6	+	－11	－16	+
8	248	111	－17	－29	+	11	23	+
9	273	150	8	10	+	－25	－39	+
10	268	147	3	7	+	5	3	+
11	267	136	2	－4	－	1	11	+
12	268	144	3	4	+	－1	－8	+
13	270	155	5	15	+	－2	－11	+
14	272	150	7	10	+	－2	5	－
15	273	155	8	15	+	－1	－5	+
16	275	151	10	11	+	－2	4	－
17	266	135	1	－5	－	9	16	+
18	262	131	－3	－9	+	4	4	+
19	259	135	－6	－5	+	3	－4	－
20	252	116	－13	－24	+	7	19	+
21	261	143	－4	3	－	－9	－27	+
22	267	145	2	5	+	－6	－2	+
23	255	119	－10	－21	+	12	26	+

26.2 相関に関する検定の簡便法

表 26.4 （続き）

No.	製品の粒子径 $y(\mu m)$	原料の粒子径 $x(\mu m)$	$(y_i - \tilde{y})$	$(x_i - \tilde{x})$	大波の相関	$(y_i - y_{i+1})$	$(x_i - x_{i+1})$	小波の相関
24	254	124	-11	-16	$+$	1	-5	$-$
25	265	150	0	10	0	-11	-26	$+$
26	274	162	9	22	$+$	-9	-12	$+$
27	265	146	0	6	0	9	16	$+$
28	260	138	-5	-2	$+$	5	8	$+$
29	252	120	-13	-20	$+$	8	18	$+$
30	247	117	-18	-23	$+$	5	3	$+$
31	277	163	12	23	$+$	-30	-46	$+$
32	258	130	-7	-10	$+$	19	33	$+$
33	264	144	-1	4	$-$	-6	-14	$+$
34	257	129	-8	-11	$+$	7	15	$+$
35	273	159	8	19	$+$	-16	-30	$+$
36	269	152	4	12	$+$	4	7	$+$
37	268	139	3	-1	$-$	1	13	$+$
38	261	131	-4	-9	$+$	7	8	$+$
39	248	122	-17	-18	$+$	13	9	$+$
40	276	158	11	18	$+$	-28	-36	$+$
41	268	143	3	3	$+$	8	15	$+$
42	262	140	-3	0	0	6	3	$+$
43	272	148	7	8	$+$	-10	-8	$+$
44	268	140	3	0	0	4	8	$+$
45	262	131	-3	-9	$+$	6	9	$+$
46	256	125	-9	-15	$+$	6	6	$+$
47	275	160	10	20	$+$	-19	-35	$+$
48	273	161	8	21	$+$	2	-1	$-$
49	251	121	-14	-19	$+$	22	40	$+$
50	247	119	-18	-21	$+$	4	2	$+$

(2) 小波の相関

大波の相関のような特性値の平均レベルからの大小ではなく，相対的な大小，すなわちデータの増減の動き方の類似性をみる方法を小波の相関と呼ぶ．小波の相関があるかどのようにかをみるには，特性と要因のそれぞれのグラフで隣り合った点を結ぶ線分が上向き（増加）ならば＋，下向き（減少）ならば－の符号をつけ（直前のデータよりも大きくなれば＋，小さくなれば－），表26.4の小波の相関の列に示したように，その符号の積の系列をつくって，＋の数 n_+ と，－の数 n_- とを数えて検定を行えばよい．

同表の小波の相関の列の符号をみると，$n_+ = 44$，$n_- = 5$ である．大波の相関よりも，小波の相関のほうがよい結果となっている．この相関は，散布図による相関や大波の相関とは異なり，工程の小さな変動の解析に用いるものなので小波の相関という．

符号検定表（表26.5）を用いて検定すると．

① 大波の相関：$n_+ = 41$，$n_- = 5$，$n_0 = 4$
② 小波の相関：$n_+ = 44$，$n_- = 5$

符号検定表では，$N = 50$ のときに少ないほうの数字である n_- が15以下であれば有意水準 $\alpha = 0.01$ となる．したがって，高度に正の相関があるといえる．

時系列データに対して，時点をずらしたときの相関を系列相関，あるいは自己相関という．

大波の相関はメディアンとの差，小波の相関は次のデータとの差（差分）の増減によって相関を求めるものであった．そのため，大波の相関も小波の相関も系列相関といえる．

26.2 相関に関する検定の簡便法

表 26.5 符号検定表

有意水準 α データ数 N	0.01	0.05	有意水準 α データ数 N	0.01	0.05	有意水準 α データ数 N	0.01	0.05	有意水準 α データ数 N	0.01	0.05
9	0	1	32	8	9	55	17	19	78	27	29
10	0	1	33	8	10	56	17	20	79	27	30
11	0	1	34	9	10	57	18	20	80	28	30
12	1	2	35	9	11	58	18	21	81	28	31
13	1	2	36	9	11	59	19	21	82	28	31
14	1	2	37	10	12	60	19	21	83	29	32
15	2	3	38	10	12	61	20	22	84	29	32
16	2	3	39	11	12	62	20	22	85	30	32
17	2	4	40	11	13	63	20	23	86	30	33
18	3	4	41	11	13	64	21	23	87	31	33
19	3	4	42	12	14	65	21	24	88	31	34
20	3	5	43	12	14	66	22	24	89	31	34
21	4	5	44	13	15	67	22	25	90	32	35
22	4	5	45	13	15	68	22	25	91	32	35
23	4	6	46	13	15	69	23	25	92	33	36
24	5	6	47	14	16	70	23	26	93	33	36
25	5	7	48	14	16	71	24	26	94	34	37
26	6	7	49	15	17	72	24	27	95	34	37
27	6	7	50	15	17	73	25	27	96	34	37
28	6	8	51	15	18	74	25	28	97	35	38
29	7	8	52	16	18	75	25	28	98	35	38
30	7	9	53	16	18	76	26	28	99	36	39
31	7	9	54	17	19	77	26	29	100	36	39

備考 90より大きいNが与えられていない符号検定表の場合には，次式で計算した数より小さい整数を判定値として用いる．

$$(N-1)/2 - K\sqrt{N+1} \qquad \begin{array}{l} \alpha = 0.01 \text{のとき } K = 1.2879 \\ \alpha = 0.05 \text{のとき } K = 0.9800 \end{array}$$

なお，小波の相関のデータ $(x_i - x_{i+1})$ と $(y_i - y_{i+1})$ から相関係数を求めると 0.951 であった．表 26.6 に相関係数の計算表を示す．結果として，0.005 と良くなった．そもそも相関係数が高いので，時点による影響を受けていないが，特性の要因の変化の向きや大きさの影響が隠れている場合があるので，相関が低い場合には，小波の相関をとることは重要である．

第26章 相関分析

表 26.6 小波の相関による相関係数の計算表

No.	$(y_i - y_{i+1})$	$(x_i - x_{i+1})$	$(y_i - y_{i+1})^2$	$(x_i - x_{i+1})^2$	$(y_i - y_{i+1})(x_i - x_{i+1})$
—	—	—	—	—	—
2	16	33	256	1089	528
3	−13	−25	169	625	325
4	−5	−6	25	36	30
5	19	35	361	1225	665
6	8	2	64	4	16
7	−11	−16	121	256	176
8	11	23	121	529	253
9	−25	−39	625	1521	975
10	5	3	25	9	15
11	1	11	1	121	11
12	−1	−8	1	64	8
13	−2	−11	4	121	22
14	−2	5	4	25	−10
15	−1	−5	1	25	5
16	−2	4	4	16	−8
17	9	16	81	256	144
18	4	4	16	16	16
19	3	−4	9	16	−12
20	7	19	49	361	133
21	−9	−27	81	729	243
22	−6	−2	36	4	12
23	12	26	144	676	312
24	1	−5	1	25	−5
25	−11	−26	121	676	286
26	−9	−12	81	144	108
27	9	16	81	256	144
28	5	8	25	64	40
29	8	18	64	324	144
30	5	3	25	9	15

26.2 相関に関する検定の簡便法

表 26.6 (続き)

No.	$(y_i - y_{i+1})$	$(x_i - x_{i+1})$	$(y_i - y_{i+1})^2$	$(x_i - x_{i+1})^2$	$(y_i - y_{i+1})(x_i - x_{i+1})$
31	-30	-46	900	2116	1380
32	19	33	361	1089	627
33	-6	-14	36	196	84
34	7	15	49	225	105
35	-16	-30	256	900	480
36	4	7	16	49	28
37	1	13	1	169	13
38	7	8	49	64	56
39	13	9	169	81	117
40	-28	-36	784	1296	1008
41	8	15	64	225	120
42	6	3	36	9	18
43	-10	-8	100	64	80
44	4	8	16	64	32
45	6	9	36	81	54
46	6	6	36	36	36
47	-19	-35	361	1225	665
48	2	-1	4	1	-2
49	22	40	484	1600	880
50	4	2	16	4	8
合計	26	38	6370	18716	10380

第27章 単回帰分析

　英国の遺伝学者であるゴールトンは父親の身長が成人した息子の身長にどのように遺伝するかという研究を行った結果，父親の身長が集団平均から背の高いほうや低いほうに外れても，その息子の身長は集団平均に近いほうに戻ってくる確率が大きいということを見いだした．ゴールトンはこのような"平均に戻ってくる"現象を回帰現象と呼び，これが回帰分析の始まりとされている．

　回帰分析は統計手法の中で最もよく利用されている方法である．例えば，反応温度と化学物質生成量との関係，ゴムの硬度とタイヤの寿命との関係，乗用車の質量と燃費との関係，マンションの床面積と販売価格との関係など，多くの分野で利用されている．

　これらの関係を求める目的は，

① 2種類xとyのデータの間に相関関係があるのかないのか

② 相関関係がある場合，それぞれの間に存在する関数関係はどんなものか

である．上記①の相関関係を判断する方法が相関分析（定性的）であり，上記②のxとyの間の関数関係を検討する方法が回帰分析（定量的）である．また，xは指定できる変数と考える点が相関分析と異なる点である．

　回帰分析の手順は次の四つとなる．

手順1　散布図を作成・考察する．

手順2　切片と回帰係数（直線の傾き又は勾配）を求める（回帰式）．

手順3　回帰式を求める意味があるかどうか分散分析を行う．

手順4　残差検討（誤差の大きさの程度を確認する）し，回帰式の有効性を確認する．

　なお"品質管理検定試験1級"のレベルとなるので，ここでは扱わないが，回帰母数及び切片がある値に等しいかどうかの検定や真値がどの程度の範囲に

あるかを知る推定，また回帰直線上の点がどの範囲にあるかという母回帰の区間推定，個々のデータの予測区間を求めることなどの解析がある．

回帰分析が利用される場面として，次の三つが考えらる．
① プロセス（工程）での調整・制御などに用いる
　　特性 y をねらいの値にするために要因 x のねらい値を設定する．
② 特性値を予測する
　　特性 y の値をそれ以外の変数の値によって予測し，特性の直接的観測が難しい場合に代用値として用いたり，特性の値を予測したりする．
③ プロセスにおける特性の変動要因の解析に用いる
　　特性の変動要因として既知の部分を取り除けば未知の要因変動による特性のばらつきが読み取れる．

したがって，要因の値を読み取り，そのときの特性の値を予測し，これと実測値との差（誤差）を解析すると，未知の要因を解析するヒントとなる．この誤差の大きな変化が層別される場合，その時点での種々の要因の変化を調べればよい．

27.1 単回帰式の推定

第26章（相関分析）では，原料の平均粒子径と製品の粒子径の関係を散布図で確認し，相関係数でその関係の強さをみてきた．それでは，いったいどのような直線になるのか，また，直線と考えてよいのか，原料の平均粒子径が変わると製品の平均粒子径がどの程度の範囲ではらつくのかを知りたい．そのためには，まず，どのようなモデルを用いるのかということから説明する．

27.1.1 単回帰モデル

y が x の1次式で表される $y = a + bx$ のような傾き b で切片が a であるような直線の式で表されるモデルを単回帰モデルという．変数 x と y について

の n 組のデータ (x_i, y_i), (ただし, $i=1, 2, \cdots, n$) があるとき, 単回帰モデルは α, β, σ^2 をパラメータ（変数）として次式で表される. なお, パラメータ（変数）α, β を回帰母数とも呼ぶ.

$$y_i = \alpha + \beta x_i + \varepsilon_i, i = 1, 2, \cdots, n \tag{27.1}$$

ただし, y_i：目的変数又は従属変数(事例では, 製品の平均粒子径)
x_i：説明変数又は独立変数(事例では, 原料の平均粒子径)
α：切片（定数項）
β：回帰係数（直線の傾き又は勾配）
ε_i：誤差を表す確率変数

なお, ε_i は互いに独立で, 平均0, 分散 σ^2 の正規分布 $N(0, \sigma^2)$ に従うことから, 次の性質を有している.

① 不偏性 $E[\varepsilon_i]=0$（誤差の期待値は0, すなわち, ε_i の平均は0である）
② 等分散性 $V[\varepsilon_i]=\sigma^2$（$\varepsilon_i$ の分散は x によらず, 一定である）
③ 独立性誤差どうしは無相関である, すなわち, ε_i は互いに独立である.
④ $N(0, \sigma^2)$ は正規分布に従う.

この四つの性質を図27.1に示す. 誤差は i によらず独立で, 同じ正規分布

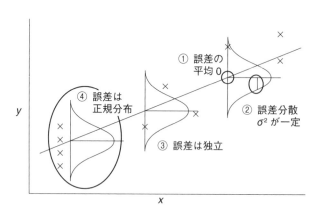

図 **27.1** 誤差の性質を図示したもの

N$(0, \sigma^2)$に従うという前提を示している．実際のデータ解析ではこれらの仮定が満たされているかどうかも検討する．

$x_i (i = 1, 2, \cdots, n)$ に対する y_i の母平均を μ_i と表すと，$E[y_i] = \mu_i$ であり，$y_i = \mu_i + \varepsilon_i$ で示される．

単回帰モデルを図示すると図 27.2 のようになる．y の平均は x の変化に対して直線的に変化し，この平均の周りに分散の等しい正規分布に従って個々の値が現れるというモデルである．すなわち，説明変数 x には誤差はないものとし，実測値 y がその期待値の周りで上下に，すなわち，軸方向に誤差が加わって変動すると考えられるというモデルである．

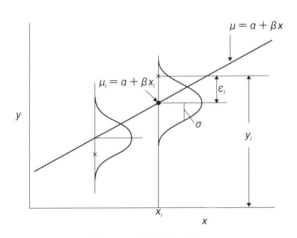

図 27.2　単回帰モデル

27.1.2　最小二乗法によるパラメータ α, β の推定

回帰母数 α, β の推定値 a, b は次のように推定される．

データに $y_i = a + bx_i$ という直線をあてはめると，x_i における y_i の値は，$\hat{y}_i = a + bx_i$ として推定される．推定した値（予測値）$\hat{y}_i$ と実際の値 y_i との差 $\varepsilon_i = y_i - \hat{y}_i$ を推定誤差と考える．この誤差の 2 乗をすべてのデータについて合計したものが最小となるように決めれば，言い換えれば，最もあてはま

りがよいように決めれば，妥当な推定量が得られる．このような方法を最小二乗法という．すなわち，

$$\sum_{i=1}^{n} \varepsilon_i^2 = \sum_{i=1}^{n}(y_i - \alpha - \beta x_i)^2$$

を最小にすることである．例えば，仮に直線を引いて回帰母数を計算すると，得られた α, β の値は α, β の推定値であるので，$\hat{\alpha}, \hat{\beta}$ と表す．すると，ある x_i のときの y_i の値は y_i の予測値 $\hat{y}_i$ となり，$\hat{y}_i = \hat{\alpha} + \hat{\beta} x_i$ で表される．ここで，で，実際の値 y_i と予測値 $\hat{y}_i$ との差 $e_i = y_i - \hat{y}_i$（残差）の残差平方和 $S_e = \sum_{i=1}^{n} e_i^2$ $= \sum_{i=1}^{n}(y_i - \hat{\alpha} - \hat{\beta} x_i)^2$ が最も小さくなる場合の $\hat{\alpha}, \hat{\beta}$ を最終的な推定値とすることである．この S_e について偏微分という方法を行って $\hat{\alpha}, \hat{\beta}$ が求められる．

次に結果のみを記す．

勾配　$\hat{\beta} = b = \dfrac{S_{xy}}{S_{xx}}$，　切片　$\hat{\alpha} = a = \bar{y} - b\bar{x} = \bar{y} - \dfrac{S_{xy}}{S_{xx}} \bar{x}$

予測値　$\hat{y}_i = a + b x_i$，　残差　$e_i = y_i - \hat{y}_i = y_i - a - b x_i$

残差平方和　$S_e = \sum_{i=1}^{n} e_i^2 = S_{yy} - \dfrac{S_{xy}^2}{S_{xx}}$，　残差標準偏差　$s_e = \sqrt{\dfrac{S_e}{n-2}}$

$$S_{xx} = \sum_{i=1}^{n}(x_i - \bar{x})^2 = \sum_{i=1}^{n} x_i^2 - \dfrac{\left(\sum_{i=1}^{n} x_i\right)^2}{n}$$

$$S_{yy} = \sum_{i=1}^{n}(y_i - \bar{y})^2 = \sum_{i=1}^{n} y_i^2 - \dfrac{\left(\sum_{i=1}^{n} y_i\right)^2}{n}$$

$$S_{xy} = \sum_{i=1}^{n}(x_i - \bar{x})(y_i - \bar{y}) = \sum_{i=1}^{n} x_i y_i - \dfrac{\sum_{i=1}^{n} x_i \sum_{i=1}^{n} y_i}{n}$$

事例として，表 26.3（475 ページ）の数値変換した相関分析のデータを用い

27.1 単回帰式の推定

て回帰式 $y = \hat{\alpha} + \hat{\beta} x$ を求める.

表 26.3 より $S_{xy} = 5987.0,\ S_{xx} = 10432.00$ を用いて,

$$\hat{\beta} = b = \frac{S_{xy}}{S_{xx}} = \frac{5987.0}{10432.00} = 0.5739$$

を得る.また,表 26.2 (471 ページ) より,$\bar{x} = 139.0,\ \bar{y} = 263.5$ を用いて,

$$\hat{\alpha} = a = \bar{y} - b\bar{x} = \bar{y} - \frac{S_{xy}}{S_{xx}}\bar{x} = 263.5 - 0.5739 \times 139.0 = 183.7$$

以上から求める回帰式は,

$$y = 183.7 + 0.574\,x$$

となる.図 27.3 に示す.

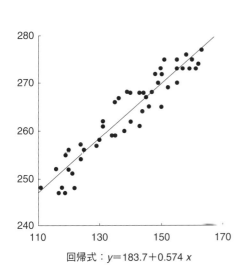

項 目	横軸	縦軸
変数番号	3	2
変数名 x, y	原料の平均粒	製品の平均粒
データ数 n	50	50
最小値 max	111	247
最大値 min	163	277
平均値 $\bar{x}, \bar{y}$	139.0	263.5
標準偏差 s_x, s_y	14.59	8.85
相関係数 r	0.946	
回帰定数 β_0	183.7	
回帰係数 1 次 β_1	0.574	

回帰式:$y = 183.7 + 0.574\,x$

図 27.3 回帰直線の図(表 26.3 から得た)

27.2 分散分析

回帰式を求める意味があるかどうかを分散分析により検定する．一元配置表では，全データの変動（総平方和）$S_T(=S_A+S_e)$ を因子平方和 S_A と誤差平方和 S_e に分解して分散分析表を作成した．

回帰分析でも同様に，全データの変動（総平方和という）を S_T，回帰による変動の平方和 S_R と残差平方和（回帰からの残差）S_e に分解する．これが単回帰モデルにおける平方和の分解である．

$$S_T = S_e + S_R$$

このとき，y のばらつきは次式の平方和で表される．

$$S_T = S_{yy} = \sum_{i=1}^{n}(y_i - \bar{y})^2 = \sum_{i=1}^{n}(y_i - \hat{y}_i)^2 + \sum_{i=1}^{n}(\hat{y}_i - \bar{y})^2 \tag{27.2}$$

上式（式 27.2）の右辺の第 1 項はデータからの直線からのずれであるので，誤差の推定値（残差）に相当する．これが回帰からの残差であり，残差平方和である．

第 2 項は直線関係にある x の増分に対しての y の増分で，回帰による変動であり，回帰による変動の平方和又は回帰平方和である（図 27.2 を参照）．この関係を図 27.4 に示す．

$S_R = \sum_{i=1}^{n}(\hat{y}_i - \bar{y})^2$ に $\hat{y}_i - \bar{y} = \beta(x_i - \bar{x})$, $\beta = \dfrac{S_{xy}}{S_{xx}}$ を代入して整理すると，

$$S_R = \sum_{i=1}^{n}(\hat{y}_i - \bar{y})^2 = \sum_{i=1}^{n}[\beta(x_i - \bar{x})]^2 = \beta^2 \sum_{i=1}^{n}(x_i - \bar{x})^2 = \beta^2 S_{xx}$$

$$= \left(\frac{S_{xy}}{S_{xx}}\right)^2 S_{xx} = \frac{S_{xy}^2}{S_{xx}}$$

$$S_e = S_T - S_R$$

として求められる．

各平方和の自由度は次で与えられる．

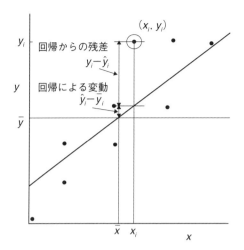

図 27.4 平方和の分解の説明図

S_T の自由度 $\phi_T = n - 1$

S_R の自由度 $\phi_R = 1$

S_e の自由度 $\phi_e = n - 2$

したがって，回帰に関する分散 V_R，残差に関する分散 V_e はそれぞれ，

$$V_R = \frac{S_R}{\phi_R} = S_R$$

$$V_e = \frac{S_e}{\phi_e} = \frac{S_e}{n-2}$$

となる．

また，これらの大きさの比較をするために分散の比として $F_0 = V_R/V_e$ を用いる．この分散比 F_0 を F 表の値 $F(1, n-2; \alpha)$ と比較して，大きいときは有意とし，直線関係があると判断する．小さければ有意でないことから，直線関係がないと判断する．

以上を分散分析表にまとめたものが表 27.1 である．

表27.1 単回帰分析の分散分析表

要因	平方和 S	自由度 ϕ	分散 V	F 比 F_0
回帰	S_R	1	V_R	V_R/V_e
残差(誤差)	S_e	$n-2$	V_e	
計	S_T	$n-1$		

ここで，$\dfrac{S_R}{S_T} = \dfrac{S_{xy}^2/S_{xx}}{S_{yy}} = \left[\dfrac{S_{xy}}{\sqrt{S_{xx}}\sqrt{S_{yy}}}\right]^2 = r^2$ となる．これは総平方和のうち回帰によって説明できる変動との比であり，寄与率と呼ばれ，相関係数の2乗と同じである．ここで，$\dfrac{S_R}{S_T} = \dfrac{S_T - S_e}{S_T} = r^2$ なので $1 - \dfrac{S_e}{S_T} = r^2$ となり，したがって $S_e = (1-r^2)S_T$ である．

先の事例（表26.3，475ページを参照）の分散分析表を作成すると，

$$S_T = S_{yy} = 3840.50$$

$$S_R = \dfrac{S_{xy}^2}{S_{xx}} = \dfrac{5987.0^2}{10432.00} = 3436.0$$

$$S_e = 404.5$$

となり，次表（表27.2）が得られる．

表27.2 事例の単回帰分析の分散分析表

要因	平方和 S	自由度 ϕ	分散 V	F 比 F_0	検定
回帰	3436.0	1	3436.0	407.7	**
残差(誤差)	404.5	48	8.427		
計	3840.5	49			

［検定結果］ ** : 1%有意　　空欄：有意差なし

したがって，高度に有意である．すなわち，直線関係があると判断できる．

27.3 回帰診断（残差の検討）

残差とは，実測値と回帰式による予測値（回帰直線上の値）との差である．
$$e_i = y_i - \hat{y}_i$$
この残差を利用して，前提としている仮定を満足しているかどうかを検討できる．誤差の仮定には次の四つがあげられる．
- 誤差の期待値が推定しようとする母数 0 に等しいという不偏性
- 誤差のばらつきの大きさが等しいという等分散性
- 誤差どうしはお互いに独立であるという独立性，あるいは無相関性
- 誤差が正規分布に従うという正規性

これらを満足しているか，異常値がないかなど，これらを検討するために残差を利用することを残差の検討という．

もし，このような仮定が満たされないとしたら，誤差項には系統的な要因が含まれていることになる．それをみつけて説明変数に入れるようにすることが必要である．

具体的な残差の検討について述べる．
① まずは，単回帰分析であれば散布図を描いて直線性をみる．
② 横軸に x，縦軸に残差 e_i をとった散布図でその無相関の程度を確認する．事例では，図 27.5 から残差が原料の粒子径と無相関であることを確認した．
③ 残差のヒストグラムをみれば，誤差の仮定である正規分布に従っているかどうかも検討できる．データ数が少ないとヒストグラムだけでは判定しにくい場合には，正規性（誤差が正規分布に従うということ）の検定の方法などの方法がある．

このように回帰分析では得られたデータに対して回帰モデルを仮定している．しかし，事前にどのようなモデルが妥当かは不明なことが多い．そのため，得られたデータから残差を用いて回帰モデルをあてはめることの妥当性を調べて検証していくことを残差の検討又は回帰診断という．

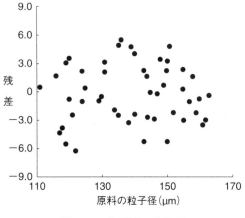

図 27.5 無相関の確認図

なお,残差 e_i を残差の標準偏差 $\sqrt{V_e} = s_e$ で除したものを標準化残差と呼び,$\dfrac{e_i}{s_e}$ で表す.

27.4 回帰式の有効性

x の値から y の値を予測したいときに予測精度はどうか,x の値を管理すれば y の値が規格内に収まるのかを知りたいことがある.そのためには,回帰直線(回帰式)の周りに y はどの程度ばらつくか,誤差の大きさは許容される範囲かなどを知る必要がある.このとき,誤差分散 σ^2 の推定値 V_e の大きさをみることが,回帰式の有効性を判断するうえでも重要である.

第28章 信頼性工学

　今日の社会は，システムの高度化とともに複雑化しており，さらに経済のグローバル化によって事故・故障などが起きた場合には，大規模リコールなどに見られる多大な混乱と損害を被ることが少なくない．そのため，信頼性及び安全性の確保と向上によって，トラブルの再発防止で終わることなく，未然防止を実現していくことがますます重要になっている．

　信頼性・安全性を確保していくには，トラブルへの迅速・適切な対応と再発防止，そして予測できないことは防げないという意味で未然防止のための予測と源流管理が基本となる．将来生じうるトラブル事象を，何らかの方法で予測できるなら，この発生の原因を取り除くか，原因の兆候を検出するか，あるいは影響を防止・緩和することが可能となる．

　信頼性工学は信頼性と安全性を確保・確認・確証するための科学的な管理と手法の体系である．品質管理における開発の流れである企画・開発・設計の源流段階において，信頼性工学を用いて，新技術の背後に潜む品質・信頼性の問題点を早期に発見し，その改善により新技術を確かな技術へと成熟させていく活動と位置づけなければならない．

　ここで，信頼性に関する基本的な用語について JIS Z 8115 に基づいて説明する．信頼性は次のように使い分けされる．

① 　ディペンダビリティ（dependability）

　　アベイラビリティ性能及びこれに影響を与える要因，すなわち信頼性性能，保全性性能及び保全支援能力を記述するために用いられる包括的な用語である．

　　広義の信頼性のことである．これは修理可能なアイテムが使用中は故障を起こさず，故障をしたときには簡単に修復できて，いつまでも使える性

質ということになる．次に示すように，狭義の信頼性と保全性である．

② アベイラビリティ（アベイラビリティ性能，アベイラビリティ能力）
［availability（performance）］

　要求された外部資源が用意されたと仮定したとき，アイテムが与えられた条件で，与えられた時点，又は期間中，要求機能を実行できる状態にある能力である．

　この能力は信頼性性能，保全性性能，保全支援能力の組み合わされた能力に依存する．

　アベイラビリティは"可用性""可動率"又は"稼働率"と呼ばれることもある．

③ 信頼性（信頼性性能）（reliability）

　アイテム（部品，構成品，デバイス，装置，機能ユニット，機器，サブシステム，システムなどの総称又はいずれか）が与えられた条件の下で与えられた期間，要求機能を遂行できる能力である．一般に，使用期間の始点で要求機能が実行できる状態にあることを仮定する．

　一般に，信頼性性能は適切な尺度で数量化され，これを信頼度という．

　ソフトウェアアイテムの場合，信頼性は系の運用経過時間中に発生する故障要因の修正と変更で改善が進み，一般に信頼度は経過時間とともに向上していく．

　ソフトウェア信頼性は特定条件下で使用するときのある性能を維持する能力を指す場合がある．

④ 信頼度（reliability）

アイテムが与えられた条件の下で与えられた時間間隔 (t_1, t_2) に対して要求機能を実行できる確率である．一般に，アイテムは使用期間の始点では，要求機能を実行できる状態にあると仮定する．

用語を"信頼性"と対応させるときは，アイテムの任意の時間間隔での要求機能の実行能力として用いる．

⑤ 保全性（保全性性能又は整備性ということもある）(maintainability)

与えられた使用条件で規定の手順及び資源を用いて保全が実行されるとき，アイテムが要求機能を実行できる状態に保持されるか，又は修復される能力をいう．

 備考1 "maintainability"は保全性能力の尺度（保全度）としても用いられる．

 備考2 ソフトウェアアイテムの場合には"保守性"と表現し，故障要因を修正したり，性能及びその他の特性を改善したり，環境の変化に合わせたりすることの容易さを表す数値化できない用語として用いられる場合がある．

 備考3 ソフトウェアアイテムを変更しうる能力を指す．この変更は修正，改善，系の環境変化への対応，並びに要求及び機能仕様に適合させることを含む．

⑥ 保全度 (maintainability)

与えられた使用条件の下でアイテムに対する与えられた実働保全作業が規定の時間間隔内に終了する確率である．ここで，保全作業は規定の条件下で，規定の要領と資源を用いて行われることとする．

保全という用語はアイテムの保全能力としても用いられる．

⑦ 保全支援能力 (maintenance support performance)

与えられた保全方針及び与えられた条件の下で保全を行う組織が保全に必要な資源を要求に応じて提供できる能力である．与えられた条件はアイテム自身及びアイテムが使用され，保全される条件に関係する．

28.1 品質保証の観点からの再発防止と未然防止

品質保証の観点から信頼性活動を考える．

品質保証は JIS Z 8101（注　JIS Z 8101：1981 は 1999 年に廃止され，現在は JIS Z 8101-1 へ移行されている）では，

"消費者の要求する品質が十分に満たされていることを保証するために生産者が行う体系的活動"

と定義されていた．2015 年に改訂された用語定義の規格である ISO 9000（JIS Q 9000）では，

"品質要求事項が満たされるという確信を与えることに焦点を合わせた品質マネジメントの一部"

と定義されており"保証が確信という信頼感を与えることに視点がおかれている"ことといえる．

品質保証の活動と信頼性の活動を図 28.1 の品質保証体系図と関係づけてみると，丸い囲みの箇所が関係していることがわかる．

品質保証をステップ別（段階別）にみてみると，企画段階での機能面からの FMEA，設計段階における未然防止を考慮した設計での FMEA 及び FTA，保全性設計や故障解析，信頼性データなどの解析，さらに生産準備段階における工程 FMEA や信頼性試験などの活動が行われる．これらは，不具合の事前抽出とその事前評価及び未然防止策への対応という未然防止の目的でレビューが行われるものである．

28.1.1　再発防止から未然防止へ

トラブルや故障発生時には，故障部品の交換などのその場限りの応急処置にとどまることなく，根本原因を追究して再発防止を実施することが望ましい．さらに最近は，革新的技術を取り込んだ結果，潜在的な原因を顕在化することができずに市場に出回った結果，市場でトラブルが露見されるようになり，影響度の高い故障の発生を回避し，未然にトラブルを防止することへの要求が高

28.1 品質保証の観点からの再発防止と未然防止

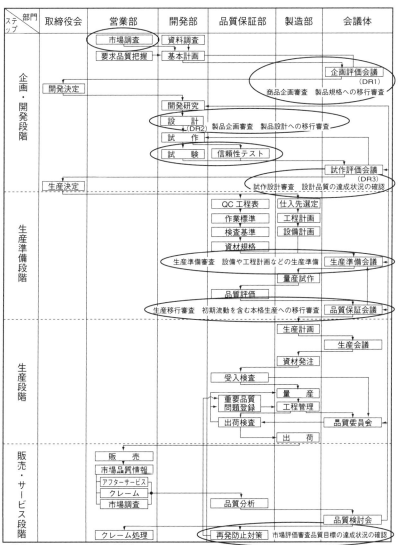

図 28.1 品質保証体系図の例

まっている.

　これら再発防止と未然防止は，アプローチの仕方が異なることを認識し，それぞれに的確に対応することが必要である．トラブルが発生した場合，まずは確実な再発防止が求められる．そのため，問題の根本原因を追究し，適切に対応することが必要である．

　再発防止とは，故障などの不具合事象が発生した際，不具合事象の発生メカニズムを徹底的に追究し，根本原因（root cause）を明らかにした後，同じ原因で同様の不具合が再度発生することを防ぐために是正処置をとることである．一時的な応急処置とは異なり，再発を防止するための根本的な処置が求められる．再発防止はトラブル発生後の対応であり，損害が発生しているうえに，再発防止策に要する費用は，幾重にもわたるトラブル回避のための対策や交換費用などのために高額になることが多い．したがって，トラブルの発生を事前に予測して未然に防ぐことは，社会にとっても企業にとってもメリットのあることである．

　この根本原因を追究するアプローチは，RCA（Root Cause Analysis：根本原因解析）と呼ばれ，そこで使われる手法の一つにFTA（Fault Tree Analysis：故障の木解析）がある．発生した問題をトップ事象とし"なぜなぜ分析"をトップダウンで行い，FT（Fault Tree）図を作成しながら背景に潜む要因を中間事象として表現，基本事象に至るまで深く追究する方法である（28.1.4項で詳しく説明する）．

　しかし，未然防止のアプローチは再発防止とは本質的に異なる．

　第一に，再発防止では問題解決が中心活動だったが，未然防止では潜在的な問題を発見するプロセスが中心である．このプロセスは，解決のプロセスとは異なり，起こりうる事象の抽出と想定に創造が求められるため，柔軟な思考や発想が必要である．

　第二に，発見された事象すべてに対応するわけではなく，それらの事象の重要度を評価し，対応が必要と判断された重要な事象に絞って的確な対応をとることである．

発生しうる問題を事前に予測し，設計段階に対策を折り込んでいく未然防止は，あらゆる製品やシステムに要求されている活動である．再発防止とは異なり，問題発見の網羅性を高めるために故障モードに着目し，重要度を発生頻度や影響度などから算出し，システマチック（体系的，系統的）に対策の必要性を決定する方法がFMEA (Failure Mode and Effects Analysis：故障モード影響解析) 手法であり，未然防止活動には欠くことのできない手法である．ただし，FMEAは故障モードを発見するための創造的手法ではない．

問題を発見するためには，ブレインストーミングとともに，事前に予測するための洗い出しの工夫があげられる．

未然防止の活動は特に新製品開発において重要である．新製品開発におけるトラブルの多くは，そのトラブルが事前に予測しえなかったため，言い換えれば，故障モードを抽出しえなかったために生じている．故障モードさえ抽出していれば，未然防止ができなかったトラブルは5%に過ぎないともいわれている．

このことから，三現主義の視点で過去に生じたトラブルを"現場・現物・現実"をよく観察して一般化・抽象化した情報を共有し"原理・原則"に基づき，トラブルの予測を行って，現時点から先のトラブルの未然防止を図るという5ゲン主義の視点も非常に重要である．

28.1.2　デザインレビュー（DR）

デザインレビューは設計審査とも呼ばれる．狭義には，企画段階や設計段階で専門家が参加するレビュー（審査）をいう．広義には，製品の製造やサービスの提供，アフターサービスなどを含めた品質保証体系全体にわたるが，どの段階であっても，設計，製造，検査，運用などの部門の専門家が専門的立場から第三者の視点を加えて行うレビュー（審査）をデザインレビュー（Design Review）といい，DRと呼ばれることも多い．

デザインレビューを行う目的は，設計内容を吟味して予想される問題を早期に指摘し，信頼性，製造の容易さや保守のしやすさ，使いやすさの確保と同時

にコストや納期などの観点から品質を保証する必要性があることによる．

そのため，製品やプロセスについて予測される問題とその評価及び対策に対して，
- ・設計上の技術不足はないかあるいは誤解がないか
- ・前工程からの仕様の抜けや引継ぎがなされているか
- ・技術課題のとらえ方の認識不足やその対策に誤りはないか
- ・特性要因図や連関図で洗い出された仮説に対する検証漏れがないかなど，見落としや不十分な箇所がないか

を十分にチェックする必要がある．

図28.1（品質保証体系図の例）の中に品質保証の各段階で行われるDRを丸囲みで示している．企画・開発段階，生産準備段階，生産段階，販売・サービス段階でDRがある．

さらに企業の社会的責任（Social Responsibility：SR，14.2節，158ページを参照）の観点，あるいは顧客満足度の向上，品質問題・訴訟・安全などのリスクの未然防止など，多岐にわたる．

このような活動を効果的に実施するためにFMEAやFTAなどのツールが有効である．また，FMEAとDRを体系的に結びつけて問題発見を確実にする方法も提唱されている．

28.1.3 FMEA（故障モード影響解析）

FMEAとは，JIS Z 8115において次のように定義されている．

"あるアイテムにおいて，各下位アイテムに存在しうるフォールトモードの調査，並びにそのほかの下位アイテム及び元のアイテム，さらに上位のアイテムの要求機能に対するフォールトモードの影響の決定を含む定性的な信頼性解析手法"

この手法は完成した機器やシステムを検討するために活用するのでなく，これから開発しようとする機器やシステムの設計の不具合及び潜在的な欠点を見いだし，設計改善に活用するものである．

ハードウェア及びソフトウェアの機能構成に着目して行う FMEA を特に機能 FMEA という．また，作業及び管理のプロセス要素に着目して故障モードを不良モードとして解析を行う FMEA を特に工程 FMEA という．

対象とする故障はハードウェアに関する単一の固定した故障である．具体的には，各アイテム（JIS では"系""機器""部品"などをいう）に対して，その機能を示し，その機能に対する故障モードを抽出し，故障モードが影響する事象とその原因を取り上げる．予測される故障モードの重要度を，

① 影響の重大性
② 発生頻度
③ 検知の難易度

などの評価項目で評価する（表 28.1 を参照）．故障モードの重要度の高いものについて対策を検討し，打つべき対策と実施部署や担当者などを決める．

対策実施後に重要度の再評価を行い，故障モードが許容レベルになっているかどうか上位アイテムへの影響を確認する．

このように，FMEA はその解析の仕方がボトムアップ方式である．すなわち，システムの部品又は工程の故障モードを取り上げて，一つずつ上位レベルへの影響を評価・解析していくところにこの解析の特徴がある．

なお，故障モードから上位アイテムへの機能展開が解析者の技術的判断に大きく依存するため，過剰品質になっていないかを注意する必要がある．

28.1.4 FTA（故障の木解析又はフォールトの木解析）

FTA とは JIS Z 8115 において次のように定義されている．

"下位アイテム又は外部事象，若しくはこれらの組合せのフォールトモードのいずれが，定められたフォールトモードを発生させうるかを決めるための，フォールトの木形式で表された解析"

FTA では FMEA などの結果得られた致命的故障などの発生が好ましくない事象について，発生経路，発生原因，発生確率をフォールトの木を用いて解析する．

表 28.1 FMEA の例

(a) 設計時の FMEA の項目例

部品	機能	故障モード	故障メカニズム	検出方法	故障の影響	故障モードの			是正対策
						厳しさA 5段階評価	頻度B 5段階評価	検出レベルC 3段階評価	重要度 A×B×C	

(b) 工程 FMEA の項目例

工程名	機能	不良モード	不良発生メカニズム	検出方法	製品への影響	故障モードの			是正対策
						厳しさA 5段階評価	頻度B 5段階評価	検出レベルC 3段階評価	重要度 A×B×C	

解析の手順を次に示す．FT（フォールトの木）で，

① 好ましくない事象をトップ事象に取り上げる．

② その発生原因となる事象をシステムの機能，構成，外部要因など考慮してすべて取り上げる．

③ 1次要因を引き起こす2次要因，さらに3次要因というように順次"なぜなぜ"を繰り返して基本事象になるまで行う．

28.1 品質保証の観点からの再発防止と未然防止

基本事象が明らかになったら,各事象の発生頻度,影響度合いを考慮して対策を打つべき発生経路を検討し,未然防止の対策を検討,実施することになる.

トップ事象の根本原因である基本事象に達するまで,トップ事象とその原因をANDゲート(記号∩),ORゲート(記号∪)などの論理記号で関連づけてFTAの樹形図[FT(Fault Tree)図]を完成させる.FTAの樹形図の例を表28.2の記号を用いて図28.2に示す.また,ANDゲート,ORゲートと直列ブロック図と並列ブロック図の関係も同図に示した.

なお,信頼性ブロック図は次のように説明される.

"一つ以上の機能モードをもつ複雑なアイテムにおいて,複数のブロックで表される下位アイテム又はその組合せのフォールトが,アイテムのフォールトを発生する仕組みを示したブロック図"

FTAはソフトウェアや人間のエラーなども含めた故障解析に適しており,多重故障などの解析も可能である.FTAはその展開の仕方からトップダウン式である.

表28.2 FTAの記号の例

	記号	名称	説明
事象記号		事象 (event)	トップ事象又はその要因として展開される個々の事象を表す.
		基本事象 (basic event)	事象を展開した結果,これ以上展開できない,又はする必要がない基本的な事象を表す.
		否展開事象 (undeveloped event)	情報不足,技術内容が不明のため,その時点ではこれ以上展開されない事象を表す.後に解析が可能になった場合には,展開を続行する.
	(IN) (OUT)	移行記号 (transfer symbol)	FT図上の関連する部分への移行又は連結を示す.三角形の頂上から線が出ているものは,三角形の下から線が出ているものへ移行,連結されることを示す.

表 28.2 （続き）

記号		名　称	説　明
論理記号	出力 AND型 入力	AND ゲート (AND gate)	すべての入力事象が同時に発生するときに，出力事象が発生する場合に用いる．
	出力 OR型 入力	OR ゲート (OR gate)	入力事象のうち少なくとも一つ発生するときに，出力事象が発生する場合に用いる．
	出力 六角形 条件 入力	制約ゲート (INHIBIT gate)	入力事象が発生するとき，ゲートで示される条件が存在している場合においてのみ，出力事象が発生する場合に用いる．

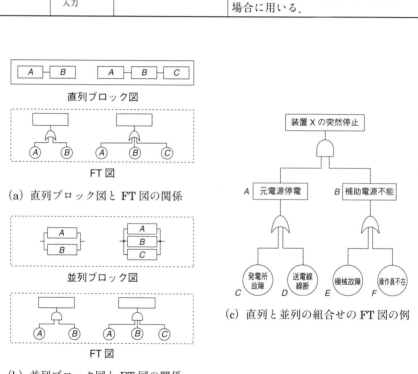

(a) 直列ブロック図と FT 図の関係

(b) 並列ブロック図と FT 図の関係

(c) 直列と並列の組合せの FT 図の例

図 28.2　FT 図の例

また，FT図の各基本事象に発生確率が入っていると，トップ事象の発生確率を求めることができる．図28.3にその例を示す．

同図の下位の発生確率から説明すると，パーツD故障がORゲートであるので，"④+⑤= 0.04 + 0.06 = 0.10" となる．

その上位のサブモジュールA故障は，ANDゲートで"パーツD故障×パーツE故障= 0.1×0.1 = 0.01"，その上位のモジュールB故障はORゲートなので"③+サブモジュールA故障= 0.05 + 0.01 = 0.06" となる．

もう一方のモジュールA故障もORゲートなので"パーツA故障＋パーツB故障＋パーツC故障= 0.1" となる．

その上位のAサブシステム故障はANDゲートなので，モジュール故障の積

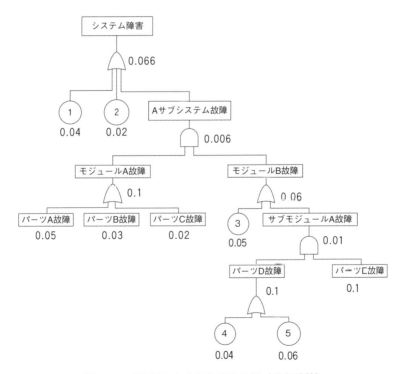

図28.3　FT図による発生確率の例（確率計算）

算となり，0.006となる．システム故障はORゲートなので"①+②+サブシステム故障= 0.02 + 0.04 + 0.006 = 0.066"となる．

28.2 耐久性，保全性，設計信頼性

信頼性（reliability）は，JIS Z 8115では次のように定義されている．
　"アイテムが与えられた条件の下で，規定の期間，要求機能を遂行できる能力"

信頼性を考える場合の三大要素として，①耐久性，②保全性，③設計信頼性がある．

耐久性は"壊れにくさ"のことであり，保全性は"見つけやすさや直しやすさ"のことである．故障が"要求機能達成能力を失うこと"（JIS Z 8115）と定義されていることからも，信頼性が機能低下による故障の発生を防ぐことと同時に，修理によって機能の早期回復と機能を維持することであることがわかる．

設計信頼性は"使用や環境の条件に配慮して製品欠陥や故障の発生に事前に対処した方策と結果を評価すること"をいう．経時変化又は経年劣化するような時間的な要因に依存しないようにしておくことが望ましい．

28.2.1 耐 久 性

操作性がよくて使いやすくても，機能が充実していても，すぐに故障しては製品としての価値はなくなってしまう．例えば，自動車や冷蔵庫などの耐久消費財では，故障がないことが顧客にとってどれほど重要であるかは，故障して使えなくなったときの不便さを考えれば十分に理解できるであろう．さらに，使用環境条件によって，耐久性が左右されないような製品であることも大切な要件である．

ただし，耐久性を考える場合，いたずらに長くということではなく，そのアイテムに期待される使用時間（任務時間：mission time）において無故障であることがポイントである．

28.2 耐久性, 保全性, 設計信頼性

耐久性の定量的尺度としては，図 28.4（a）に示す信頼度 $R(T)$ が用いられている．T は任務時間を表し，故障してしまっている割合を不信頼度 $F(T)$ で表すと，信頼度と不信頼度の関係は次式で表せる．

$$R(T) = 1 - F(T)$$

信頼度，不信頼度はそれぞれある時点まで正常である確率とある時点までに故障する確率である．

また，指定した確率に対応する寿命値を耐久性の尺度として，B_{10} ライフや MTTF，MTBF のような方法がある．

故障分布関数 $F(T)$ の $F(T) = 0.1$ に対応する T は対象とするアイテムの 10％が故障するまでの時間を表しており，B_{10} ライフと呼ばれる．指定する確率の値としては，1％，5％，10％などが用いられる．システム全体としては B_1 ライフ，部品では $B_{0.1}$ ライフが耐久性の目標値として用いられている．

一方，任務時間や指定すべき確率が明確に定められていないアイテムに対する耐久性の尺度として，非修理系（故障しても修理しないアイテム）では平均故障寿命（Mean Time To Failure：MTTF）が耐久性の尺度であり，これは寿命の母平均である．修理系（運用開始後保全によって故障の修理が可能な系で保全によって継続的に使用する系をいう）では平均故障間隔（Mean Time Between Failures：MTBF）が用いられる．

次に，図 28.4 (b) の信頼性特性値の故障率について考える．故障率とは"当該時点でアイテムが可動状態にあるという条件を満たすアイテムの当該時点での単位時間当たりの故障発生率であり，故障の起こりやすさに関する尺度"である．すなわち，直前まで正常に稼働していたアイテムが次の瞬間に故障に至る時間当たりの確率である．偶発故障（初期故障期間後で，摩耗故障期間に至る以前の時期に，偶発的に起こる故障）において，ある時刻までに故障しなかったものが次の瞬間に故障する確率，すなわち，単位時間当たりに何件の故障が発生するかを示したものである．厳密には，母集団を考え，その時点直前まで故障のなかったもののうち，次の単位時間における故障の発生割合を示すものが故障率である．

例えば,使用を開始して 100 時間ごとに故障した部品を調査していて,1 000 時間から 1 100 時間までに動いていた残存数が 100 であったとき,そのうち 10 が故障したとすると,この 1 000 時間から 1 100 時間の区間での(条件き)故障率は 10/100 = 0.1 で,その間の 100 時間当たりの故障率の推定値は 0.1/100 = 0.001/時間となる.

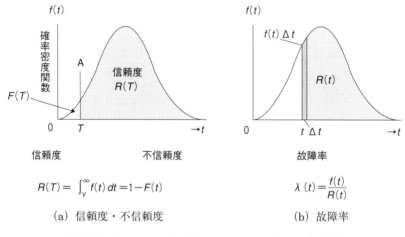

図 28.4　信頼度 $R(T)$,不信頼度 $F(T)$ 及び故障率 $\lambda(t)$

また,図 28.5 に示すように,故障率の時間的変化には三つのパターンがあることが知られている.保全を伴わない系・機器・部品などの典型的故障率は,一般に図 28.5 (b) のような"バスタブ曲線"(曲線の形が洋式の浴槽の断面に似ていることに由来する."浴槽曲線"とも呼ばれる)となる場合が多い.

経時的にみると $t = 0$ の付近より,初期故障期(DFR 型)・偶発故障期(CFR 型)・摩耗故障期(IFR 型)と 3 分割される.

① 単調に減少する DFR(Decreasing Failure Rate)型(初期故障型)

　　DFR 型は設計・構造上の欠陥など設計責任だけではなく,製造責任に由来することも多く,製造のばらつきを低減させることが有用である.部

28.2 耐久性, 保全性, 設計信頼性

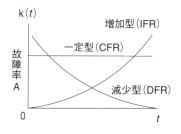
(a) 故障率曲線の基本的な
　　三つのパターン故障

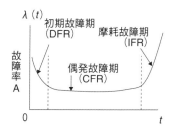
(b) 複雑なシステムのパターン
　　（バスタブ曲線）

図 28.5　故障のパターン

品どうしの馴染みの悪さ, 部品・材料に潜在する欠陥や工程での不具合など, さまざまアイテムに潜在化していた弱点が初期段階に現れる故障である.

不具合が出尽くしてしまえば終わりになるので, 時間とともにそれらの欠陥が取り除かれて減少する. 良いロットの中に悪いロットが混在しているような場合に現れる.

したがって, 使用に先立ち, スクリーニング（出荷前に欠陥ある品物を選別・除去すること）, 安定化のためのエージング（新しい機械などが安定に動作するまで慣らすこと, 慣らし運転）を行うなど, 初期の高故障率の部分を取り除いて安定化させていく過程である. この過程をデバッギング（debugging）という.

なお, JIS では "初期故障を軽減するためのアイテムを使用開始前, 又は使用開始後の初期に動作させて, 欠点を検出・除去し, 是正すること" と定義されている.

② 一定の値となる CFR（Constant Failure Rate）型（偶発故障型）

CFR 型は時間によらず故障率が一定の偶発故障型のパターンである. 偶発的あるいは突発的に何らかの理由で故障が発生する場合である. 多くの構成部品からなる製品や装置の安定期にみられる典型的パターンである.

この期間では，一定の故障率の値がなるべく小さく，かつ，この期間の長さ（耐用寿命という）をなるべく長くしたい．摩耗故障期間に入った直後に予防取替えを行い，常に安定した偶発故障期間を継続させてアイテムを動作させることが重要である．

このとき，一定の故障率 A（図28.5の縦軸の値）の逆数 $1/A$ が $MTBF$（平均故障間隔）である．

③ 単調に増加する IFR（Increasing Failure Rate）型（摩耗故障型）

IFR 型は偶発故障期を過ぎてシステムに疲労が蓄積され，機械部品での疲労や摩耗，劣化などの原因によって時間とともに故障率が大きくなる故障である．多くの機械部品，金属材料にみられる摩耗故障型のパターンである．

比較的単純なメカニズムで故障する場合が多いので，故障率の増加具合をみながら，集中的に故障が生ずる前に事前取替えを行えば，未然に故障を防止することが可能である．

28.2.2 保全性

保全とは，JIS Z 8115 では次のように定義されている．

"アイテムを使用及び運用可能な状態に維持し，又は故障，欠点などを回復するためのすべての処置及び活動"

図28.6に保全方式の分類を示す．

電球や電池を部品として利用している携帯用のラジオや懐中電灯などの製品では，たとえ，その製品の機能が失われても，すぐに新しい部品に取り替えられれば機能的に問題はない．このような修理が容易で修理時間が短い性質が重要となる．

一方，航空機のように，その機能が失われると大惨事になりかねない重要保安設備については，その設備のオーバーホール（分解清掃）などにより，故障を事前に押さえておくことが必要である．前者の乾電池のような場合を事後保全，後者の飛行機のような場合を予防保全という．

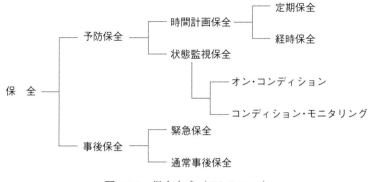

図 28.6　保全方式（JIS Z 8115）

肥満を例にして考えてみると"肥満になってから"という事後の治療や運動は事後保全である．日ごろから肥満にならないように，糖分の取過ぎや間食をしない，飲み過ぎ食べ過ぎなどに事前に注意することが予防保全である．

また，保全には次の予防保全，事後保全，保全性設計技術の三つの役割に分類される．

使用可能・運用可能な状態に維持する予防保全と故障を回復する事後保全，また，欠点を改良する改良保全は予防保全，事後保全においても考慮しなければならない活動である．

(1) 予防保全（preventive maintenance）

予防保全とは，アイテムの使用中の故障の発生を未然に防止するために，規定の間隔又は基準に従って遂行し，アイテムの機能劣化又は故障の確率を低減するために行う保全のことと定義されている．予防保全は次の時間計画保全と状態監視保全とに分けられる．

(a) 時間計画保全

定められた時間計画に従って遂行される予防保全である．設定されたある一定の耐久時間の時間内であれば機能し続けるよう設計し，あらかじめ定められた適切な時点において取替え・修理などの保全を施すものをいう．機器を定時ごとに分解して全部品を清掃する（オーバーホールする）ような場合が相当する．

(b) 状態監視保全

アイテムの使用及び使用中の動作状態の確認，劣化傾向の検出，故障及び欠点の確認，故障に至る経過の記録及び追跡などの目的で，運用されているシステムを一定の監視下におき，ある時点での動作状況の値や傾向を監視して，その故障の兆候に基づいて必要に応じて保全を実施することによって安全を保とうとするものをいう．状態監視保全には次の二つの方式がある．

① オン・コンディション方式（OC方式）

定期検査において劣化損傷状態などの状態を検査・点検して基準と比較して機能故障に至る前に必要な措置を行う方式をいう．

② コンディション・モニタリング方式（CM方式）

運転している状態で，温度・圧力・流量などのプロセス系常時監視装置や振動・バランス・各種信号・ひびや割れなど劣化の進行を検出する機械的監視装置に基づいて必要な処置を施す方式をいう．

(2) 事後保全 (corrective maintenance)

事後保全とは"フォールトの発見後にアイテムを要求機能遂行状態に修復させるために行われる保全"である．また，故障してから通常修理する保全を通常事後保全といい，故障後速かに行う保全を緊急保全という．

故障しても，その影響度が小さく安全性や環境面の問題もなく，コスト的にも，故障してから修理したほうが有利であれば，事後保全で十分である．

事後保全では，修理時間をいかに短くするかが課題である．そのため，保全度（maintainability）と $MTTR$ を評価尺度として用いる．

保全度とは"与えられた使用条件の下でアイテムに与えられた実働保全作業が，規定の時間間隔内に終了する確率"である．

$MTTR$（Mean Time To Repair：平均修理時間）は修理時間の期待値である．非修理系で用いる $MTTF$（Mean Time To Failure：故障までの時間の期待値）に対応する．また，修理系では固有アベイラビリティ $\left(\dfrac{MTBF}{MTBF + MTTR}\right)$ という尺度も用いられる（28.4.3項の⑦を参照）．

(3) 保全性設計技術

予防保全と事後保全を効果的に行うための開発・設計段階における工夫としては，システム・機器の大規模・複雑化に対応して，アイテムの故障点がすぐわかり，容易な保全作業ができるように十分な配慮と工夫が重要である．

このように，機械の調子がどこかが悪いときに，点検，修理，交換等の作業が行いやすいように空間を確保できる配置を考慮した設計を接近性が良い設計という．

また，故障時には速やかな補充部品の調達とその後の交換の容易さ・迅速さが求められる．そのためには部品の共通化・標準化による互換性など交換を容易にするような設計が大切である．

プラントなどでも状態監視による診断がシステムの重要部位や設備をどれだけカバーできているかの検証や見直しは大切な項目である．

また，対象アイテムの寿命分布を把握し，これに基づいた点検・取替え周期を決めて，設備に適切な保全を施すことで耐久性を補うことも必要である．

28.2.3 設計信頼性

設計信頼性とは"システムが耐久性や保全性をより高く保つように，設計で配慮すべき性質"をいう．すなわち，設計の段階で使用や環境に配慮した製品の欠陥や故障の発生に事前に対処して信頼性や安全性を向上することが必要であるが，その事前の方策と結果を評価するというのが設計信頼性である．

例えば，システムの一部に故障が生じても，システム全体への致命的欠陥にはいたらないようにするフェールセーフ*や製品の誤操作を防ぐフールプルーフ**という概念を取り入れた設計方式がとられていることなどがあげられる．

* フェールセーフ：アイテムが故障したとき，あらかじめ定められた一つの安全な状態をとるような設計上の性質をいう．
** フールプルーフ：人為的に不適切な行為又は過失などが起こっても，アイテムの信頼性及び安全性を保持する性質をいう．

人間の誤操作が招く事故は意外と多い．人間はエラーを犯すものであること

を自覚し，このエラーを機械の側から防止するような設計を考えることが現在では重要となってきている．この設計信頼性の実現手段としては次の六つの項目がある．

① 単純化・共通化・標準化

単純化することで部品の点数を減らせば機器の信頼性を上げることができる．機器は直列システムと考えられるため，その構成部品の故障率の総和が機器の故障率となるため，信頼性を上げることにつながる．

また，部品の共通化と標準化は改良されてきた既存の技術・部品の組合せの信頼性向上につながるものである．

② 設計余裕

機器がおかれる環境やその使われ方など，さまざまなストレスに対する十分な余裕をもたせた設計が信頼性の向上につながる．設計に余裕をもたせるためには部品の強度を強くする，加わるストレスを制御して弱くする，遮断したりするという方法がとられる．

例えば，電子部品では，設計余裕を確保するために，定格上限では使わず負荷（ストレス）を軽減する（derate）ことによって故障率を下げるディレーティング設計という方法を用いること，あるいは，回路設計の際に，要求される周囲温度や消費電力に対して十分余裕のある部品を選ぶことも大切なことである．

③ 後工程を配慮した設計

市場で高信頼性を実現するためには，開発の初期段階から設計部門と生産部門が連携して品質と信頼性を工程で造りこむようにすることが重要である．

DFM（Design For Manufacturing：製造のしやすさ考慮した設計）では，製造時の問題を設計段階で考えておき，基本設計段階の設計情報から製造のしやすさをレビューし，その結果を設計部門へフィードバックすることで，量産初期から最適組立ての実現を目指すことができる．

④ 冗長設計

28.2 耐久性,保全性,設計信頼性

　冗長性とは"規定の機能を遂行するための構成要素または手段を余分に付加し,その一部が故障しても全体としては故障とならない性質"である.冗長設計とはあらかじめ同じような構造をもった方式を用意して,冗長性をもたせ,信頼度を高くしたいところに適用する設計方法である.

　複数の部品からなるシステムで,どれか一つの部品でも故障すればシステムの機能が果たせない(故障)のようなシステムを直列システムと呼ぶ.仮に,四つの部品からなるシステムで,一つの部品が故障しない確率[これを信頼度と呼ぶ.又は狭義の信頼性の評価尺度(498ページを参照)]が0.90であれば,システム全体が故障しない確率は"$0.90 \times 0.90 \times 0.90 \times 0.90 = 0.656$"となる.

　これが多くの部品で構成されていると故障しない確率はかなり低くなってしまう.そこで誕生したのが冗長設計である.同じ機能をもつ部品を二つ以上システムに組み込み,それらがすべて故障したときのみシステムの機能が果たせず,少なくとも一つが正常であれば機能するような設計の方法である.これを"多重化"と呼ぶ.例えば,信頼度0.90のコンピュータを3台用意(2台が余分なもの)しておけば,3台ともすべて故障する確率は"$(1-0.9) \times (1-0.9) \times (1-0.9) = 0.001$"となる.信頼度は全体と故障率の差であるので"$1 - 0.001 = 0.999$"となる.このようなシステムを並列システムと呼ぶ.

　システムに設計余裕(余分=冗長)をもたせた設計方法であり,現代の複雑化されたシステムの信頼性確保には欠かせない手法となっている.

⑤　フェールセーフ

　安全性向上をねらった技法で故障(fail)しても安全(safe)である.JIS Z 8115では次のように定義されている.

　　"アイテムが故障したとき,あらかじめ定められた一つの安全な状態
　　をとるような設計上の性質"

フェールセーフの例:
・石油ファンヒーターが振動や転倒を感知して自動で消火するように,シ

ステムの故障時に二次被害を防止するために直ちに停止する．
- エレベータの停電時のように，エネルギーが供給されているときのみ稼働状態となり，供給不能となったときにも安全な状態を保つ．
- ヒューズの溶断のように，回路のどこかで起こった短絡など，異常の影響が他の部位へ波及しないように自動的に遮断する．

⑥ 使用者の誤使用防止へのエラープルーフ

誤使用は製造者にとって，使用者による"まさか"の使い方で起こるので，エラーモードの十二分な抽出が必要である．このためには，次のような点を意識しておくことが重要である．
- 誤使用の要因をみえないようにする，すなわち，仕組みを複雑化させて安易な操作や無意識な誤使用をできないようにする．
- 重要な動作時に意識を集中させてエラーを減らす．
- 使用者が正常であることを理解できるようにする．

28.3 信頼性モデル

信頼性モデルでは，すべての構成要素が正常に機能する場合に限ってシステムが機能する系は直列系と呼ばれる．

例えば，それぞれの構成要素の機能する確率が R_1, R_2 であれば，二つの構成要素が同時に機能する確率 R は $R = R_1 \times R_2$ であり，これが直列系の信頼度となる．

また，構成要素の数を増やすことで信頼性を高める設計の方法は冗長系と呼ばれ，代表的な方法に"並列系""m-out-of-n 冗長系""待機冗長系"がある．

複数要素を同時に使用する方法は並列系である．n 個の同じ機能の構成要素中 m 個以上が正常に動作していれば，系が正常に動作するように構成されているものを m-out-of-n 冗長系という．また，使用中の構成要素に故障が発生したとき，不使用の（待機していた）要素を利用して機能を継続させる方法は待機冗長系である．

28.3 信頼性モデル

並列系が故障するのは，構成要素すべてが同時に故障する場合である．二つの構成要素が同時に故障する場合以外は系を使用し続けることができるため，各構成要素の故障確率が F_1, F_2 とすれば，同時故障の確率は $F = F_1 \times F_2$ である．したがって，並列系の信頼度 R は $R = 1 - F$ となる．

理解を深めるために，さらに問題の形式で考察する．

例題 1　図 28.7 (c) の直並列系での信頼度を計算せよ．

解答 1　信頼度 0.90 の構成要素 1 と信頼度 0.80 の構成要素 2 からなる直並列系の信頼度は次のように表すことができる．
$$R = [1 - (1 - 0.90)^2] \times [1 - (1 - 0.80)^2] = 0.9504$$

例題 2　信頼度 80% の部品を用いてシステムの信頼度を 99% 以上にするにはどうすればよいか．

解答 2　まず，並列系とする．並列系の信頼度は次のように表すことができる．
$$R(T) = 1 - \prod_{i=1}^{n} F_i$$

ただし，$\prod_{i=1}^{n} F_i = F_1 \times F_2 \times \cdots \times F_n$

$F_i = 1 - 0.80$ であることから，
$$R(T) = 1 - (1 - 0.80)^n \geq 0.99$$
$$0.01 \geq (1 - 0.80)^n$$

この n を求めるために対数変換を行う．
$$\ln 0.01 = n \times \ln(0.20)$$
$$-4.605 = -1.609 n$$
$$\therefore n = 2.862$$

したがって，少なくとも 3 個以上の部品の並列系である必要がある．

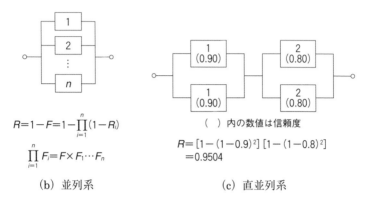

図 28.7 システムの信頼の例（R：信頼度，F：不信頼度）

28.4 信頼性データのまとめ方と解析

28.4.1 市場データの収集と解析

信頼性データの収集では，チェックシートなどを利用して寿命値だけでなく故障部位・不具合内容（故障モード）・使用環境や運転時間や温度などの運転データや条件のデータなどを計画的に収集する工夫が必要である．特に市場データの収集では解析できるデータを集めておかないと，市場の不具合をFMEA，FTA，DRや信頼性試験の改善などに生かすことができない．

部品について，寿命値のデータと故障モードの情報が集められていれば，これを図 28.8 (b) のように故障モード A に着目した故障データに変換して，故障モードごとに部品の耐久性の評価が可能になる．さらに，次の情報にも注意する必要がある．

寿命データは図 28.9 に示すように，それぞれのタイプに適合した方法で解

28.4 信頼性データのまとめ方と解析

析する必要があるため"寿命であったかあるいは打切りであったか"の情報は重要である.

　信頼性データに条件の異なったものが混入されていないかよく調べる．混入されている場合には，層別するか除外するかを区別しておく．

　使用開始日，使用頻度が異なる場合には，これらを考慮して寿命値を適宜修正，換算しておかなければならない．

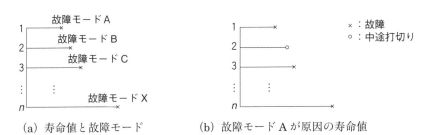

(a) 寿命値と故障モード　　(b) 故障モードAが原因の寿命値

図28.8　寿命の値と故障モードの対応のあるデータ

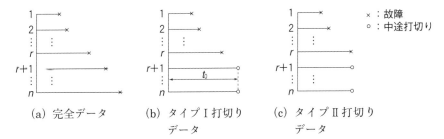

(a) 完全データ　　(b) タイプI打切り　　(c) タイプII打切り
　　　　　　　　　　　データ　　　　　　　　データ

備考　(a) 完全データとは，すべてが故障して寿命が測定できたデータをいう．
　　　(b) タイプIの打切りデータとは，あらかじめ時間 t_0 を決めておき，その時間を経過したら打ち切る定時打切りデータをいう．
　　　(c) タイプIIの打切りデータとは，n 個のうち r 個が故障した時点で試験を打ち切る定数打切りデータをいう．

図28.9　完全データと打切りデータ

28.4.2 ワイブル解析

寿命データの解析では,ワイブル分布に従うことを前提に,そのパラメータや信頼性特性値を推定することが多い.これをワイブル分布に基づく解析という.分布を仮定することの妥当性は解析の途中で確認できる.分布の式は複雑ではあるが,ワイブル確率紙を使えば,パラメータなどをデータから容易に解析でき,形状パラメータの推定値と1との大小関係から,故障パターンを特定することができる.

(1) ワイブル分布

ワイブル確率紙によって寿命データから信頼度,$MTTF$,B_{10} ライフ,故障率など,信頼性や故障パターンなどの情報を得ることができる.また,ワイブル分布は寿命分布をよく近似する.故障時間を確率変数とするワイブル分布は次の関数で表される(JIS Z 8115).

① 信頼度関数

$$R(t) = e^{-\left(\frac{t-\gamma}{\eta}\right)^m}$$

② 確率密度関数

$$f(t) = \frac{m}{\eta}\left(\frac{t-\gamma}{\eta}\right)^{m-1} e^{-\left(\frac{t-\gamma}{\eta}\right)^m} \quad \gamma \leq t < \infty$$

③ 分布関数

$$F(t) = 1 - e^{-\left(\frac{t-\gamma}{\eta}\right)^m}$$

ここに,$\gamma\,(\geq 0)$:位置パラメータ
$m\,(> 0)$:形状パラメータ
$\eta\,(> 0)$:尺度パラメータ

故障率関数は次式で表される.

$$\lambda(t) = \frac{m}{\eta}\left(\frac{t-\gamma}{\eta}\right)^{m-1}, \quad (\gamma \leq t) = 0 \quad (0 \leq t < \gamma)$$

また,図28.10から m の値で分布が変化することがわかる.

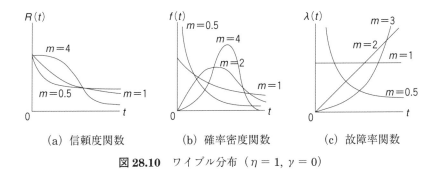

(a) 信頼度関数　　(b) 確率密度関数　　(c) 故障率関数

図 **28.10**　ワイブル分布（$\eta = 1, \gamma = 0$）

ワイブル分布関数で用いられている三つのパラメータについて補足説明する．

(a) 位置パラメータ：γ

故障発生の可能性が皆無で，故障が発生しないことを保証できる期間をいう．そのため，γ以降で故障が発生する．一般的に $\gamma = 0$ とする（図 28.11 を参照）．

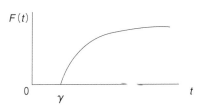

図 **28.11**　位置パラメータγの概要

(b) 形状パラメータ：m（> 0）

確率密度関数や故障率の形状に関する重要なパラメータ．図 28.10 (c) の故障率曲線は $m = 1$ を境に，減少から転じて増加関数になる．なお，$m = 1$ の場合は指数分布とみなして直接信頼性の特性値を求めることができる（表 28.3 を参照）．

表 28.3 形状パラメータ m と故障のパターンの関係

m の値	故障のパターン
$0 < m < 1$	DFR 型(初期故障型)
$m = 1$	CFR 型(偶発故障型)
$m > 1$	IFR 型(摩耗故障型)

(c) 尺度パラメータ：η

時間のスケールを決める変数(パラメータ)である．$\lambda = 0$ のときには，尺度パラメータと MTTF, 分散 σ^2 の間に次の比例関係が成立する．

$$MTTF \propto \eta, \quad \sigma^2 \propto \eta^2 \quad (\propto：比例関係)$$

η を大きくして MTTF を改善すると，分散にも影響して大きくなる．

(2) ワイブル確率紙の原理と使用方法

ワイブル分布関数を変形していくと次の線形式となり，取扱いが容易になる．同確率紙の横軸と縦軸は分布関数 $F(t)$ を変数変換して求められる．このようにすることで，ワイブルプロットからパラメータを容易に求めることができる．

$\gamma = 0$

$$F(t) = 1 - e^{-\left(\frac{t-\gamma}{\eta}\right)^m}$$

$$\Rightarrow \quad 1 - F(t) = e^{-\left(\frac{t}{\eta}\right)^m} \quad \Rightarrow \quad \frac{1}{1-F(t)} = e^{\left(\frac{t}{\eta}\right)^m}$$

$$\Rightarrow \quad \ln \ln \frac{1}{1-F(t)} = m(\ln t - \ln \eta)$$

$Y = \ln \ln \dfrac{1}{1-F(t)}$, $X = \ln t$ とすると，$Y = m(X - \ln \eta)$ が得られる．

同確率紙に $(t, F(t))$ をプロットすると自動的に (X, Y) の点にプロットしたことになる．形状パラメータ m の推定値 $\hat{m}$ は直線の傾きから得られる．また，$Y = 0$ は $t = \eta$ から尺度パラメータ $\hat{\eta}$ を求めることができる(図 28.12 を参照)．

28.4 信頼性データのまとめ方と解析

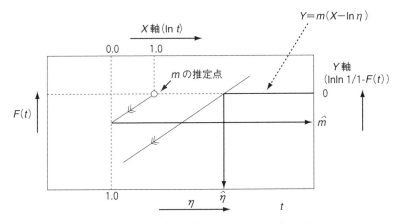

図 28.12　ワイブル確率紙から $\hat{m}, \eta$ を求める図

(3) ワイブル確率紙の使用手順

手順1　得られた n 個の寿命データを小さいものから順番に並べる．

手順2　i 番目の故障データの不信頼度 $F(t_i)$ をメディアンランク表（表28.4）から求める．

手順3　得られた n 組のデータ $(t, F(t_i))$ を確率紙に打点する．横軸には t をとり，縦軸には $F(t)$ をとる．

手順4　打点された n 個の点の中で $F(t_i)$ 軸の 30～70% にある点を重視して最もあてはまる直線を引く．

手順5　直線の傾きより形状パラメータ m を推定する．$Y=0, X=1$ の "m の推定点" を通って，あてはめた直線に平行な直線を引き，これが $X=0$ と交わる Y 軸の目盛りをその符号を変えて読むと求める $\hat{m}$（m の推定値）の値となる．

手順6　尺度パラメータ η を推定する．引いた直線と $Y=0$ の交点を下にたどり，t 軸の交点より値を読むと尺度パラメータ η の推定値 $\hat{\eta}$ が得られる．

手順7　MTTF を推定する．形状パラメータ m に対応する μ/η 尺の目盛りをワイブル確率紙（図28.13，529ページ）から読んで，これに手

順6で求めた $\hat{\eta}$ を乗じることで求められる.

手順8 信頼度を求める.時間 t_0 に対応する不信頼度 $F(t_0)$ を左側の目盛りより求めれば,信頼度は $R(t_0) = 1 - F(t_0)$ により求まる.

表 28.4 メディアンランク表

i \ n	1	2	3	4	5	6	7	8	9	10
1	・500	・293	・206	・159	・129	・109	・094	・083	・074	・067
2		・707	・500	・386	・314	・264	・228	・201	・180	・162
3			・794	・614	・500	・421	・364	・321	・286	・259
4				・841	・686	・579	・500	・440	・393	・355
5					・871	・736	・636	・560	・500	・452
6						・891	・772	・679	・607	・548
7							・906	・799	・714	・645
8								・917	・820	・741
9									・926	・838
10										・933

i \ n	11	12	13	14	15	16	17	18	19	20
1	・061	・056	・052	・048	・045	・042	・040	・038	・036	・034
2	・148	・136	・126	・117	・109	・103	・097	・092	・087	・083
3	・236	・217	・200	・186	・174	・164	・154	・146	・138	・131
4	・324	・298	・275	・256	・239	・225	・212	・200	・190	・181
5	・412	・379	・350	・326	・305	・286	・269	・255	・242	・230
6	・500	・460	・425	・395	・370	・347	・327	・309	・293	・279
7	・588	・540	・500	・465	・435	・408	・385	・364	・345	・328
8	・676	・621	・575	・535	・500	・469	・442	・418	・397	・377
9	・764	・702	・650	・605	・565	・531	・500	・473	・448	・426
10	・852	・783	・725	・674	・630	・592	・558	・527	・500	・475
11	・939	・864	・800	・744	・695	・653	・615	・582	・552	・525
12		・944	・874	・814	・761	・714	・673	・636	・603	・574
13			・948	・883	・826	・775	・731	・691	・655	・623
14				・952	・891	・836	・788	・745	・707	・672
15					・955	・897	・846	・800	・758	・721
16						・958	・903	・854	・810	・770
17							・960	・908	・862	・819
18								・962	・913	・869
19									・964	・917
20										・966

備考 分布関数を $F(x)$ とする母集団からの独立な大きさ n のサンプルを $x_{(1)} \leq x_{(2)} \leq \cdots \leq x_{(n)}$ とするとき,$F(x_i) : i = 1, \cdots, n$ のメディアンランクを与える.$n > 20$ のときは平均ランク $i/(n+1)$ を用いればよい.メディアンランクは正規確率紙,ワイブル確率紙の打点に用いられる.

28.4 信頼性データのまとめ方と解析

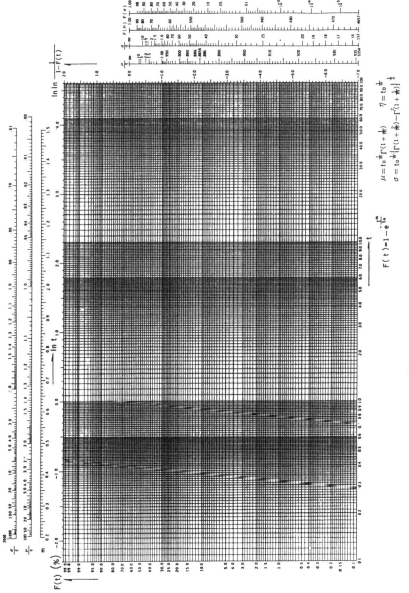

図 28.13 ワイブル確率紙の例

ワイブル確率紙の使用手順をあらためて例題で説明する．

あるポンプの故障データ（故障時間）が得られている（表28.5）．このデータ表をもとにメディアンランク表，ワイブル確率紙と同確率紙に記載されている μ/η 尺を用いてこのポンプの信頼度を求めてワイブルプロットを作成する．

この結果から位置パラメータ $\gamma (= 0)$，形状パラメータ m，尺度パラメータ η，平均寿命 $MTTF$ を求める．

表 28.5 あるポンプの故障データ

$n = 15$

No.	観測値(時間)	No.	観測値(時間)	No.	観測値(時間)
1	98	6	67	11	120
2	78	7	90	12	74
3	169	8	67	13	77
4	87	9	48	14	56
5	43	10	89	15	139

手順1 収集された故障データ（故障時間）を観測値の小さい順に並び換える．

手順2 手順1で並び換えた故障データをもとに，メディアンランク表（表28.4）の $n = 15$ の値から不信頼度 $F(t)$ を求める（表28.6を参照）．

手順3 下側の横軸 $[t\text{軸}]$ に観測値（時間）をとり，左側の縦軸 $[F(t)\text{軸}]$ に不信頼度 $[F(t)]$ をとるワイブル確率紙に表28.6の15個のデータ $(t, F(t))$ を同確率紙に打点する（図28.14, 532ページを参照）．

手順4 手順3で打点した15個の点の中で，左側の縦軸の $30 \sim 70\%$ にある点（データ）に最もあてはまりのよい直線を引く．次いで，$Y = 0$, $X = 1$ の m の推定点 $\hat{m}$ を通り，いま引いた"データに最もあてはまりのよい直線"と平行な直線を引く．

手順5 $X = 0$ と交わる Y 軸の目盛りをその符号を変えて読むと図28.14

28.4 信頼性データのまとめ方と解析

のように m の推定値 $\hat{m} = 2.96$ を得る．

手順6 "データに最もあてはまりのよい直線"と $Y = 0$ の交点を下にたどり，t 軸の交点の値を読むと η の推定値 $\hat{\eta} = 97.0$ を得る．

手順7 平均寿命 $MTTF$ を推定する．同確率紙の右側にある m に対応する μ/η 尺の目盛りを読むと 0.892 を得る．この値に手順6で求めた $\hat{\eta}$ を乗じると $MTTF = \mu = 0.892 \times \hat{\eta} = 0.892 \times 97.0 = 86.5$ を得る．

表 28.6 故障データと信頼度

順位	No.	観測値 (時間)	度数	$F(t)$ (%)
1	5	43	1	4.5
2	9	48	1	10.9
3	14	56	1	17.4
4, 5	6, 8	67	2	30.5
6	12	74	1	37.0
7	13	77	1	43.5
8	2	78	1	50.0
9	4	87	1	56.5
10	10	89	1	63.0
11	7	90	1	69.5
12	1	98	1	76.1
13	11	120	1	82.6
14	15	139	1	89.1
15	3	169	1	95.5

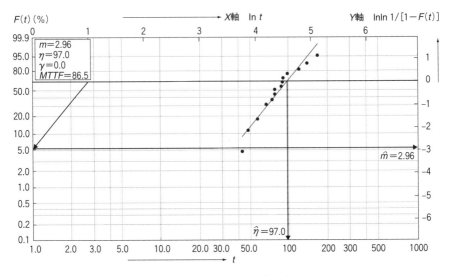

図 28.14　表 28.6 のワイブルプロット

以上から，$\gamma = 0$, $m = 2.96$, $\eta = 97.0$, $MTTF = 86.5$ を得ることができる．

28.4.3　信頼性に関する評価指標の計算例
① *MTTF*（平均故障時間）

例えば，5 回の故障の例の場合，それらの平均が *MTTF* である（図 28.15 を参照）．

28.4　信頼性データのまとめ方と解析

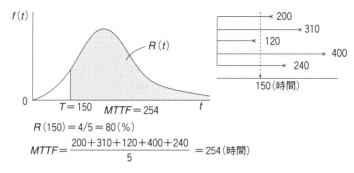

$R(150) = 4/5 = 80(\%)$

$MTTF = \dfrac{200+310+120+400+240}{5} = 254(時間)$

図 **28.15**　$MTTF$（平均故障時間）：故障回数 5 回の例

② B_{10} ライフ

全体の 10% が故障するまでの時間をいう（図 28.16 を参照）．

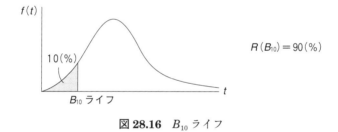

図 **28.16**　B_{10} ライフ

③ 修理系での故障率

修理系というのは故障したら修理して継続使用することをいう．

ある単位時間での故障の回数である．単位時間が"分，時，週，月"によって時間の単位は変わる（図 28.17 を参照）．

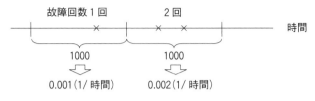

図 28.17 修理系での故障率

④ *MTBF*(平均故障間隔)

　修理系で故障間動作時間の期待値,すなわち平均時間である.この例では1 000 時間で3回の故障なので,平均故障間隔は"1000/3 = 333.3(時間) = *MTBF*"となる(図 28.18 を参照).

　なお,故障率は"3回/1 000 時間 = 3×10^{-3}(回/時間)"で,*MTBF* = $1/\lambda$ の関係がある.

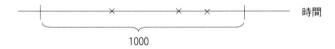

図 28.18 *MTBF*(平均故障間隔):1 000 時間で3回の故障の例

⑤ 非修理系での故障率(瞬間故障率)

　ある点の直前まで稼働していた製品が次の単位時間に故障する割合,すなわち,瞬間の故障率である.$\lambda(t) = \dfrac{f(t)}{R(t)}$ において,区間 $(t, t + \Delta t)$ での Δt だけ増加した平均故障率を観測している.一定時間における残存数 n 中の故障数 c の割合のことである(図 28.19 を参照).

28.4 信頼性データのまとめ方と解析

$$\lambda(t, t + \Delta t) = \frac{\frac{c}{n}}{\Delta t}$$

例えば，サンプルが t 時間経過時点で 10 個残っていて，そこから 720 時間経過して 1 個が故障したとすると，

$$\text{平均故障率} = \lambda(t, t + 720) = \frac{\frac{1}{10}}{720} = 0.000139 \text{ (1/hr)}$$

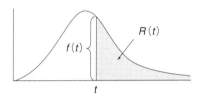

図 28.19 非修理系での故障率（瞬間故障率）

⑥ 事後保全の評価尺度としての保全度と MTTR（平均修復時間）との二つがある．なお，MTTR は修復に要する平均時間のことである（図 28.20 を参照）．保全度とは"アイテムの保全が与えられた条件において，規定の時間内に終了する確率"であり，図 28.20 の網掛部分である．

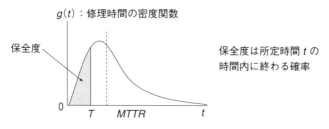

図 28.20 保全度と $MTTR$（平均修復時間）

⑦ アベイラビリティ

$MTBF = 900$ 時間，$MTTR = 100$ 時間であるので，アベイラビリティ A は $A = 900/(900 + 100) = 0.9$ である．この場合，$MTTR$ を 50 時間と半減すれば $A = 900/(900 + 50) = 0.947$ と 5％弱向上する．$MTBF$ の場合には倍の値にしなければならない．$MTTR$ を短縮するほうが有利ということになる（図 28.21 を参照）．

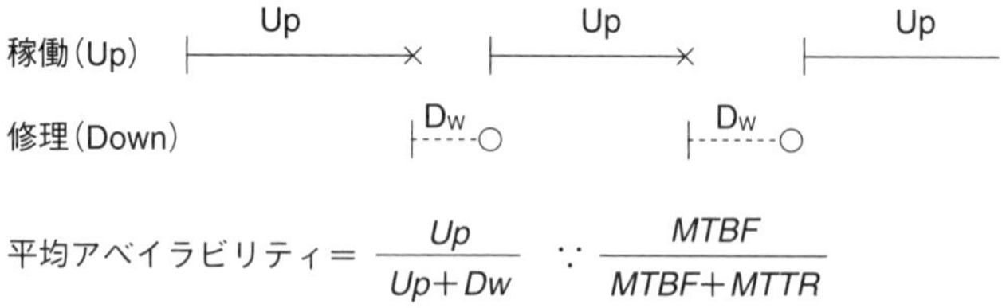

稼働(Up) ├── Up ──×├── Up ──×├── Up ──

修理(Down)   ├ Dw ─○   ├ Dw ─○

$$\text{平均アベイラビリティ} = \frac{Up}{Up+Dw} \quad \therefore \quad \frac{MTBF}{MTBF+MTTR}$$

図 28.21 アベイラビリティと $MTBF$，$MTTF$ との関係

例題 1 コピー機の修理の例である．コピー機の故障率が 1（％/h），$MTTR$ が 1～2（h）である．このとき，このコピー機のアベイラビリティはいくらか．

解答 1 $MTBF = \dfrac{1}{\lambda} = 100$ （h）

    $A = 100/(100 + 1) = 0.99$

    $A = 100/(100 + 2) = 0.98$

28.4 信頼性データのまとめ方と解析

⑧ 故障率から信頼度及び $MTTF$ を求める．

例題 1 故障率 $\lambda = 0.3(\%/10\text{h})$ の機器がある．
① 100 時間故障することなく使える確率はいくらになるか
② この機器を 5 個直列に使用していたら信頼度はどのようになる
③ この機器の $MTTF$ はいくらになるか

解答 1
① $\lambda = 0.3(\%/10\text{h}) = 0.03(\%/1\text{h})$, $T = 100(\text{h})$ なので，
  信頼度 $R(100) = e^{-0.0003 \times 100} = e^{-0.03} = 0.97$

となる．

② これを 5 個つなげると，信頼度 $[R(100)]^5 = (e^{-0.03})^5 = e^{-0.15} = 0.86$ である．

③ また，$MTTF = \dfrac{1}{\lambda} = \dfrac{1}{0.03(\%/h)} = 3333\ (\text{h})$ となる．

数　値　表

1. 正規分布表
   1.1 u から ε を求める表
   1.2 ε から u を求める表
   1.3 u から $\phi(u) = \dfrac{1}{\sqrt{2\pi}} e^{-u^2/2}$ を求める表
2. t 表
3. F 表
   F 表（2.5%）
   F 表（0.5%）
   F 表（5%）
   F 表（1%）
4. χ^2 表

数値表

正規分布表

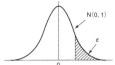

1.1 u から ε を求める表

u	*=0	1	2	3	4	5	6	7	8	9
0.0*	.5000	.4960	.4920	.4880	.4840	.4801	.4761	.4721	.4681	.4641
0.1*	.4602	.4562	.4522	.4483	.4443	.4404	.4364	.4325	.4286	.4247
0.2*	.4207	.4168	.4129	.4090	.4052	.4013	.3974	.3936	.3897	.3859
0.3*	.3821	.3783	.3745	.3707	.3669	.3632	.3594	.3557	.3520	.3483
0.4*	.3446	.3409	.3372	.3336	.3300	.3264	.3228	.3192	.3156	.3121
0.5*	.3085	.3050	.3015	.2981	.2946	.2912	.2877	.2843	.2810	.2776
0.6*	.2743	.2709	.2676	.2643	.2611	.2578	.2546	.2514	.2483	.2451
0.7*	.2420	.2389	.2358	.2327	.2296	.2266	.2236	.2206	.2177	.2148
0.8*	.2119	.2090	.2061	.2033	.2005	.1977	.1949	.1922	.1894	.1867
0.9*	.1841	.1814	.1788	.1762	.1736	.1711	.1685	.1660	.1635	.1611
1.0*	.1587	.1562	.1539	.1515	.1492	.1469	.1446	.1423	.1401	.1379
1.1*	.1357	.1335	.1314	.1292	.1271	.1251	.1230	.1210	.1190	.1170
1.2*	.1151	.1131	.1112	.1093	.1075	.1056	.1038	.1020	.1003	.0985
1.3*	.0968	.0951	.0934	.0918	.0901	.0885	.0869	.0853	.0838	.0823
1.4*	.0808	.0793	.0778	.0764	.0749	.0735	.0721	.0708	.0694	.0681
1.5*	.0668	.0655	.0643	.0630	.0618	.0606	.0594	.0582	.0571	.0559
1.6*	.0548	.0537	.0526	.0516	.0505	.0495	.0485	.0475	.0465	.0455
1.7*	.0446	.0436	.0427	.0418	.0409	.0401	.0392	.0384	.0375	.0367
1.8*	.0359	.0351	.0344	.0336	.0329	.0322	.0314	.0307	.0301	.0294
1.9*	.0287	.0281	.0274	.0268	.0262	.0256	.0250	.0244	.0239	.0233
2.0*	.0228	.0222	.0217	.0212	.0207	.0202	.0197	.0192	.0188	.0183
2.1*	.0179	.0174	.0170	.0166	.0162	.0158	.0154	.0150	.0146	.0143
2.2*	.0139	.0136	.0132	.0129	.0125	.0122	.0119	.0116	.0113	.0110
2.3*	.0107	.0104	.0102	.0099	.0096	.0094	.0091	.0089	.0087	.0084
2.4*	.0082	.0080	.0078	.0075	.0073	.0071	.0069	.0068	.0066	.0064
2.5*	.0062	.0060	.0059	.0057	.0055	.0054	.0052	.0051	.0049	.0048
2.6*	.0047	.0045	.0044	.0043	.0041	.0040	.0039	.0038	.0037	.0036
2.7*	.0035	.0034	.0033	.0032	.0031	.0030	.0029	.0028	.0027	.0026
2.8*	.0026	.0025	.0024	.0023	.0023	.0022	.0021	.0021	.0020	.0019
2.9*	.0019	.0018	.0018	.0017	.0016	.0016	.0015	.0015	.0014	.0014
3.0*	.0013	.0013	.0013	.0012	.0012	.0011	.0011	.0011	.0010	.0010

1.2 ε から u を求める表

ε	.001	.005	.010	.025	.05	.1	.2	.3	.4
u	3.090	2.576	2.326	1.960	1.645	1.282	.842	.524	.253

1.3 u から $\phi(u) = \dfrac{1}{\sqrt{2\pi}} e^{-u^2/2}$ を求める表

u	.0	.1	.2	.3	.4	.5	1.0	1.5	2.0	2.5	3.0
$\phi(u)$	.399	.397	.391	.381	.368	.352	.242	.1295	.054	.0175	.0044

例1 $u = 1.55$ に対する ε の値は上記1.1で "1.5*" の行と "*=5" の列の交わる箇所の値 ".0606" で与えられる.

例2 $\varepsilon = .05$ に対する u の値は上記1.2で "1.645" と与えられる.

例3 $u = 1.0$ に対する $\phi(u)$ の値は上記1.3で ".2420" と与えられる.

t 表

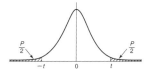

自由度 ϕ と両側確率 P とから t を求める表

ϕ \ P	0.50	0.40	0.30	0.20	0.10	**0.05**	0.02	**0.01**	0.001	P \ ϕ
1	1.000	1.376	1.963	3.078	6.314	**12.706**	31.821	**63.657**	636.619	1
2	0.816	1.061	1.386	1.886	2.920	**4.303**	6.965	**9.925**	31.599	2
3	0.765	0.978	1.250	1.638	2.353	**3.182**	4.541	**5.841**	12.924	3
4	0.741	0.941	1.190	1.533	2.132	**2.776**	3.747	**4.604**	8.610	4
5	0.727	0.920	1.156	1.476	2.015	**2.571**	3.365	**4.032**	6.869	5
6	0.718	0.906	1.134	1.440	1.943	**2.447**	3.143	**3.707**	5.959	6
7	0.711	0.896	1.119	1.415	1.895	**2.365**	2.998	**3.499**	5.408	7
8	0.706	0.889	1.108	1.397	1.860	**2.306**	2.896	**3.355**	5.041	8
9	0.703	0.883	1.100	1.383	1.833	**2.262**	2.821	**3.250**	4.781	9
10	0.700	0.879	1.093	1.372	1.812	**2.228**	2.764	**3.169**	4.587	10
11	0.697	0.876	1.088	1.363	1.796	**2.201**	2.718	**3.106**	4.437	11
12	0.695	0.873	1.083	1.356	1.782	**2.179**	2.681	**3.055**	4.318	12
13	0.694	0.870	1.079	1.350	1.771	**2.160**	2.650	**3.012**	4.221	13
14	0.692	0.868	1.076	1.345	1.761	**2.145**	2.624	**2.977**	4.140	14
15	0.691	0.866	1.074	1.341	1.753	**2.131**	2.602	**2.947**	4.073	15
16	0.690	0.865	1.071	1.337	1.746	**2.120**	2.583	**2.921**	4.015	16
17	0.689	0.863	1.069	1.333	1.740	**2.110**	2.567	**2.898**	3.965	17
18	0.688	0.862	1.067	1.330	1.734	**2.101**	2.552	**2.878**	3.922	18
19	0.688	0.861	1.066	1.328	1.729	**2.093**	2.539	**2.861**	3.883	19
20	0.687	0.860	1.064	1.325	1.725	**2.086**	2.528	**2.845**	3.850	20
21	0.686	0.859	1.063	1.323	1.721	**2.080**	2.518	**2.831**	3.819	21
22	0.686	0.858	1.061	1.321	1.717	**2.074**	2.508	**2.819**	3.792	22
23	0.685	0.858	1.060	1.319	1.714	**2.069**	2.500	**2.807**	3.768	23
24	0.685	0.857	1.059	1.318	1.711	**2.064**	2.492	**2.797**	3.745	24
25	0.684	0.856	1.058	1.316	1.708	**2.060**	2.485	**2.787**	3.725	25
26	0.684	0.856	1.058	1.315	1.706	**2.056**	2.479	**2.779**	3.707	26
27	0.684	0.855	1.057	1.314	1.703	**2.052**	2.473	**2.771**	3.690	27
28	0.683	0.855	1.056	1.313	1.701	**2.048**	2.467	**2.763**	3.674	28
29	0.683	0.854	1.055	1.311	1.699	**2.045**	2.462	**2.756**	3.659	29
30	0.683	0.854	1.055	1.310	1.697	**2.042**	2.457	**2.750**	3.646	30
40	0.681	0.851	1.050	1.303	1.684	**2.021**	2.423	**2.704**	3.551	40
60	0.679	0.848	1.046	1.296	1.671	**2.000**	2.390	**2.660**	3.460	60
120	0.677	0.845	1.041	1.289	1.658	**1.980**	2.358	**2.617**	3.373	120
∞	0.674	0.842	1.036	1.282	1.645	**1.960**	2.326	**2.576**	3.291	∞

例：$\phi = 10$ の両側 5% 点（$P = 0.05$）に対する t の値は 2.228 である。

F 表（2.5%）

$F(\phi_1, \phi_2; \alpha)$ $\alpha = 0.025$
$\phi_1 = $ 分子の自由度 $\phi_2 = $ 分母の自由度

ϕ_1 ϕ_2	1	2	3	4	5	6	7	8	9	10	12	15	20	24	30	40	60	120	∞	ϕ_1 ϕ_2
1	648.	800.	864.	900.	922.	937.	948.	957.	963.	969.	977.	985.	993.	997.	1001.	1006.	1010.	1014.	1018.	1
2	38.5	39.0	39.2	39.2	39.3	39.3	39.4	39.4	39.4	39.4	39.4	39.4	39.4	39.5	39.5	39.5	39.5	39.5	39.5	2
3	17.4	16.0	15.4	15.1	14.9	14.7	14.6	14.5	14.5	14.4	14.3	14.3	14.2	14.1	14.1	14.0	14.0	13.9	13.9	3
4	12.2	10.6	9.98	9.60	9.36	9.20	9.07	8.98	8.90	8.84	8.75	8.66	8.56	8.51	8.46	8.41	8.36	8.31	8.26	4
5	10.0	8.43	7.76	7.39	7.15	6.98	6.85	6.76	6.68	6.62	6.52	6.43	6.33	6.28	6.23	6.18	6.12	6.07	6.02	5
6	8.81	7.26	6.60	6.23	5.99	5.82	5.70	5.60	5.52	5.46	5.37	5.27	5.17	5.12	5.07	5.01	4.96	4.90	4.85	6
7	8.07	6.54	5.89	5.52	5.29	5.12	4.99	4.90	4.82	4.76	4.67	4.57	4.47	4.42	4.36	4.31	4.25	4.20	4.14	7
8	7.57	6.06	5.42	5.05	4.82	4.65	4.53	4.43	4.36	4.30	4.20	4.10	4.00	3.95	3.89	3.84	3.78	3.73	3.67	8
9	7.21	5.71	5.08	4.72	4.48	4.32	4.20	4.10	4.03	3.96	3.87	3.77	3.67	3.61	3.56	3.51	3.45	3.39	3.33	9
10	6.94	5.46	4.83	4.47	4.24	4.07	3.95	3.85	3.78	3.72	3.62	3.52	3.42	3.37	3.31	3.26	3.20	3.14	3.08	10
11	6.72	5.26	4.63	4.28	4.04	3.88	3.76	3.66	3.59	3.53	3.43	3.33	3.23	3.17	3.12	3.06	3.00	2.94	2.88	11
12	6.55	5.10	4.47	4.12	3.89	3.73	3.61	3.51	3.44	3.37	3.28	3.18	3.07	3.02	2.96	2.91	2.85	2.79	2.72	12
13	6.41	4.97	4.35	4.00	3.77	3.60	3.48	3.39	3.31	3.25	3.15	3.05	2.95	2.89	2.84	2.78	2.72	2.66	2.60	13
14	6.30	4.86	4.24	3.89	3.66	3.50	3.38	3.29	3.21	3.15	3.05	2.95	2.84	2.79	2.73	2.67	2.61	2.55	2.49	14
15	6.20	4.77	4.15	3.80	3.58	3.41	3.29	3.20	3.12	3.06	2.96	2.86	2.76	2.70	2.64	2.59	2.52	2.46	2.40	15
16	6.12	4.69	4.08	3.73	3.50	3.34	3.22	3.12	3.05	2.99	2.89	2.79	2.68	2.63	2.57	2.51	2.45	2.38	2.32	16
17	6.04	4.62	4.01	3.66	3.44	3.28	3.16	3.06	2.98	2.92	2.82	2.72	2.62	2.56	2.50	2.44	2.38	2.32	2.25	17
18	5.98	4.56	3.95	3.61	3.38	3.22	3.10	3.01	2.93	2.87	2.77	2.67	2.56	2.50	2.44	2.38	2.32	2.26	2.19	18
19	5.92	4.51	3.90	3.56	3.33	3.17	3.05	2.96	2.88	2.82	2.72	2.62	2.51	2.45	2.39	2.33	2.27	2.20	2.13	19
20	5.87	4.46	3.86	3.51	3.29	3.13	3.01	2.91	2.84	2.77	2.68	2.57	2.46	2.41	2.35	2.29	2.22	2.16	2.09	20
21	5.83	4.42	3.82	3.48	3.25	3.09	2.97	2.87	2.80	2.73	2.64	2.53	2.42	2.37	2.31	2.25	2.18	2.11	2.04	21
22	5.79	4.38	3.78	3.44	3.22	3.05	2.93	2.84	2.76	2.70	2.60	2.50	2.39	2.33	2.27	2.21	2.14	2.08	2.00	22
23	5.75	4.35	3.75	3.41	3.18	3.02	2.90	2.81	2.73	2.67	2.57	2.47	2.36	2.30	2.24	2.18	2.11	2.04	1.97	23
24	5.72	4.32	3.72	3.38	3.15	2.99	2.87	2.78	2.70	2.64	2.54	2.44	2.33	2.27	2.21	2.15	2.08	2.01	1.94	24
25	5.69	4.29	3.69	3.35	3.13	2.97	2.85	2.75	2.68	2.61	2.51	2.41	2.30	2.24	2.18	2.12	2.05	1.98	1.91	25
26	5.66	4.27	3.67	3.33	3.10	2.94	2.82	2.73	2.65	2.59	2.49	2.39	2.28	2.22	2.16	2.09	2.03	1.95	1.88	26
27	5.63	4.24	3.65	3.31	3.08	2.92	2.80	2.71	2.63	2.57	2.47	2.36	2.25	2.19	2.13	2.07	2.00	1.93	1.85	27
28	5.61	4.22	3.63	3.29	3.06	2.90	2.78	2.69	2.61	2.55	2.45	2.34	2.23	2.17	2.11	2.05	1.98	1.91	1.83	28
29	5.59	4.20	3.61	3.27	3.04	2.88	2.76	2.67	2.59	2.53	2.43	2.32	2.21	2.15	2.09	2.03	1.96	1.89	1.81	29
30	5.57	4.18	3.59	3.25	3.03	2.87	2.75	2.65	2.57	2.51	2.41	2.31	2.20	2.14	2.07	2.01	1.94	1.87	1.79	30
40	5.42	4.05	3.46	3.13	2.90	2.74	2.62	2.53	2.45	2.39	2.29	2.18	2.07	2.01	1.94	1.88	1.80	1.72	1.64	40
60	5.29	3.93	3.34	3.01	2.79	2.63	2.51	2.41	2.33	2.27	2.17	2.06	1.94	1.88	1.82	1.74	1.67	1.58	1.48	60
120	5.15	3.80	3.23	2.89	2.67	2.52	2.39	2.30	2.22	2.16	2.05	1.94	1.82	1.76	1.69	1.61	1.53	1.43	1.31	120
∞	5.02	3.69	3.12	2.79	2.57	2.41	2.29	2.19	2.11	2.05	1.94	1.83	1.71	1.64	1.57	1.48	1.39	1.27	1.00	∞
ϕ_2 ϕ_1	1	2	3	4	5	6	7	8	9	10	12	15	20	24	30	40	60	120	∞	ϕ_2 ϕ_1

例：$\phi_1 = 5$, $\phi_2 = 10$ の $F(\phi_1, \phi_2; 0.05)$ の値は，$\phi_1 = 5$ の列と $\phi_2 = 10$ の行の交わる点の値 4.24 で与えられる．

F 表（0.5%）

$F(\phi_1, \phi_2; \alpha)$　$\alpha = 0.005$
$\phi_1 = $ 分子の自由度　　$\phi_2 = $ 分母の自由度

ϕ_1 ϕ_2	1	2	3	4	5	6	7	8	9	10	12	15	20	24	30	40	60	120	∞	ϕ_1 ϕ_2
1																				1
2	199.	199.	199.	199.	199.	199.	199.	199.	199.	199.	199.	199.	199.	199.	199.	199.	199.	199.	200.	2
3	55.6	49.8	47.5	46.2	45.4	44.8	44.4	44.1	43.9	43.7	43.4	43.1	42.8	42.6	42.5	42.3	42.1	42.0	41.8	3
4	31.3	26.3	24.3	23.2	22.5	22.0	21.6	21.4	21.1	21.0	20.7	20.4	20.2	20.0	19.9	19.8	19.6	19.5	19.3	4
5	22.8	18.3	16.5	15.6	14.9	14.5	14.2	14.0	13.8	13.6	13.4	13.1	12.9	12.8	12.7	12.5	12.4	12.3	12.1	5
6	18.6	14.5	12.9	12.0	11.5	11.1	10.8	10.6	10.4	10.3	10.0	9.81	9.59	9.47	9.36	9.24	9.12	9.00	8.88	6
7	16.2	12.4	10.9	10.1	9.52	9.16	8.89	8.68	8.51	8.38	8.18	7.97	7.75	7.64	7.53	7.42	7.31	7.19	7.08	7
8	14.7	11.0	9.60	8.81	8.30	7.95	7.69	7.50	7.34	7.21	7.01	6.81	6.61	6.50	6.40	6.29	6.18	6.06	5.95	8
9	13.6	10.1	8.72	7.96	7.47	7.13	6.88	6.69	6.54	6.42	6.23	6.03	5.83	5.73	5.62	5.52	5.41	5.30	5.19	9
10	12.8	9.43	8.08	7.34	6.87	6.54	6.30	6.12	5.97	5.85	5.66	5.47	5.27	5.17	5.07	4.97	4.86	4.75	4.64	10
11	12.2	8.91	7.60	6.88	6.42	6.10	5.86	5.68	5.54	5.42	5.24	5.05	4.86	4.76	4.65	4.55	4.44	4.34	4.23	11
12	11.8	8.51	7.23	6.52	6.07	5.76	5.52	5.35	5.20	5.09	4.91	4.72	4.53	4.43	4.33	4.23	4.12	4.01	3.90	12
13	11.4	8.19	6.93	6.23	5.79	5.48	5.25	5.08	4.94	4.82	4.64	4.46	4.27	4.17	4.07	3.97	3.87	3.76	3.65	13
14	11.1	7.92	6.68	6.00	5.56	5.26	5.03	4.86	4.72	4.60	4.43	4.25	4.06	3.96	3.86	3.76	3.66	3.55	3.44	14
15	10.8	7.70	6.48	5.80	5.37	5.07	4.85	4.67	4.54	4.42	4.25	4.07	3.88	3.79	3.69	3.58	3.48	3.37	3.26	15
16	10.6	7.51	6.30	5.64	5.21	4.91	4.69	4.52	4.38	4.27	4.10	3.92	3.73	3.64	3.54	3.44	3.33	3.22	3.11	16
17	10.4	7.35	6.16	5.50	5.07	4.78	4.56	4.39	4.25	4.14	3.97	3.79	3.61	3.51	3.41	3.31	3.21	3.10	2.98	17
18	10.2	7.21	6.03	5.37	4.96	4.66	4.44	4.28	4.14	4.03	3.86	3.68	3.50	3.40	3.30	3.20	3.10	2.99	2.87	18
19	10.1	7.09	5.92	5.27	4.85	4.56	4.34	4.18	4.04	3.93	3.76	3.59	3.40	3.31	3.21	3.11	3.00	2.89	2.78	19
20	9.94	6.99	5.82	5.17	4.76	4.47	4.26	4.09	3.96	3.85	3.68	3.50	3.32	3.22	3.12	3.02	2.92	2.81	2.69	20
21	9.83	6.89	5.73	5.09	4.68	4.39	4.18	4.01	3.88	3.77	3.60	3.43	3.24	3.15	3.05	2.95	2.84	2.73	2.61	21
22	9.73	6.81	5.65	5.02	4.61	4.32	4.11	3.94	3.81	3.70	3.54	3.36	3.18	3.08	2.98	2.88	2.77	2.66	2.55	22
23	9.63	6.73	5.58	4.95	4.54	4.26	4.05	3.88	3.75	3.64	3.47	3.30	3.12	3.02	2.92	2.82	2.71	2.60	2.48	23
24	9.55	6.66	5.52	4.89	4.49	4.20	3.99	3.83	3.69	3.59	3.42	3.25	3.06	2.97	2.87	2.77	2.66	2.55	2.43	24
25	9.48	6.60	5.46	4.84	4.43	4.15	3.94	3.78	3.64	3.54	3.37	3.20	3.01	2.92	2.82	2.72	2.61	2.50	2.38	25
26	9.41	6.54	5.41	4.79	4.38	4.10	3.89	3.73	3.60	3.49	3.33	3.15	2.97	2.87	2.77	2.67	2.56	2.45	2.33	26
27	9.34	6.49	5.36	4.74	4.34	4.06	3.85	3.69	3.56	3.45	3.28	3.11	2.93	2.83	2.73	2.63	2.52	2.41	2.29	27
28	9.28	6.44	5.32	4.70	4.30	4.02	3.81	3.65	3.52	3.41	3.25	3.07	2.89	2.79	2.69	2.59	2.48	2.37	2.25	28
29	9.23	6.40	5.28	4.66	4.26	3.98	3.77	3.61	3.48	3.38	3.21	3.04	2.86	2.76	2.66	2.56	2.45	2.33	2.21	29
30	9.18	6.35	5.24	4.62	4.23	3.95	3.74	3.58	3.45	3.34	3.18	3.01	2.82	2.73	2.63	2.52	2.42	2.30	2.18	30
40	8.83	6.07	4.98	4.37	3.99	3.71	3.51	3.35	3.22	3.12	2.95	2.78	2.60	2.50	2.40	2.30	2.18	2.06	1.93	40
60	8.49	5.79	4.73	4.14	3.76	3.49	3.29	3.13	3.01	2.90	2.74	2.57	2.39	2.29	2.19	2.08	1.96	1.83	1.69	60
120	8.18	5.54	4.50	3.92	3.55	3.28	3.09	2.93	2.81	2.71	2.54	2.37	2.19	2.09	1.98	1.87	1.75	1.61	1.43	120
∞	7.88	5.30	4.28	3.72	3.35	3.09	2.90	2.74	2.62	2.52	2.36	2.19	2.00	1.90	1.79	1.67	1.53	1.36	1.00	∞
ϕ_2 ϕ_1	1	2	3	4	5	6	7	8	9	10	12	15	20	24	30	40	60	120	∞	ϕ_2 ϕ_1

例：$\phi_1 = 5$, $\phi_2 = 10$ の $F(\phi_1, \phi_2; 0.05)$ の値は，$\phi_1 = 5$ の列と $\phi_2 = 10$ の行の交わる点の値 6.87 で与えられる．

F 表（5%，1%）

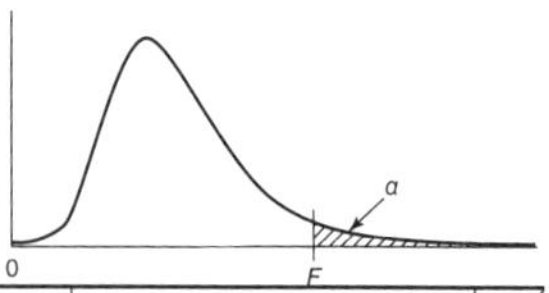

$F(\phi_1,\ \phi_2;\ \alpha)$　$\alpha = 0.05$（細字）　$\alpha =$ **0.01**（**太字**）

ϕ_1＝分子の自由度　　ϕ_2＝分母の自由度

ϕ_2 \ ϕ_1	1	2	3	4	5	6	7	8	9	10	12	15	20	24	30	40	60	120	∞	ϕ_1 / ϕ_2
1	161.	200.	216.	225.	230.	234.	237.	239.	241.	242.	244.	246.	248.	249.	250.	251.	252.	253.	254.	1
	4052.	**5000.**	**5403.**	**5625.**	**5764.**	**5859.**	**5928.**	**5981.**	**6022.**	**6056.**	**6106.**	**6157.**	**6209.**	**6235.**	**6261.**	**6287.**	**6313.**	**6339.**	**6366.**	
2	18.5	19.0	19.2	19.2	19.3	19.3	19.4	19.4	19.4	19.4	19.4	19.4	19.4	19.5	19.5	19.5	19.5	19.5	19.5	2
	98.5	**99.0**	**99.2**	**99.2**	**99.3**	**99.3**	**99.4**	**99.4**	**99.4**	**99.4**	**99.4**	**99.4**	**99.4**	**99.5**	**99.5**	**99.5**	**99.5**	**99.5**	**99.5**	
3	10.1	9.55	9.28	9.12	9.01	8.94	8.89	8.85	8.81	8.79	8.74	8.70	8.66	8.64	8.62	8.59	8.57	8.55	8.53	3
	34.1	**30.8**	**29.5**	**28.7**	**28.2**	**27.9**	**27.7**	**27.5**	**27.3**	**27.2**	**27.1**	**26.9**	**26.7**	**26.6**	**26.5**	**26.4**	**26.3**	**26.2**	**26.1**	
4	7.71	6.94	6.59	6.39	6.26	6.16	6.09	6.04	6.00	5.96	5.91	5.86	5.80	5.77	5.75	5.72	5.69	5.66	5.63	4
	21.2	**18.0**	**16.7**	**16.0**	**15.5**	**15.2**	**15.0**	**14.8**	**14.7**	**14.5**	**14.4**	**14.2**	**14.0**	**13.9**	**13.8**	**13.7**	**13.7**	**13.6**	**13.5**	
5	6.61	5.79	5.41	5.19	5.05	4.95	4.88	4.82	4.77	4.74	4.68	4.62	4.56	4.53	4.50	4.46	4.43	4.40	4.36	5
	16.3	**13.3**	**12.1**	**11.4**	**11.0**	**10.7**	**10.5**	**10.3**	**10.2**	**10.1**	**9.89**	**9.72**	**9.55**	**9.47**	**9.38**	**9.29**	**9.20**	**9.11**	**9.02**	
6	5.99	5.14	4.76	4.53	4.39	4.28	4.21	4.15	4.10	4.06	4.00	3.94	3.87	3.84	3.81	3.77	3.74	3.70	3.67	6
	13.7	**10.9**	**9.78**	**9.15**	**8.75**	**8.47**	**8.26**	**8.10**	**7.98**	**7.87**	**7.72**	**7.56**	**7.40**	**7.31**	**7.23**	**7.14**	**7.06**	**6.97**	**6.88**	
7	5.59	4.74	4.35	4.12	3.97	3.87	3.79	3.73	3.68	3.64	3.57	3.51	3.44	3.41	3.38	3.34	3.30	3.27	3.23	7
	12.2	**9.55**	**8.45**	**7.85**	**7.46**	**7.19**	**6.99**	**6.84**	**6.72**	**6.62**	**6.47**	**6.31**	**6.16**	**6.07**	**5.99**	**5.91**	**5.82**	**5.74**	**5.65**	
8	5.32	4.46	4.07	3.84	3.69	3.58	3.50	3.44	3.39	3.35	3.28	3.22	3.15	3.12	3.08	3.04	3.01	2.97	2.93	8
	11.3	**8.65**	**7.59**	**7.01**	**6.63**	**6.37**	**6.18**	**6.03**	**5.91**	**5.81**	**5.67**	**5.52**	**5.36**	**5.28**	**5.20**	**5.12**	**5.03**	**4.95**	**4.86**	
9	5.12	4.26	3.86	3.63	3.48	3.37	3.29	3.23	3.18	3.14	3.07	3.01	2.94	2.90	2.86	2.83	2.79	2.75	2.71	9
	10.6	**8.02**	**6.99**	**6.42**	**6.06**	**5.80**	**5.61**	**5.47**	**5.35**	**5.26**	**5.11**	**4.96**	**4.81**	**4.73**	**4.65**	**4.57**	**4.48**	**4.40**	**4.31**	
10	4.96	4.10	3.71	3.48	3.33	3.22	3.14	3.07	3.02	2.98	2.91	2.85	2.77	2.74	2.70	2.66	2.62	2.58	2.54	10
	10.0	**7.56**	**6.55**	**5.99**	**5.64**	**5.39**	**5.20**	**5.06**	**4.94**	**4.85**	**4.71**	**4.56**	**4.41**	**4.33**	**4.25**	**4.17**	**4.08**	**4.00**	**3.91**	
11	4.84	3.98	3.59	3.36	3.20	3.09	3.01	2.95	2.90	2.85	2.79	2.72	2.65	2.61	2.57	2.53	2.49	2.45	2.40	11
	9.65	**7.21**	**6.22**	**5.67**	**5.32**	**5.07**	**4.89**	**4.74**	**4.63**	**4.54**	**4.40**	**4.25**	**4.10**	**4.02**	**3.94**	**3.86**	**3.78**	**3.69**	**3.60**	
12	4.75	3.89	3.49	3.26	3.11	3.00	2.91	2.85	2.80	2.75	2.69	2.62	2.54	2.51	2.47	2.43	2.38	2.34	2.30	12
	9.33	**6.93**	**5.95**	**5.41**	**5.06**	**4.82**	**4.64**	**4.50**	**4.39**	**4.30**	**4.16**	**4.01**	**3.86**	**3.78**	**3.70**	**3.62**	**3.54**	**3.45**	**3.36**	
13	4.67	3.81	3.41	3.18	3.03	2.92	2.83	2.77	2.71	2.67	2.60	2.53	2.46	2.42	2.38	2.34	2.30	2.25	2.21	13
	9.07	**6.70**	**5.74**	**5.21**	**4.86**	**4.62**	**4.44**	**4.30**	**4.19**	**4.10**	**3.96**	**3.82**	**3.66**	**3.59**	**3.51**	**3.43**	**3.34**	**3.25**	**3.17**	
14	4.60	3.74	3.34	3.11	2.96	2.85	2.76	2.70	2.65	2.60	2.53	2.46	2.39	2.35	2.31	2.27	2.22	2.18	2.13	14
	8.86	**6.51**	**5.56**	**5.04**	**4.69**	**4.46**	**4.28**	**4.14**	**4.03**	**3.94**	**3.80**	**3.66**	**3.51**	**3.43**	**3.35**	**3.27**	**3.18**	**3.09**	**3.00**	
15	4.54	3.68	3.29	3.06	2.90	2.79	2.71	2.64	2.59	2.54	2.48	2.40	2.33	2.29	2.25	2.20	2.16	2.11	2.07	15
	8.68	**6.36**	**5.42**	**4.89**	**4.56**	**4.32**	**4.14**	**4.00**	**3.89**	**3.80**	**3.67**	**3.52**	**3.37**	**3.29**	**3.21**	**3.13**	**3.05**	**2.96**	**2.87**	
16	4.49	3.63	3.24	3.01	2.85	2.74	2.66	2.59	2.54	2.49	2.42	2.35	2.28	2.24	2.19	2.15	2.11	2.06	2.01	16
	8.53	**6.23**	**5.29**	**4.77**	**4.44**	**4.20**	**4.03**	**3.89**	**3.78**	**3.69**	**3.55**	**3.41**	**3.26**	**3.18**	**3.10**	**3.02**	**2.93**	**2.84**	**2.75**	
17	4.45	3.59	3.20	2.96	2.81	2.70	2.61	2.55	2.49	2.45	2.38	2.31	2.23	2.19	2.15	2.10	2.06	2.01	1.96	17
	8.40	**6.11**	**5.18**	**4.67**	**4.34**	**4.10**	**3.93**	**3.79**	**3.68**	**3.59**	**3.46**	**3.31**	**3.16**	**3.08**	**3.00**	**2.92**	**2.83**	**2.75**	**2.65**	
18	4.41	3.55	3.16	2.93	2.77	2.66	2.58	2.51	2.46	2.41	2.34	2.27	2.19	2.15	2.11	2.06	2.02	1.97	1.92	18
	8.29	**6.01**	**5.09**	**4.58**	**4.25**	**4.01**	**3.84**	**3.71**	**3.60**	**3.51**	**3.37**	**3.23**	**3.08**	**3.00**	**2.92**	**2.84**	**2.75**	**2.66**	**2.57**	
19	4.38	3.52	3.13	2.90	2.74	2.63	2.54	2.48	2.42	2.38	2.31	2.23	2.16	2.11	2.07	2.03	1.98	1.93	1.88	19
	8.18	**5.93**	**5.01**	**4.50**	**4.17**	**3.94**	**3.77**	**3.63**	**3.52**	**3.43**	**3.30**	**3.15**	**3.00**	**2.92**	**2.84**	**2.76**	**2.67**	**2.58**	**2.49**	
20	4.35	3.49	3.10	2.87	2.71	2.60	2.51	2.45	2.39	2.35	2.28	2.20	2.12	2.08	2.04	1.99	1.95	1.90	1.84	20
	8.10	**5.85**	**4.94**	**4.43**	**4.10**	**3.87**	**3.70**	**3.56**	**3.46**	**3.37**	**3.23**	**3.09**	**2.94**	**2.86**	**2.78**	**2.69**	**2.61**	**2.52**	**2.42**	
21	4.32	3.47	3.07	2.84	2.68	2.57	2.49	2.42	2.37	2.32	2.25	2.18	2.10	2.05	2.01	1.96	1.92	1.87	1.81	21
	8.02	**5.78**	**4.87**	**4.37**	**4.04**	**3.81**	**3.64**	**3.51**	**3.40**	**3.31**	**3.17**	**3.03**	**2.88**	**2.80**	**2.72**	**2.64**	**2.55**	**2.46**	**2.36**	
22	4.30	3.44	3.05	2.82	2.66	2.55	2.46	2.40	2.34	2.30	2.23	2.15	2.07	2.03	1.98	1.94	1.89	1.84	1.78	22
	7.95	**5.72**	**4.82**	**4.31**	**3.99**	**3.76**	**3.59**	**3.45**	**3.35**	**3.26**	**3.12**	**2.98**	**2.83**	**2.75**	**2.67**	**2.58**	**2.50**	**2.40**	**2.31**	
23	4.28	3.42	3.03	2.80	2.64	2.53	2.44	2.37	2.32	2.27	2.20	2.13	2.05	2.01	1.96	1.91	1.86	1.81	1.76	23
	7.88	**5.66**	**4.76**	**4.26**	**3.94**	**3.71**	**3.54**	**3.41**	**3.30**	**3.21**	**3.07**	**2.93**	**2.78**	**2.70**	**2.62**	**2.54**	**2.45**	**2.35**	**2.26**	
24	4.26	3.40	3.01	2.78	2.62	2.51	2.42	2.36	2.30	2.25	2.18	2.11	2.03	1.98	1.94	1.89	1.84	1.79	1.73	24
	7.82	**5.61**	**4.72**	**4.22**	**3.90**	**3.67**	**3.50**	**3.36**	**3.26**	**3.17**	**3.03**	**2.89**	**2.74**	**2.66**	**2.58**	**2.49**	**2.40**	**2.31**	**2.21**	
25	4.24	3.39	2.99	2.76	2.60	2.49	2.40	2.34	2.28	2.24	2.16	2.09	2.01	1.96	1.92	1.87	1.82	1.77	1.71	25
	7.77	**5.57**	**4.68**	**4.18**	**3.85**	**3.63**	**3.46**	**3.32**	**3.22**	**3.13**	**2.99**	**2.85**	**2.70**	**2.62**	**2.54**	**2.45**	**2.36**	**2.27**	**2.17**	
26	4.23	3.37	2.98	2.74	2.59	2.47	2.39	2.32	2.27	2.22	2.15	2.07	1.99	1.95	1.90	1.85	1.80	1.75	1.69	26
	7.72	**5.53**	**4.64**	**4.14**	**3.82**	**3.59**	**3.42**	**3.29**	**3.18**	**3.09**	**2.96**	**2.81**	**2.66**	**2.58**	**2.50**	**2.42**	**2.33**	**2.23**	**2.13**	
27	4.21	3.35	2.96	2.73	2.57	2.46	2.37	2.31	2.25	2.20	2.13	2.06	1.97	1.93	1.88	1.84	1.79	1.73	1.67	27
	7.68	**5.49**	**4.60**	**4.11**	**3.78**	**3.56**	**3.39**	**3.26**	**3.15**	**3.06**	**2.93**	**2.78**	**2.63**	**2.55**	**2.47**	**2.38**	**2.29**	**2.20**	**2.10**	
28	4.20	3.34	2.95	2.71	2.56	2.45	2.36	2.29	2.24	2.19	2.12	2.04	1.96	1.91	1.87	1.82	1.77	1.71	1.65	28
	7.64	**5.45**	**4.57**	**4.07**	**3.75**	**3.53**	**3.36**	**3.23**	**3.12**	**3.03**	**2.90**	**2.75**	**2.60**	**2.52**	**2.44**	**2.35**	**2.26**	**2.17**	**2.06**	
29	4.18	3.33	2.93	2.70	2.55	2.43	2.35	2.28	2.22	2.18	2.10	2.03	1.94	1.90	1.85	1.81	1.75	1.70	1.64	29
	7.60	**5.42**	**4.54**	**4.04**	**3.73**	**3.50**	**3.33**	**3.20**	**3.09**	**3.00**	**2.87**	**2.73**	**2.57**	**2.49**	**2.41**	**2.33**	**2.23**	**2.14**	**2.03**	
30	4.17	3.32	2.92	2.69	2.53	2.42	2.33	2.27	2.21	2.16	2.09	2.01	1.93	1.89	1.84	1.79	1.74	1.68	1.62	30
	7.56	**5.39**	**4.51**	**4.02**	**3.70**	**3.47**	**3.30**	**3.17**	**3.07**	**2.98**	**2.84**	**2.70**	**2.55**	**2.47**	**2.39**	**2.30**	**2.21**	**2.11**	**2.01**	
40	4.08	3.23	2.84	2.61	2.45	2.34	2.25	2.18	2.12	2.08	2.00	1.92	1.84	1.79	1.74	1.69	1.64	1.58	1.51	40
	7.31	**5.18**	**4.31**	**3.83**	**3.51**	**3.29**	**3.12**	**2.99**	**2.89**	**2.80**	**2.66**	**2.52**	**2.37**	**2.29**	**2.20**	**2.11**	**2.02**	**1.92**	**1.80**	
60	4.00	3.15	2.76	2.53	2.37	2.25	2.17	2.10	2.04	1.99	1.92	1.84	1.75	1.70	1.65	1.59	1.53	1.47	1.39	60
	7.08	**4.98**	**4.13**	**3.65**	**3.34**	**3.12**	**2.95**	**2.82**	**2.72**	**2.63**	**2.50**	**2.35**	**2.20**	**2.12**	**2.03**	**1.94**	**1.84**	**1.73**	**1.60**	
120	3.92	3.07	2.68	2.45	2.29	2.18	2.09	2.02	1.96	1.91	1.83	1.75	1.66	1.61	1.55	1.50	1.43	1.35	1.25	120
	6.85	**4.79**	**3.95**	**3.48**	**3.17**	**2.96**	**2.79**	**2.66**	**2.56**	**2.47**	**2.34**	**2.19**	**2.03**	**1.95**	**1.86**	**1.76**	**1.66**	**1.53**	**1.38**	
∞	3.84	3.00	2.60	2.37	2.21	2.10	2.01	1.94	1.88	1.83	1.75	1.67	1.57	1.52	1.46	1.39	1.32	1.22	1.00	∞
	6.63	**4.61**	**3.78**	**3.32**	**3.02**	**2.80**	**2.64**	**2.51**	**2.41**	**2.32**	**2.18**	**2.04**	**1.88**	**1.79**	**1.70**	**1.59**	**1.47**	**1.32**	**1.00**	
ϕ_2 / ϕ_1	1	2	3	4	5	6	7	8	9	10	12	15	20	24	30	40	60	120	∞	ϕ_2 \ ϕ_1

例：$\phi_1 = 5$, $\phi_2 = 10$ の $F(\phi_1, \phi_2; 0.05)$ の値は，$\phi_1 = 5$ の列と $\phi_2 = 10$ の行の交わる点の上段の値（細字）3.33 で与えられる。

注：$\phi > 30$ で，表にない F の値を求める場合には，$120/\phi$ を用いる 1 次補間により求める。

χ^2 表

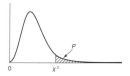

自由度 ϕ と上側確率 P とから χ^2 を求める表

ϕ \ P	.995	.99	.975	.95	.90	.75	.50	.25	.10	**.05**	.025	**.01**	.005	ϕ
1	0.0^4393	0.0^3157	0.0^3982	0.0^2393	0.0158	0.102	0.455	1.323	2.71	**3.84**	5.02	**6.63**	7.88	1
2	0.0100	0.0201	0.0506	0.103	0.211	0.575	1.386	2.77	4.61	**5.99**	7.38	**9.21**	10.60	2
3	0.0717	0.115	0.216	0.325	0.584	1.213	2.37	4.11	6.25	**7.81**	9.35	**11.34**	12.84	3
4	0.207	0.297	0.484	0.711	1.064	1.923	3.36	5.39	7.78	**9.49**	11.14	**13.28**	14.86	4
5	0.412	0.544	0.831	1.145	1.610	2.67	4.35	6.63	9.24	**11.07**	12.83	**15.09**	16.75	5
6	0.676	0.872	1.237	1.635	2.20	3.45	5.35	7.84	10.64	**12.59**	14.45	**16.81**	18.55	6
7	0.989	1.239	1.690	2.17	2.83	4.25	6.35	9.04	12.02	**14.07**	16.01	**18.48**	20.3	7
8	1.344	1.646	2.18	2.73	3.49	5.07	7.34	10.22	13.36	**15.51**	17.53	**20.1**	22.0	8
9	1.735	2.09	2.70	3.33	4.17	5.90	8.34	11.39	14.68	**16.92**	19.02	**21.7**	23.6	9
10	2.16	2.56	3.25	3.94	4.87	6.74	9.34	12.55	15.99	**18.31**	20.5	**23.2**	25.2	10
11	2.60	3.05	3.82	4.57	5.58	7.58	10.34	13.70	17.28	**19.68**	21.9	**24.7**	26.8	11
12	3.07	3.57	4.40	5.23	6.30	8.44	11.34	14.85	18.55	**21.0**	23.3	**26.2**	28.3	12
13	3.57	4.11	5.01	5.89	7.04	9.30	12.34	15.98	19.81	**22.4**	24.7	**27.7**	29.8	13
14	4.07	4.66	5.63	6.57	7.79	10.17	13.34	17.12	21.1	**23.7**	26.1	**29.1**	31.3	14
15	4.60	5.23	6.26	7.26	8.55	11.04	14.34	18.25	22.3	**25.0**	27.5	**30.6**	32.8	15
16	5.14	5.81	6.91	7.96	9.31	11.91	15.34	19.37	23.5	**26.3**	28.8	**32.0**	34.3	16
17	5.70	6.41	7.56	8.67	10.09	12.79	16.34	20.5	24.8	**27.6**	30.2	**33.4**	35.7	17
18	6.26	7.01	8.23	9.39	10.86	13.68	17.34	21.6	26.0	**28.9**	31.5	**34.8**	37.2	18
19	6.84	7.63	8.91	10.12	11.65	14.56	18.34	22.7	27.2	**30.1**	32.9	**36.2**	38.6	19
20	7.43	8.26	9.59	10.85	12.44	15.45	19.34	23.8	28.4	**31.4**	34.2	**37.6**	40.0	20
21	8.03	8.90	10.28	11.59	13.24	16.34	20.3	24.9	29.6	**32.7**	35.5	**38.9**	41.4	21
22	8.64	9.54	10.98	12.34	14.04	17.24	21.3	26.0	30.8	**33.9**	36.8	**40.3**	42.8	22
23	9.26	10.20	11.69	13.09	14.85	18.14	22.3	27.1	32.0	**35.2**	38.1	**41.6**	44.2	23
24	9.89	10.86	12.40	13.85	15.66	19.04	23.3	28.2	33.2	**36.4**	39.4	**43.0**	45.6	24
25	10.52	11.52	13.12	14.61	16.47	19.94	24.3	29.3	34.4	**37.7**	40.6	**44.3**	46.9	25
26	11.16	12.20	13.84	15.38	17.29	20.8	25.3	30.4	35.6	**38.9**	41.9	**45.6**	48.3	26
27	11.81	12.88	14.57	16.15	18.11	21.7	26.3	31.5	36.7	**40.1**	43.2	**47.0**	49.6	27
28	12.46	13.56	15.31	16.93	18.94	22.7	27.3	32.6	37.9	**41.3**	44.5	**48.3**	51.0	28
29	13.12	14.26	16.05	17.71	19.77	23.6	28.3	33.7	39.1	**42.6**	45.7	**49.6**	52.3	29
30	13.79	14.95	16.79	18.49	20.6	24.5	29.3	34.8	40.3	**43.8**	47.0	**50.9**	53.7	30
40	20.7	22.2	24.4	26.5	29.1	33.7	39.3	45.6	51.8	**55.8**	59.3	**63.7**	66.8	40
50	28.0	29.7	32.4	34.8	37.7	42.9	49.3	56.3	63.2	**67.5**	71.4	**76.2**	79.5	50
60	35.5	37.5	40.5	43.2	46.5	52.3	59.3	67.0	74.4	**79.1**	83.3	**88.4**	92.0	60
70	43.3	45.4	48.8	51.7	55.3	61.7	69.3	77.6	85.5	**90.5**	95.0	**100.4**	104.2	70
80	51.2	53.5	57.2	60.4	64.3	71.1	79.3	88.1	96.6	**101.9**	106.6	**112.3**	116.3	80
90	59.2	61.8	65.6	69.1	73.3	80.6	89.3	98.6	107.6	**113.1**	118.1	**124.1**	128.3	90
100	67.3	70.1	74.2	77.9	82.4	90.1	99.3	109.1	118.5	**124.3**	129.6	**135.8**	140.2	100

付　録

品質管理検定（QC 検定）の概要

品質管理検定（QC 検定）の概要

1. 品質管理検定（QC 検定）とは

品質管理検定（QC 検定／ https://www.jsa.or.jp/qc/）は，品質管理に関する知識の客観的評価を目的とした制度として，2005 年に日本品質管理学会の認定を受けて，日本規格協会が創設（2006 年より主催が日本規格協会及び日本科学技術連盟となる）したものです．

本検定では，組織（企業）で働く人に求められる品質管理の"能力"を四つのレベルに分類（1～4級）し，各レベルの能力を発揮するために必要な品質管理の"知識"を筆記試験により客観的に評価します．

本検定の目的（図1）は，制度を普及させることで，個人の QC 意識の向上，組織の QC レベルの向上，製品・サービスの品質向上を図り，産業界全体のものづくり・サービスづくりの質の底上げに資すること，すなわち QC 知識・能力を継続的に向上させる産業基盤となることです．日本品質管理学会（認定）や日本統計学会（2010 年度統計教育賞受賞）などの外部からも高い評価を受けており，社会貢献度の高い事業としても認識されています．

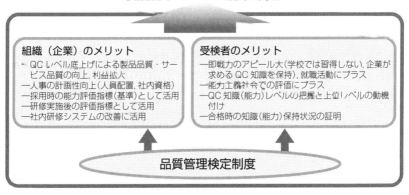

図1　品質管理検定制度の目的と組織（企業）・受検者のメリット

2. QC 検定の内容

＜各級で認定する知識と能力のレベル並びに対象となる人材像＞

区分	認定する知識と能力のレベル	対象となる人材像
1級・準1級	組織内で発生するさまざまな問題に対して，品質管理の側面からどのようにすれば解決や改善ができるかを把握しており，それらを自分で主導していくことが期待されるレベルです．また，自分自身で解決できないようなかなり専門的な問題については，少なくともどのような手法を使えばよいのかという解決に向けた筋道を立てることができる力を有しているようなレベルです． 組織内で品質管理活動のリーダーとなる可能性のある人に最低限要求される知識を有し，その活用の仕方を理解しているレベルです．	・部門横断の品質問題解決をリードできるスタッフ ・品質問題解決の指導的立場の品質技術者
2級	一般的な職場で発生する品質に関係した問題の多くをQC七つ道具及び新QC七つ道具を含む統計的な手法も活用して，自らが中心となって解決や改善をしていくことができ，品質管理の実践についても，十分理解し，適切な活動ができるレベルです． 基本的な管理・改善活動を自立的に実施できるレベルです．	・自部門の品質問題解決をリードできるスタッフ ・品質にかかわる部署の管理職・スタッフ《品質管理，品質保証，研究・開発，生産，技術》
3級	QC七つ道具については，作り方・使い方をほぼ理解しており，改善の進め方の支援・指導を受ければ，職場において発生する問題をQC的問題解決法により，解決していくことができ，品質管理の実践についても，知識としては理解しているレベルです． 基本的な管理・改善活動を必要に応じて支援を受けながら実施できるレベルです．	・業種・業態にかかわらず自分たちの職場の問題解決を行う全社員《事務，営業，サービス，生産，技術を含むすべて》 ・品質管理を学ぶ大学生・高専生・高校生
4級	組織で仕事をするにあたって，品質管理の基本を含めて企業活動の基本常識を理解しており，企業等で行われている改善活動も言葉としては理解できるレベルです． 社会人として最低限知っておいてほしい仕事の進め方や品質管理に関する用語の知識は有しているというレベルです．	・初めて品質管理を学ぶ人 ・新入社員 ・社員外従業員 ・初めて品質管理を学ぶ大学生・高専生・高校生

品質管理検定レベル表（Ver.20150130.2）より

各級の試験方法・試験時間・受検料等の＜試験要項＞及び＜合格基準＞は，QC検定センターのウェブサイトをご確認ください．

3. 各級の出題範囲

各級の出題範囲とレベルは下記に示す，QC検定センターが公表している"品質管理検定レベル表（Ver.20150130.2）"に定められています．

また，各級に求められる知識内容を俯瞰できるよう，レベル表の補助表として，手法編・実践編マトリックスが公表されています．

レベル表は見直される場合がありますので，最新の情報はQC検定センターのウェブサイトでご確認ください．

表の見方

- 各級の試験範囲は，各欄に示されている範囲だけではなく，その下に位置する級の範囲を含んでいます．例えば，2級の場合，2級に加えて3級と4級の範囲を含んだものが2級の試験範囲とお考えください．
- 4級は，ウェブで公開している"品質管理検定（QC検定）4級の手引き（Ver.3.2）"の内容で，このレベル表に記載された試験範囲から出題されます．
- 準1級は，1級試験の一次試験合格者（知識レベルの合格者）に付与するものです．

※凡例 ― 必要に応じて，次の記号で補足する内容・種類を区別します．
  （　）：注釈や追記事項を記しています．
  《　》：具体的な例を示しています．例としてこの限りではありません．
  【　】：その項目の出題レベルの程度や範囲を記しています．

(Ver. 20150130.2)

級	試験範囲	
	品質管理の実践	品質管理の手法
1級・準1級	■品質の概念 ・社会的品質 ・顧客満足（CS），顧客価値 ■品質保証：新製品開発 ・結果の保証とプロセスによる保証 ・保証と補償 ・品質保証体系図 ・品質機能展開 ・DRとトラブル予測，FMEA，FTA ・品質保証のプロセス，保証の網（QAネットワーク） ・製品ライフサイクル全体での品質保証 ・製品安全，環境配慮，製造物責任 ・初期流動管理 ・市場トラブル対応，苦情とその処理	■データの取り方とまとめ方 ・有限母集団からのサンプリング《超幾何分布》 ■新QC七つ道具 ・アローダイアグラム法 ・PDPC法 ・マトリックス・データ解析法 ■統計的方法の基礎 ・一様分布（確率計算を含む） ・指数分布（確率計算を含む） ・二次元分布（確率計算を含む） ・共分散 ・大数の法則と中心極限定理 ■計量値データに基づく検定と推定 ・3つ以上の母分散に関する検定

級	試験範囲	
	品質管理の実践	品質管理の手法
1級・準1級	■品質保証：プロセス保証 ・作業標準書 ・プロセス（工程）の考え方 ・QC工程図，フローチャート ・工程異常の考え方とその発見・処置 ・工程能力調査，工程解析 ・変更管理，変化点管理 ・検査の目的・意義・考え方(適合,不適合) ・検査の種類と方法 ・計測の基本 ・計測の管理 ・測定誤差の評価 ・官能検査，感性品質 ■品質経営の要素：方針管理 ・方針の展開とすり合せ ・方針管理のしくみとその運用 ・方針の達成度評価と反省 ■品質経営の要素：機能別管理【定義と基本的な考え方】 ・マトリックス管理 ・クロスファンクショナルチーム（CFT） ・機能別委員会 ・機能別の責任と権限 ■品質経営の要素：日常管理 ・変化点とその管理 ■品質経営の要素：標準化 ・標準化の目的・意義・考え方 ・社内標準化とその進め方 ・産業標準化，国際標準化 ■品質経営の要素：人材育成 ・品質教育とその体系 ■品質経営の要素：診断・監査 ・品質監査 ・トップ診断 ■品質経営の要素：品質マネジメントシステム ・品質マネジメントの原則 ・ISO 9001 ・第三者認証制度【定義と基本的な考え方】 ・品質マネジメントシステムの運用 ■倫理・社会的責任【定義と基本的な考え方】 ・品質管理に携わる人の倫理 ・社会的責任 ■品質管理周辺の実践活動 ・マーケティング，顧客関係性管理 ・データマイニング・テキストマイニングなど【言葉として】	■計数値データに基づく検定と推定 ・適合度の検定 ■管理図 ・メディアン管理図 ■工程能力指数 ・工程能力指数の区間推定 ■抜取検査 ・計数選別型抜取検査 ・調整型抜取検査 ■実験計画法 ・多元配置実験 ・乱塊法 ・分割法 ・枝分かれ実験 ・直交表実験《多水準法，擬水準法，分割法》 ・応答曲面法，直交多項式【定義と基本的な考え方】 ・ノンパラメトリック法【定義と基本的な考え方】 ・感性品質と官能評価手法【定義と基本的な考え方】 ■相関分析 ・母相関係数の検定と推定 ■単回帰分析 ・回帰母数に関する検定と推定 ・回帰診断 ・繰り返しのある場合の単回帰分析 ■重回帰分析 ・重回帰式の推定 ・分散分析 ・回帰母数に関する検定と推定 ・回帰診断 ・変数選択 ・さまざまな回帰式 ■多変量解析法 ・判別分析 ・主成分分析 ・クラスター分析【定義と基本的な考え方】 ・数量化理論【定義と基本的な考え方】 ■信頼性工学 ・耐久性，保全性，設計信頼性 ・信頼性データのまとめ方と解析 ■ロバストパラメータ設計 ・パラメータ設計の考え方 ・静特性のパラメータ設計 ・動特性のパラメータ設計

1級・準1級の試験範囲には2級，3級，4級の範囲も含みます．

3. 各級の出題範囲

級	試験範囲	
	品質管理の実践	品質管理の手法
2級	■QC的ものの見方・考え方 ・応急対策, 再発防止, 未然防止, 予測予防 ・見える化《管理のためのグラフや図解による可視化》, 潜在トラブルの顕在化 ■品質の概念 ・品質の定義 ・要求品質と品質要素 ・ねらいの品質とできばえの品質 ・品質特性, 代用特性 ・当たり前品質と魅力的品質 ・サービスの品質, 仕事の品質 ・顧客満足 (CS), 顧客価値【定義と基本的な考え方】 ■管理の方法 ・維持と管理 ・継続的改善 ・問題と課題 ・課題達成型QCストーリー ■品質保証:新製品開発【定義と基本的な考え方】 ・結果の保証とプロセスによる保証 ・保証と補償 ・品質保証体系図 ・品質機能展開 ・DRとトラブル予測, FMEA, FTA ・品質保証のプロセス, 保証の網 (QAネットワーク) ・製品ライフサイクル全体での品質保証 ・製品安全, 環境配慮, 製造物責任 ・初期流動管理 ・市場トラブル対応, 苦情とその処理 ■品質保証:プロセス保証【定義と基本的な考え方】 ・作業標準書 ・プロセス (工程) の考え方 ・QC工程図, フローチャート ・工程異常の考え方とその発見・処置 ・工程能力調査, 工程解析 ・変更管理, 変化点管理 ・検査の目的・意義・考え方 (適合, 不適合) ・検査の種類と方法 ・計測の基本 ・計測の管理 ・測定誤差の評価 ・官能検査, 感性品質 ■品質経営の要素:方針管理 ・方針 (目標と方策) ・方針の展開とすり合せ【定義と基本的な考え方】	■データの取り方とまとめ方 ・サンプリングの種類《2段, 層別, 集落, 系統》と性質 ■新QC七つ道具 ・親和図法 ・連関図法 ・系統図法 ・マトリックス図法 ■統計的方法の基礎 ・正規分布 (確率計算を含む) ・二項分布 (確率計算を含む) ・ポアソン分布 (確率計算を含む) ・統計量の分布 (確率計算を含む) ・期待値と分散 ・大数の法則と中心極限定理【定義と基本的な考え方】 ■計量値データに基づく検定と推定 ・検定・推定とは ・1つの母分散に関する検定と推定 ・1つの母平均に関する検定と推定 ・2つの母分散の比に関する検定と推定 ・2つの母平均の差に関する検定と推定 ・データに対応がある場合の検定と推定 ■計数値データに基づく検定と推定 ・母不適合品率に関する検定と推定 ・2つの母不適合品率の違いに関する検定と推定 ・母不適合品数に関する検定と推定 ・2つの母不適合品数の違いに関する検定と推定 ・分割表による検定 ■管理図 ・$\bar{X}$-s管理図 ・X管理図 ・p管理図, np管理図 ・u管理図, c管理図 ■抜取検査 ・抜取検査の考え方 ・計数規準型抜取検査 ・計量規準型抜取検査 ■実験計画法 ・実験計画法の考え方 ・一元配置実験 ・二元配置実験 ■相関分析 ・系列相関《大波の相関, 小波の相関》 ■単回帰分析 ・単回帰式の推定 ・分散分析 ・回帰診断《残差の検討》【定義と基本的な考え方】

級	試験範囲	
	品質管理の実践	品質管理の手法
2級	・方針管理のしくみとその運用【定義と基本的な考え方】 ・方針の達成度評価と反省【定義と基本的な考え方】 ■品質経営の要素：機能別管理【言葉として】 ・マトリックス管理 ・クロスファンクショナルチーム（CFT） ・機能別委員会 ・機能別の責任と権限 ■品質経営の要素：日常管理 ・業務分掌，責任と権限 ・管理項目（管理点と点検点），管理項目一覧表 ・異常とその処置 ・変化点とその管理【定義と基本的な考え方】 ■品質経営の要素：標準化【定義と基本的な考え方】 ・標準化の目的・意義・考え方 ・社内標準化とその進め方 ・産業標準化，国際標準化 ■品質経営の要素：小集団活動 ・小集団改善活動（QCサークル活動など）とその進め方 ■品質経営の要素：人材育成【定義と基本的な考え方】 ・品質教育とその体系 ■品質経営の要素：診断・監査【定義と基本的な考え方】 ・品質監査 ・トップ診断 ■品質経営の要素：品質マネジメントシステム【定義と基本的な考え方】 ・品質マネジメントの原則 ・ISO 9001 ・第三者認証制度【言葉として】 ・品質マネジメントシステムの運用【言葉として】 ■倫理・社会的責任【言葉として】 ・品質管理に携わる人の倫理 ・社会的責任 ■品質管理周辺の実践活動【言葉として】 ・顧客価値創造技術（商品企画七つ道具を含む） ・IE, VE ・設備管理，資材管理，生産における物流・量管理	■信頼性工学 ・品質保証の観点からの再発防止，未然防止 ・耐久性，保全性，設計信頼性【定義と基本的な考え方】 ・信頼性モデル《直列系，並列系，冗長系，バスタブ曲線》 ・信頼性データのまとめ方と解析【定義と基本的な考え方】

2級の試験範囲には3級，4級の範囲も含みます．

3. 各級の出題範囲

級	試験範囲	
	品質管理の実践	品質管理の手法
3級	■QC的ものの見方・考え方 ・マーケットイン，プロダクトアウト，顧客の特定，Win-Win ・品質優先，品質第一 ・後工程はお客様 ・プロセス重視（品質は工程で作るの広義の意味） ・特性と要因，因果関係 ・応急対策，再発防止，未然防止，予測予防【定義と基本的な考え方】 ・源流管理 ・目的志向 ・QCD+PSME ・重点指向《選択，集中，局部最適》 ・事実に基づく活動，三現主義 ・見える化《管理のためのグラフや図解による可視化》，潜在トラブルの顕在化【定義と基本的な考え方】 ・ばらつきに注目する考え方 ・全部門，全員参加 ・人間性尊重，従業員満足(ES) ■品質の概念【定義と基本的な考え方】 ・品質の定義 ・要求品質と品質要素 ・ねらいの品質とできばえの品質 ・品質特性，代用特性 ・当たり前品質と魅力的品質 ・サービスの品質，仕事の品質 ・社会的品質【定義と基本的な考え方】 ・顧客満足(CS)，顧客価値【言葉として】 ■管理の方法 ・維持と管理【定義と基本的な考え方】 ・PDCA，SDCA，PDCAS ・継続的改善【定義と基本的な考え方】 ・問題と課題【定義と基本的な考え方】 ・問題解決型QCストーリー ・課題達成型QCストーリー【定義と基本的な考え方】 ■品質保証：新製品開発【定義と基本的な考え方】 ・結果の保証とプロセスによる保証 ・保証と補償【言葉として】 ・品質保証体系図【言葉として】 ・品質機能展開【言葉として】 ・DRとトラブル予測，FMEA，FTA【言葉として】 ・品質保証のプロセス，保証の網（QAネットワーク）【言葉として】 ・製品ライフサイクル全体での品質保証【言葉として】	■データの取り方・まとめ方 ・データの種類 ・データの変換 ・母集団とサンプル ・サンプリングと誤差 ・基本統計量とグラフ ■QC七つ道具 ・パレート図 ・特性要因図 ・チェックシート ・ヒストグラム ・散布図 ・グラフ（管理図別項目として記載） ・層 別 ■新QC七つ道具【定義と基本的な考え方】 ・親和図法 ・連関図法 ・系統図法 ・マトリックス図法 ・アローダイアグラム法 ・PDPC法 ・マトリックス・データ解析法 ■統計的方法の基礎【定義と基本的な考え方】 ・正規分布（確率計算を含む） ・二項分布（確率計算を含む） ■管理図 ・管理図の考え方，使い方 ・$\bar{X}$-R管理図 ・p管理図，np管理図【定義と基本的な考え方】 ■工程能力指数 ・工程能力指数の計算と評価方法 ■相関分析 ・相関係数

級	試験範囲	
	品質管理の実践	品質管理の手法
3級	・製品安全，環境配慮，製造物責任【言葉として】 ・市場トラブル対応，苦情とその処理 ■品質保証：プロセス保証【定義と基本的な考え方】 ・作業標準書 ・プロセス（工程）の考え方 ・QC工程図，フローチャート【言葉として】 ・工程異常の考え方とその発見・処置【言葉として】 ・工程能力調査，工程解析【言葉として】 ・検査の目的・意義・考え方（適合，不適合） ・検査の種類と方法 ・計測の基本【言葉として】 ・計測の管理【言葉として】 ・測定誤差の評価【言葉として】 ・官能検査，感性品質【言葉として】 ■品質経営の要素：方針管理【定義と基本的な考え方】 ・方針（目標と方策） ・方針の展開とすり合せ【言葉として】 ・方針管理のしくみとその運用【言葉として】 ・方針の達成度評価と反省【言葉として】 ■品質経営の要素：日常管理【定義と基本的な考え方】 ・業務分掌，責任と権限 ・管理項目（管理点と点検点），管理項目一覧表 ・異常とその処置 ・変化点とその管理【言葉として】 ■品質経営の要素：標準化【言葉として】 ・標準化の目的・意義・考え方 ・社内標準化とその進め方 ・産業標準化，国際標準化 ■品質経営の要素：小集団活動【定義と基本的な考え方】 ・小集団改善活動（QCサークル活動など）とその進め方 ■品質経営の要素：人材育成【言葉として】 ・品質教育とその体系 ■品質経営の要素：品質マネジメントシステム【言葉として】 ・品質マネジメントの原則 ・ISO 9001	

3級の試験範囲には4級の範囲も含みます．

3. 各級の出題範囲

級	試験範囲		
	品質管理の実践	品質管理の手法	
4級	品質管理の実践	品質管理の手法	企業活動の基本
	■品質管理 ・品質とその重要性 ・品質優先の考え方 　(マーケットイン,プロダクトアウト) ・品質管理とは ・お客様満足とねらいの品質 ・問題と課題 ・苦情,クレーム ■管　理 ・管理活動(維持と改善) ・仕事の進め方 ・PDCA,SDCA ・管理項目 ■改　善 ・改善(継続的改善) ・QCストーリー(問題解決型QCストーリー) ・3ム(ムダ,ムリ,ムラ) ・小集団改善活動とは(QCサークルを含む) ・重点指向とは ■工程(プロセス) ・前工程と後工程 ・工程の5M ・異常とは(異常原因,偶然原因) ■検　査 ・検査とは(計測との違い) ・適合(品) ・不適合(品)(不良,不具合を含む) ・ロットの合格,不合格 ・検査の種類 ■標準・標準化 ・標準化とは ・業務に関する標準,品物に関する標準(規格) ・色々な標準《国際,国家》	■事実に基づく判断 ・データの基礎(母集団,サンプリング,サンプルを含む) ・ロット ・データの種類(計量値,計数値) ・データのとり方,まとめ方 ・平均とばらつきの概念 ・平均と範囲 ■データの活用と見方 ・QC七つ道具(種類,名称,使用の目的,活用のポイント) ・異常値 ・ブレーンストーミング	・製品とサービス ・職場における総合的な品質(QCD+PSME) ・報告・連絡・相談(ほうれんそう) ・5W1H ・三現主義 ・5ゲン主義 ・企業生活のマナー ・5S ・安全衛生(ヒヤリハット,KY活動,ハインリッヒの法則) ・規則と標準(就業規則を含む)

> 4級は,ウェブで公開している"品質管理検定(QC検定)4級の手引き(Ver.3.2)"の内容で,このレベル表に記載された試験範囲から出題されます。

QC検定レベル表マトリックス（手法編）

※凡例 ─ 必要に応じて，次の記号で補足する内容・種類を区別します．
　◎：その内容を実務で運用できるレベル
　○：その内容を知識として（定義と基本的な考え方を）理解しているレベル
　＊：新たに追加した項目
　（　）：注釈や追記事項を記しています．
　《　》：具体的な例を示しています。例としてこの限りではありません．

		1級	2級	3級
データの取り方とまとめ方	データの種類	◎	◎	◎
	データの変換	◎	◎	◎
	母集団とサンプル	◎	◎	◎
	サンプリングと誤差	◎	◎	◎
	基本統計量とグラフ	◎	◎	◎
	サンプリングの種類(2段,層別,集落,系統など)と性質	◎	◎	
	有限母集団からのサンプリング（超幾何分布など）	◎		
QC七つ道具	パレート図	◎	◎	◎
	特性要因図	◎	◎	◎
	チェックシート	◎	◎	◎
	ヒストグラム	◎	◎	◎
	散布図	◎	◎	◎
	グラフ（管理図は別項目として記載）	◎	◎	◎
	層別	◎	◎	◎
新QC七つ道具	親和図法	◎	◎	○
	連関図法	◎	◎	○
	系統図法	◎	◎	○
	マトリックス図法	◎	◎	○
	アローダイアグラム法	◎	○	○
	PDPC法	◎	○	○
	マトリックスデータ解析法	◎	○	○
統計的方法の基礎	正規分布（確率計算を含む）	◎	◎	○*
	一様分布（確率計算を含む）	◎		
	指数分布（確率計算を含む）	◎		
	二項分布（確率計算を含む）	◎	◎*	○*
	ポアソン分布（確率計算を含む）	◎	◎*	
	二次元分布（確率計算を含む）	◎		
	統計量の分布（確率計算を含む）	◎	◎*	
	期待値と分散	◎	◎	
	共分散	◎		
	大数の法則と中心極限定理	◎	○*	
計量値データに基づく検定と推定	検定と推定の考え方	◎	◎	
	1つの母平均に関する検定と推定	◎	◎	
	1つの母分散に関する検定と推定	◎	◎	
	2つの母分散の比に関する検定と推定	◎	◎	

3. 各級の出題範囲   559

QC検定レベル表マトリックス（手法編・つづき）

		1級	2級	3級
計量値データに基づく検定と推定	2つの母平均の差に関する検定と推定	◎	◎	
	データに対応がある場合の検定と推定	◎	◎	
	3つ以上の母分散に関する検定	◎		
計数値データに基づく検定と推定	母不適合品率に関する検定と推定	◎	◎*	
	2つの母不適合品率の違いに関する検定と推定	◎	◎*	
	母不適合数に関する検定と推定	◎	◎*	
	2つの母不適合数に関する検定と推定	◎	◎*	
	適合度の検定	◎		
	分割表による検定	◎	◎*	
管理図	管理図の考え方，使い方	◎	◎	◎
	$\bar{X}$–R 管理図	◎	◎	◎
	$\bar{X}$–s 管理図	◎	◎	
	X–Rs 管理図	◎	◎	
	p 管理図，np 管理図	◎	◎	○*
	u 管理図，c 管理図	◎	◎	
	メディアン管理図	◎		
工程能力指数	工程能力指数の計算と評価方法	◎	◎	◎
	工程能力指数の区間推定	◎		
抜取検査	抜取検査の考え方	◎	◎	
	計数規準型抜取検査	◎	◎	
	計量規準型抜取検査	◎	◎	
	計数選別型抜取検査	◎		
	調整型抜取検査	◎		
実験計画法	実験計画法の考え方	◎	◎	
	一元配置実験	◎	◎	
	二元配置実験	◎	◎	
	多元配置実験	◎		
	乱塊法	◎		
	分割法	◎		
	枝分かれ実験	◎		
	直交表実験（多水準法，擬水準法，分割法など）	◎		
	応答曲面法・直交多項式	○		
ノンパラメトリック法		○*		
感性品質と官能評価手法		○*		
相関分析	相関係数	◎	◎	◎*
	系列相関（大波の相関，小波の相関など）	◎	◎	
	母相関係数の検定と推定	◎		
単回帰分析	単回帰式の推定	◎	◎	
	分散分析	◎	◎	
	回帰母数に関する検定と推定	◎		
	回帰診断（2級は残差の検討）	◎	○*	
	繰り返しのある場合の単回帰分析	◎		

QC 検定レベル表マトリックス（手法編・つづき）

		1級	2級	3級
重回帰分析	重回帰式の推定	◎		
	分散分析	◎		
	回帰母数に関する検定と推定	◎		
	回帰診断	◎		
	変数選択	◎		
	さまざまな回帰式	◎		
多変量解析法	判別分析	◎		
	主成分分析	◎		
	クラスター分析	○		
	数量化理論	○		
信頼性工学	品質保証の観点からの再発防止・未然防止	◎	◎	
	耐久性，保全性，設計信頼性	◎	○	
	信頼性モデル（直列系，並列系，冗長系，バスタブ曲線など）	◎	◎	
	信頼性データのまとめ方と解析	◎	○*	
ロバストパラメータ設計	パラメータ設計の考え方	◎		
	静特性のパラメータ設計	◎		
	動特性のパラメータ設計	◎		

QC 検定レベル表マトリックス（実践編）

※凡例 ― 必要に応じて，次の記号で補足する内容・種類を区別します．
　　　◎：その内容を実務で運用できるレベル
　　　○：その内容を知識として（定義と基本的な考え方を）理解しているレベル
　　　△：言葉として知っている程度のレベル
　　　*：新たに追加した項目
　　　（　）：注釈や追記事項を記しています．
　　　《　》：具体的な例を示しています．例としてこの限りではありません．

		1級	2級	3級
品質管理の基本 (QC 的なものの見方／考え方)	マーケットイン，プロダクトアウト，顧客の特定，Win-Win	◎	◎	◎
	品質優先，品質第一	◎	◎	◎
	後工程はお客様	◎	◎	◎
	プロセス重視（品質は工程で作るの広義の意味）	◎	◎	◎
	特性と要因，因果関係	◎	◎	◎
	応急対策，再発防止，未然防止	◎	◎	○
	源流管理	◎	◎	◎
	目的志向	◎	◎	◎
	QCD+PSME	◎	◎	◎
	重点指向	◎	◎	◎

3. 各級の出題範囲

QC検定レベル表マトリックス（実践編・つづき）

			1級	2級	3級
品質管理の基本 （QC的なものの見方／考え方）		事実に基づく活動，三現主義	◎	◎	○
		見える化，潜在トラブルの顕在化	◎	◎	○
		ばらつきに注目する考え方	◎	◎	◎
		全部門，全員参加	◎	◎	◎
		人間性尊重，従業員満足（ES）	◎	◎	◎
品質の概念		品質の定義	◎	◎	○
		要求品質と品質要素	◎	◎	○
		ねらいの品質とできばえの品質	◎	◎	○
		品質特性，代用特性	◎	◎	○
		当たり前品質と魅力的品質	◎	◎	○
		サービスの品質，仕事の品質	◎	◎	○
		社会的品質	◎	○	○
		顧客満足（CS），顧客価値	◎	○	△
管理の方法		維持と改善	◎	◎	○
		PDCA，SDCA	◎	◎	◎
		継続的改善	◎	◎	○
		問題と課題	◎	◎	○
		問題解決型QCストーリー	◎	◎	◎
		課題達成型QCストーリー	◎	◎	○*
品質保証	新製品開発	結果の保証とプロセスによる保証	◎	○	○*
		保証と補償	◎	○	△*
		品質保証体系図	◎	○	△*
		品質機能展開（QFD）	◎	○	△*
		DRとトラブル予測，FMEA，FTA	◎	○	△*
		品質保証のプロセス，保証の網（QAネットワーク）	◎	○	△*
		製品ライフサイクル全体での品質保証	◎	○	△*
		製品安全，環境配慮，製造物責任	◎	○	△*
		初期流動管理	◎	○	
		市場トラブル対応，苦情とその処理	◎	○	○*
	プロセス保証	作業標準書	◎	○	○
		プロセス（工程）の考え方	◎	○	○
		QC工程図，フローチャート	◎	○	△
		工程異常の考え方とその発見・処置	◎	○	△
		工程能力調査，工程解析	◎	○	△
		変更管理，変化点管理	◎	○	
		検査の目的・意義・考え方（適合，不適合）	◎	○	○
		検査の種類と方法	◎	○	○
		計測の基本	◎	○	△
		計測の管理	◎	○	△
		測定誤差の評価	◎	○	△*
		官能検査，感性品質	◎	○	△*

QC検定レベル表マトリックス（実践編・つづき）

			1級	2級	3級
品質経営の要素	方針管理	方針（目標と方策）	◎	◎	○
		方針の展開とすり合せ	◎	○	△
		方針管理のしくみとその運用	◎	○	△
		方針の達成度評価と反省	◎	○	△
	機能別管理	マトリックス管理	○	△	
		クロスファンクショナルチーム（CFT）	○	△	
		機能別委員会	○	△	
		機能別の責任と権限	○	△	
	日常管理	業務分掌，責任と権限	◎	◎	○
		管理項目（管理点と点検点），管理項目一覧表	◎	◎	○
		異常とその処置	◎	◎	○
		変化点とその管理	◎	○	△
	標準化	標準化の目的・意義・考え方	◎	○	△
		社内標準化とその進め方	◎	○	△
		産業標準化，国際標準化	◎	○	△
	小集団活動	小集団改善活動（QCサークル活動など）とその進め方	◎	◎	○
	人材育成	品質教育とその体系	◎	○	△
	診断・監査	品質監査	◎	○	
		トップ診断	◎	○	
	品質マネジメントシステム	品質マネジメントの原則	◎	○	△*
		ISO 9001	◎	○	△*
		第三者認証制度	○	△	
		品質マネジメントシステムの運用	◎	△	
倫理／社会的責任		品質管理に携わる人の倫理	○	△	
		社会的責任（SR）	○	△	
品質管理周辺の実践活動		顧客価値創造技術（商品企画七つ道具を含む）	○	△	
		マーケティング，顧客関係性管理	○		
		IE，VE	○	△	
		設備管理，資材管理，生産における物流・量管理	○	△	
		データマイニング，テキストマイニングなど	△		

4. QC 検定のお申込み方法

　QC 検定試験では個人での受検申込みのほかに，団体での受検申込みをいただくことができます．

　団体受検とは，申込担当者が一定数以上の人数をまとめてお申込みいただく方法で，書類等は一括して担当者の方へ送付します．条件を満たすと受検料に割引が適用されます．

　個人受検と団体受検の申込み方法の詳細は，下記 QC 検定センターウェブサイトで最新の情報をご確認ください．

―― QC 検定に関するお問合せ・資料請求先 ――

一般財団法人日本規格協会　QC 検定センター
〒108-0073　東京都港区三田 3-11-28 三田 Avanti
専用メールアドレス　kentei@jsa.or.jp
QC 検定センターウェブサイト　https://www.jsa.or.jp/qc/

引用・参考文献

1) 仲野彰（2015）：2015年改定レベル表対応 品質管理検定教科書 QC検定2級，日本規格協会
2) 一般社団法人日本品質管理学会編（2009）：新版 品質保証ガイドブック，日科技連出版社
3) 朝香鐵一・石川馨・山口襄共同監修（1988）：新版 品質管理便覧［第2版］，日本規格協会
4) 日本規格協会編（2014）：JISハンドブック2014 57 品質管理，日本規格協会
5) 一般社団法人日本品質管理学会標準委員会編（2009）：JSQC選書7 日本の品質を論ずるための品質管理用語85，日本規格協会
6) 一般社団法人日本品質管理学会標準委員会編（2011）：JSQC選書16 日本の品質を論ずるための品質管理用語 Part 2，日本規格協会
7) 品質管理検定運営委員会編（2015）：品質管理検定（QC検定）4級の手引き Ver. 3.0，品質管理検定センター
8) 吉澤正編（2004）：クォリティマネジメント用語辞典，日本規格協会
9) 社団法人日本経営工学会編（2002）：生産管理用語辞典，日本規格協会
10) 朝香鐵一・石川馨編著（1974）：新版 品質保証ガイドブック，日科技連出版社
11) 石川馨（1989）：品質管理入門 第3版，日科技連出版社
12) 木暮正夫（1988）：日本のTQC，日科技連出版社
13) 鐵健司（1999）：新版QC入門講座1 TQMとその進め方，日本規格協会
14) 竹内明（1999）：新版QC入門講座2 管理・改善の進め方，日本規格協会
15) 梅田政夫（2000）：新版QC入門講座3 品質保証活動の進め方，日本規格協会
16) 大滝厚・千葉力雄・谷津進（2000）：新版QC入門講座5 データのまとめ方と活用Ⅰ，日本規格協会
17) 大滝厚・千葉力雄・谷津進（2000）：新版QC入門講座6 データのまとめ方と活用Ⅱ，日本規格協会
18) 中村達男（1999）：新版QC入門講座8 管理図の作り方と活用，日本規格協会
19) 池澤辰夫（2010）："QCストーリー（QC Story）"，"品質"，Vol.40，［4］，pp.68-71
20) 光藤義郎（1991）："改善のアプローチとしてのQCストーリー"，"品質"，Vol.21，［2］，pp.43-53

21) 小浦孝三 (1990)："デミングサークルから管理のサークルへ","品質", Vol.20, [1], pp.37-47
22) 飯塚悦功 (1998)："「TQM宣言」とその後","品質", Vol.28, [1], pp.6-13
23) 杉山哲朗 (2014)："工程能力調査","品質", Vol.44, [1], pp.12-18
24) 日本規格協会編：(1981)"デミング博士は語る","標準化と品質管理" Vol.34, No.1, pp.1-7
25) 経済産業省産業技術環境局基準認証広報室 (2008)："便利さと安心をつくる「標準化」ってなんだろう？",経済産業省
26) 経済産業省産業技術環境局基準認証広報室 (2008)："暮らしとJIS",経済産業省
27) 経済産業省産業技術環境局基準認証広報室 (2013)："知っていますか標準化",経済産業省
28) 真壁肇 (1987)：シリーズ入門統計的方法5 信頼性データの解析,岩波書店
29) 真壁肇・鈴木和幸・益田昭彦 (2002)：品質保証のための信頼性入門,日科技連出版社
30) 塩見弘 (1979)：信頼性・保全性の考え方と進め方,技術評論社
31) 田中健次 (2008)：入門信頼性,日科技連出版社
32) 谷津進 (1991)：すぐに役立つ実験の計画と解析〈基礎編〉,日本規格協会
33) 永田靖 (1992)：入門 統計解析法,日科技連出版社

索引・キーワード

0 to 9

0.01　362
0.05　285, 362, 402, 415
0.10　402, 415
0.3%　362
1%　362
1.645　274
1.960　271, 274
2.576　271
5%　274, 362
20%　274
68.27%　245
95.45%　245
99.73%　245
99.7%　359, 362, 394
$1-\alpha$　278
$1-\beta$　277, 278, 285
1回抜取形式　400
2回抜取形式　400
1次サンプリング単位　196
2次サンプリング単位　196
2種類の誤り　276
2段サンプリング　196
3シグマ法管理図　359
$3H^®$　76
$\pm 3\sigma$　394
3σ以内　362
3σルール　361
3ム　167

4C　163
4M　39, 82, 125, 176, 391
4P　163
5M　82, 125, 176, 391
5M1E　73, 176
5S　82
5W1H　39, 177, 228
5ゲン主義　50, 503
6M　82
6σ　394

A

α　274, 276, 278, 285, 402, 415, 488
　——とβの関係　278
AND gate　508
AND ゲート　508
availability　498
　—— performance　498
A コスト　29

B

β　276, 278, 285, 402, 415, 488
B_{10}ライフ　533
basic event　507
bias　282
BNE　70
$B(n, P)$　254
BS 5750　148

C

χ^2 304
　——検定　294
　——分布　265, 294, 304, 348
c　365, 402
CFR 型　512, 513, 526
CFT　109, 114
CL　360, 366
claim　27, 78
CM 方式　516
complaint　27, 79
corrective maintenance　516
C_p　394
C_{pk}　394, 395
CS　27, 60
CSR　159
CT　437
CV　191
CWQC　23
C 型マトリックス図　230, 231
c 管理図　363, 364, 388

D

d_2　265
d_3　265
debugging　513
dependability　497
DFE　76
DFM　518
DFR 型　512, 526
DR　48, 71, 503

E

η　526
EF コスト　30
EMC 試験所　135
ES　60
event　507
$E(x)$　245

F

F　522
fact control　176
FMEA　71, 503, 504
$F(T)$　511, 512
$F(t)$　524
$f(t)$　524
FTA　71, 502, 505
　——図　507
　——の記号　507
　——の樹形図　507
F 検定　294, 438
F コスト　30
F 表　310
F 分布　294, 310, 311
　——の自由度　310

G

γ　525

H

H_0 を棄却する　274
H_0 を採択する　274

I

IE　　166
IEC　　136
IF コスト　　30
IFR 型　　512, 514, 526
INHIBIT gate　　508
ISO　　136
ISO 8402　　148
ISO 9000　　24, 154
　――：2015　　153
　――ファミリー規格　　152
ISO 9001　　154
　――：2015　　153
ISO 9004：2018　　153
ISO 19011：2018　　153
ISO 26000　　159
ISO/IEC 17011　　134
ISO/IEC 17025　　134

J

JAB　　135, 155
JIS　　26, 129
JIS Q 9000：2015　　153
JIS Q 9001：2015　　153
JIS Q 9004：2018　　153
JIS Q 9025　　65
JIS Q 17011　　134
JIS Q 17025　　134
JIS Q 19011：2019　　153
JIS Z 0111　　170
JIS Z 8101　　25, 500
JIS Z 8115　　524
JIS Z 8141　　166
JIS Z 9002　　402
JIS Z 9003　　414, 418
JIS Z 9004　　414, 416
JIS Z 9021　　359
JIS Z 26000　　159
JIS マーク　　130, 131, 133
　――表示制度　　130
　――表示制度のしくみ　　131
JNLA　　133, 134

K

k　　395, 416, 418
KAIZEN　　37

L

$\lambda(T)$　　512
$\lambda(t)$　　524
LCA　　74
LCC　　29
LCL　　359, 360, 366
$L(\hat{P}^*)$　　333
L 型マトリックス図　　228, 229

M

m　　525
maintainability　　499, 516
maintenance support performance　　499
Me　　364, 373
Me-R 管理図　　373
mission time　　510
$m \times n$ 分割表　　347, 348

569

m-out-of-n 冗長系　520
$MTBF$　511, 514, 534
$MTTF$　511, 516, 526, 532
$MTTR$　516, 535

N

N　413
n　262, 360, 385, 402, 413
n_d　454
n_e　454, 466
np　364, 382, 385
np 管理図　254, 363, 364, 382

O

OC 曲線　403, 407, 409, 410, 411, 412, 413, 414
OC 方式　516
OFF-JT　142
OJT　142
OR gate　508
OR ゲート　508

P

ϕ^*　320
p　364, 385
$\hat{p}^*$　332
p_0　402
p_1　402
P7　164
PCI　397
PDCA　38, 40, 145
　——サイクル　110
　——のサイクル　35

PDCAS　40
PDPC 法　215, 238, 240
　——の利点　239
PL　29, 75
　——法　29
PLD　75
PLP　75
power　277
Pr　274
preventive maintenance　515
PS　75
PSME　51
p 管理図　254, 363, 364, 382, 385
P コスト　29

Q

QA ネットワーク　72, 73
QC　25
　——工程図　83, 84, 87, 88
　——工程表　84
　——サークル　138
　——サークル活動　138, 139
　——ストーリー　40
　——は教育に始まって教育に終わる　143
QCD　47, 51
　——＋PSME　26, 51, 58, 115, 145, 176
QFD　65
QMS 認証制度　155
Q の診断　145

R

R 521, 522
r 472, 474
RCA   502
reliability   498, 510
Rs 381
$R(T)$ 511, 512
$R(t)$ 524
R 管理図   361

S

SCM   170
SDCA   35, 38, 40, 117
SN 比   101, 102
SQC   22, 23, 177
SR   158, 159, 504
S_{xx} 474
S_{xy} 474
S_{yy} 474

T

TQC   24
TQM   24, 106
──の視点   146
transfer symbol   507
T 型マトリックス図   229, 230
t 検定   294
t 分布   264, 294, 300

U

u 365
UCL   359, 360, 366
undeveloped event   507
u 管理図   363, 365, 388

V

VA   167
──プログラム   167
VE   167, 168
VLAC   135
VOC   30, 216
$V(x)$ 245

W

Win-Win の思想   59

X

X 364
$\tilde{x}$ 364
X_L 422
X_U 422
X 管理図   362, 364
X-R 管理図   381
X-Rs 管理図   381
$\overline{X}$ 管理図   361
$\overline{X}$-R 管理図   361, 362, 363, 366
$\overline{X}$-s 管理図   362, 363, 372
X 型マトリックス図   231

Y

Y 型マトリックス図   230, 231

Z

ZD 運動   138

あ

アイデア選択法　165
アイデア発想法　165
アイテム　498, 505
アウトバウンド物流　171
当たり前品質　34
　——要素　33
後工程はお客様　27, 51
後工程を配慮した設計　518
アフターサービス　63
アベイラビリティ　498, 536
　——性能　498
　——能力　498
ありたい姿と現実とのギャップ　36
あるべき姿と現実とのギャップ　36
アローダイアグラム　233, 238
　——法　215, 233
アンケート調査　164
アンスコムの数値例　473
アンスコムの例　473
安定状態の判断基準　369
安定な状態　358

い

移行記号　507
維持　35
　——活動　35
石川馨博士　21, 47, 64, 143
維持管理におけるPDCA　35
意思決定の分岐点　234
異常　119, 362, 370
　——原因　55, 361
　——の管理　120
　——判定ルール　370
　——報告書　120
一元的な関係　32
一元的品質　33
　——要素　33
一元配置実験　434
位置パラメータ　525
一部実施法　433
一回抜取検査　403
一致度合　26
一定単位当たりの不適合数　365
一般型　212
いつもと違った，意味のあるばらつき　361
移動平均　200
因果関係　54
因子　427
　——の効果　427
インバウンド物流　171

う

上側 $100\%P$ 点　304
ウェルチの検定　320, 324
上方管理限界　366
受入検査　95
打切りデータ　523

え

エージング　513
エラープルーフ　520

お

応急対策　57
大波の相関　478, 482
オッズ　333
重み付け評価方法　165
オン・コンディション方式　516

か

回帰からの残差　492
回帰係数　488
回帰現象　486
回帰式　486, 491, 496
　　——の有効性　496
回帰診断　495
回帰直線　496
回帰による変動　492
　　——の平方和　492
回帰分析　486
回帰平方和　492
回帰母数　488
解析用管理図　365
解析用の特性要因図　202
改善　37, 38, 152
　　——活動　37
階層別・機能別の品質管理教育　142
階層別教育訓練　142
下位の職位　119
外部失敗コスト　30
価格　163
確実にする　61
確認　40
　　——する　62

確率　243
　　——分布　244
　　——変数　244, 252
　　——変数の母分散　245
　　——密度関数　243, 524, 525
下限合格判定値　422
加工技術用　133
可視化　53
仮説　272
　　——検定　273
　　——の真偽　276
　　——の正誤　276
課題　36
　　——達成　38
課題達成型　41
　　——QCストーリー　43
　　——のQCストーリー　44
片側検定　275, 280
片側に余裕のない型　213
かたより　103, 282
　　——度　395
　　——のない推定量　282
価値工学　167
価値分析　167
過程　52
　　——決定計画図　239
可動率　498
稼働率　498
下方管理限界　359, 360, 366
加法性　358
可用性　498
間隔尺度　105
環境側面　75

環境に配慮した設計　75
環境配慮　74
　——設計　76
関係性管理　152
監査　111, 145
感性評価　104
感性品質　104
間接検査　96
完全データ　523
感度　101
監督者　107
官能検査　104
官能評価　104
　——データ　179
管理　35, 36
　——者　107
　——状態にある　370
　——水準　84
　——線　360, 366
　——点　118, 119
　——のサイクル　35, 36, 40
　——外れ　369
　——方法　84
　——用管理図　365
　——用の特性要因図　202
管理限界　361
　——線　359, 360, 365, 366
　——線を計算するための係数　368
　——幅　359
管理項目　84, 109, 117, 118, 119
　——一覧表　118, 119
管理図　50, 355, 358, 359
　——の種類　362

き

規格　123, 127
　——と分布の関係　213
企画品質　31
　——設定表　70
棄却域　274
　——と採択域　287
企業の社会的責任　159
危険分析　75
危険率5％　296
技術　427
　——者倫理　157
　——展開　67
　——標準　127
基準化　246, 263
期待値　245, 251
偽である　276
規定　127
　——要求事項　94
機能FMEA　505
機能系統図　223
機能別委員会　113, 114
機能別管理　113, 114, 115
基本事象　507
基本統計量　186
帰無仮説　272, 273
　——H_0を棄却する　439
　——の採択域と棄却域の関係　275
逆数 $1/A$　514
逆正弦変換　332, 333
逆品質　33
　——要素　33

客観的事実に基づく意思決定　152
ギャップ　37
級間分散　437
級間平方和　436
教育の重要性　141
供給連鎖管理　170
強制連結型　239
共通化　518
共分散　475
業務機能展開　67
業務の標準化　126
業務分掌　116
局所管理の原則　425, 429
局所最適　49
距離尺度　105
寄与率　442, 475, 494
記録の信頼性　185
緊急保全　515, 516

く

偶然原因　55, 361
偶発故障　511
　——型　513, 526
　——期　512
区間推定　283, 284
　——法　282
くし歯型　212
苦情　27, 79
　——処理　79
くせ　177
クラスター　197
グラフ　200
　——による相関の有無の検定方法

480
繰り返し誤差　101
繰返し精度　103
繰り返しのある二元配置実験　456
繰り返しのない二元配置実験　445
クリティカル・パス　237
グループインタビュー　164
クレーム　27, 78
クロスファンクショナル　113
　——チーム　114
群　359, 361
　——分け　361
群間　361
　——変動　378
群内変動　378

け

経営資源　48
経営資産　163
経営トップ　145
計画　39
形状パラメータ　525
計数一回抜取検査　97
計数規準型抜取検査　402, 415
計数値　177, 179
　——管理図　363
　——データ　252, 330
　——抜取検査　97, 401, 414, 415
計数的な要因　56
計測　100
　——管理　100
　——作業の管理　101
継続的改善　37

系統誤差　425
系統サンプリング　198
系統図　222, 226
　——法　215, 221, 222, 227
計量　100
　——規準型抜取検査（σ既知）　418
　——規準型抜取検査（σ未知）　416
　——規準型の抜取検査　414
　——的な要因　56
計量値　177, 179, 290
　——管理図　362
　——データ　252, 330
　——抜取検査　98, 401, 415
系列相関　482
けた数　190
結果　177
　——系管理項目　119
　——でプロセスを管理せよ　52
　——による管理　358
　——の保証　62
結合点　233
　——番号　235
欠点数　330, 365, 388
原因　55
言語データ　177, 178, 214
検査　63, 93, 94
　——項目　93
　——個数　382, 385
　——単位　93, 96, 98, 403
　——特性曲線　403, 409
　——による保証　63

　——の役割　93, 94
　——ロット　403
顕在クレーム　78
検出力　277, 278, 285, 287, 362
　——曲線　289, 290
検定　268, 276, 281, 362
　——規則　275
検定統計量　274, 296
　——における2種の誤り　278
　——における2種類の誤り　276
　——における仮説　278
源流管理　47

こ

コアコンピタンス　162, 163
合格判定係数　416, 418
合格判定個数　98, 403
合格判定値　422
交絡している　468
工業標準化法　127
高原型　212
鉱工業品用　133
交互作用　426, 457
構成品質表　69
構成要素型の系統図　223
構造モデル　435
後続作業　234
工程 FMEA　505
工程異常　89
工程が安定な状態にある　358, 370
工程解析　84, 90, 365
工程改善　90
　——のための方策　397

工程間検査　95
工程管理　81
　——表　84
工程図記号　85
工程で造りこむ　21
工程内検査　95
工程のアウトプット　91
工程の安定状態　361
工程能力　90, 91, 394
　——指数　394
　——指数の評価基準　396
　——図　91, 354, 355, 356
　——調査　90
　——の利用　397
工程の解析　41
工程の改善　41
工程の状態　356
工程品質能力　394
高度に有意である　439
購入検査　95
勾配　488, 490
交絡　424
ゴールトン　486
顧客価値　27
　——創造手法　162
顧客重視　152
顧客の側に立って考える品質　26
顧客の声　30, 216
顧客の特定　58
顧客の要求を具現化した品質　34
顧客満足　27, 60
国際規格　135
国際行動規範の尊重　161

国際電気標準会議　136
国際標準化　135
　——活動　135
　——機構　136
　——事業　136
誤差　100, 102
　——因子　430
　——の仮定　495
　——のつき方の法則　262
　——分散　437
　——平方和　436
　——を表す確率変数　488
故障の木解析　71, 502, 505
故障のパターン　513, 526
故障分布関数　511
故障までの時間の期待値　516
故障モード影響解析　71, 503, 504
故障率　511, 512
　——A　514
　——関数　524, 525
コストダウン手法　167
コスト展開　67
ゴセット　264
国家規格　135
コミュニケーション　164
固有アベイラビリティ　516
コンジョイント分析　165
コンディション・モニタリング方式　516
根本原因解析　502

さ

サービス　27

サーベイランス 156
サイクルを回す順番 41
最終検査 96
最重要経路 237
最小二乗法 490
最早結合点日程 236
最遅結合点日程 236
採択域 274
最適コンセプト 165
再発防止 48, 57, 500, 502
作業 233
　――指示書 92
　――標準 84, 91, 92
　――標準書 91, 92
サプライチェーンマネジメント 170
差分 482
産業標準化 127
　――の意義 129
　――の目的 128
産業標準の体系 136
三現主義 50, 503
残差 103, 490, 492, 495
　――検討 486
　――の検討 495
　――標準偏差 490
　――平方和 436, 490, 492
散発異常 55
散布図 469
サンプリング 182, 193
　――したサンプルの扱い 195
　――単位 194
　――に伴う誤差 195
　――の種類 183

サンプル 181, 262, 402
　――採取における信頼性 184
　――サイズ 262, 360
　――中の不適合数 365
　――の大きさ 195
　――のもつべき条件 194

し

支援 151
時間計画保全 515
時間短縮 237
試験 99
　――事業者登録制度 133
し好型官能検査 105
自工程完結 80
自己啓発 139
自己実現の欲求 60
自己相関 482
事後保全 516
資材管理 168, 169
施策実行型 41
事実に基づくアプローチ 110
事実に基づく管理 49, 176
自主検査 95
自主点検 95
自主保全活動 169
事象 507
事象記号 507
市場の声 30
市場の視点 171
システム 150
　――の信頼 522
試長 195

実験計画法　424
実験誤差　433
実験順序の確率化の原則　433
実験順序の無作為化の原則　433
実験データの解析　433
実験の計画　431
実験の場の管理　433
実験の方法　433
実施　39
　——状況のレビュー　111
実証する　62
失敗コスト　30
自部門最適　49
示されない　368
社会的責任　29, 158, 159, 504
　——の原則　160
　——の手引　159
社会的な影響を与える品質　28
社会的品質　28
　——を考慮する　28
社外物流　171
尺度　105, 472
　——基準の分類法　179
　——の体系化　109
　——パラメータ　526
社内規格　124, 125
社内標準　124, 125
　——の作成　126
　——の体系　126
社内標準化　124, 125
　——活動　124
社内物流　171
従業員満足　60

修正項　437
従属変数　488
集団因子　428
重点課題　109
重点指向　48
自由度　187
シューハート管理図　359
集落　197
　——サンプリング　197
修理系　511, 516
　——での故障率　533, 534
主観的な使用者の満足度　26
主効果　427, 435, 456
出荷検査　96
寿命期間　171
寿命分布　524
ジュラン博士　23
順位尺度　105
順位データ　179
瞬間故障率　534, 535
順序尺度　105
順序分類データ　179
純分類データ　179
仕様　127
上位の職位　119
小グループ　138, 139
上限合格判定値　422
条件の管理　358
使用者の誤使用防止　520
小集団活動　137
状態監視保全　516
冗長系　520
冗長性　519

冗長設計　518, 519
消費者危険　277, 402
　——β　287
消費者指向　58
商品企画七つ道具　164
上方管理限界　359, 360
小波の相関　478, 482
初期故障型　512, 526
初期故障期　512
初期流動管理　76
職位別管理項目一覧表　119
職場外教育訓練　142
職場内教育訓練　142
職場別チーム　138
序数尺度　105
処置　40
試料　403
試料の大きさ　403
新QC七つ道具　214
人権の尊重　161
審査員評価登録機関　155
診断　145
真でない　276
真度　104
真の値　184
真の姿　176
真の品質特性　32
信頼区間　282, 284, 308
信頼係数　284
信頼限界　284
信頼下限　284
信頼上限　284
信頼性　498, 499, 510

　——活動　500
　——工学　497
　——性能　498
　——データの収集と解析　522
　——展開　67
　——の評価尺度　519
　——ブロック図　507
　——モデル　520
信頼度　498, 511, 512, 519, 522
　——関数　524, 525
信頼率　284
　——95％の信頼区間　283, 284
親和図　216
　——法　214, 215, 216
　——法で扱える問題　217
親和性　216

す

推計統計学　268
水準　427
垂直立上げ　76
推定　268, 281
　——値　282
　——と検定　268
　——量　282
数値データ　177, 214
数値変換　180
スクリーニング　513
すそ引き型　212
ステークホルダー　161
　——の利害の尊重　160

せ

正確さ　104
精確さ　104
正規性　495
正規分布　242, 244, 294
　──図　247
　──表　246
制御因子　428
成功シナリオ　45
　──の追究　45
生産者危険　277, 402
　──α　287
生産者指向　58
生産者の損失となる確率　277
生産条件　176
生産の4要素　176
生産の要素　82
製造技術標準　92
製造作業標準　92
製造に関する標準化　126
製造のしやすさ考慮した設計　518
製造物責任　29, 74, 75
　──制度　75
　──防御　75
　──予防　75
精度　104, 263
正の相関　472
整備性　499
製品　27, 163
　──安全　74, 75
　──安全規制　75
　──に関する標準化　126

　──ライフサイクル全体　74
精密さ　104
精密度　104
制約ゲート　508
正常　370
責任と権限　116
設計審査　48, 503
設計信頼性　510, 517
　──の実現手段　518
設計品質　31
　──設定表　70
設計余裕　518
設備　168
　──管理　168
　──管理計画　169
　──の維持管理　169
　──要求仕様書　169
絶壁型　212
切片　488, 490
説明責任　160
説明変数　488
ゼロディフェクト運動　138
全員参加　59, 106
　──の生産経営活動　169
先行作業　234
　──と後続作業　234
潜在クレーム　79
全社的，かつ，総合的な品質管理　24
全社的品質管理　23
全数検査　96, 193, 399
全体最適　49
選択と集中　49

全部門　59
　——，全員参加　59
全余裕　237

そ

相関がある　469
相関がない　250, 472
相関関係　290, 472, 475, 483
　——r　474
　——の2乗　475, 494
層間誤差　197
相関性　471
　——の強さ　472
相関分析　469, 472, 486
総合精度　104
総合的品質管理　23, 106
総合的品質マネジメント　106
総コスト　29
相対度数　243
総平方和　436
層別因子　429
層別サンプリング　197, 198
層別比例サンプリング　197
属性　347
測定　99, 100
　——器の管理　100
　——誤差　102, 103, 184
　——値　100, 102
　——なくして改善なし　99
　——の信頼性　185
組織　159
　——活動の目標　26
　——の状況　151

ソフトウェア　27
　——アイテム　498, 499
　——信頼性　498

た

第1自由度　310
第2自由度　310
第1種の誤り　276, 277, 278, 284, 362
　——を犯す確率　277
第2種の誤り　276, 277, 278, 285
第1種の過誤　276
第2種の過誤　276
対応のある2種類のデータ　469
待機冗長系　520
耐久性　510
第三者審査　154
第三者認証制度　154
対数オッズ　333
大数の法則　266
タイプIの打切りデータ　523
タイプIIの打切りデータ　523
代用特性　31, 54, 469
　——値　55
対立仮説　272, 273
多回抜取形式　400
出口の公式　466
多重化　519
タスクフォース　78
　——メンバー　78
　——リーダー　78
正しくない　276
ダミー　234

――の使い方　234
たゆまぬ継続的改善　39
単位尺度　105
単位体　194
単一因子実験　432
単位の変換　180
単回帰モデル　487, 489
　　――における平方和の分解　492
単純化　129, 135, 518
単純ランダムサンプリング　196, 198

ち

逐次展開型　239
逐次抜取形式　400
中央線　478
中央値　186, 364
中核主題　161
　　――と課題　161
中間検査　95
中心極限定理　266
中心線　360, 365, 366
調整限界線　354
挑戦する問題＝課題　37
直接近似法　332
直線性　471
　　――がある　493
　　――がない　493
　　――がよい　472
直線の傾き　488
直列系　520
　　――の信頼度　520
直交配列表実験　431

つ

通商　136
通常事後保全　515, 516
突き止められない原因　361
突き止められる原因　361

て

定期保全　515
定数　262
　　――打切りデータ　523
　　――項　488
定性的　31
ディペンダビリティ　497
定量データ　177
定量的　31
ディレーティング設計　518
データ　177, 182
　　――でものをいう　49
　　――の記録　184
　　――の種類　179
　　――の信頼性　184
　　――の統計的な解釈方法　359
　　――のばらつき　50
テーマ　140
適合度　26
適合の品質　31
できばえの品質　31
デザインレビュー　71, 75, 503
デシジョンボックス　234
デバッギング　513
デミングのサイクル　22, 23
デミング博士　21, 22, 148

点検項目　119
点検点　118, 119
点推定　282
　——法　282

と

統一　129, 135
等価自由度　320
統計学の目的　268
統計的管理状態　361, 369
統計的推測　269
統計的品質管理　22, 23, 177
統計量　262
　——の分布　262
等分散性　488, 495
　——の検定　309
透明性　160
特性　26, 54
　——値　54
　——要因系統図　224, 225
　——要因図　202, 218, 241
特定の側面用　133
独立　250
　——性　495
　——性誤差　488
　——配点法　60
　——変数　488
度数表の作成手順　204
突然変異　55
トップ　145
　——診断　111, 145
　——ダウン　108
トラブル予測　70, 71

取決め　135
トレードオフ　70, 76

な

内部失敗コスト　30
流れ図　84

に

二元配置実験　444
二元表　70
二項分布　242, 252, 254, 258, 330, 399
　——とポアソン分布の個々の確率　261
　——の式　407, 408
日常管理　35, 108, 116, 117
　——のPDCA　117
　——の基本　116
　——の実施　116
日本産業規格　129
日本適合性認定協会　155
日本的品質管理　25
人間性尊重　60
人間の欲求　60
認証機関　155
認定機関　155
任務時間　510

ぬ

抜取検査　97, 398
　——の形式　400
　——の種類　401
　——の適用　401

――の判定　399
――表（σ既知）　419
――表（σ未知）　416
――を採用する条件　399
――方式　97, 98, 399, 403
――方式を選ぶ原則　400
抜取サンプリング　193
抜取方式　97

ね

ネットワーク図　233
ねらいの品質　31

は

パーセント抜取検査　413
ハードウェア　27
初めて　76
バスタブ曲線　512
発生した問題＝問題　36
離れ小島型　212
歯抜け　211
　――型　212
ばらつき　50, 56, 103, 176, 181, 186, 244, 426
　――が大きい型　213
　――管理　51
　――に注目　51
　――の視点　292
　――の法則性　254
ばらつく　181
パラメータ　262, 488
パレート図　49
範囲　187, 190

判定ルール　371
ハンティング現象　357
反復の原則　425

ひ

悲観ルート　239
久しぶり　76
非修理系　511
　――での故障率　534, 535
ヒストグラム　204, 469
　――の見方　212
左片側検定　275, 295
否展開事象　507
人々の積極参加　152
ビフォアサービス　78
非復元サンプリング　195
費用　163
評価コスト　29
評価尺度　105
評価の実施者　155
標示因子　429, 430
標準　122, 123
　――正規分布　243, 246
　――偏差　181, 187, 188
標準化　122, 123, 246, 263, 518
　――活動　123
　――残差　496
　――の意義　123
　――の目的と効果　123
標本　262
　――平均　251
比率尺度　105
比例尺度　105

比例配分法　69
品質　26, 148, 149, 151
　──がばらつく要因　56
　──規格　31
　──機能展開　65
　──系統図　223, 225
　──コスト　29
　──最優先　26
　──展開　67
　──の確認　61
　──の確保　61
　──の実証　61
　──は工程で造りこむ　63, 81
　──判定基準　93
　──優先　46
　──要素　30, 32
品質管理　21, 23, 24, 25, 49
　──活動　22
　──教育　141, 143
　──は教育に始まって教育に終わる
　　142
　──方針　111
品質第一　26, 46
　──主義　46
品質特性　30, 31, 54, 84, 91, 166
　──間の関連　70
　──関連表　70
　──展開表　69
品質表　67, 69, 165, 227
品質ホショウ　64
品質補償　63
品質保証　34, 61, 63, 500
　──活動　64

　──体系図　64, 65, 66
　──の観点からみた初期流動管理
　　77
　──のプロセス　72
品質マネジメント　24, 149, 150
　──システム　150, 151, 154, 155
　──システム認証制度　155
　──システムモデル　154
　──の概念　151
　──の原則　151, 152

ふ

フィッシャーの3原則　425
フールプルーフ　517
フェールセーフ　517, 519
フォールトの木解析　505
不可避原因　361
不規則　177
復元サンプリング　195
副ロット　196
符号検定　478
　──表　483
不信頼度　511, 512, 522
二山　211
　──型　212
物的流通　170
物理的充足状況　32
物流　170
不適合数　365, 388
不適合品　364, 403
　──除去型　213
　──数　364, 382
　──率　330, 364, 382

負の相関　472
部分最適　49
不偏推定量　282, 299, 300
不偏性　488, 495
不偏分散　300
部門横断チーム　109, 114
部門横断な活動　113
部門別・職能別教育訓練　142
部門別管理　116
不良数　364
不良率　330, 364, 385
フローチャート　83
プロジェクト・チーム　78
プロセス　52, 72, 73, 81
　――アプローチ　152
　――重視　52, 110
　――による保証　63
　――保証　62, 80
　――保証の活動　80
プロダクト・アウト　58
ブロック　429
　――因子　428, 429
プロモーション　163
分割表　347
分散　181, 187, 188, 526
　――の加法性　251, 290
　――分析　437, 438, 492
分掌　117
文書化した情報　156
分析型官能検査　105
分布　244, 254
　――関数　524
　――の状態　185

分類尺度　105
分類データ　178

へ

平均　244
　――アベイラビリティ　536
　――故障間隔　511, 514, 534
　――故障時間　532
　――故障寿命　511
　――故障率　535
　――修復時間　535
　――修理時間　516
　――の差の有効反復数　454
平均値　181, 186
　――と標準偏差のけた数　191
並行作業　234
併行精度　103
平方和　181, 187
　――の分解　435, 436, 446, 457, 493
並列系　520
　――の信頼度　521
並列システム　519
経時保全　515
変化　76
　――点　120, 391
　――点管理　120, 121, 309
変更　120
　――管理　120, 121, 309
　――の明確化　121
偏差　104, 187, 264
　――積和　475
　――平方和　187, 475

変数　243, 262, 488
　——変換　180
変動係数　191
変動する　181
変動の判定ルール　370, 371
変量因子　428

ほ

ポアソン分布　242, 258, 330, 341, 399
　——の式　407, 408
方策　109
　——展開型の系統図　222
方針　31, 47, 107
　——の重要性　108
　——の展開　108
方針管理　107, 145
　——のしくみ　111
法の支配の尊重　160
母欠点数　341
ポジショニング分析　165
母集団　176, 181, 262, 269
　——の推測　268
　——の標準偏差　245
　——の平均　245
保守性　499
ホショウ　64
補償　63, 64
保証　61, 64
　——の網　72, 73
母数　246, 262, 269
　——θ　300
　——因子　428

保全　499, 514
　——作業　499
　——支援能力　499
　——度　499, 516, 535
　——方式　515
保全性　499, 510, 514
　——性能　499
　——設計技術　517
ボトムアップ　108
ボトルネック技術　70
母標準偏差　188, 245
母不適合数　341
母分散　245, 294
　——の比　294
母平均　245, 251, 294
　——の差　294
ポリシー　31

ま

マーケット・イン　58
マーケットの視点　171
マーケティング　163
マイルズ　168
マトリックス　227
　——管理　113
　——図　166, 227
　——図法　215
　——・データ解析法　215, 232
マネジメント　24, 149, 150
　——システム　150
　——の原則　110
摩耗故障型　514, 526
摩耗故障期　512

慢性不適合　55
満足感　32

み

見える化　53
　——の対象　53
右片側検定　275, 295
未然防止　41, 57, 500, 503
　——のアプローチ　502
見逃せない原因　361
魅力的品質　33, 34
　——要素　33

む

無関心品質　33
　——要素　33
無作為化の原則　425
無作為サンプリング　183, 193
無試験検査　96
無次元量　472
無相関　472, 488
　——性　495
ムリ・ムラ・ムダ　167

め

名義尺度　105
メディアン　186, 364, 373
　——管理図　362, 364
　——線　478
　——ランク　528
　——ランク表　528
　——を用いる符号検定　480
目で見る管理　53

も

目的志向　47
目的別チーム　138
目的変数　488
目標　108, 109
もともと要求される品質特性の状況　32
物の流し方　170
物の流れ　170
問題　36
　——解決　38
　——の解決　163
問題解決型　40
　——QCストーリー　40
　——のQCストーリー　42

や

安かろう悪かろう　21
矢線図　233
やむを得ないばらつき　361

ゆ

有意サンプリング　183, 193
有意水準　274
　——5%　439
　——α　277
　——$\alpha = 20\%$　323
有意である　274, 278, 439
有意でない　274, 278
有意な差がある　439
有効反復数　454, 466

よ

要因　55, 56, 84, 177, 427
　　──系管理項目　119
　　──効果　427, 456, 457, 468
　　──実験　432, 433
　　──追求型系統図　224
　　──の変化　120
要求事項　24, 30
要求品質　30, 31, 165
　　──展開表　69
要領　127
浴槽曲線　512
良すぎる異常　89
予測値　490
予測予防　57
予防コスト　29
予防保全　514, 515
余裕が十分ある型　213

ら

ライフ　171
ライフサイクル　74
　　──アセスメント　74
　　──コスト　29
楽観ルート　239
ランダマイズの原則　425
ランダムサンプリング　183, 193, 194
　　──の種類　184

り

リーダーシップ　110, 152

利害関係者　151
理想型　213
利便性　164
流通　163
量・納期管理　170
領域 A　371
領域 B　371
領域 C　371
両側規格ぎりぎりで余裕のない型　213
両側検定　275, 280, 284, 295
量的データ　177
臨界点　274
倫理的行動のための指針　157
倫理的な行動　160

る

累積確率曲線　409
ループ　234

れ

連　371
連関図　219
　　──法　214, 218, 219, 222
連続修正　332

ろ

ロジスティクス　170
ロジット変換　332, 333
ロット　96
　　──の大きさ　403
　　──の不適合率　403
　　──判定基準　94

論理記号　508

わ

ワイブル解析　524
ワイブル確率紙　524, 526, 529

　　——の原理　526
　　——の使用方法　526
ワイブルプロット　532
ワイブル分布　524, 525

著者略歴

仲野　彰（なかの　あきら）

1974年3月　早稲田大学理工学研究科卒業
　同年4月　日本ゼオン株式会社入社
　　　　　　樹脂開発・生産技術開発を担当
　　　　　　工場にて技術開発・製造・設備・環境安全を担当
　　　　　　技術部，生産技術研究を担当
　　　　　　コストダウン統括を担当
2013年4月　仲野改善研究所にてコンサルティング開始
現在　　　 改善指導や市場開発などのコンサルティング

著書：
"2015年改定レベル表対応 品質管理検定教科書 QC検定3級"，日本規格協会，2015

2015年改定レベル表対応
品質管理検定教科書
QC検定2級

2016年5月30日　第1版第1刷発行
2024年10月11日　　　　第12刷発行

著　　者　仲野　彰
発　行　者　朝日　弘
発　行　所　一般財団法人　日本規格協会
　　　　　　〒108-0073　東京都港区三田3丁目11-28　三田Avanti
　　　　　　　　　　　　https://www.jsa.or.jp/
　　　　　　　　　　　　振替　00160-2-195146
製　　作　日本規格協会ソリューションズ株式会社
製作協力・印刷　日本ハイコム株式会社

© Akira Nakano, 2016　　　　　　　　　　Printed in Japan
ISBN978-4-542-50394-6

●当会発行図書、海外規格のお求めは、下記をご利用ください.
　JSA Webdesk（オンライン注文）: https://webdesk.jsa.or.jp/
　電話: 050-1742-6256　E-mail: csd@jsa.or.jp